华东师范大学精品教材建设专项基金资助项目

心理统计学

（第三版）

邵志芳　著

中国轻工业出版社

图书在版编目（CIP）数据

心理统计学：第3版／邵志芳著. 一北京：中国轻工业出版社，2017.1（2022.9重印）
ISBN 978-7-5184-1129-0

Ⅰ. ①心… Ⅱ. ①邵… Ⅲ. ①心理统计
Ⅳ. ①B841.2

中国版本图书馆CIP数据核字（2016）第231285号

总 策 划：石 铁
策划编辑：孙蔚雯　　责任终审：腾炎福
责任编辑：孙蔚雯　　责任监印：刘志颖

出版发行：中国轻工业出版社（北京东长安街6号，邮编：100740）
印　　刷：三河市双升印务有限公司
经　　销：各地新华书店
版　　次：2022年9月第3版第6次印刷
开　　本：787×1092　1/16　印张：30.00
字　　数：280千字
书　　号：ISBN 978-7-5184-1129-0　定价：76.00元
读者热线：010-65181109，65262933
发行电话：010-85119832　传真：010-85113293
网　　址：http://www.chlip.com.cn　http://www.wqedu.com
电子信箱：1012305542@qq.com
如发现图书残缺请与我社联系调换
161060Y2X301ZBW

致读者

亲爱的读者：

2009 年，中国轻工业出版社“万千心理”出版了拙作《心理统计学》。在不到 3 年的时间里，这本书受到广泛的欢迎，许多师生给了我热情的鼓励和有益的建议。2012 年，在“万千心理”的支持下，本书第二版问世。在第二版的修订过程中，我又从多位长期从事心理统计学教学的老师那里获得了许多教益，他们分别是南京师范大学邓铸老师、东北师范大学王景英老师、原西南大学凤四海老师和首都师范大学方平老师。在这里，再次表示感谢！

一转眼，又是 3 年过去了。2016 年上半年，本书入选了华东师范大学精品教材建设专项项目，这意味着要对本书进行一次新的修订，意味着本书又向着成为精品的目标迈进了一步。

本书前两版的特色

本书前两版的编写和修订原则是以学生为中心，顺应学习的规律。对每一节课，教师都应该根据学生特点设置明确具体的教学目标、脉络清楚的内容体系和灵活多变的实践情境。

课堂上要做到的，在教材中就应该得到充分的体现。故本书的前两版都力求做到以下三点：

第一，明确具体的教学目标——在学习每一章的具体内容之前，要为学习者构建一个目标系统。为此，本书从第 5 章开始，每一章都以该章能解决什么样的实际问题开头。读者看了这个开头，就可以知道，对于搜集到的数据，统计学家会提出什么样的问题。等学完这一章，再回过头来看开头这些问题，想想自己能否回答这些问题。如果读者看到问题就能说出应当采取何种方法解答，知道运用这些方法时需要注意些什么，学习的目标基本上就达到了。

第二，脉络清楚的内容体系——教学需要脉络清楚、循序渐进地呈现内容。本书对课程内容的编排以理清心理统计学的内容体系为原则，着重体现知识之间的联系，并将其与现实生活中的统计性思考相对照。这样做的根本目的同样是帮助学生弄清何种问题适合用何种统计学方法求解。为了帮助读者更顺畅地阅读和使用本书，在各章开头都有“本章提要”，告知这一章的主旨和重点内容，说明该章能解决什么样的问题；各章最后又将重要的术语和原理（附英文）加以总结，以便查阅。本书还特意在一些重点、难点处增加了些方块贴士，它们有的是解释性的（帮助理解原理），有的是提示性的（联系前后内容，帮助记忆和思考），有的是警示性的（避免粗心造成的忽视和混淆），还有的是启发性的（阐述统计思想）。

第三，灵活多变的实践情境——帮助学习者掌握各种变式情形。心理统计学的实践性很强，只有不断地运用，才能熟练而灵活地掌握。为此，本书收录了大量例题和习题，并为部分习题提供了参考答案（以方便自学者）。熟悉了这些例题和习题，今后遇到实际问题时，即使一时不能准确选择统计分析方法，至少也可以凭借对题目的熟悉感选出可能找到解法的大致章节。

当然，这不是在鼓励读者做大量的习题。相反，在认真完成了适量的习题后，更需要读者自身的统计实践。其实，无论是在生活还是工作中，只要你是一个有心人，就可以搜集到各种数据。针对这些数据，选用合适的统计方法加以分析，把分析结果与老师、同学、同事和朋友们分享。假以时日，你就会喜欢上统计学这门学科，并且逐渐能够灵活运用。

本书第三版的修订原则

本次在保留前两版特色的基础上，根据以下原则进行了修订：

（1）配合课堂教学改革，将其编写成“课前便于自学理解、课中便于练习讨论、课后便于检索使用”的教材。

（2）兼顾不同类型和学习能力的学生，兼顾读者的不同需要（如考研复习、使用

SPSS 等软件、毕业论文数据处理等）。增补近年来使用得越来越多的统计分析方法，例如，偏相关分析、虚拟变量、logistic 回归等。

（3）加强教材的教学性特征。进一步优化各章原有的内容提要、导读问题、复杂概念辨析、易错之处提醒、各种方法之间的联系、实际生活中的统计学、术语、实习题等内容；附录中还首次加入了 3 份自测试卷，供学习者检验学习效果。

（4）内容分层：将教学内容分为基础内容、拓展内容（正文中的方框内容和带有“★”号的章节）、统计软件使用和论文写作中的统计分析结果报告方式（归入附录四），便于使用者选择教学内容。

在课时紧张的情况下，可以精简部分内容，例如条件概率、功效函数、关于总体比例的假设检验、多列相关、品质相关、偏相关分析、虚拟变量、logistic 回归、科克伦 Q 检验、单样本游程检验、柯尔莫哥洛夫－斯米尔诺夫检验等。但是，建议不要整章或大面积地删减。例如，如果整个略去“非参数检验”，学生将来遇到计量水平低的数据时，可能连思考的方向都没有，或者用错了统计方法也意识不到。

关于统计软件，特别提醒一下初学者：在完整掌握统计学基本理论体系之前，最好不要对软件形成依赖，否则很容易在复杂的数据面前选错统计方法。其实，在扎实掌握基本原理、了解相关术语的英文表述之后，学习统计软件的效率极高，几乎可以无师自通。

最后，再次衷心地感谢各位读者对本书的支持和关注。尤其是感谢我的学生王健、赵娟、余岚、程陶、杜逸旻、徐笑含、张盈琤和彭晓琴等在本书成书过程中的细致纠错，以及家人的支持。

邵志芳
2016 年 5 月 1 日
于华东师范大学

目 录

第 1 章

心理学是一门统计性科学

本章提要

本章主旨

心理学研究的对象是随机现象，其定量分析的基本手段是统计学；统计学包括描述统计学和推断统计学，后者是现代统计学的主要内容。

本章要点

- 随机现象有别于确定现象，需要统计学来研究其数量规律性。
- 心理现象是一种随机现象，需运用统计学方法总结其数量规律性，所以心理学离不开统计学，是一门统计性科学。
- 统计学分为描述统计学和推断统计学，前者研究各种特征量和概率分布，后者研究如何根据样本信息推断总体情况。
- 统计学的基本概念：随机变量、个体、总体、样本、统计量和参数。
- 心理统计学为心理学中不同类型的问题提供对应的统计分析方法。

导读问题

- 心理学为什么是一门统计性科学？
- “统计一下来宾人数”中的“统计”是不是现代统计学研究的主要内容？
- 从统计学角度说明，为什么人们对同一个人往往有不同的评价？
- 要学好心理统计学，需要做哪些事情？

1.1 心理现象是随机现象

1.1.1 什么是随机现象

我们平时遇到的各种现象，可以分为确定现象和随机现象。下面列出这两种现象的一些例子，读者可以加以比较，体会一下两者的差别。

确定现象：

- 在 1 个标准大气压下，纯水温度降到 0℃时会结冰。
- 定量的氢气在氧气中燃烧生成定量的水。
- 种豆得豆，种瓜得瓜。
- 匀速直线运动的物体在相同时间内经过的距离相同。
- 生命体受到刺激后一定有反应。
- 对正常人而言，大运动量锻炼会导致大量出汗。
- 在计件工资制度下，员工可以精确计算自己的收入。

……

随机现象：

- 上海市每年 7 月 7 日的气温
- 每年长江汇入大海的总水量
- 播种等量的种子所得的收成
- 上班路上花的时间
- 同样难度的卷子，有时考得好，有时考得差
- 在妇产科医院每天出生的新生儿中，有时男婴多，有时女婴多
- 工厂每天产出的次品，有时多些，有时少些

……

可以看到，确定现象的特点是只要知道一些必要的已知条件（例如“在1个标准大气压下”、“纯水”、“0℃”），总可以得出确定的结果（“结冰”）。而随机现象则不同，每一次观察的结果都可能不同，例如，虽然都是上海市的7月7日，但是每年7月7日的气温都是不一样的。

在因果关系十分复杂的科学领域，即使在基本条件相同的情况下，每做一次观察或试验，都可能得到不同的结果。这意味着，我们往往无法根据已知的有限条件精确地预测结果，每做一次预测，也都可能出现偏差。我们将这种无法精确预测的现象，称为随机现象。它的定义可以表述为：在一定的条件下，可能出现也可能不出现，或者可能这样出现也可能那样出现的一类现象。

随机现象之所以存在，是因为人类在预测此类现象时无法穷尽影响其发生和发展的全部原因（或因素）。从这个意义上讲，任何现象都多多少少带有一定的随机性，完全确定的现象是很少的。就算是确定现象，如果进一步预测其具体情况，也可能变成随机现象。例如，“种瓜得瓜”可以算作确定现象，但是种瓜之后能收获多大的瓜，就不确定了。可以说，随机现象遍及自然与社会之中。

1.1.2 随机现象的数量规律性

这样一来，随机现象岂不成了“听天由命”的代名词？表面上看，随机现象如此变化无常，似乎是没有规律可循的。但是，在数学家看来，它们不仅有规律可循，而且有数量上的规律性。而统计学就是研究随机现象的数量规律性的应用数学分支。

要总结出随机现象的数量规律性，就需要大量试验和观察。不论是自然界中的还是社会生活中的随机现象，都有一个共同特点：个别试验或观察的结果总是不确定的、杂乱无章的，但是将大量个别结果综合起来，却可以得到比较稳定的数量规律性。例如，医院每天都有婴儿出生，而且每天的性别比例都不同，但是长期的观察和计算发现，新生儿的男女比例大约是106∶100。这个比例就是数量规律性的体现。还有，虽然每天上下班在路上用的时间都不一样，但是可以计算出一个平均数；虽然我们不知道某个勤奋的学生下一次的考试成绩，但是可以断言，在其他条件相同的前提下，他取得好成绩的可能性（概率）比懒惰者更大。这里的平均数和概率也是数量规律性的指标。

此外，概率的分布也是数量规律性的表现形式。例如，学生的考试成绩，往往呈两头少、中间多、左右对称的正态分布，即高分和低分者少，中等分数者众多（见图1.1.1）。

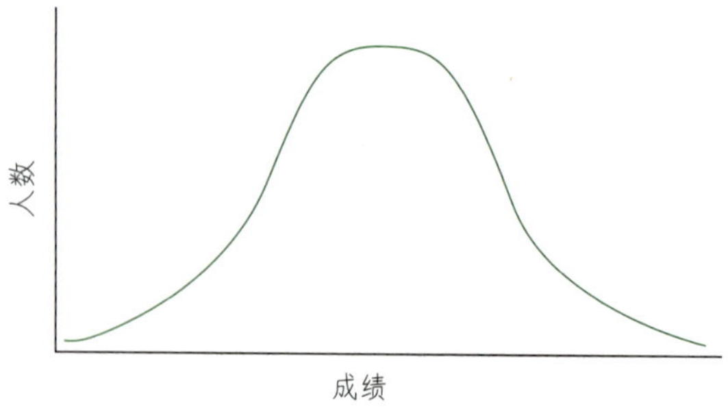

图 1.1.1 正态分布图

统计学建立在大量试验和观察的基础上，这就是大数定理的由来。**大数定理**又称大数法则：虽然每次观察结果可能都不同（偶然性），但是大量重复观察的结果可以形成稳定的数量特征（必然性）。大数定理对认识随机现象具有普遍的指导意义，是统计学的理论基石。

对于随机现象，虽然无法精确预测其结果，但是我们可以通过计算，判断它出现的概率有多大，不出现的概率有多大；或者这样出现的概率有多大，那样出现的概率有多大。**用概率来说话，这就是统计学家的工作。**

1.1.3 心理学为什么需要统计学

心理现象在很大程度上就是随机现象。

当你与一位老朋友久别重逢，你的第一句话会表达怎样的情感？你也许会表示惊讶（“怎么是你？”），也许会表示高兴（“我们终于又见面了！”），也许会表示抱怨（“怎么这么多年杳无音讯？”），等等。究竟先说哪一句，恐怕是随机的。

如果请你随口说出一种水果的名称，你会说哪一种？很多人会说“苹果”，因为它是水果中最典型、最常提到的样例。但是，不是每个人都会说“苹果”，有些人会说“梨子”，有些人会说“葡萄”、“橘子”等，这也是一种随机现象。

如果一个心理学实验要求你看到红灯亮时尽快按下一个按钮，并记录你从灯亮到按下按钮之间的反应时间。你每一次的反应时间肯定都是不同的——有时快，有时慢，是随机的。

如果对一个人进行多次智力测验，尽管这个人的各方面情况在短期内没有发生显著的变化，但是每次测得的智商也可能不同。所以心理测验的结果也有很大的随机性。

诸如此类的例子还可以举出很多。总而言之，心理现象是一种随机现象，要定量地研究随机现象，就需要运用统计学方法来总结其数量规律性（例如，反应时间的平均数和标准差，智商的概率分布特点等）。因此，心理学需要统计学，它是一门统计性科学。

统计学在其发展过程中，逐步形成了数理统计学和应用统计学两大分支。数理统计学以概率论为基础，阐明统计学的数学原理，推导和证明有关的数学公式，从而为各个学科的研究者提供适用的数学工具和方法。应用统计学是数理统计学理论在各个学科领域的应用。现在，应用统计学已经在物理学、天文学、生物学、医学、社会学等众多学科领域广泛“落户”，这其中也包括心理学领域的应用统计学分支——心理统计学。

1.2 描述统计学与推断统计学

1.2.1 描述统计学

人类最早的“结绳记事”就是一种原始的统计活动。后来，统计学带上了很强的国家特征，因为要维护对国家的统治，统治者就必须通过统计了解和掌握本国的自然资源和人力物力等要素情况。统计学在我国更是有着悠久的历史，距今4000多年前的夏朝就开始进行人口统计了。我国古代政治家商鞅把“十三数”（全国粮食储存数、人口数、壮年男子数、壮年女子数、老年人数、儿童人数、官吏人数、士兵人数、靠游荡混饭吃的人数、商贩人数、马的匹数、牛的头数和牲口草料数）作为反映基本国情的数量指标。可见，这时已经有了全国规模的人口调查制度，而且已经对人口按照年龄、职业等进行分组统计，甚至有了国民经济各种数量的对比分析。

人类一开始的统计活动主要是描述性质的，就是将搜集到的统计资料所包含的信息用一些描述性的特征量尽可能简洁而充分地反映出来。例如，一个国家的人口总数就是最简单的特征量。如果细分，还可以分别计算男性与女性人口数、各年龄阶段人口数、各行业从业者人数等。描述统计学阐述的就是搜集资料以及提炼和描述这些资料的方法，同时，它又是推断统计学的基础。

描述统计常用的特征量有集中量、差异量、地位量、相关量、偏态量和峰态量等。

- 集中量描述数据的典型水平或集中趋势，包括算术平均数、加权平均数、几何平均数、中位数、众数等。

- 差异量描述数据分散（参差不齐）的程度，包括全距、平均差、方差、标准差、差异系数等。
- 地位量描述数据在全体数据中所处的地位，包括百分位数、百分等级（百分位）等。
- 相关量描述两个或多个变量之间的关联程度，包括积差相关系数、等级相关系数、质与量的相关系数和品质相关系数等。
- 偏态量和峰态量用来描述数据的分布特征——偏离正态的程度和高低宽窄的程度。

1.2.2 推断统计学

大约在 20 世纪 20 年代之前，统计学的主要内容还是描述统计学。后来，推断统计学逐渐发展起来，其地位越来越重要，而且在内容上也占有越来越大的比重，成为统计学的主干部分。**推断统计学**就是运用概率论研究如何根据样本信息推断样本来自的总体的相应信息，它包括参数估计和假设检验这两种形式（分别详见第 7 章和第 8 章）。

描述统计学中提到的所有特征量都可以分为样本的和总体的。**参数估计**就是根据样本的特征量（统计量）来估计总体的相应特征量（参数）。例如，在编制智力测验时，需要了解各年龄阶段男女人口的平均成绩，以此作为今后计算智商的标准（又称“常模”）。但是，我们不大可能对全国所有人实施测验，于是，我们随机抽取一部分参试者（例如，每个年龄段抽取 800 名男女参试者）作为样本，然后根据这些参试者完成智力测验的平均成绩（样本统计量）来估计各年龄段的全国男女人口的平均成绩（总体参数）。

假设检验则是对总体的参数或分布形态的假设做出保留或拒绝的决策。例如，我们要考察 A、B 两种条件对参试者的反应时间有无显著影响，但是不可能让全世界的人都来参加实验。这时我们可以抽取两组参试者作为样本，一组在 A 条件下进行操作，另一组在 B 条件下完成相同的任务，然后比较两组参试者的平均反应时间有没有显著差异。虽然只有很少一部分人参加了我们的实验，但是其结论是针对所有人的。比较的步骤是，先假设两种条件下的参试者的反应时间没有显著差异，再进行相应的统计运算，根据得到的概率，最终确定是否保留这个假设。

将描述统计学与推断统计学结合起来，就可以清晰地看到统计学其实可以被看作一个研究过程：**以系统的方式搜集和整理资料，进而根据这些资料做出与总体相关的决策**。

1.3　统计学的基本概念

1.3.1　随机变量

统计学研究的是随机现象的数量规律性。为了数学表述的方便，我们将表示随机现象的各种可能结果的变量称为随机变量。这里说的“各种可能结果”是随机变量的可能取值。随机现象和随机变量只是表述上的不同：如果说随机现象“可以这样发生，也可以那样发生”，那么随机变量就“可以取这个值，也可以取那个值”。

随机变量的取值可以是质的不同，也可以是量的不同。掷出的一枚硬币落地后是正面朝上还是反面朝上，就是两个不同的取值，且两者间是质的不同；新生儿的性别，可以是男性，也可以是女性，也是不同质的取值。但是，考试的得分、心理测验的分数、完成一项任务的用时以及正确率等，则是量的不同。

量的差异本身就是用数字表示的，例如，考试成绩。质的差异可以用文字符号表示，也可以用数字表示，例如，用“H”表示正面朝上，用“T”表示反面朝上；或者用 5、4、3、2、1 分别表示优、良、中、及格、不及格等。

引入随机变量的概念，是为了更好地对随机现象进行定量的研究。因为单是知道随机变量可以取哪些值是不够的，还要研究它取各个值的可能性（概率）。

1.3.2　个体、总体和样本

在统计学中，每一个原始数据都是从个体那里获得的。例如，要研究人的智力，就要编制一个能够比较有效地测定智力的量表，然后才能进行测验和评定。从每个人那里，我们都能得到一个（或一系列）原始数据（观察值）。这里说的每个人就是“个体”，他们都有一个共同特性——智力水平。如果能测定世界上每一个人的智力，那就知道了“人”这个总体的智力情况。不过，限于人力、物力、经费和时间，对全世界每个个体都进行测定是不可能的。只能抽取一部分个体进行测定，这一部分个体就组成了一个样本。我们往往根据样本的情况来推断总体的情况。

根据这样的关系，可以为个体、总体与样本分别下一个定义：

个体是我们所研究的随机现象的载体，具有我们感兴趣的某种共同特性，是组成总体的基本单位；

总体是具有某（些）共同特性的个体的总和；

样本是从总体中抽取的作为观测对象的一部分个体。

总体有无限总体和有限总体之分。如果一个总体包含的个体数目是无限的，就称为无限总体；如果一个总体包含的个体数目是有限的，就称为有限总体。例如，我们要研究今年某市小学一年级男生的肺活量情况，这时，该市今年入学的所有小学一年级男生就构成了一个有限总体。可是，当我们更笼统地说要研究小学一年级男生的身高时，从理论上来讲，古今中外的小学一年级男生都应该成为研究对象，这就没有一个明确的数目了，因而是一个无限总体。另外，就算只对一个学生进行测量，如果我们对他进行无数次的测量（至少从理论上可以这样假设），则测量得到的一切可能结果也可形成一个无限总体，只不过这时的个体不是学生本人，而是测量所得的值——观察值。总体是有限总体还是无限总体，可能会影响该选择何种统计运算方法。

样本对推断统计学有特殊的意义。统计推断就是根据样本信息来推断总体的情况。由于各种客观条件的限制，我们无法将总体中的所有个体都观察一遍，这时更是必须抽取样本。不仅如此，**在保证一定的研究精度的前提下**，抽样的个体数总是越少越好。

样本中包含的个体数称为样本容量，一般用 n 表示。样本容量越大，样本的数字特征就越接近总体，从而能更精确地反映总体的情况。但是，容量过大则没有必要，那样反而会失去降低研究成本的意义。一般来说，$n \geqslant 30$ 的样本称为大样本，$n < 30$ 的样本称为小样本。大样本和小样本所用的统计方法不一定相同。

在生活中，广义的总体—样本关系无处不在。例如，我们通常会根据一个人的行为表现来判断其人品。可是，我们只能观察到其**一部分**行为（相当于样本），以此来**估计**其人品（相当于总体）。由于观察到的样本不同，我们就可能对同一个人做出不同的评价。

1.3.3 参数和统计量

总体和样本有很多共同点：都是由一定数量的个体构成的，都可以计算出各种数量指标（例如，平均数、标准差、比例和相关系数等）。但是它们之间毕竟存在着整体和部分的关系。为了指称时的方便，统计学家将总体和样本的数量指标区分开来，分别称为参数和统计量。根据总体中所有个体的观察值计算出来的数量指标（即总体平均数、总体标准差、总体比例和总体相关系数等）被称为参数，它们是总体上的数字特征；根据样本中所有个体的观察值计算出来的数量指标（即样本平均数、样本标准差、样本比例和样本相关系数等）则被称为统计量，它们是样本上的数字特征。参数一般用希腊字母表示，统计量一般用拉丁字母表示。统计推断就是根据样本统计量来推断相应的总体参数。例如，我们可以根据样本平均数 $\overline{X}$ 来推断总体平均数 μ，根据样本标准差 S 来推断总体标准差 σ，根据样本相关系数 r 来推断总体的相关系数 ρ，等等。

1.4 心理统计学的基本内容和学习方法

1.4.1 心理统计学的基本内容和重要意义

心理统计学是将统计学运用于心理学领域所产生的一个应用统计学分支，它既有严密的逻辑体系，又针对应用上的实际需要选择和编排内容。本书主要讲述以下内容：

- **统计资料的整理**。这是统计活动的第一步。内容包括如何判断统计资料的数据水平，以及如何将统计资料整理成次数分布，如何制作次数分布表和次数分布图等。
- **特征量**。为了描述统计资料的数量规律性，一个很重要的任务就是计算一些特征量。本书将介绍一些基本的特征量，包括集中量、差异量、地位量、偏态量和峰态量等。在相关分析一章中，还将集中介绍相关量的计算及其意义。以上内容构成了基本的描述统计学。
- **概率与概率分布**。统计学以概率论为基础，要理解推断统计学就要懂得一点概率论。本书将简明扼要地介绍概率论的基础知识，包括概率的定义和性质、加法定理和乘法定理以及条件概率等内容，并详细阐述常用的概率分布——二项分布和正态分布——的特点及其应用。
- **抽样分布、参数估计和假设检验**。推断统计的两个基本任务是进行参数估计和假设检验，而两者的数学基础是抽样分布。本书在介绍常用的抽样技术之后，将深入讲解关于总体平均数、两总体平均数之差、总体比例、两总体比例之差和总体方差等的抽样分布、参数估计与假设检验。其中重点讲解两总体平均数之差的假设检验，因为这里有在心理学实验和调查中广泛使用的比较两个平均数有无显著差异的 t 检验。
- **方差分析**。方差分析是根据多个样本进行多个平均数间差异的显著性检验的方法。方差分析不能简单地用重复几次 t 检验来代替。本书将介绍单因素方差分析和多因素方差分析等内容。

- **相关分析与回归分析**。相关分析或回归分析方法用于研究变量间的相互联系。例如，数学和语文成绩之间有无相关？能否建立一个回归方程，根据一个人的智商来估计他完成某项任务的反应时间？本书将介绍心理学研究中常用的积差相关、等级相关、质量相关、品质相关、一元线性回归、多元线性回归、logistic 回归等内容。
- **非参数检验**。非参数检验是近几十年来发展起来的新成果，可以在数据水平较低、总体分布情况不明等情况下进行统计检验。本书将介绍各种常用的非参数检验方法，其中包括最常用的 χ^2 检验。
- **多元分析**。以上统计分析方法多为单一因变量的情形。在心理学研究中，人们越来越多地分析了多个自变量与多个因变量之间的关系，还提出了显变量和隐变量的概念。本书将简要介绍一些常用的多元分析方法，如聚类分析、判别分析、探索性因素分析、结构方程建模（验证性因素分析）等。

心理统计学既然有如此丰富的内容，学习这门学科的意义也就不言而喻了。心理学不是一门靠举例说明就能讲清楚的学问，它研究的心理现象是一种随机现象，需要强有力的统计分析手段。这种“需要”包括两个方面：一是，这些统计分析手段可以帮助我们更清楚、更透彻地揭示心理现象的特点和本质；二是，我们在设计一项心理学研究方案的时候，就要事先考虑好用什么统计方法分析将来得到的数据；若得到的数据没有合适的统计方法，将前功尽弃。

研究方法总要根据科学研究的需要不断发展自己。可以说，统计学就是在各应用学科的推动下发展起来的。许多统计分析方法甚至不是数学家发明的。例如，多元分析中最重要的方法之一——因素分析——就是由心理学家首先提出来的，现在它已经广泛地应用于心理学、教育学、社会学、医学等学科领域。因此，心理学学者的一项重要任务就是不断发展和完善统计分析方法，既为本学科服务，又为共同建设统计学大厦做出自己的贡献。

1.4.2 心理统计学的学习方法

第一，要破除畏难心理。学习统计学需要一定的数学基础。很多学生，尤其是文科学生，在初学统计学的时候，会感到莫大的恐惧。其实，本书介绍的都是应用统计学的内容，其中的公式确实很多，有些复杂得有些“恐怖”，但是细看下来，其中的运算符号无非是加减乘除和根号之类的常用运算符号，涉及的数学知识并不高深，只需初中数学水平，经过努力就完全可以掌握。再看这些公式中的变量，几乎都离不开平均数和方差。单是细细品味公式中平均数和方差的作用，就能让你对心理统计学的方法体系有一个比较深刻的理解。

第二，要有合理的学习目标。学习统计学不能死记硬背，不要妄想背熟要点就能应付考试。学习统计学最重要的目标是要全面、完整地掌握其内容体系，弄明白各类问题与其合适的统计方法的对应关系，即了解各种统计方法的适用条件。见到实际问题或数据时，能够想到可以采用何种方法加以分析处理。

第三，要有良好的学习习惯。只要上课时认真领会老师的讲解，课后仔仔细细、一字一句地研读教材，尤其注意弄懂例题，再做一定数量的习题（不用太多），就能逐步学会根据问题的已知条件找到合适的统计分析方法。

第四，循序渐进，多次反复。学习不能急于求成，一次学习不可能解决所有问题。附录一中加入了 3 份自测试卷，供学习者检验学习效果。读者可以在初步学习整本教材之后进行第一次自测，了解自己基本掌握了哪些内容，以鼓舞自己的信心；第二遍学习之后进行第二次自测，你可以发现自己进步了很多，这时重点要检查自己在哪些内容和环节上比较薄弱，以便在后面的第三遍学习（复习）中有的放矢地加以弥补。第三次自测大致可以提示你将来是否适合报考研究生或从事科学研究。

第五，亲自采集数据加以分析。解答教材中的习题时，你面对的是他人采集的数据，对于这些数据的来源，你可能一无所知，也就很难体会前文中所说的“在我们设计一项心理学研究方案的时候，就要事先考虑好用什么统计方法分析将来得到的数据”。因此，积极运用学到的知识，开展统计活动，亲自采集数据，建立自己的数据库，进行系统的统计分析，是掌握心理统计学的重要环节。本书各章“练习与思考”的最后一题大多被设定为“实习题”，要求学习者亲自采集或模拟采集数据，并运用本章学到的方法对数据进行统计分析。如果完成了全书所有的实习题，你就会发现自己不仅建立了一个巨大的数据库，而且清楚地了解统计学可以从这些数据中萃取哪些信息，获得什么结论。

本章术语

◆**随机现象**（random phenomenon）：在一定的条件下，可能出现也可能不出现，或者可能这样出现也可能那样出现的一类现象。

- **统计学**（statistics）：研究随机现象的数量规律性的应用数学分支。统计工作者以系统的方式搜集和整理资料，进而根据这些资料做出与总体相关的决策。
- **大数定理**（law of large numbers）：虽然每次观察结果可能都不同（偶然性），但是大量重复观察的结果可以形成稳定的数量特征（必然性）。
- **统计性科学**（statistical science）：以统计学方法为主要定量分析手段的科学。心理学就是一门统计性科学。
- **数理统计学**（mathematical statistics）：以概率论为基础，阐明统计学的数学原理，推导和证明有关数学公式的数学分支。
- **应用统计学**（applied statistics）：数理统计学理论在各个学科领域中的应用产生的统计学分支。
- **心理统计学**（psychological statistics）：心理学领域的应用统计学分支。
- **描述统计学**（descriptive statistics）：阐述搜集、提炼和描述资料的方法，是推断统计学的基础。
- **推断统计学**（inferential statistics）：运用概率论研究如何根据样本信息推断样本来自的总体的相应信息，包括参数估计和假设检验两种形式。
- **随机变量**（random variable）：表示随机现象的各种可能结果的变量。
- **个体**（individual）：所研究的随机现象的载体，具有某种共同特性，是组成总体的基本单位。
- **总体**（population）：具有某（些）共同特性的个体的总和。
- **样本**（sample）：从总体中抽取的作为观测对象的一部分个体。
- **样本容量**（sample size）：样本包含的个体数 n。$n \geq 30$ 的样本称为大样本，$n < 30$ 的样本称为小样本。
- **参数**（parameter）：根据总体中所有个体的观察值计算出来的数量指标，即总体上的数字特征。
- **统计量**（statistic）：根据样本中所有个体的观察值计算出来的数量指标，即样本上的数字特征。

练习与思考

1. 以下哪些是随机现象？哪些是确定现象？

(1) 每年的消费价格指数

(2) 一页书上的印刷错误数

(3) 光在真空中的传播速度

(4) 世界各国国名按汉字笔画排序的结果

(5) 城市每天的空气质量评级

(6) 生老病死

(7) 喜怒哀乐

(8) 流水不腐，户枢不蠹

(9) 水蒸气遇冷凝结

(10) 员工的月度工作绩效

(11) 氧气的分子式

(12) 儿童的阅读速度

2. 什么是统计学？什么是心理统计学？学习心理统计学有什么意义？

3. 什么是总体、样本、统计量和参数？它们之间有什么关系？

4. 说出以下统计学符号表示什么：

n、$\overline{X}$、S、r、μ、σ、ρ

5. 一位心理学研究者想知道农村高中生对自己未来职业的预期。他广泛调查了全国各省市自治区共6521名农村高中生，统计出这些学生中最多人预期从事的五种职业。这个研究针对的总体是什么？样本是什么？研究者所做的是描述统计还是推断统计？

6. 以下各小题中带下划线的数字表示的是观察值、参数还是统计量？

(1) 某男生进行250次反应的平均反应时间为<u>630毫秒</u>。

(2) 根据对1029名大学新生的调查，估计全国有<u>15.6%</u>的大学新生一开始不适应大学生活。

(3) 某女生立定跳远，三次试跳的成绩分别是<u>2.1米、2.0米、2.15米</u>。

（4）某国股市去年收于1245.67点。

（5）根据抽样调查，我们相信今晚本市约有215万人收看了奥运会开幕式，占本市人口的2/3。

（6）本次考试，我班最高分与最低分相差25分。

实习题

7. 选择一种统计软件（例如，SPSS、SAS等），熟悉其界面，了解其主要功能。

第 2 章

数据的种类和表征

本章提要

本章主旨

数据可以分为不同的水平，相应的有不同的运算方法；随机现象数量规律性的重要方面是次数分布，本章将介绍次数分布表和次数分布图的制作方法；对于多个随机变量的情形，可以用多变量图示法来表征个体数据。

本章要点

- 根据数据的不同水平，可以将随机变量分为间断变量和连续变量，也可以分为称名量表、顺序量表、等距量表和比率量表。
- 次数分布可以用简单次数分布表及其派生的相对次数分布表、累积次数分布表、累积相对次数分布表和累积百分数表等表示，还可以绘制其次数分布图，从而更直观地表达次数分布的结构形态和特征。
- 次数分布图的两种主要画法是直方图和多边图。茎叶图能同时呈现观察值及其次数特征。
- 常见的多变量图示法有轮廓图、雷达图和脸谱图。

导读问题

- 同样是数据，“第 1 名”与“1 千克”中的两个“1”是一回事吗？
- 个数（例如，在考试中做对的题目个数）一定是间断变量吗？
- 累积相对次数分布表有什么用途？
- 直方图和多边图各有哪些优缺点？
- 如何制作各种表和图？

2.1 数据与数据的水平

2.1.1 数据

对于随机现象来说，每一次观察的结果都可能不同。换句话说，随机变量每一次取值都可能不同。如果调查一个班级学生的身高，每个学生测得的身高数据就是一次观察获得的值，即观察值。在这个调查中，身高就是一个随机变量；每个学生的身高数据就是该随机变量可能取的值。这个班所有学生的身高观察值就是搜集到的数据。就本书而言，“数据”与“观察值”在大多数情况下是同义词。许多统计处理软件以个案（case）为单位组织数据，如表 2.1.1 所示。

表 2.1.1 某班级学生学号和身高数据 *

序号	学号	性别	身高 / 厘米
1	10060101	男	150
2	10060103	男	169
3	10060104	女	153
4	10060105	男	161
5	10060107	女	149
……	……	……	……

* 表中每一行表示一个学生（个案）的情况；学号、性别和身高均被作为变量看待。

在搜集到数据之后，就要对其进行统计整理和分析。不过，在处理数据之前，我们必须懂得，数据可以分为不同的类别或水平，它们有着不同的数学特性，因此所能进行的处理方法也是不同的，不能随意套用。

2.1.2 间断变量与连续变量

根据随机变量的取值是否连续，可以将其分为间断变量和连续变量。

2.1.2.1 间断变量

间断变量的可能取值在数轴上是不连续的，取值的数目是有限的，可以一一列举，两个取值之间不能无限细分。这种变量又称为离散型随机变量。

“人数”是最常见的间断变量。它的取值可以是 1 个人，2 个人，3 个人，100 个人……但不可以是 1.5 个人，5.34 个人……用名次或等级表示的成绩也是间断变量。比赛中获得的名次可以是第 1 名，第 2 名，第 7 名……但没有第 2.5 名，第 3.45 名……间断变量往往只能取整数。

2.1.2.2 连续变量

连续变量的特点是，其可能取值在数轴上连续地充满某一区间。连续变量的任意两个取值之间都可以有中间值，因而其取值个数是无限的，即可以无限细分，不能一一列举。例如，长度、重量、温度、时间等都是连续变量。

数学上对上述两种变量的定义是十分严格的。但是有时在实际应用中也要灵活处理。例如，心理测验或教育考试中有五分制和百分制。五分制一共只能取“优”、“良”、“中”、“及格”和“不及格”这 5 个值（分别相当于数轴上的 5、4、3、2、1），虽然有时加上“优－”或“良＋”之类的取值，但是取值个数毕竟太少，毫无疑问应该是间断变量。百分制得分可以取 0~100 的整数，共 101 个值，个数也是有限的，如果用上 0.5 分，充其量也只有 201 个可能取值，严格来说还是间断变量。但是，百分制对成绩的区分毕竟比五分制细致得多，相对来说更接近连续变量，因此，我们往往将其近似地看作连续变量，以便运用连续变量的统计分析方法。

2.1.3 四种不同水平的量表

根据随机变量能够进行的数学运算的水平，我们还可以将其分为称名型的、顺序型的、等距型的和比率型的，分别称之为称名量表、顺序量表（又称等级量表）、等距量表和比率量表（又称等比量表）。

2.1.3.1 称名量表

称名量表表示的是观察值的不同质别，起的是名称的作用。例如，身份证号码、学号、房间号、电话号码、邮政编码以及各种代号等。称名量表的取值也可以用文字表示，例如，性别既可以用“男”、“女”表示，也可以用 1 表示“男”，用 2 表示“女”；

态度既可以用“赞成”、“反对”和“无所谓”表示，也可以用数字分别表示为1、2、3。

称名水平的数据没有大小之分。以学号为例，1号和2号仅仅是两个学生的代号，仿佛是他们的别名，并不表示1号比2号聪明。这里的数字没有数量上的意义，是最“低级”的数字，相互之间不能进行任何代数运算。

2.1.3.2 顺序量表

顺序量表指的是这样一种数字量表，各个数字表示的是个体某方面特征所对应的名次或等级。比赛的时候，可以分出第1名、第2名、第3名……等级考试可以将成绩分为1级、2级、3级……原本用其他符号表示的等级也可以用数字表示，例如，教育考试中常用的五分制常常用“优”、“良”、“中”、“及格”和“不及格”表示，或用字母A、B、C、D和E表示，当然也可以用5、4、3、2、1（倒过来也完全可以）表示。

顺序量表的数字已经有了大小或高低之分：第1名应该强于第2名，第2名应该强于第3名；在五分制中，得5分的应该强于得4分的，得4分的应该强于得3分的。可见，顺序量表水平的数据之间可以进行最简单的数学运算——比较运算。

但是，顺序量表的数据之间不能进行加减法运算。因为加减法运算有一个前提：参加运算的数据有相同的单位。10厘米不能直接和10毫米相加。1个苹果和1个橘子也不能简单相加。虽然作为顺序量表的1、2、3、4、5相邻之间都差1，但是它们之间没有相同的间距。例如，就比赛名次而言，第1名和第2名之间的差距不一定等于第2名和第3名之间的差距。因此，名次、等级之间均不能进行加减法运算。所以，任何一次比赛，只有计算奖牌数的，没有计算总名次或平均名次的，因为总名次和平均名次都需要对各个名次进行累加计算。

2.1.3.3 等距量表

等距量表用来表示测量上具有相等单位的观察值，而且有一个相对零点。等距量表包括了顺序量表的特征，即数据之间可以进行比较运算（以温度为例，10℃一定比9℃高，9℃一定比8℃高）；它又比顺序量表高级，因为它的数据具有相等的单位，是等距的。等距量表的数据之间可以进行加减法运算。“今天的温度比昨天高2℃”，就是用减法算出来的。“近3天的平均最高气温是18℃”，就是先把3天的最高气温相加，再除以天数所得。

但是，等距量表的数据之间不能进行乘除法运算。如果昨天最高温度是5℃，今天是10℃，能不能说“今天的最高温度是昨天的2倍”呢？不能！因为乘除法运算的前提是有绝对零点。绝对的零意味着“根本没有”。但是，众所周知，零度不是没有温度，0℃不是一个绝对零点，它只是一个人为规定的相对零点，是“一个标准大气压下纯水结冰的温度”。如果当时物理学家将“一个标准大气压下煤油结冰的温度”定为

0℃，则水结冰时的温度就不是0℃，而是高于0℃了。因此，温度之间没有倍数之说。

注意

有读者会觉得奇怪，平均气温的计算中不是用了除法了吗？不错，计算平均气温，一定要用到除法。但是，说等距量表之间不能进行乘除法运算，指的是任意两个观察值之间不能进行这样的运算。平均气温的计算中所用的除法不是在温度数据之间进行的，而是温度除以天数，这是完全可以的。

2.1.3.4 比率量表

比率量表也表示测量上具有相等单位的观察值，但是有一个绝对零点。长度、质量和经历的时间等，就是比率量表。所谓绝对零点，就长度而言，0米就是在始发地，没有任何距离；就质量而言，0克就是没有分量（也就是没有这个客体）；就花费的时间而言，0秒就是没有经历任何时间。这些0就是绝对零点。比率量表包括了顺序量表和等距量表的特征，其数据之间不仅可以做比较运算和加减运算，而且可以做乘除法运算。例如，我们可以说一个身高1.80米的人比一个身高0.90米的人高（比较运算），高0.9米（减法运算），高1倍（除法运算）。

表2.1.2列出了四种水平的量表的特点。

表2.1.2 四种量表的比较

量表水平	性质和作用	可以进行的运算
称名量表	表示观察值的质别或名称	无
顺序量表	表示名次或等级	比较
等距量表	表示测量上具有相等单位的观察值，其零点是相对的	比较、加减
比率量表	表示测量上具有相等单位的观察值，其零点是绝对的	比较、加减、乘除

现在来思考一个非常重要的问题：心理测验的得分属于哪一种量表？

不同的测验有不同的分数体系。有的是五分制的，有的则是满分分别为10分、20分、30分乃至100分（百分制）的分数体系。

五分制只能算作顺序量表，因为5分和4分的水平差异几乎肯定不等于4分和3分之间的差异，4分和3分之间的差异也几乎肯定不等于3分和2分之间的差异。所以，它们之间不能进行加减法运算。

对几十分制和百分制就需要灵活对待。其实，即使是百分制，我们也无法保证100

分与 99 分之间的差异等于 99 分和 98 分之间的差异，更无法保证 90 分和 80 分之间的差异等于 80 分和 70 分之间的差异。因此，严格地说，百分制仍应该算作顺序量表。但是，如果测验设计得比较合理，每 1 分之间基本相等，也可以将百分制分数近似地当作等距量表。总分取 10、20、30……的计分体系，如果当作等距量表则更勉强一些；不过在应用统计中，为了统计上的方便，在很多情况下还是会将其当作等距量表。

2.2 次数分布表

通过观察或测量取得了大量观察资料以后，就要对其分门别类地加以整理。其中最初步的整理就是编制次数分布。**次数分布**就是按照一定的标准将观察值分组后，各组观察值个数的分布情况。例如，要搞清楚某学校的男女生比例，就要对全校学生进行调查，这时的随机变量为性别，它可以有两个取值：男性和女性。按性别归类就是根据性别取值对所有学生个体进行分组，结果可能如表 2.2.1 所示。

这就是一个最简单的次数分布。在统计工作中，我们调查的对象可能是人，也可能是动物、工农业产品、企事业单位等，为了指称的方便，统计学上往往将人数、只数、个数、头数等统一称作“次数”或“频数”(frequency)，用小写字母 f 表示。表 2.2.1 中的次数分布可以这样理解，在对该校 5600 名学生的观察中，有 2500 次看到的是男生，有 3100 次看到的是女生。

从表 2.2.1 可以看出，次数分布由两个部分构成。第一部分是分组，第二部分是与各组相对应的次数。

分组的标志可以是品质的（例如，表 2.2.1 中的性别），也可以是具体数值或一定的数值范围（见表 2.2.2）。

表 2.2.1 某学校学生人数按性别分类

性别	人数
男	2500
女	3100
合计	5600

表 2.2.2 某校一年级学生语言能力测验得分次数分布表

分数	次数
低于 20 分	10
20 ～ 39	20
40 ～ 59	40
60 ～ 69	51
70 ～ 79	70
80 ～ 89	44
90 ～ 99	30
100	5
合计	270

2.2.1 简单次数分布表

将次数分布制作成表格，就是次数分布表。表 2.2.1 和表 2.2.2 中的次数都没有经过转换（计算比例或累加等），称为简单次数，这两个表都是简单次数分布表。

相对来说，编制类似于表 2.2.2 的次数分布表比较复杂，因为它是按照数量特征的具体取值或一定的数值范围来分组的，那么如何确定具体取值或数值范围就成了问题的关键。在这种情况下编制次数分布表的方法可以用下面的例子说明。假定某班级 30 名学生的智商测验结果如表 2.2.3 所示，其中学号、性别和智商都是随机变量，学号和性别都是称名量表，智商是等距量表。让我们来制作一个关于智商的次数分布表。

表 2.2.3 某班级 30 名学生的智力测验结果（IQ）

序号	学号	性别	智商（IQ）
1	10060101	女	103
2	10060102	男	114
3	10060103	女	129
4	10060104	女	105
5	10060105	女	103
6	10060106	男	97
7	10060107	女	102
8	10060108	男	108
9	10060109	男	102
10	10060110	男	87
11	10060111	男	107
12	10060112	男	85
13	10060113	女	110
14	10060114	男	94
15	10060115	男	108
16	10060116	男	92
17	10060117	女	113
18	10060118	男	108
19	10060119	男	122
20	10060120	男	107
21	10060121	女	119
22	10060122	男	98
23	10060123	女	95
24	10060124	男	118
25	10060125	女	88
26	10060126	女	94
27	10060127	女	105
28	10060128	男	102
29	10060129	女	97
30	10060130	女	108

制作步骤如下：

（1）求全距（R）

全距指的是全部观察值中最大值与最小值之差。表 2.2.3 中的最小值是 85，最大值是 129，全距就是 $R=129-85=44$。

（2）决定组数和组距

组数不宜太少也不宜太多，太少会将许多不同的数据归在一起，误差较大；太多则计算麻烦，而且不容易显示出分布情况。一般来说，若数据个数较多，组数可以适当多些；一般不少于 5 组，也不要超过 15 组。**组距**指的是每一个组内包含的间距（用 i 表示），它是每组的终点值和起点值之差。一般来说，组距与组数存在相反的关系，组距越大，能分的组数就越少，反之则越多。

斯特奇斯（H. A. Sturges）提出过一个计算组距的经验公式：

$$i=\frac{\max-\min}{1+3.322\lg N} \qquad \text{（公式 2.2.1）}$$

式中：

N 表示总次数（观察值或数据个数）；

max 表示最大观察值；

min 表示最小观察值。

本例将 $N=30$ 代入，得 $i=7.45$。但是这仅仅提供了一个参考。为了后续计算上的方便，也为了符合人们的阅读习惯，可以将组距调节为 10，即每 10 分为一个组。

组距确定之后，组数也就相应确定了。组数应该是全距除以组距得到的商，在这里是 44/10=4.4，所以应该分 5 组。

（3）决定组限

组限是每一组的起点值和终点值。起点值为下限，终点值为上限。第一组的下限可以适当低于原始观察值的最小值，最后一组的上限也可以适当高于原始观察值的最大值。根据前面确定的组距（$i=10$），参考最低分，我们设置第一组的下限为 80 分。这样，将全部数据划分为 [80, 90)，[90, 100)，[100, 110)，[110, 120)，[120, 130)，共 5 组。同时，还可以计算出各组的组值（或称为“组中值”）——各组上限与下限的中间值。上述 5 组的组值分别是 85、95、105、115 和 125。

（4）登记次数

分组确定以后，就可以将观察值按组别计数，登记在次数分布表内（见表 2.2.4）。

表中可以列出组值，也可以不列。

表 2.2.4　某班级智力测验结果的简单次数分布表

得分	组值	次数
80 ～ 89	85	3
90 ～ 99	95	7
100 ～ 109	105	13
110 ～ 119	115	5
120 ～ 129	125	2
合计		30

在实际写作中，组限的表示方法可以灵活掌握。关键是保证每一个观察值都只能归入一个组：既不会无组可归，也不会因为有多个组可去而无法确定分在哪一组。

组距有等组距和不等组距之分。表 2.2.4 是等组距的次数分布表，各组组距都是 10。但是有时也需要采用不等组距，例如在研究人口的年龄构成时，往往根据年龄将个体分为 0 ～ 6 岁组、7 ～ 17 岁组、18 ～ 59 岁组，60 岁以上组。最后一个“60 岁以上组”因为没有上限，又被称为开口组（没有下限的也称为开口组）。虽然一般来说应尽量避免不等组距和开口组，但是有时也要根据资料的特点灵活设置组距和组限。

2.2.2　相对次数分布表和累积次数分布表

对次数稍作处理，就可以将简单次数分布表转换成相对次数分布表、累积次数分布表、累积相对次数分布表和累积百分数表等。

2.2.2.1　相对次数分布表

相对次数指的是各组的次数 f 与总次数 N 之间的比值（f/N）。它可以反映各组数据的比例结构。各组次数在总次数中占的百分比（$f/N\times100\%$）也是相对次数。利用相对次数可以编制相对次数分布表，它往往和简单次数分布表合在一起，见表 2.2.5。

表 2.2.5　某班级智力测验结果的简单次数分布表和相对次数分布表

得分	组值	次数	相对次数	百分比
80 ～ 89	85	3	0.10	10
90 ～ 99	95	7	0.23	23
100 ～ 109	105	13	0.43	43
110 ～ 119	115	5	0.17	17
120 ～ 129	125	2	0.07	7
合计			1.00	100

2.2.2.2 累积次数分布表

有时我们会问：智商为 120 及 120 以上的有多少人？ 110 及 110 以上的有多少人？或者 90 以下的有多少人？ 110 以下的有多少人？等等。IQ ≥ 110 同时包括了 IQ ≥ 120 和 IQ ≥ 130 等上方各组，为此就要对次数进行累加，从而得出累积次数分布。所谓累积次数，就是各个组限以上或以下的各组次数总和。根据累积次数编制的次数分布表就是累积次数分布表，通过它可以了解位于某个组限以上或以下的数据的个数。

累积次数分布表分为大于制和小于制两种。大于制计算的是**大于等于**各组**下限**的累积次数。根据表 2.2.4，可以计算出 IQ ≥ 120 的有 2 人，IQ ≥ 110 的有 2+5=7 人，IQ ≥ 100 的有 2+5+13=7+13=20 人……最终得到大于制累积次数分布表（见表 2.2.6，第 3 列）。

小于制计算的是**小于等于**各组**上限**的累积次数。根据表 2.2.4，可以计算出 IQ ≤ 89 的有 3 人，IQ ≤ 99 的有 3+7=10 人，IQ ≤ 109 的有 3 + 7 + 13 = 10 + 13=23 人……最终可以得到小于制累积次数分布表（见表 2.2.6，第 4 列）。

表 2.2.6 某班级智力测验结果的简单次数分布表和累积次数分布表

得分	次数	累积次数（大于制）	累积次数（小于制）
80 ～ 89	3	30	3
90 ～ 99	7	27	10
100 ～ 109	13	20	23
110 ～ 119	5	7	28
120 ～ 129	2	2	30
合计	30		

如果再计算出各组的累积次数与总次数 N 之间的比值或百分数，就可以编制出累积相对次数分布表和累积百分数表，见表 2.2.7。

表 2.2.7 某班级智力测验结果次数分布表

得分	次数	相对次数	累积次数（大于制）	累积相对次数	累积百分数
80 ～ 89	3	0.10	30	1.00	100
90 ～ 99	7	0.23	27	0.90	90
100 ～ 109	13	0.43	20	0.67	67
110 ～ 119	5	0.17	7	0.23	23
120 ～ 129	2	0.07	2	0.07	7
合计	30	1.00			

累积次数分布表的用途

根据累积百分数表，可以判断某个数据在整个数据范围中的大概位置。例如，根据表 2.2.7，可以估计 IQ=111 的人大概位于第 7 名的位置，如果有 1000 人参加测验，这个成绩大概位于第 230 名（23%×1000）。

2.3 次数分布图

根据次数分布表可以进一步绘制出相应的次数分布图，从而更直观地表达次数分布的结构形态和特征。图的绘制也很简单，在许多办公软件（例如 WORD 和 WPS 等）中，只要输入组值和次数等内容，就可以直接画出图来。本章中的各种图大多是用上述办公软件绘制的，其绘制方法请参考相关的软件教程。

次数分布图有很多种，例如直方图、折线图、多边图、饼形图和茎叶图等，本书将介绍主要的四种类型：直方图、直条图、多边图和茎叶图。

2.3.1 直方图和直条图

2.3.1.1 直方图

直方图由若干直方条排列在横坐标上构成，直方条的高度（或长度）表示次数 f。图 2.3.1 就是根据表 2.2.4 所示的简单次数分布表绘制成的简单次数分布图。

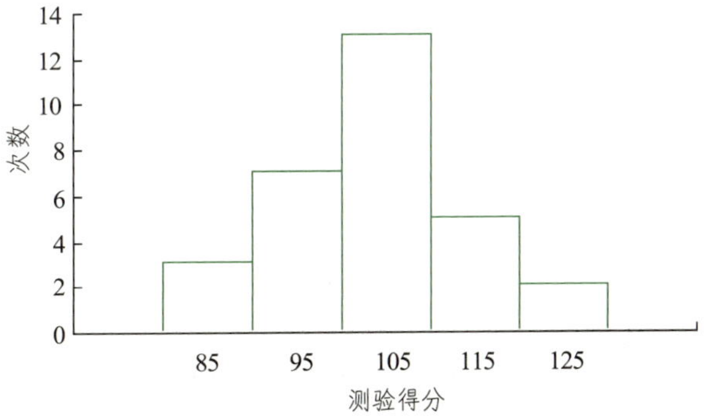

图 2.3.1 某班级智力测验结果简单次数分布直方图

2.3.1.2 直条图

直条图是直方图的变种，是称名量表的次数分布图，即横坐标上的取值是质性的。例如，性别（男、女）、群体编号（一班、二班、三班……）、态度（赞成、反对、不置可否）等。直条图的各个直方条之间总是空开一定的距离，其高度（或长度）仍表示次数f。

图 2.3.2 是根据表 2.2.1 绘制的直条图。

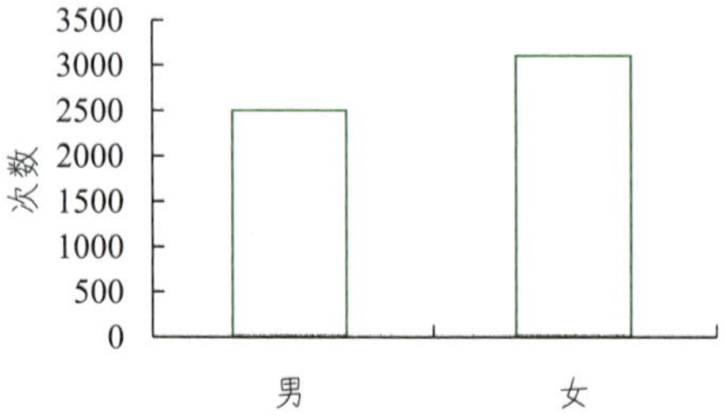

图 2.3.2 某校男女生人数

2.3.2 多边图

多边图以一条连续的折线表示各组的次数f。多边图的绘制方法与直方图基本相同。不同之处在于，它不是以直方条的高度代表各组的次数，而是以各组组值为横坐标，以相应组的次数为纵坐标画点，然后将这些点连接成折线。通常，折线的两端应延伸至外侧一组（空组，$f=0$）的中点与横轴相接（见图 2.3.3）。

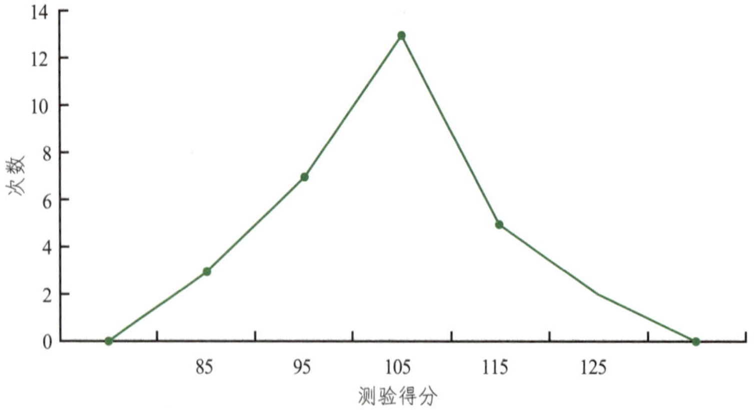

图 2.3.3 某班级智力测验结果次数分布多边图

将简单次数转换为相对次数，就可以画出相对次数多边图。它的一个突出的优点是可以在一个图上比较多个群体的次数分布（如图 2.3.4）。

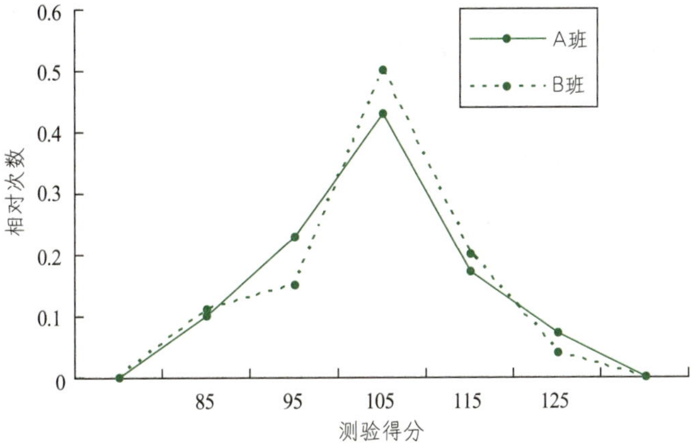

图 2.3.4 两个班级智力测验结果相对次数分布多边图

根据累积次数分布表，同样可以绘制累积次数分布多边图和累积相对次数分布多边图。累积次数分布有小于制和大于制，累积次数分布多边图也有相应区别：绘制**小于制**图形时，每个组的坐标点由该组**上限**与相应的累积次数确定，最低组的折线要延伸到 0；绘制**大于制**图形时，每个组的坐标点则由该组**下限**与相应的累积次数确定，且最高组的折线要延伸到 0。小于制的累积次数分布图比较常见。图 2.3.5 是根据表 2.2.6 绘制的累积次数分布多边图（小于制）。

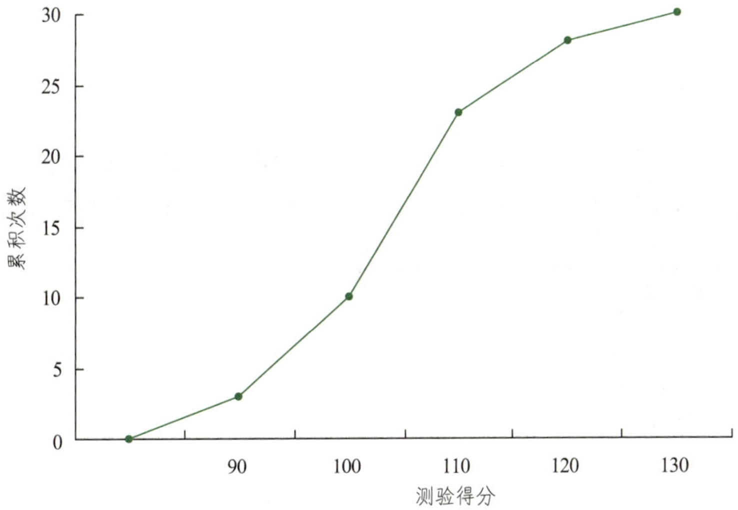

图 2.3.5 某班级智力测验结果累积次数分布多边图

累积相对次数分布图的用途

根据累积百分数表，可以判断某个数据在整个数据范围中的大概位置。而在累积相对次数分布多边图上，可以方便地通过作图法大致地回答大于或小于某值的比例有多少。反过来，也可以根据累积相对次数或累积百分比来得到相应的变量值。图 2.3.6 就是通过作图方式估计出测验得分为 115 以下的人占多少百分比（约为 85%）。在心理测量中，常常用累积百分数分布为标准化测验建立原始分数和百分等级的对照表，以此说明某个原始分数在群体中的优劣或位置。

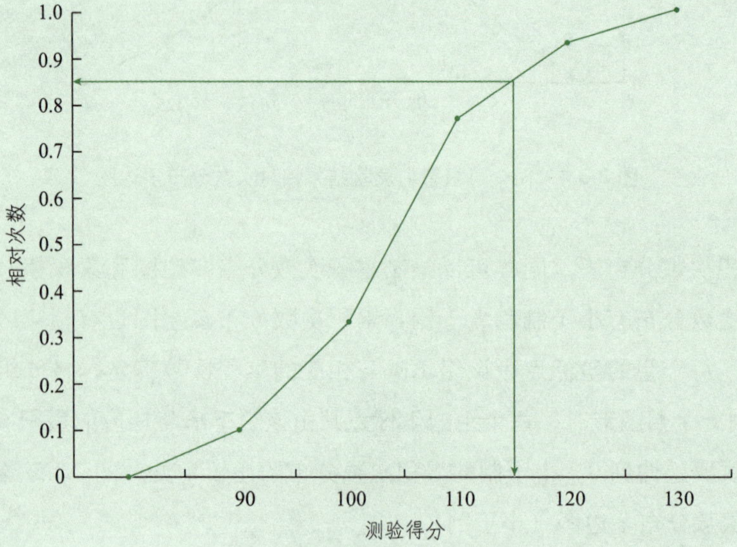

图 2.3.6 用作图法实现分数及其百分位置互查

2.3.3 茎叶图★

茎叶图是一种既能表现次数分布，又能保留原始数据的数据表示方式。它是探索数据规律的极有用的方式。图 2.3.7 就是依据表 2.2.3 中 30 名学生的智力测验得分编制的茎叶图。

08 | 578	3
09 | 2445778	7
10 | 2223355778888	13
11 | 03489	5
12 | 29	2
	N=30

图 2.3.7 茎叶图（依据表 2.2.3 中 30 名学生的智力测验得分编制）

从图 2.3.7 可以总结出茎叶图的编制方法。图中的“茎”就是得分中的十位数和百位数（08~12），“叶”就是得分中的个位数。所以，09 | 2445778 表示有 7 个人的得分介于 90~99，分别是 92、94、94、95、97、97、98。还可以看到，茎和叶上的数字都由小到大排序。

如果将“茎”看作横轴，将“叶”的长度（每一行个位数的个数）看作次数，上述茎叶图就可以看作一幅次数分布直方图。它与普通直方图的区别在于，里面列出了每一个原始观察值。

实际编制茎叶图时，“茎”不一定是十位数和百位数，也可以是千位数，甚至是万位数；“叶”也不一定是个位数，也可以是百位数或十位数，应根据数据特点灵活掌握。

2.4　多变量图示法

在心理学研究中，常常遇到多个随机变量的情况。例如，对同一个个体，同时测量其言语能力和数学运算能力；在人格测验中，需要考察的随机变量可能多达十几个甚至几十个。对于这样的情形，就需要采用多变量图示法来表征数据。

2.4.1　双变量图示法——散点图

如果我们要研究两个变量之间的关系，例如，研究数学能力和言语能力的关系、身高和体重的关系、智力和学业成绩的关系，可以使用散点图来直观地加以表征。

散点图是在直角坐标系中，以个体在两个变量上的观察值为点的坐标绘制而成的图，常常用于观察两个变量间有无相关。横坐标和纵坐标分别表示两个随机变量，每一个被观察的个体在这两个变量上的观察值就是一个点的坐标，有多少个个体，就有多少个点。

例如，表 2.4.1 中的数据是某班级学生数学能力测验和言语能力测验的成绩，图 2.4.1 就是根据该表绘制的散点图。从图中可以看到，数学能力和言语能力的测验成绩之间存在一种近乎正比的关系：数学能力得分高的，言语能力得分往往也比较高，反之亦然。这种关系称为正相关（还有负相关和零相关），本书将在第 11 章“相关分析”里详细介绍相关系数的种类和计算方法。

表 2.4.1 某班级学生数学能力测验和言语能力测验的成绩

学号	数学	言语	学号	数学	言语	学号	数学	言语
1	125	130	11	94	89	21	60	68
2	104	109	12	92	96	22	58	60
3	109	115	13	86	89	23	92	88
4	118	120	14	89	97	24	96	100
5	115	110	15	88	99	25	85	92
6	107	105	16	81	85	26	84	93
7	102	100	17	79	78	27	71	70
8	96	99	18	75	90	28	102	96
9	94	96	19	71	80	29	112	116
10	99	98	20	65	75	30	130	129

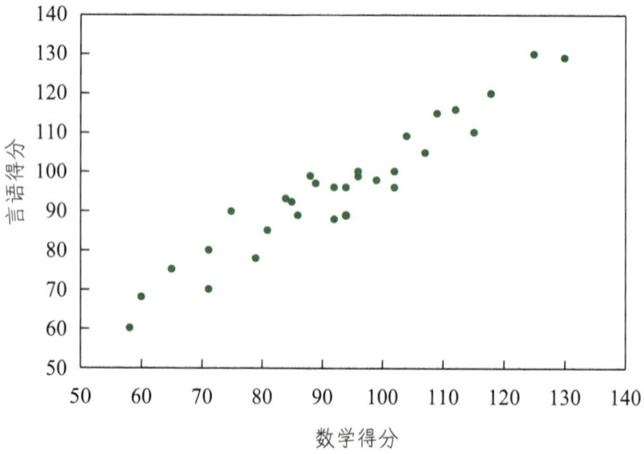

图 2.4.1 某班级学生数学能力测验和言语能力测验得分的散点图

2.4.2 多变量的图示法——轮廓图、雷达图和脸谱图

统计学家们提出了多种多变量的图示方法，主要有轮廓图、雷达图、星座图、脸谱图、三角多项式图、连结向量图等，以及一些降维作图法。这里简单介绍三种比较常见的图示方法：轮廓图、雷达图和脸谱图。

2.4.2.1 轮廓图

轮廓图是心理学中最常见的表示多变量的图示方法。许多著名的心理测验，包括韦克斯勒智力测验、明尼苏达多项人格量表和卡特尔 16 种人格特质测验等都用它表示多个分测验的得分情况。

轮廓图是以若干个平行的纵坐标代表各个变量，以个体的各变量的观察值在坐标上的点的连线表示数据的图，又称剖面图。多个个体的连线可以画在同一个轮廓图上。

例如，卡特尔 16 种人格特质测验有 16 个分测验，每个分测验的得分就是一个随机变量。现在假定表 2.4.2 是两位参试者的 16 个分测验的得分（心理测量学上称为“量表分”），可以画出相应的轮廓图（见图 2.4.2）。其中多个纵坐标可以简化成一个，画在最左侧。

表 2.4.2 两位参试者在卡特尔 16 种人格特质测验中的量表分

因素	A	B	C	E	F	G	H	I	L	M	N	O	Q1	Q2	Q3	Q4
参试者 A 得分	7	6	4	7	7	4	9	3	2	8	6	7	4	8	6	5
参试者 B 得分	3	8	5	6	3	6	1	8	6	2	5	4	5	6	7	5

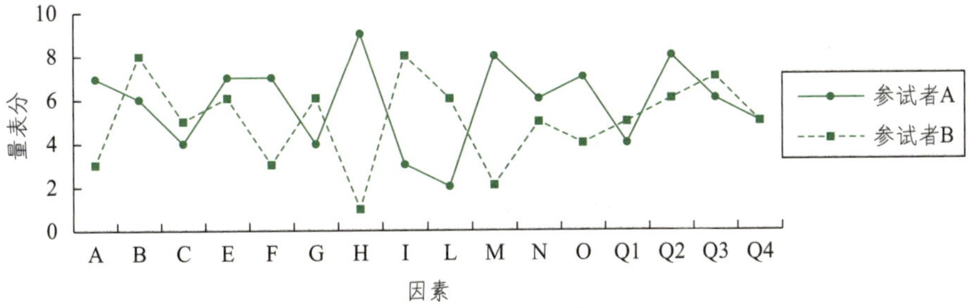

图 2.4.2 两位参试者在卡特尔 16 种人格特质测验中的量表分轮廓图

2.4.2.2 雷达图

雷达图也称为星图或蜘蛛网图，是以一个圆中的若干个半径作为变量的坐标轴，以个体的各变量的观察值在坐标上的点的连线来表示数据的图。多个个体的连线可以画在同一个雷达图上。

雷达图的画法：假定有 p 个变量，先画一个圆，用 p 个点将圆周等分，从圆心到这 p 个点的连线就是 p 个变量的坐标轴。根据各变量的取值范围在坐标轴上标出刻度，然后以个体各变量的观察值在各个轴上画点，最后将这些点依次连接起来，得到一个 p 边形。根据表 2.4.2 数据可以画出一个雷达图（见图 2.4.3）。

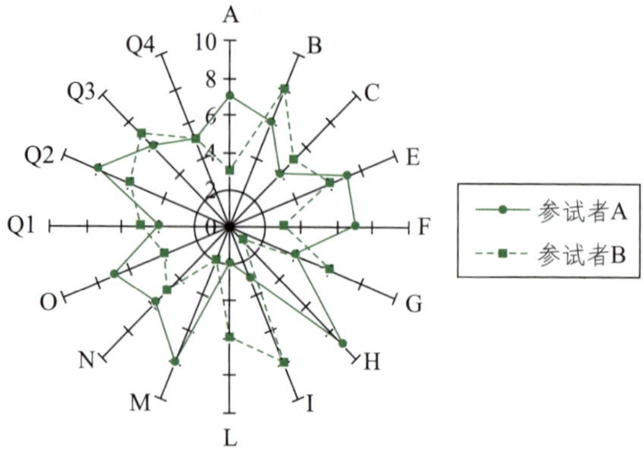

图 2.4.3 两位参试者在卡特尔 16 种人格特质测验中的量表分的雷达图

2.4.2.3 脸谱图*

脸谱图运用人脸各部位的数量和形状特征来表示多个变量的数据。人脸各个部位有许多特征，例如，脸的大小和形状；鼻子的长度；嘴的位置、微笑的曲线、嘴的宽度；眼的分离程度、形状、宽度等；瞳孔的大小；等等。这些特征取不同的值，就出现不同的脸。如果我们开展研究时运用上述面部特征来描述不同个体多个变量的观察值，例如，用发型表示性别，用脸的长度表示智商，用脸的宽度表示好奇心强度……每个个体就呈现出了不同的脸谱图。

一般的左右对称的脸谱图可以描述 18 个变量，如果允许左右不对称，一张脸谱图就可以描述 36 个变量。目前已经有统计软件可以绘制脸谱图，使用者只需输入各个变量的观察值即可。图 2.4.4 就是用著名的 R 软件* 画出的 4 个参试者的脸谱图，其表示的变量为性别、年龄、智商、好奇心强度等。

图 2.4.4 脸谱图

---

* R 软件是一款免费统计软件，有很多程序包，可以完成许多强大的统计分析。其 aplpack 程序包可以用来绘制脸谱图。

本章术语

◆ **间断变量**（discontinuous variable）：其可能取值在数轴上不连续的变量。

◆ **连续变量**（continuous variable）：其可能的取值在数轴上连续地充满某一区间的变量。

◆ **称名量表**（nominal scale）：数据表示的是观察值的不同质别，起到名称的作用；数据之间不可以进行任何数学运算。

◆ **顺序量表**（ordinal scale）：数据表示的是个体某方面特征所对应的名次或等级；数据之间可以进行比较运算。

◆ **等距量表**（interval scale）：数据表示测量上具有相等单位的观察值，而且有一个相对零点；数据之间可以进行加减法运算。

◆ **比率量表**（ratio scale）：数据表示测量上具有相等单位的观察值，而且有一个绝对零点；数据之间可以进行乘除法运算。

◆ **次数分布**（frequency distribution）：按照一定的标准将观察值分组后，各组观察值个数的分布情况；又称为频数分布。

◆ **组距**（group interval）：次数分布中每一个组内包含的间距（用 i 表示），是每组的终点值和起点值之差。

◆ **相对次数**（relative frequency）：次数分布中各组的次数 f 与总次数 N 之间的比值（f/N）。

◆ **累积次数**（cumulative frequency）：各个组限以上或以下的各组次数总和。

◆ **直方图**（histogram）：由若干直方条排列在横坐标上构成，直方条的高度表示次数 f。

◆ **直条图**（bar graph）：称名量表的次数分布图，即横坐标上的取值是质性的。各个直方条之间空开一定的距离，其高度表示次数 f。

◆ **多边图**（line graph）：以一条连续的折线表示各组的次数 f。

◆ **茎叶图**（stem-and-leaf plot）：一种既能表现次数分布，又能保留原始数据的数据表示方式。它是探索数据规律的极有用方式。

◆ **散点图**（scatter diagram）：在直角坐标系中，以个体在两个变量上的观察值为点的坐标绘制而成的图，常常用于观察两个变量间有无相关。

◆**轮廓图**（profile diagram）：以若干个平行的纵坐标代表各个变量，以个体的各变量的观察值在坐标上的点的连线表示数据的图，又称剖面图。

◆**雷达图**（radar chart）：以一个圆中的若干个半径作为变量的坐标轴，以个体的各变量的观察值在坐标上的点的连线来表示数据的图，又称为星图或蜘蛛网图。

◆**脸谱图**（face graph）：用人脸各部位的数量和形状特征来表示多个变量的数据。

练习与思考

1. 判断以下观察值属于间断变量还是连续变量。

（1）本班级共有学生45名

（2）某学生体重58千克

（3）某职员月工资2500元

（4）某参试者做对90次选择

（5）某人工作证号码为19850150

（6）某教师今年30岁

（7）某学生参加知识竞赛获得第1名

（8）某学生100米短跑用了13秒

（9）某学生珠算测验成绩为78分

（10）某学生通过了计算机水平二级考试

（11）某举重运动员可以举起120公斤的杠铃

（12）咨询机构将某银行的信用水平评为B级

2. 判断以下观察值（带下划线部分）属于称名量表、顺序量表、等距量表，还是比率量表。

（1）从家里到工作场所的<u>距离</u>

（2）某企业入选世界500强，列<u>第498名</u>

（3）某篮球运动员的身高为<u>2.20米</u>

（4）这位球员无论在哪个球队都穿<u>10号</u>球衣

（5）完成某项工作所需的<u>时间</u>

（6）某商场今天完成销售额<u>12.5万元</u>

(7) 某人的职业是工人

(8) 珠穆朗玛峰的海拔高度为 8848 米

(9) 根据 DSM-V 的标准，这是广场恐怖症的典型症状

(10) 某学生通过了英语 6 级考试

(11) 昨天的最高气温为华氏 45 度

(12) 本次测验中，女生成绩略高于男生

(13) 某职员对工作流程改革的态度是不置可否

(14) 动物发现天敌时的第一反应就是逃跑或伪装

(15) 某职员晚上 6 点钟下班

(16) 学生甲的气质类型被评定为多血质

3. 百分制得分为什么不能被看作比率量表？

4. 以下是 50 名学生的测验成绩（带有下划线的 98 和 56 分别为其中的最大值和最小值）：

76	96	65	90	76	70	86	84	83	62
82	71	80	79	67	78	67	78	77	56
72	98	90	76	83	75	69	61	74	73
72	77	72	82	67	71	87	70	75	69
68	78	78	71	92	74	76	62	64	77

(1) 根据斯特奇斯经验公式并结合分组原则，这些数据次数分布的组距多大为宜？

(2) 根据 (1) 得出的组距和组数，编制简单次数分布表、相对次数分布表、累积次数分布表（小于制）和累积相对次数分布表（小于制）。

5. 设组距为 10，为第 4 题中的数据绘制简单次数分布图和累积相对次数分布图。

6. A、B、C 三个班级的阅读测验各等级人数如下：

班级	优	良	中	及格	不及格
A 班	10	15	12	5	0
B 班	7	16	15	6	1
C 班	9	18	20	11	5

请编制合适的次数分布图，以便比较三个班级的成绩。

7. 编制某智力测验时，为获得测验的信度，让同一组参试者进行了两次测验，得到第

一次测验得分（X）和第二次测验得分（Y），请将这些数据绘制成散点图。

X	77	76	80	88	67	70	67	75	72	74
Y	89	75	87	89	77	80	81	84	80	89

实习题

8. 自行采集一组数据，建议样本容量为 60，数据可能的取值范围为 50 ～ 150。用尽可能多的统计图表来表示这些数据。可以使用统计软件。

第 3 章

常用特征量

本章提要

本章主旨

统计学的基本任务之一是对数据资料加以描述。描述统计学采用了许多特征量，主要有集中量、差异量、地位量、相关量、偏态量和峰态量等。本章将介绍除了相关量之外的常用特征量。

本章要点

- 集中量用于描述数据的典型水平或集中趋势，包括算术平均数、加权平均数、几何平均数、中位数、众数等。
- 差异量描述数据的离散程度，是个别差异和群体间差异的重要指标，包括全距、平均差、方差、标准差、差异系数等。
- 地位量描述特定数据在全体数据中所处的地位，包括百分位数和百分等级。
- 偏态量用于描述数量分布偏离正态的程度，峰态量用来描述分布高低宽窄的程度；两者共同反映数据的分布特征。

导读问题

- 为什么有人说统计学就是“平均数和方差的故事”？
- 特征量为何有“优缺点”之说？为什么薪资水平常用中位数表示？
- 差异量有何用途？为什么比较差异量时常常运用差异系数？
- 偏态量和峰态量各有什么用处？

3.1 集中量

经过对资料的初步整理，得到次数分布表和次数分布图，我们就可以看到数据分布的面貌和特征。为了更好地描述数量资料，还要计算一些数量指标。**特征量**就是描述一组资料的数量特征的指标。

特征量分成几大类别，其中最常用的就是**集中量**，它是描述一组数据的集中趋势或典型水平的指标。

在考察集中量之前，先思考一个问题：如果让你描述一下你所在班级同学的年龄情况，你会怎样报告？

一种方式是，把全班每一个同学的年龄都报出来。这种方法不会导致任何信息损失，但是听的人会如坠云雾中，没有一个概括的印象。

另一种方式就是报一个典型的、有代表性的年龄。但是哪个年龄最能够代表全班呢？我们首先想到的就是平均年龄，例如 20.12 岁。虽然你班上没有哪位同学的年龄刚好是 20.12 岁，但是大家都会觉得它是全班同学年龄的集中体现，是最典型、最有代表性的。这就是我们在描述一个群体的数据资料时，总要报告平均数的原因。而平均数就是一种集中量。

集中量不仅包括平均数，还有中位数、众数等，它们都是描述数据的集中趋势或典型水平的指标。如果事先把数据资料整理成次数分布（常常是正态分布），就会发现大量数据集中在分布的中心或重心附近，同时又与之保持一定的距离，而且离中心或重心越远处的数据就越少。这体现出数据之间既有集中趋势，又有离中趋势。集中趋势体现了数据的重心，数据总是围绕这个重心上下波动的；离中趋势则体现数据的波动性或离散程度，反映出数据参差不齐的特性。

本节将介绍一些主要的集中量指标，包括算术平均数、加权平均数、几何平均数、中位数、众数等。

3.1.1 算术平均数

3.1.1.1 算术平均数的定义

算术平均数是所有观察值 X_i 的总和除以总次数（N 或 n）所得之商，简称为平均数或均数。计算公式为

$$\mu = \frac{\sum_{i=1}^{N} X_i}{N} \qquad \text{（公式 3.1.1a）}$$

或

$$\overline{X} = \frac{\sum_{i=1}^{n} X_i}{n} \qquad \text{（公式 3.1.1b）}$$

这两个公式分别表示总体平均数和样本平均数的计算方法，虽然所用符号略有不同（总体平均数为 μ，其数据个数为 N；样本平均数为$\overline{X}$，其数据个数为 n），但是就计算本身而言没有什么区别。以后介绍的各种特征量也可能涉及这个问题，为了叙述的简洁性，一般只列出样本特征量的计算公式。

算术平均数是一组观察值的代表值，它可以消除偶然性造成的随机误差，揭示出必然因素的作用，从而使我们得以对不同的总体或同一总体不同时间的情况进行比较，判断它们之间的差异。

3.1.1.2 算术平均数的特性

算术平均数具有一些有趣的特性（仅用样本方式表示）：

- 各观察值与算术平均数之差（离差）的总和等于零。即

$$\sum_{i=1}^{n}(X_i - \overline{X}) = 0 \qquad \text{（公式 3.1.2）}$$

离差有着极其重要的含义。试想，全班的平均年龄如果是 20 岁，某同学的年龄是 21 岁，离差 (21 – 20) = +1 就表示该同学年龄较大。所以，离差体现的就是个别差异，它在后面计算平均差、方差和标准差时将起到关键作用。

- 各观察值与算术平均数之差（离差）的平方和为最小，即设 X_0 为非$\overline{X}$的任意值，则

$$\sum_{i=1}^{n}(X_i - X_0)^2 > \sum_{i=1}^{n}(X_i - \overline{X})^2 \quad \text{（公式 3.1.3）}$$

这也是离差的一个重要数学特性，在统计学中被广泛运用。

3.1.1.3 算术平均数的优缺点

算术平均数的优缺点是针对它是否具备一个良好的集中量所需的条件而言的。算术平均数的优点很多，诸如：

- **反应灵敏**。算术平均数的计算利用了所有的数据，其中任何一个数据发生任何微小的变化都会影响到计算结果。因此，算术平均数能够非常灵敏地反映数据的变动。当然，反应灵敏在某些情况下也会成为缺点，因为一些极端数值（极大值或极小值）很容易影响到算术平均数，使其失去典型性。
- **严密确定**。同一组数据不可能算出不同的结果。
- **适合进一步的代数运算**。例如，可以通过几个平均数求它们的总平均数。
- **受抽样变动的影响小**。如果我们从一个总体中随机抽取样本，样本的平均数的抽样误差最小，而中位数和众数的抽样误差则较大。所以，样本平均数是总体平均数的最好估计值。

算术平均数的上述优点保证其在绝大部分情况下是一个良好的集中量。但是，算术平均数也有缺点。除了前面讲的容易受极端数值的影响以外，有时，一组数据中某个数值的大小不够确切时，就无法计算其算术平均数。

3.1.2 中位数

3.1.2.1 中位数的定义

将所有的观察值按照大小顺序排列，处在中间位置的那个观察值就是中位数。因为居于中间位置，所以如果以中位数为界，就可以把一组观察值分为两半：一半比它大，一半比它小。因此，也有人称之为位置平均数。中位数一般用 *Md* 表示。

3.1.2.2 中位数的计算方法

中位数的计算分为两个步骤：

第一步，将所有的观察值依大小顺序排列。因为中位数位于排序后的中间位置，所以排序采用的是升序（由小到大）还是降序（由大到小）不影响结果。

第二步，根据总次数（即观察值个数 n）为奇数还是偶数，决定中位数所在的位次。如果总次数是奇数，则第 $(n+1)/2$ 个观察值就是中位数；如果总次数为偶数，则将第

$n/2$ 和第 $n/2+1$ 个观察值之间的中间值（两个观察值的算术平均数）作为中位数。

【例 3.1.1】根据表 2.2.3 中的数据计算其中位数。

解：将所有数据排序（本题采用降序）如下：

129, 122, 119, 118, 114, 113, 110, 108, 108, 108, 108, 107, 107, 105, 105, 103, 103, 102, 102, 102, 98, 97, 97, 95, 94, 94, 92, 88, 87, 85

因为 $n=30$ 是偶数，所以中位数应该位于第 15 个数和第 16 个数之间。第 15 个数是 105，第 16 个数是 103，故 $Md=(105+103)/2=104$。

3.1.2.3 中位数的应用及其优缺点

中位数也具备了一个良好的集中量所需的某些优点。与算术平均数一样，中位数也严密确定、简明易懂、计算简便，且受抽样变动影响较小（但大于算术平均数）。

中位数的一个重要优点是它不易受极端数值的影响。在介绍算术平均数的优缺点时，我们曾经提到算术平均数容易受到极端数值的影响，从而可能影响它的典型性。

【例 3.1.2】某班学生月消费支出（元）状况如下：

1200，1270，1308，1315，1325，1325，1359，1375，1380，1395，1400，1470，1480，1490，1560，1580，1610，3250，4800，6600，7800

请算出该班级学生月消费支出的算术平均数并评价其典型性。

解：根据上述数据，其算术平均数为

$$\overline{X}=\frac{\sum_{i=1}^{n}X_i}{n}=\frac{1200+1270+\cdots+7800}{21}=2204.38$$

但是，在所有 21 位被调查的学生中，超过 2204.38 元的只有 4 人，可见在有极端数值的情况下，算术平均数可能丧失其典型性。

而从中位数的定义和计算方法可以看出，在所有的数据中，只有位于最中间的 1 个或 2 个数据参加运算，因此，极端数值不会对中位数造成任何影响。如果例 3.1.2 采用中位数［因为 n=21 是奇数，所以取第 $(n+1)/2$=11 位次上的 1400］，典型性就比较强了。

中位数的缺点是不适合进一步的代数运算。因此，它比较适用于一组数据中有极端数值或有个别数据不确切的情况。另外，当数据属于顺序量表水平时，不能用算术平均数，只能用中位数。

3.1.3 众数

3.1.3.1 众数的定义

众数是观察值中出现次数最多的那个数值。它也可以用来描述集中趋势，用 *Mo* 表示。在次数分布图中，众数就是与次数分布曲线最高点相对应的横坐标的取值。

3.1.3.2 众数的计算方法

众数的计算方法有两种：

- 在数据不多的情况下，可以用观察法直接找到出现次数最多的那个数值；如果数据较多，也可以先将所有的观察值排序，这样可以更方便地找出众数。
- 如果数据太多，先列出次数分布表，表中次数最多的那一组的组值可以作为众数。

要注意的是，以上两种方法得出的众数可能是不同的。

【例 3.1.3】根据表 2.2.3 中的数据计算其众数。

解法一：

将所有数据排序如下：

85, 87, 88, 92, 94, 94, 95, 97, 97, 98, 102, 102, 102, 103, 103, 105, 105, 107，107, 108, 108, 108, 108, 110, 113, 114, 118, 119, 122, 129

可以发现其中 108 出现的次数最多，共 4 次，故众数 $Mo = 108$。

解法二：

在第 2 章中，我们曾对表 2.2.3 的数据列出次数分布表（即表 2.2.4）。可以发现，100 ～ 109 这一组的次数最多（13），故取该组的组值 105 为众数。

3.1.3.3 众数的优缺点

众数的优点是简明易懂，也不受极端数值的影响。但是除此之外乏善可陈。第一，众数不是一种严密确定的指标，有时可能出现 2 个乃至更多的众数；如果通过次数分布表寻找众数，组距的不同还会造成众数数值的变化。第二，它不适合进一步的代数运算。第三，受抽样变动的影响比较大。这些缺点大大限制了它的适用范围。

3.1.3.4 算术平均数、中位数和众数之间的关系

算术平均数、中位数和众数的大小与次数分布的形态有关：

- 如果次数分布是左右对称的，则三者相等，在图形上重合为一个点。
- 如果次数分布是偏斜的，由于极端数值的影响，三者分离（见图 3.1.1）。

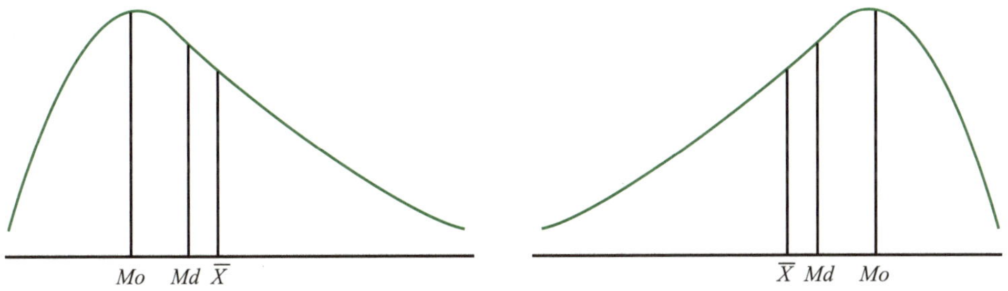

图 3.1.1 算术平均数、中位数和众数在偏态分布中的相对位置

根据经验，如果观察值足够多，次数分布偏斜适度（接近正态分布），则算术平均数、中位数和众数之间具有如下近似的数量关系：

$$\overline{X}-Mo\approx 3(\overline{X}-Md)$$ （公式 3.1.4）

如果次数分布偏斜程度太大，上述关系就不再存在。根据上述比例关系，反过来也可以判断一个分布是否接近正态分布。

为什么多数人觉得收入不如别人？

国家统计局每年都会报告全国城镇和农村居民收入平均数，但是大多数人觉得自己的收入没有达到这个平均数。如果大多数人的收入真的没有达到平均数，这意味着中位数比平均数低。因为中位数以下的人已经占了总人数的 50%，再加上收入介于中位数与平均数之间的人数，自然就产生了大多数人觉得收入不如别人的结果。2012 年 1 月，国家统计局同时报告了居民收入的中位数和平均数。数据显示，2011 年城镇居民人均可支配收入中位数为 19118 元，平均数为 21810 元，中位数比平均数低 2692 元，显然这是一种偏态分布的情况。在这种情况下，中位数比平均数更能代表大多数普通工作者的收入情况。

3.1.4 加权平均数

在计算平均数时，有时不仅要考虑观察值本身的大小，还要考虑各个值所起作用的大小，这时就要计算加权平均数。数学上体现“作用大小”的办法就是将每个观察值乘以不同大小的数值（权重），用 W 表示。例如，教师在计算学生总评成绩时，将期中考试成绩以40%计入总分，将期末考试成绩以60%计入总分，就体现了两次考试的不同权重。加权平均数就是具有不同权重的数据的平均数。设有 n 个数据 X_i，其权重分别为 W_i，则加权平均数（$\overline{X}_w$）的计算公式为

$$\overline{X}_w=\frac{\sum_{i=1}^{n}W_iX_i}{\sum_{i=1}^{n}W_i} \qquad \text{（公式 3.1.5）}$$

我们知道，计算几个组的总平均数的时候，不能直接将各组平均数相加后除以组数，而是要在每个组的算术平均数之前乘以该组的次数 n_i，然后计算总和，最后再除以总次数。在这里，n_i 实际上就是第 i 组平均数的权重。可见，根据组平均数计算的总平均数也是一个加权平均数。

$$\overline{X}_t=\frac{\sum_{i=1}^{K}n_i\overline{X}_i}{\sum_{i=1}^{K}n_i} \qquad \text{（公式 3.1.6）}$$

式中：

$\overline{X}_t$为总平均数；

K 为组数；

n_i 为各组次数；

$\overline{X}_i$为各组平均数。

【例 3.1.4】假定某学校计算总评成绩时，期中考试成绩和期末考试成绩按照 4 ∶ 6 的比例计入总分，现有一个学生的期中考试成绩为 80，期末考试成绩为 90，问该生总评成绩应该是多少？

解：4 ∶ 6 的比例显示出两个成绩不同的重要程度，应当计算加权平均数：

$$\overline{X}_w = \frac{\sum_{i=1}^{n} W_i X_i}{\sum_{i=1}^{n} W_i} = \frac{4 \times 80 + 6 \times 90}{4 + 6} = 86$$

【例 3.1.5】有 3 个班级参加言语能力测验：A 班 30 人，平均分数为 82.6；B 班 40 人，平均分数为 90.2；C 班 35 人，平均分数为 85。问总平均分数是多少？

解：计算加权平均数

$$\overline{X}_t = \frac{\sum_{i=1}^{K} n_i \overline{X}_i}{\sum_{i=1}^{K} n_i} = \frac{30 \times 82.6 + 40 \times 90.2 + 35 \times 85}{30 + 40 + 35} = 86.30$$

3.1.5 几何平均数

几何平均数是成几何级数增长的变量值的平均数，适合于计算平均发展速度。它是 n 个数值连乘积的 n 次方根。计算公式为

$$\overline{X}_g = \sqrt[n]{X_1 X_2 \cdots X_n} \qquad \text{（公式 3.1.7）}$$

当一个数列的后一个数据是以前一个数据为基础成比例增长时，就要用几何平均数求其平均增长率。

【例 3.1.6】某城市居民用于心理咨询服务的支出逐年上升。近 4 年来的增长率分别是 10%、20%、25% 和 30%，问这 4 年来的平均增长率是多少？

解：计算几何平均数

$$\overline{X}_g = \sqrt[n]{X_1 X_2 \cdots X_n} = \sqrt[4]{110\% \times 120\% \times 125\% \times 130\%} = 121.02\%$$

近 4 年来平均增长率为 $121.02\% - 100\% = 21.02\%$

如果观察值比较大，且个数 n 又多，直接计算连乘积就十分麻烦，用计算机运算还可能产生“溢出”错误。为了解决这个问题，往往运用对数方法加以变换计算，故几何平均数又被称为对数平均数。变换过程如下：

对公式 $\overline{X}_g = \sqrt[n]{X_1 X_2 \cdots X_n}$ 的两边取对数，则有

$$\log \bar{X}_g = \frac{1}{n}\sum_{i=1}^{n}\log X_i \qquad \text{（公式 3.1.8）}$$

可见，计算几何平均数时，可以先对各个观察值求对数，接着计算对数的算术平均数，最后求出这个算术平均数的反对数。

例如，对于例 3.1.6，可以先将 4 个比率（1.10、1.20、1.25 和 1.30）的对数查出（分别是 0.04139、0.07918、0.09691 和 0.11394），再算出它们的平均数为 0.082855，最后查出其反对数，结果为 1.2102（即 121.02%）。两种解法结果相同。

3.2 差异量

假定有以下两组观察值：

甲组：81, 83, 85, 87, 89

乙组：75, 80, 85, 90, 95

两组数据的平均数都是 85，但是甲组数据之间的离散程度小，或者说比较“整齐”；乙组则离散程度大，参差不齐。差异量就是描述一组数据离中趋势或离散程度的指标。常见的差异量有全距、平均差、方差、标准差和差异系数等。

3.2.1 全距

在日常工作中，常常会遇到需要报告数据之间的差异程度的情况，这时的一个常用的办法就是报告其中的最大值和最小值。例如，在报告一个班级考试的情况时，除了报告此次考试的平均数外，还可以报出最高分和最低分。得到这两个分数后，我们很自然就会做一下减法，获得该班级成绩的变化范围，从而在一定程度上判断学生成绩是整齐集中的，还是参差不齐的。其实，这就是有意无意地使用了全距这个指标。

全距（R）是观察值中最大值（max）与最小值（min）之差，即

$$R = \max - \min \qquad \text{（公式 3.2.1）}$$

全距越大，说明观察值分布越分散；反之就越集中、越整齐。

由于计算方法十分简单，仅有两个极端数据参加运算，故全距不仅容易受极端数值的影响，而且是最粗略的差异量，有很大的局限性，一般只在编制次数分布表的时候使用。

3.2.2 平均差

平均差（AD）指的是所有观察值与算术平均数之差的绝对值的算术平均数。计算公式为

$$AD=\frac{\sum_{i=1}^{n}\left|X_i-\overline{X}\right|}{n} \qquad \text{（公式 3.2.2）}$$

平均差也可以是所有观察值与中位数之差的绝对值的算术平均数。即

$$AD=\frac{\sum_{i=1}^{n}\left|X_i-Md\right|}{n} \qquad \text{（公式 3.2.3）}$$

显然，平均差越大，数据差异程度就越大。

【例 3.2.1】根据表 2.2.3 中的数据计算平均差。

解：先计算算术平均数：

$$\overline{X}=\frac{\sum_{i=1}^{n}X_i}{n}=\frac{103+114+\cdots+108}{30}=104$$

再计算平均差：

$$AD=\frac{\sum_{i=1}^{n}\left|X_i-\overline{X}\right|}{n}=\frac{|103-104|+|114-104|+\cdots+|108-104|}{30}=8.0667$$

平均差体现了什么？

在"3.1.1.2 算术平均数的特性"中，我们曾提到离差的概念。所谓离差，就是各观察值与算术平均数之差。离差是个别差异的体现，但是离差有正负之分，相加时会抵消，以至总和永远是零。将离差取绝对值以后，相加时就不会相互抵消了。这样，平均差的分子$\sum_{i=1}^{n}\left|X_i-\overline{X}\right|$就有了一个重要的含义，它代表某组观察值的个别差异的总和；而平均差就是该组观察值的平均个别差异。

从平均差的计算公式可知，所有的原始观察值都参加了运算，因此，平均差反应灵敏，即任何数据的任何变化都可以在平均差上体现出来。另外，平均差的意义明确，计算方法也比较简单，这些都是它的优点。平均差的缺点是，计算时要用绝对值，且计算出来的平均差不适合进一步的代数运算。这就大大限制了它的应用范围。

3.2.3 方差和标准差

3.2.3.1 方差和标准差的定义

方差是离差平方的算术平均数。如果把这个定义中的所有要素一一对应地在公式中体现出来，这样的公式叫作定义公式。总体方差 σ^2 和样本方差S_n^2的定义公式分别是

$$\sigma^2=\frac{\sum_{i=1}^{N}(X_i-\mu)^2}{N} \qquad \text{（公式 3.2.4）}$$

$$S_n^2=\frac{\sum_{i=1}^{n}(X_i-\overline{X})^2}{n} \qquad \text{（公式 3.2.5）}$$

可以发现，方差和平均差的区别在于对离差的处理。计算平均差时，先取其绝对值再计算其平均数；计算方差时，先取其平方再计算其平均数；两种做法的目的都是为了避免离差之和等于零。

在推断统计学中，常常要根据样本的方差估计总体的方差，但是S_n^2并不是 σ^2 的最好的估计量，它是一个有偏估计量，而对数据做如下处理的 S^2（亦可记作S_{n-1}^2）则是 σ^2 的无偏估计量，也是最好的估计量。

$$S^2=\frac{\sum_{i=1}^{n}(X_i-\overline{X})^2}{n-1} \qquad \text{（公式 3.2.6）}$$

一般情况下，可直接将 S^2 当作样本的方差。当然，在大样本的情况下，S^2 和S_n^2趋近相等，两者可以相互代替。

标准差是方差的平方根。总体标准差 σ 和样本标准差 S 的定义公式分别为

$$\sigma=\sqrt{\frac{\sum_{i=1}^{N}(X_i-\mu)^2}{N}} \qquad \text{（公式 3.2.7）}$$

$$S=\sqrt{\frac{\sum_{i=1}^{n}(X_i-\overline{X})^2}{n-1}}\quad\text{（公式 3.2.8）}$$

3.2.3.2 方差和标准差的计算方法

定义公式完全可以计算方差和标准差，但是在手工计算的年代，这种计算十分麻烦，因为使用定义公式要先计算算术平均数，而算术平均数常常带有小数点，于是有人将公式略加推导，将算术平均数去掉，公式里只剩下原始数据，成为适合计算的公式，S^2 和 S 的计算公式分别为

$$S^2=\frac{\sum_{i=1}^{n}X_i^{\ 2}-\left(\sum_{i=1}^{n}X_i\right)^2/n}{n-1}\quad\text{（公式 3.2.9）}$$

$$S=\sqrt{\frac{\sum_{i=1}^{n}X_i^{\ 2}-\left(\sum_{i=1}^{n}X_i\right)^2/n}{n-1}}\quad\text{（公式 3.2.10）}$$

离差平方和的含义和应用

前文提到，计算平均差时，分子是$\sum_{i=1}^{n}\left|X_i-\overline{X}\right|$，它代表了某组观察值的个别差异的总和，而平均差就是该组观察值的平均个别差异。与平均差相似，方差的分子——离差平方和$\sum_{i=1}^{n}(X_i-\overline{X})^2$也是个别差异的总和，只不过以平方代替了绝对值，因而方差也是该组观察值的平均个别差异。离差平方和在统计学中有非常重要的价值。如果读者有兴趣，可以先试着找找看，本书后面的章节中几处用到$\sum_{i=1}^{n}(X_i-\overline{X})^2$、$\sum_{i=1}^{n}X_i^{\ 2}-\left(\sum_{i=1}^{n}X_i\right)^2/n$或 $(n-1)S^2$（这三个式子是等价的）。

【例 3.2.2】根据表 2.2.3 中的数据计算方差和标准差。

解：根据定义公式计算，前面例子中已经知道算术平均数为 104，因为 n=30 为大样本，故将其代入公式 3.2.5：

$$S_n^2=\frac{\sum_{i=1}^{n}\left(X_i-\overline{X}\right)^2}{n}=\frac{(103-104)^2+(114-104)^2+\cdots+(108-104)^2}{30}=105$$

对方差开平方根，就得到标准差 10.247。

也可以代入公式 3.2.6：

$$S^2=\frac{\sum_{i=1}^{n}\left(X_i-\overline{X}\right)^2}{n-1}=\frac{(103-104)^2+(114-104)^2+\cdots+(108-104)^2}{30-1}=108.621$$

对方差开平方根，就得到标准差 10.422。

由于是大样本，两种样本方差的计算结果差别不大。

3.2.3.3 方差和标准差的优缺点

计算方差和标准差时，所有观察值无一遗漏地加入运算。这使它们具备了成为一个良好特征量的基本条件——反应灵敏。当然，这同时也带来了一个缺点：易受极端数值的影响。此外，方差和标准差意义明确，计算也不很复杂，更重要的是，它们适合进一步的代数运算，这是平均差所不具备的优点。最后，在样本上计算得到的方差 S^2 和标准差 S 是总体差异情况的最好估计量。后文提到的“总体方差的估计值”就是 S^2，“总体标准差的估计值”就是 S。

3.2.4 差异系数

在比较两组数据的离散程度时，我们在很多情况下会直接比较两者的方差或标准差。但是，如果想研究这样一个问题：身高与体重相比，哪个差异大？这时就不能直接比较了。例如，一个班级的男生身高的平均数是 1.75 米，标准差是 0.10 米；体重的平均数是 60 千克，标准差是 5 千克，我们显然不能因为 5 大于 0.10 就说体重的差异大。如果身高的单位换成厘米，标准差不就变成 10 且比体重的标准差大了吗？可见，两种单位不同的资料无法直接比较差异的大小。

有时候，两种单位相同而平均数差异较大的资料也不能直接比较差异的大小。例如，同样是跳远，假定大学生平均成绩是 4 米，标准差为 0.3 米，一年级小学生平均成绩是 1 米，标准差也是 0.3 米，这两个差异是一样大小的吗？显然也不是，因为大学生成绩的相对差别比较小，而小学生成绩的相对差别则比较大。

为了比较单位不同，或单位相同而平均数相差较大的两组资料的离散程度，我们引入差异系数这个概念。最常用的差异系数（CV）是标准差与其算术平均数的百分比率，其计算公式为

$$CV = \frac{S}{\overline{X}} \times 100\% \qquad \text{（公式 3.2.11）}$$

现在计算前面所说的男生身高和体重的差异系数。身高：$CV = 0.10 / 1.75 \times 100\% = 5.71\%$，体重：$CV = 5 / 60 \times 100\% = 8.33\%$，可见是体重的差异大。同样，对于大学生和小学生的跳远成绩，计算它们的差异系数分别为：大学生 7.50%，小学生 30%。可见小学生跳远成绩差异大。

使用差异系数的前提

根据公式 3.2.11，如果平均数等于零，差异系数就失去了意义。测验理论认为，只有比率量表的平均数不可能等于零（因为它的测量起点是绝对零，测得的任何一个观察值都大于零），因此，只有比率量表的数据才能计算差异系数。不过，对于接近等距量表水平、平均数不可能为零的资料，例如百分制考试成绩等，也可以使用差异系数进行比较。

3.3　地位量

地位量是描述特定的观察值在整个次数分布中所占等级位置的指标。前面提到的中位数就是在按大小排序的数字序列中位于中间（50% 处）的那个数字。因此，中位数也可以看作一个具有特殊地位的数字。

有了地位量的概念后，对于任何一组观察值，只要任意指定一个位置或地位，就可以求出这个位置的数应该是多少；相反，如果给出一个数，也可以求出它应该在哪个位置。

常见的地位量有两种：百分位数和百分等级（百分位）。

3.3.1　百分位数和四分位数

百分位数是指以一定顺序排列的一组观察值中某个百分位置所对应的数值。百分位数用 P_p 表示，其中作为下标的 p 表示百分位置。例如，P_{80} 表示第 80 百分位数，它的含义是：在一组观察值中，小于这个数值的观察值个数占 80%，大于它的占 20%。依此类推，第 50 百分位数（P_{50}）就是中位数，大于和小于它的数都占 50%。

在统计学中，还经常提到四分位数，它们是将一组已排序的数据按个数四等分的百分位数，分别是位于 25%、50% 和 75% 的百分位数，故第一四分位数（Q_1）为 P_{25}，第二四分位数（Q_2）为 P_{50}（中位数），第三四分位数（Q_3）为 P_{75}。

百分位数一般在编制次数分布表的基础上用以下公式求得：

$$P_p = L_p + (p/100 \times N - F_b)i/f_p \qquad \text{（公式 3.3.1）}$$

或

$$P_p = U_p - [N(1-p/100) - F_a]i/f_p \qquad \text{（公式 3.3.2）}$$

式中：

N 为总次数；

L_p 为百分位数所在组的下限；

U_p 为百分位数所在组的上限；

F_b 为小于 L_p 的累积次数；

F_a 为大于 U_p 的累积次数；

i 为组距；

f_p 为百分位数所在组的次数。

初学者也许会觉得上述公式十分复杂，其实它们的指导思想都是先找到百分位数应该位于哪一组，然后在这个组的上下组限之间按照比例找到一个点，就得到了百分位数的值。下面我们通过一个例题来理解这一点。

【例 3.3.1】根据表 2.2.7 的数据计算 P_{40}。

解：本题要求计算的是第 40 百分位数。因为表 2.2.7 显示一共有 30 人，所以从最小值开始计算的 40% 的位置就是第 12 个人，不难看出，这个人应该在 100 ～ 109 这一组。

注意，严格地讲，100 ～ 109 这一组的上下限应该是 [100, 110)。由于在它前面 2 组已经有了 10 个人，所以，再数过来 2 个人就是第 40 百分位了。这个组有 13 人，这样第 40 百分位后面就应该有 11 人。现在根据 2∶11 的比例分割组距 10，得到 1.538∶8.462。所以，P_{40} 应该等于 100+1.538=101.538。用公式 3.3.1 计算就应该是：

$$P_{40} = L_p + (p/100 \times N - F_b)i/f_p = 100 + (40/100 \times 30 - 10) \times 10/13 = 101.538$$

用公式 3.3.2 计算应该得到相同的结果。

3.3.2 百分等级

百分等级（*PR*）就是“百分位数”中的“百分位”，它是某个数值在以一定顺序排列的一组观察值中所对应的百分位置。它是百分位数的逆运算。

百分等级也可以在编制次数分布表的基础上用以下公式求得：

$$PR=\frac{F_b+(X-L_p)f/i}{N}\times 100 \qquad (公式 3.3.3)$$

或

$$PR=\left(1-\frac{F_a+(U_p-X)f/i}{N}\right)\times 100 \qquad (公式 3.3.4)$$

式中：

X 为需要求出其百分等级的数值；

其他符号的意义与百分位数公式中的相同。

【例 3.3.2】根据表 2.2.7 的数据计算 $X=102$ 所对应的百分等级。

解：根据表 2.2.7，可知 102 位于 100 ～ 110 组，运用公式 3.3.3 或公式 3.3.4 均可计算其百分等级：

$$PR=\frac{F_b+(X-L_p)f/i}{N}\times 100=\frac{10+(102-100)\times 13/10}{30}\times 100=42$$

或

$$PR=\left(1-\frac{F_a+(U_p-X)f/i}{N}\right)\times 100=\left(1-\frac{7+(110-102)\times 13/10}{30}\right)\times 100=42$$

因此，与 102 对应的百分等级是 42，即在 42% 处。

百分位数和百分等级的相互推算不局限于计算法，也可以直接从原始数据中通过计数直接获得，或用第 2 章介绍累积相对次数分布图时运用的作图法（见 2.3.2 的贴士“累积相对次数分布图的用途”）通过度量粗略地得到。

箱线图

箱线图（Box-and-Whisker plot 或 Boxplot）可以将一组数据的最大值、最小值和 3 个四分位数同时呈现出来。作图时，用一个矩形的上面一条边表示 Q_3，用其下面的一条边表示 Q_1，用矩形中的一条粗横线表示 Q_2，即中位数；矩形上方画出一条线，延伸至最大值；矩形下方也画出一条线，延伸至最小值。另外，箱线图中在最上方和最下方的星号和圆圈分别表示数据中的极端值。有时，最大值远高于 Q_3，或最小值远低于 Q_1，令人怀疑其为极端数值，就用单独的圆圈或其他符号标在图上。

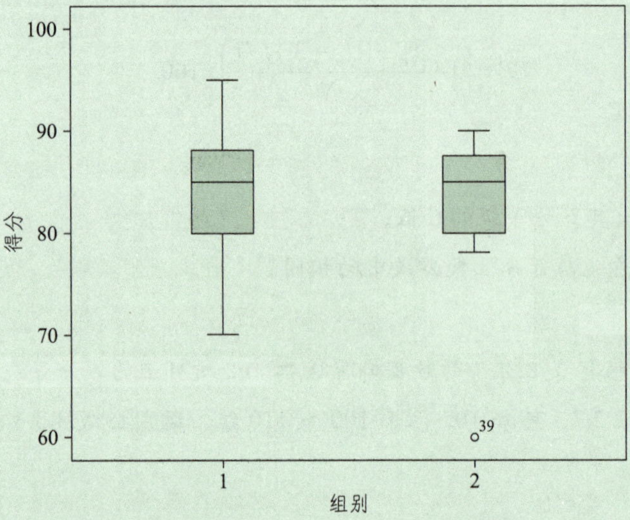

图 3.3.1 两组学生测验得分的箱线图

箱线图尤其便于比较两组或更多组数据的差异。以图 3.3.1 为例，图中的两个箱线图分别表示两组学生的成绩情况。第一组学生的最低分为 70，Q_1=80，Q_2=85，Q_3=88，最高分为 95；第二组学生的最低分为 78，Q_1=80，Q_2=85，Q_3=87.75，最高分为 90。（但是第 39 号学生的分数更低，为 60 分，远低于 Q_1=80，疑似极端数值。）

3.4 偏态量和峰态量

3.4.1 偏态量

偏态量是描述次数分布的偏态方向和程度的指标。图 3.4.1 中间的那条曲线是左右对称、不偏不倚的对称分布，而它旁边的两条曲线就是偏态分布。

偏态分布可以往左偏，也可以往右偏。需要注意的是，这里说的“左”和“右”指的是曲线发生左右偏倚时，算术平均数所在的方向。从图 3.4.1 可以看出，以读者为观察视角，如果曲线向左侧偏斜，$\bar{X}$就在右侧，这就是右偏或正偏；如果曲线向右侧偏斜，$\bar{X}$就在左侧，这就是左偏或负偏。

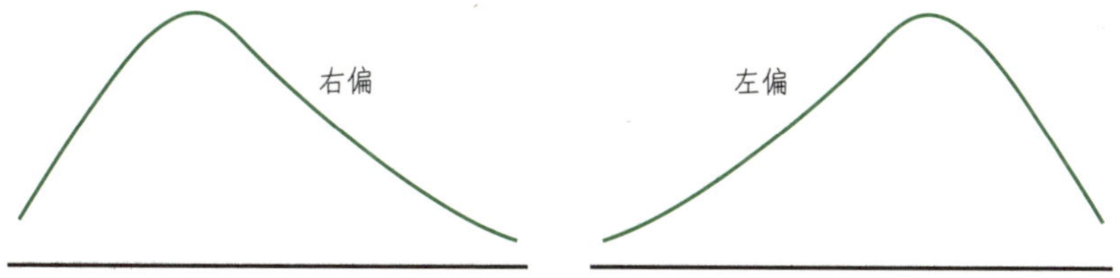

图 3.4.1 偏态分布

偏态指标的计算方法有很多，最常用的是偏度系数法和三级动差法。

3.4.1.1 偏度系数法

偏度系数法利用算术平均数、中位数和众数的关系来测定偏度，一般以算术平均数与众数之差除以标准差来计算偏度系数（SK），即

$$SK = \frac{\bar{X} - Mo}{S} \quad \text{（公式 3.4.1）}$$

式中：

Mo 是众数；

S 是标准差。

当 $SK > 0$ 时，$\bar{X} > Mo$，说明$\bar{X}$在右边，是正偏；相反，当 $SK < 0$ 时，$\bar{X} < Mo$，说明$\bar{X}$在左边，是负偏。SK 的绝对值越大，说明偏态程度越大。还可以将公式 3.4.1 中的众数 Mo 换成中位数 Md 来计算 SK。

3.4.1.2 三级动差法

统计学利用中心动差的概念表达次数分布的离散程度。中心动差指的是离差的 k 次方的算术平均数，即

$$\alpha_k = \frac{\sum_{i=1}^{n}(X_i - \bar{X})^k}{n} \quad (k=1, 2, 3, 4) \quad \text{（公式 3.4.2）}$$

根据 k 的值，中心动差可以分为一级动差、二级动差、三级动差和四级动差。

一级动差的分子就是离差和，因正负相抵消，结果为零。二级动差就是方差。三级动差可正可负，用来计算次数分布的偏度。公式为

$$\gamma_3 = \frac{\dfrac{\sum_{i=1}^{n}(X_i - \overline{X})^3}{n}}{S^3} \qquad \text{（公式 3.4.3）}$$

$\gamma_3=0$ 时分布为对称型，$\gamma_3>0$ 时为正偏，$\gamma_3<0$ 时为负偏。

3.4.2 峰态量

峰态量是描述次数分布的陡峭程度(高低宽窄特征)的指标。有的次数分布高而窄，叫作高狭峰，说明观察值之间差异小，比较整齐；有的低而宽，叫作低阔峰，说明观察值之间差异大，参差不齐（见图 3.4.2）。

峰态量的计算有两种方法：百分位数法和四级动差法。

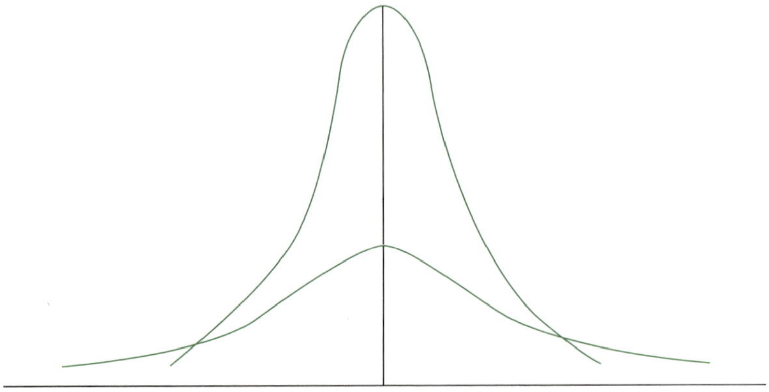

图 3.4.2　高狭峰和低阔峰

3.4.2.1 百分位数法

这是一种常用的峰态量计算法，它利用了第 75、第 25、第 90 和第 10 百分位数：

$$Ku = \frac{P_{75} - P_{25}}{2(P_{90} - P_{10})} \qquad \text{（公式 3.4.4）}$$

当 $Ku<0.263$ 时，分布呈高狭峰；当 $Ku>0.263$ 时，呈低阔峰。$Ku=0.263$ 为常态峰度。

3.4.2.2　**四级动差法**

峰态量还可以用四级动差来计算，公式为

$$\gamma_4 = \frac{\frac{\sum_{i=1}^{n}(X_i - \overline{X})^4}{n}}{S^4} - 3$$　（公式 3.4.5）

当 $\gamma_4 = 0$ 时，分布为常态峰度；当 $\gamma_4 > 0$ 时，为高狭峰；当 $\gamma_4 < 0$ 时，为低阔峰。在有的书里，上述公式中不减 3，这时把判断标准从 0 改为 3 就可以了。

本章术语

- **特征量**（characteristic quantity）：描述一组资料的数量特征的指标。
- **集中量**（measures of central tendency）：描述一组数据的集中趋势或典型水平的指标。
- **算术平均数**（arithmetic mean）：所有观察值的总和除以总次数所得之商。
- **离差**（deviation score）：各观察值与算术平均数之差。
- **中位数**（median）：数据按照大小顺序排列后位于最中间的数值。
- **众数**（mode）：数据中出现次数最多的数值。
- **加权平均数**（weighted mean）：具有不同权重的数据的平均数。
- **几何平均数**（geometric mean）：成几何级数增长的变量值的平均数。
- **差异量**（measures of dispersion）：描述一组数据离中趋势或离散程度的指标。
- **全距**（range）：观察值中最大值与最小值之差。
- **平均差**（average deviation）：所有观察值与算术平均数之差的绝对值的算术平均数。
- **方差**（variance）：离差平方的算术平均数。
- **标准差**（standard deviation）：方差的平方根。
- **差异系数**（coefficient of variation）：标准差与其算术平均数的百分比率。
- **地位量**（measures of position）：描述特定的观察值在整个次数分布中所占等级位置的指标。

- **百分位数**（percentile）：在以一定顺序排列的一组观察值中，某个百分位置所对应的数值。
- **四分位数**（quartile）：将一组已排序的数据按个数四等分的百分位数，分别是位于25%、50%和75%的百分位数。
- **百分等级**（percentile rank）：某个数值在以一定顺序排列的一组观察值中所对应的百分位置。
- **偏态量**（measures of skew）：描述次数分布偏态方向和程度的指标。
- **偏度系数**（skew coefficient）：利用算术平均数、中位数和众数的关系来计算的偏态量，一般以算术平均数与众数（或中位数）之差除以标准差作为偏度系数。
- **中心动差**（central moments）：离差的 k 次方的算术平均数。分一级动差（为零）、二级动差（方差）、三级动差（作为偏态量）和四级动差（作为峰态量）。
- **峰态量**（measures of kurtosis）：描述次数分布的陡峭程度（高低宽窄特征）的指标。

练习与思考

1. 现有原始数据：

96　81　87　70　93　77　84

(1) 计算它们的算术平均数；

(2) 对每个数加以5，再计算它们的算术平均数；

(3) 对每个数乘以5，再计算它们的算术平均数；

(4) 根据以上各小题的计算结果可以得出什么规律？

2. 下表是某城市心理咨询师5年来的人数，求其年平均增长率。

年份	2004	2005	2006	2007	2008
人数	35	85	126	235	561

3. 求以下两组数据的中位数：

(1) 14 2 17 9 22 13 1 7 11

(2) 1 26 11 9 14 13 7 17 22 2

4. 求以下两组数据的众数，并说明两组数据的结果表现出众数的何种缺点。

(1) 25　37　45　50　50　50　61　68

(2) 25　37　37　45　50　50　61　68

5. 某高校学生绘画能力抽样测验结果如下表，求其四分位数 Q_1、Q_2 和 Q_3。

成绩	学生人数
30 ～ 40	10
40 ～ 50	40
50 ～ 60	100
60 ～ 70	300
70 ～ 80	60
80 ～ 90	55
90 ～ 100	35
合计	600

6. 计算观察值为 3，5，8，9，10 的样本方差 S^2 和样本标准差 S。

7. 计算第 6 题的 S_n，并与 S 做比较。

8. 某班有 40 个学生，英语测验分数的标准差 S 为 9，求其离差平方和。

9. 设某反应时实验中，男生平均反应时为 100 毫秒，标准差为 10 毫秒；女生平均反应时为 120 毫秒，标准差为 11 毫秒。试比较男女学生反应时的离散程度。

10. 假定某学区的小学三年级学生在操作能力测验中：$\overline{X} = 33.8$，$Mo = 36$，$S = 8$。问相应的次数分布是正偏还是负偏？偏度系数 SK 是多少？

实习题

11. 仿照第 2 章实习题，再次自行采集一组新数据；比较新旧两组数据的集中量、差异量、偏态量和峰态量。

第 4 章

概率基础

本章提要

本章主旨

概率论是统计学的数理基础。概率可以分为后验概率和先验概率，本章分别介绍了它们各自的定义及其局限性，并阐述了概率的性质和运算规则。小概率事件在统计学中有重要意义。条件概率在复杂事件的概率计算中起着重要作用。

本章要点

- 概率分为后验概率和先验概率，前者涉及统计定义，后者涉及古典定义。
- 概率之间可以进行运算。事件和的概率用加法定理，事件积的概率用乘法定理。
- 小概率事件是一次试验中实际上几乎不可能发生的事件，在统计学决断中有重要意义。
- 条件概率是在一定前提条件下某事件的概率，用于全概率公式和贝叶斯公式等复杂事件概率的计算。

导读问题

- 概率是如何获得的?
- 获得概率的不同方法各有什么优缺点?
- 概率的加法定理和乘法定理分别适用于何种情形?
- 人类的决策与“小概率事件”有何关系?
- 条件概率有何作用?

4.1 概率

概率是某事件出现的可能性的大小。但是，这个解释中没有包含确定概率的具体方法。而概率的寻求方法有多种，因而产生了多种不同的定义。本书介绍其中最基本的两种：后验概率和先验概率。虽然“先验”、“后验”这两个词带有深奥的哲学色彩，但是我们可以通俗地加以理解：这里的“验”就是“试验”，“先验”就是“先于试验”（即无须试验）就能得到概率的大小，而“后验”意味着必须经过大量试验才能得到概率。

4.1.1 后验概率

4.1.1.1 随机试验和随机事件

第1章提到，统计学研究的是随机现象的数量规律性。为了数学表述的方便，我们引入随机变量来表示随机现象的各种可能结果。

要研究随机现象或随机变量的规律性，就要对其进行观察。随机试验就是对随机现象（或随机变量）的观察，每一次观察就是一次随机试验。注意，这种试验是在相同的条件下重复进行的，每一次随机试验都可能观察到不同的结果，而究竟会产生何种结果是不能事先确定的。

随机试验的每一个可能结果就是一个随机事件。随机事件往往用大写拉丁字母 A、B、C……表示。由所有可能发生的试验结果所构成的集合称为基本空间，记为 Ω。

例如，硬币抛出以后会正面朝上还是反面朝上，这是一个随机现象。如果我们在相同的条件下反复抛硬币，由于只知道试验的结果要么正面朝上，要么反面朝上，但是不能事先确定哪一面朝上，所以可以判定，这就是随机试验。而“正面朝上”和“反面朝上”这两个可能结果就是随机事件。这时，基本空间就是：

$$\Omega=\{\text{正面朝上，反面朝上}\}$$

如果对学生进行一次数学测验，卷面满分为100，用整数打分。这样，考试成绩的可能结果就是0分、1分、2分……100分。总共有101个可能结果。基本空间表示如下：

$$\Omega=\{0, 1, 2, \cdots, 99, 100\}$$

4.1.1.2 后验概率的定义

一枚质地均匀的硬币被抛出以后，它正面朝上的概率有多大？在这里，“正面朝上”是一个随机事件，它的概率可以通过反复多次随机试验，然后统计其发生比率而获得。

现在假定，在 n 次抛掷（即随机试验）中，硬币正面朝上的次数为 m，则正面朝上所占的比率就是 m/n。但是，这个比率还不是概率。因为试验总是有随机误差的。在这 n 次试验中，可能碰巧正面朝上的情况多一些；在另外的 n 次试验中，也许反面朝上的情况会多一些。为了减少这种误差，就要加大试验的次数。用数学术语来讲，试验次数 n 最好达到无穷大。当然，我们无法真正做无穷次试验，但是可以在理论上想象达到做无穷次试验这样的状态。

后验概率就是在大量试验的基础上建立起来的。假定用 A 表示一个随机事件，后验概率就是在大量试验中随机事件 A 出现次数的稳定比率。具体来说就是：在同一条件组下，如果试验次数 n 很大，随机事件 A 出现的次数 m 在总次数中所占的比率稳定于某一数值 p 附近，这个数值 p 就是随机事件 A 发生的概率的估计值，即

$$P(A)=\lim_{n\to\infty}\frac{m}{n}=p \qquad \text{（公式 4.1.1）}$$

这种定义又称为概率的**统计定义**。

注意，不要将比率 m/n 和概率混淆起来。比率是经过多次试验得到的实际计算结果，其数值可以随着试验次数的变化而变化，而概率则是一个稳定的、确定的数值。

历史上曾经有人通过大量随机试验来验证后验概率，硬币朝向试验就是一个例子。试验者发现，随着抛掷次数的不断增加，硬币正面朝上的次数与抛掷总次数的比率越来越趋于稳定在0.5附近（见表4.1.1）。于是0.5就被认定是正面朝上的概率。

表 4.1.1 硬币朝向试验

试验者	抛掷次数	正面朝上次数	正面朝上比率
德摩根	2048	1061	0.5181
蒲　丰	4040	2048	0.5069
皮尔逊	12000	6019	0.5016
皮尔逊	24000	12012	0.5005

4.1.2 先验概率

不做试验能不能确定随机事件的概率呢？在某些条件下是可以的。人们最初研究概率问题的时候，就是希望得到这种无须进行大量试验的先验概率（亦称古典概率）。

不过，先验概率涉及的问题都比较简单，例如，掷骰子、抛硬币等。这些随机现象的特点是：

- 结果的数目有限。以抛硬币为例，只有正面朝上和反面朝上两种结果（落地后站立不动的可能性微乎其微，可忽略不计）；而掷骰子，也只能出现 6 种结果。总之，基本空间只包含有限多个元素。
- 各个结果出现的可能性被认为是相等的。以抛硬币为例，正面朝上的可能性和反面朝上的可能性是相等的；而掷骰子，出现 1、2、3、4、5、6 的可能性也是相等的。

满足以上条件的模型，称为古典概型。

先验概率就是通过古典概型加以定义（故称古典定义）的。对于古典概型的情况，定义某一随机事件 A 的概率为该事件所包含的可能结果个数 m 与所有可能结果的总数 n 的比值，即

$$P(A)=\frac{m}{n} \qquad \text{（公式 4.1.2）}$$

注意：这里提到的结果都是不能再细分的结果。我们介绍随机事件的概念时曾经提到，随机试验的每一个可能结果就是一个随机事件，这种事件是不能再细分的随机事件，即**基本事件**。所有基本事件所构成的集合称为基本空间。如果将基本事件组合起来，还能组成**复合事件**。例如，掷骰子的结果是“数字大于 4”就是一个复合事件，它包括了数字为 5 和 6 这两个基本事件。在确定先验概率之前，先要将复合事件分解成基本事件。

先验概率是建立在等可能性的基础上的，即认为所有结果或基本事件发生的可能

性相等。但是，如何认定等可能性呢？有人提出了“不充分理由原理”。这一思想最早是由瑞士数学家贝努里（J. Bernolli）正式提出来的。他认为，列出一个试验的全部有限个结果，如果没有理由认为任何一个结果发生的可能性大于其他结果，就假定所有结果发生的可能性相等。

【例 4.1.1】一个箱子里有 100 个单色球，其中 97 个是白色的，3 个是红色的。从箱子中任意抽取一个球，这个球是红色的概率是多少？

解：令 A 表示事件“抽出红色球”。若将箱子里的球依次编号，白色球编号为从 1 到 97，红色球编号为 98、99 和 100。事件 A 有 3 个可能结果：$A=\{98, 99, 100\}$，而全部可能结果即基本空间为 $\Omega=\{1, 2, 3, \cdots, 98, 99, 100\}$，共 100 个基本事件。故事件 A 发生的概率为

$$P(A)=\frac{m}{n}=\frac{3}{100}=0.03$$

【例 4.1.2】抛掷硬币 3 次，问其中有 2 次正面朝上的概率是多大？

解：抛掷硬币 3 次，正反面的不同排列数 $n=2^3=8$。若用 H 代表正面朝上，T 代表反面朝上，则基本空间 Ω={HHH, HHT, HTH, THH, HTT, THT, TTH, TTT}，也可得到 $n=8$。令 A 表示事件“2 次正面朝上”，那么事件 A 包括 3 种可能结果：A={HHT, HTH, THH}，即 $m=3$。故事件 A 发生的概率为

$$P(A)=\frac{m}{n}=\frac{3}{8}=0.375$$

【例 4.1.3】一个商场规定收款时零钱（分）部分四舍五入，并声称总体上来讲不损害顾客利益，请做出评价。

解：这种做法粗看有舍有入，相互抵消，其实商场进多出少。需要进行舍入处理的货款零头可以是 1 ～ 9，且可以认为出现的可能性相等。令需要舍的情况为随机事件 A，需要入的情况为随机事件 B，则

$$A=\{1, 2, 3, 4\}, B=\{5, 6, 7, 8, 9\}$$

根据古典概型，

$$P(A)=\frac{m_A}{n}=\frac{4}{9},\quad P(B)=\frac{m_B}{n}=\frac{5}{9}$$

再看在每一种情况下顾客舍入的金额：

$$A'=\{1, 2, 3, 4\}, B'=\{-5, -4, -3, -2, -1\}$$

将舍入值相互抵消后，顾客多付钱的概率高，且每9次有舍入的情况中就平均多付出5分钱。因此，商场损害了顾客利益。

更严密的四舍五入法

从例4.1.3可以看出，简单的四舍五入天然地可以造成舍少入多的误差。而当需舍入处理的数字刚好是5（后面无任何尾数）时，采取一半舍、一半入的方法，就刚好可以达到平衡。因此，数学上另有一种更严密的四舍五入方法，对于要舍入的数字刚好是5的情况附加了这样一个规定：

如果要舍入的数字刚好是5，则根据前面那一位数字的奇偶来决定是舍还是入。若是奇数就入，若是偶数或0就舍。

例如，假定保留1位小数，8.45应该是舍去5，结果为8.4，因为5之前是偶数4；而8.35应该是入，结果为8.4，因为5之前是奇数3。从理论上讲，5之前是奇数还是偶数的概率是相等的，这样，就有一半的5被舍去，舍少入多的问题就解决了。

在其他情况下，还是按照原来四舍五入的规则。例如，8.4501经过舍入后应为8.5，因为需要舍入的部分为$501>500$；8.4499舍入后为8.4，因为需要舍入的部分为$499<500$。

为什么从来没见过“好号码”中奖？

运用先验概率，还可以解释为什么一个“88888888”的电话号码可以卖到几百万元，却没有人喜欢类似“88888888”这样的彩票号码。事实上，我们好像也确实没有见过这样的号码中过奖。其实，任何一个号码中奖的概率都是相等的。如果编号从00000000到99999999的彩票只有1张能中奖，则每张彩票都可能中奖，且中奖的概率相等，都是$1/10^8$。但是，在这1亿种可能性中，类似88888888这样好看好记的彩票毕竟是少数，就算有10万张彩票，它们中奖的总概率也不过是1/1000，其余999/1000的概率都给了那些不起眼的编号。这就是我们几乎没有见过“好号码”中奖的原因。

同样，虽然名人也有买彩票的，但是似乎没见过有哪位名人中大奖。在我们的经验中，中奖的人都是普通人，因为买彩票的普通人远远多于名人。

计算先验概率时，基本事件的数目有时会引发争议。例如下面这个例子。

【例 4.1.4】A、B 两人约定：将一枚硬币连续投掷 2 次，如果其中有 1 次或 1 次以上正面朝上，则 A 胜，否则为 B 胜。求 A 胜的概率是多大？

解：数学家费马曾提出这样一个解法：如果用 H 代表正面朝上，T 代表反面朝上，则基本空间 Ω ={HH, HT, TH, TT}，即两次投掷的结果必然包括 4 种情况，其中 3 种结果属于“有 1 次或 1 次以上正面朝上”的情况，故 A 胜的概率为 3/4。

但是，另一位数学家罗伯瓦提出异议：如果第一次正面朝上，则甲已经获胜，无须再掷第二次。因此只会产生 3 种结果：Ω ={H, TH, TT}，故 $n = 3$，$m = 2$，因而 A 胜的概率为 2/3。

可见，就连对于这一类比较简单的问题，数学家之间尚会产生争论，对实际生活中的复杂问题，要做出正确的判断就更要细心分析和考察了。

先验概率是在古典概型的条件下直接计算出来的，是随机事件的真实概率，不是由大量试验估计出来的。当然，随着试验次数的增加，先验概率与后验概率会越来越接近。

无论是先验概率还是后验概率，都有自己的局限性。先验概率是建立在等可能性的前提下的，但是这个前提未必总能成立；而对于后验概率，在实际应用中我们无法知道 n 应该取多大才够，也没有理由认为 n 次试验得到的比率一定比 $n-1$ 次试验更逼近真正的概率。

4.1.3 概率的性质

概率有以下性质：

- **任何随机事件 A 的概率都介于 0 和 1 之间**，即 $0 \leqslant P(A) \leqslant 1$。
- **不可能事件的概率等于 0**。集合论中有所谓空集 Ø，它对应于在一定条件下必然不会发生的事件，即不可能事件。例如，硬币抛出后两面同时朝上的概率为 0。
- **必然事件的概率等于 1**。例如，硬币抛出后有一面朝上的概率为 1。由于基本空间（全集）包括了随机试验的所有可能结果，如果我们假定“基本空间中任意一个基本事件发生”为一个新的事件，这个新事件在进行随机试验的时候必然会发生，它就是一个必然事件，即一定条件下必然发生的事件。

4.2 概率的运算

4.2.1 事件的关系与运算

4.2.1.1 集合与事件

基本空间可以看作一个全集 Ω，而其中的每个基本事件则可以看作这个全集中的一个元素。如果将基本事件组合起来，还能组成复合事件，它们也是全集的子集。

4.2.1.2 事件的关系与运算

（1）事件的包含

集合之间可以存在包含关系。如果集合 A 中的任意一个元素同时又是集合 B 中的元素，则称 A 是 B 的子集，记作 $A \subset B$（或 $B \supset A$）。相应的，如果事件 A 出现时，事件 B 必然会出现，则称事件 B 包含事件 A，同样记作 $A \subset B$（或 $B \supset A$）。

（2）事件的相等

集合之间可以存在相等关系。当集合 A 和集合 B 包含相同的元素时，则称这两个集合相等，记作 $A=B$。相应的，如果事件 A 出现时，事件 B 必然会出现，且事件 B 出现时，事件 A 必然会出现，即 $A \subset B$ 与 $B \subset A$ 同时成立，则称事件 A 与 B 相等。记作 $A=B$。

（3）事件的和（并）

集合之间可以合并成为一个新的集合（并集），该并集中的所有元素或者属于集合 A，或者属于集合 B，或者同时属于集合 A 和集合 B。这样两个集合中的任何一个元素都属于这个并集（$A \cup B$）。相应的，也有**事件的和（并）**：如果事件 A 和事件 B 至少有一个发生就算发生了一个事件 C，则称事件 C 为事件 A 和事件 B 的和或并。两个事件的和（并）同样可以表示为 $A \cup B$ 或 $A+B$。

（4）事件的积（交）

集合 A 和集合 B 可以交叉成为一个新的集合（交集，$A \cap B$），该交集中的所有元素同时属于集合 A 和集合 B。相应的，也有**事件的积（交）**：如果将事件 A 和事件 B 同时发生看作事件 C，则称事件 C 为事件 A 和事件 B 的积或交。两个事件的积（交）同样可以表示为 $A \cap B$ 或 $A \times B$。

（5）对立事件

当集合 A 为全集 Ω 的一个子集时，全集就是集合 A 与它的补集（$\overline{A}$）相加。故全集中任何一个元素要么属于集合 A，要么属于集合 A 的补集（$\overline{A}$）。相应的，如果在试验中要么出现事件 A，要么出现事件 B，即两者必有一个发生且仅有一个发生，则称这两个事件为对立事件。

（6）互斥事件

当全集中有若干个互不重叠的子集时，没有一个元素可以同时属于这些子集。相应的，在一次试验中不可能同时出现的若干个事件，就是互斥事件，或称它们互不相容，表示为 $A \cap B = \varnothing$。

4.2.2 概率的加法定理

4.2.2.1 概率的加法定理

概率的加法定理可用于计算事件的和（并）的概率。其完整表述是：设有限多个随机事件 A_1，A_2，…，A_n 两两互斥，那么它们的和的概率等于它们概率的和，即

$$P(A_1+A_2+\cdots+A_n) = P(A_1)+P(A_2)+\cdots+P(A_n)$$

所谓“两两互斥”，就是在一次试验中，若干个事件不可能同时出现。例如，掷骰子时，骰子上的6个数字的任意一个都不会与其他数字同时朝上，所以它们是两两互斥的。

【例4.2.1】掷出一个骰子，计算骰子数字大于2的概率。

解：令“骰子数字大于2”为随机事件 A，这个事件是由4个两两互斥的事件组成的，即数字分别为3、4、5、6。这4个事件只要有一个发生，随机事件 A 就发生。所以，这里计算的是这4个两两互斥事件和的概率。设 X 为掷出的结果，则

$$P(X>2) = P(X=3) + P(X=4) + P(X=5) + P(X=6) = 1/6 + 1/6 + 1/6 + 1/6 = 2/3 = 0.6667$$

4.2.2.2 概率的广义加法定理

概率的广义加法定理用于计算任意两个随机事件（它们不一定是互斥事件）的和（并）的概率。其完整表述是：设 A、B 为任意两个随机事件，则它们的和的概率等于事件 A 的概率加上事件 B 的概率再减去 A 与 B 同时发生的概率，即

$$P(A+B) = P(A) + P(B) - P(A \times B)$$

【例 4.2.2】某大学有 50% 的学生喜欢看足球比赛，40% 的学生喜欢看篮球比赛，30% 的学生两者都喜欢。现从该校任意抽取一名学生，他爱看足球比赛或篮球比赛的概率是多少？

解：令"爱看足球比赛"为事件 A，"爱看篮球比赛"为事件 B，"同时喜欢两者"为 $A \cap B$。根据已知条件，有

$$P(A) = 0.50,\ P(B) = 0.40,\ P(A \times B) = 0.30$$

由于事件 A 和事件 B 不是互斥事件，因此，事件"爱看足球比赛或篮球比赛的概率"应该用广义加法定理来计算，即

$$P(A + B) = P(A) + P(B) - P(A \times B) = 0.50 + 0.40 - 0.30 = 0.60$$

4.2.3 概率的乘法定理

概率的乘法定理用于计算事件的积（交）的概率，其完整表述是：设有限多个随机事件 A_1，A_2，…，A_n 之间相互独立，那么它们的积的概率等于它们概率的积，即

$$P(A_1 \times A_2 \times \cdots \times A_n) = P(A_1) \times P(A_2) \times \cdots \times P(A_n)$$

运用乘法定理的前提是，参加运算的事件是独立事件。如果一个事件是否发生不会影响另一事件，它们就是相互独立的，称为独立事件。例如，抛硬币时，第一次抛掷得到的结果无论是正面朝上还是反面朝上，都不会影响第二次抛掷时正面朝上和反面朝上的概率。

【例 4.2.3】连续抛出 2 枚硬币，计算两次都是正面朝上的概率。

解：令第一次硬币正面朝上为随机事件 A，第二次硬币正面朝上为随机事件 B。这两个事件没有相互影响，是独立事件。两次都正面朝上即事件 A 和事件 B 同时发生，是事件的积，其概率应该等于两个事件概率之积，即

$$P(A \times B) = P(A) \times P(B) = 0.5 \times 0.5 = 0.25$$

互斥事件和独立事件的区别

初学者很容易混淆互斥事件和独立事件。所谓互斥事件，就是如果 A 出现，则 B 不能出现。可见 B 出现的概率与 A 出现与否有密切的关系。而独立事件的实质是 A 出现与否不影响 B 出现的概率。

【例 4.2.4】假定某种心理障碍的发病率为 4‰，那么在一个由 100 人组成的群体中（假定每个人患该障碍的概率是相互独立的），出现这种心理障碍的概率是多少？

解：设每个人“患该障碍”为事件 A_i（i=1, 2, ⋯, 100）。而“群体中出现这种心理障碍”意味着可能有 1 人，也可能同时有 2 人、3 人⋯⋯100 人患该障碍。因此所求的概率为 $P(A_1 \cup A_2 \cup \cdots \cup A_{100})$ 或 $P(A_1 + A_2 + \cdots + A_{100})$。

需要注意的是，虽然要求计算的是事件和的概率，但是“群体中出现这种心理障碍”共有 100 种可能的情况，而且它们之间并非互斥事件，可能会产生同时有多人患有这种心理障碍的情况。因此，不能简单套用加法定理：

$$P(A_1 + A_2 + \cdots + A_{100}) = P(A_1) + P(A_2) + \cdots + P(A_{100}) = 0.4$$

这仅仅是 100 人中出现 1 个人患该障碍的概率，但没有计入多人患有这种心理障碍的情况。

由于每个人患该障碍的概率是相互独立的，因此可以先用乘法定理计算群体中不出现这种心理障碍的概率：

$$P(B_1 \times B_2 \times \cdots \times B_{100}) = P(B_1) \times P(B_2) \times \cdots \times P(B_{100}) = (1 - 0.004)^{100} = 0.66978$$

其中，$B_i = 1 - A_i$。

这样，群体中出现这种心理障碍的概率就是 $1 - P(B_1 \times B_2 \times \cdots \times B_{100}) = 0.33022$。

4.2.4　小概率事件

统计学将发生概率非常小的事件，称为小概率事件。小概率事件被认为是在一次试验中实际上不可能发生的事件。它有两个标准：概率分别为 0.05 和 0.01。概率小于 0.05 而大于 0.01 的小概率事件，是“几乎不可能发生”的事件；概率小于 0.01 的小概率事件，是“几乎完全不可能发生”的事件。

【例 4.2.5】一个没有任何相关知识的人做 10 道是非题，结果全部做对，这是不是小概率事件？

解：一个没有任何相关知识的人做是非题，任何一题做对的概率都是 0.5。令做对任何一题都是一个随机事件（A_1，A_2，⋯，A_{10}），则“全部做对”就是 10 个这样的随机事件的积。由于每做对或做错任意一题都不会影响其他题目的对错，因此 A_1，A_2，⋯，A_{10} 之间都是独立事件，它们的积的概率为它们概率的积，即

$$P=\left(\frac{1}{2}\right)^{10}=\frac{1}{1024}\approx 0.001$$

由于 $P = 0.001 < 0.01$，所以可以认为这是一个几乎完全不可能发生的小概率事件。

小概率事件的概念源于实际生活，在统计学中成为了一个非常重要的概念。我们都有这样的体验：如果觉得某个事件发生的可能性极小，往往就当它不会发生。例如，骑车带人出交通事故的可能性虽然存在，但是毕竟概率很小，许多人就当它是不可能发生的，从而违反交通法规。这就是小概率事件对我们的日常生活决策的影响。其实，概率再小，这样的交通事故总有一天也会发生的。回过头来看例 4.2.5，一个没有任何相关知识的人做 10 道是非题，全部做对的概率不到 0.001，我们据此就会认为，一窍不通的人完全不可能做对 10 题。这样一来，当我们真的看到一个人把 10 题全部做对时，就会觉得他一定已经具备了相关的知识。统计学也是这样，当一个事件的概率很小时(一窍不通的人做对 10 道是非题)，就认为其不可能、不成立，转而认为它的对立面（做对 10 道是非题是具备了相关的知识的人）是更合理的、更能成立的。

4.3 条件概率及其应用

4.3.1 条件概率

如果有人问你：在大街上遇到教授的概率大，还是在大学里遇到教授的概率大？答案一定是，在大学里遇到教授的概率大。同样是“遇到教授”，发生在大街上和发生在大学里的概率是不一样的。在概率论中，对于这种受一定条件制约的概率有一个专门术语，即条件概率。

我们还可以根据表 4.3.1 来理解条件概率。假设有一所学校调查学生中玩网络游戏的情况，接受调查的学生总数是 1000 人，表 4.3.1 中列出了男女生人数和每日玩网络游戏时间超过 2 小时的人数。

表 4.3.1 某学校学生网络游戏情况调查结果 / 人数

	学生性别		合计
	男	女	
超过 2 小时	100	60	160
不超过（含）2 小时	300	540	840
合计	400	600	1000

从表 4.3.1 可以看出，如果不考虑学生性别，玩网络游戏超过 2 小时的学生占 16%。就是说，如果你在这个学校随机抽取一个学生，该生玩网络游戏超过 2 小时的概率就是 0.16。但是如果你了解到这是一名男生，就会认为他玩网络游戏超过 2 小时的概率不止 0.16，因为在 400 名男生中，游戏时间超过 2 小时的有 100 人，相应的概率就是 0.25。同样，女生游戏时间超过 2 小时的概率是 60/600=0.10。这种在一个事件（例如，“抽到男生”）已经发生的条件下，另一事件（例如，“游戏时间超过 2 小时”）的概率就是条件概率。比较严密的数学语言是这样表述的：

如果 A 和 B 是一定条件组下的两个随机事件，且 $P(B) \neq 0$，则称在 B 发生的前提下 A 发生的概率为**条件概率**，记作 $P(A \mid B)$。条件概率 $P(A \mid B)$ 的计算公式是

$$P(A \mid B) = \frac{P(A \cap B)}{P(B)} \qquad [P(B) > 0] \qquad \text{（公式 4.3.1）}$$

$P(A|B)$ 读作“给定 B 时 A 的条件概率”。反过来，在 A 发生的前提下 B 发生的概率 $P(B|A)$ 也是条件概率，计算公式是

$$P(B \mid A) = \frac{P(A \cap B)}{P(A)} \qquad [P(A) > 0] \qquad \text{（公式 4.3.2）}$$

A 和 B 之间的关系可以用集合图（见图 4.3.1）表示出来。

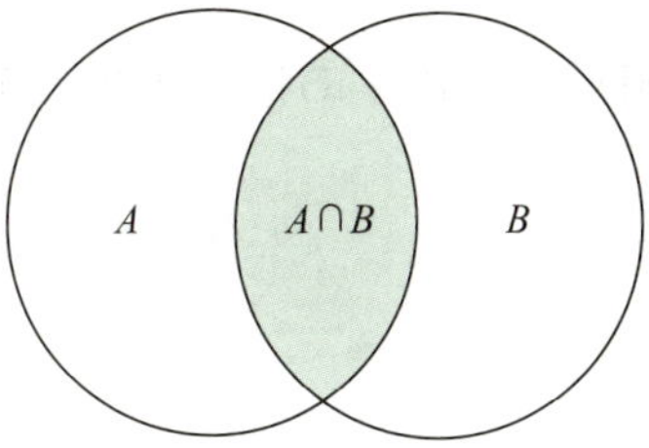

图 4.3.1 条件概率示意图

仍以表 4.3.1 为例，假设“从该校随机抽取到一名男生”的概率为 $P(B)$，“游戏时间超过 2 小时”的概率为 $P(A)$，则 $P(B)=0.40$，“男生且游戏时间超过 2 小时”的概率就是 $P(A\cap B)=100/1000=0.1$。在这种情况下，如果已知抽到的是男生，则“该男生游戏时间超过 2 小时”的概率，就是条件概率 $P(A|B)=0.10/0.40=0.25$，它实际上就是游戏时间超过 2 小时的男生在全体男生中的比例。

【例 4.3.1】某大学的女生占学生总数的 70%，该校四年级女生占全校学生总数的 10%。现在有一女生，问她是四年级学生的概率是多大？

注意，这里问的不是“抽出一个学生是四年级女生的概率”，而是已经确知是女生，问她是四年级学生的概率。这里要计算的是一个事件（“抽到女生”）已经发生的条件下，另一个事件（“抽到四年级学生”）的概率，实际上就是计算四年级女生占全体女生的比例，是条件概率。

解：令随机事件 A 为“抽到四年级学生”，随机事件 B 为“抽到女生”，则 $A\cap B$ 表示“抽到四年级女生”，且 $P(A\cap B)=0.10$。

现在 B 已经发生，则在事件 B 发生的条件下，事件 A 的条件概率为

$$P(A|B)=\frac{P(A\cap B)}{P(B)}=\frac{0.10}{0.70}=0.1429$$

如果将公式 4.3.1 和公式 4.3.2 转化成以下形式，就可以通过条件概率计算两个事件的积的概率：

$$P(A\cap B)=P(A)\times P(B|A) \qquad \text{（公式 4.3.3）}$$

或

$$P(A\cap B)=P(B)\times P(A|B) \qquad \text{（公式 4.3.4）}$$

公式 4.3.3 和公式 4.3.4 也是概率的乘法公式，但与上一节的乘法公式不同，它们可以用来计算在事件之间会相互影响概率的情况下事件的积。而上一节涉及的是相互独立的事件的积。

4.3.2 全概率公式

条件概率的一个重要应用，就是全概率公式。先看以下例题：

【例 4.3.2】某位心理医生将他遇到的心理障碍患者分为情绪障碍和认知障碍两大类，并统计了这两类障碍患者的比例：情绪障碍者占 85%，认知障碍者占 15%。在对病例记录进行统计分析后发现，在两类障碍的患者中，主动求诊的比率分别占该类患者总数的 5% 和 4%，现任意抽取一名患者，问他是主动求诊的概率是多少？

这个问题要求计算一个比较复杂的事件的概率：这位患者可能是情绪障碍者，也可能是认知障碍者，而两类障碍的患者数比例又不同。遇到这样的问题，就需要把复杂的事件分解为几个互斥的简单事件之和，在计算出各个简单事件的概率的基础上，再求出该复杂事件的概率。就例 4.3.2 而言，“一名患者主动求诊”这一事件应该分解为：(a) 患者是情绪障碍者且主动求诊；(b) 患者是认知障碍者且主动求诊。将这两个事件的概率算出来，再求总和即可得到“患者主动求诊”的概率。

解：用 A_1 表示抽到的患者是情绪障碍者，A_2 表示抽到的患者是认知障碍者，用 B 表示“患者主动求诊”。A_1 和 A_2 分别占 85% 和 15%，显然是互斥事件，且 $A_1+A_2=\Omega$。若用 $B\cap A_1$ 和 $B\cap A_2$ 分别表示“患者是情绪障碍者且主动求诊”和“患者是认知障碍者且主动求诊”，则 $B\cap A_1$、$B\cap A_2$ 也是互斥事件，且 $B\cap A_1+B\cap A_2=B$。根据题意可知：$P(A_1)=0.85$，$P(B\mid A_1)=0.05$，$P(A_2)=0.15$，$P(B\mid A_2)=0.04$。

利用公式 4.3.3 得

$$P(B\cap A_1)=P(A_1)\times P(B\mid A_1)=0.85\times 0.05=0.0425$$

$$P(B\cap A_2)=P(A_2)\times P(B\mid A_2)=0.15\times 0.04=0.0060$$

因此，任意抽取一名患者，他是主动求诊的概率为

$$P(B)=P(B\cap A_1)+P(B\cap A_2)=0.0425+0.0060=0.0485$$

以上计算公式可以推广到一般情况，即全概率公式：如果事件组 A_1，A_2，…，A_n 为一完备事件组（即两两互斥，且组成基本空间 Ω），则对于任一事件 B 都有

$$P(B)=\sum_{i=1}^{n}P(A_i)\times P(B\mid A_i) \qquad \text{（公式 4.3.5）}$$

4.3.3 贝叶斯公式★

全概率公式计算的是在各种原因性事件（A_1，A_2，…，A_n）发生的条件下某结果性

事件 B 发生的总概率。现在我们反过来问：已知该事件 B 已经发生，各种“原因”发生的概率有多大？这就要用**贝叶斯公式**，亦称逆概公式：

如果事件组 A_1，A_2，⋯，A_n 为一完备事件组（即两两互斥，且组成基本空间 Ω），则对于任一事件 B $[P(B)\neq 0]$，有

$$P(A_i \mid B)=\frac{P(A_i)P(B \mid A_i)}{\sum_{i=1}^{n}P(A_i)P(B \mid A_i)} \qquad \text{（公式 4.3.6）}$$

可以看到，贝叶斯公式中的分母就是全概率公式。这样算出来的概率就是以事件 B 为全集，各事件 $A_i\cap B$ 的发生率。

【例 4.3.3】在例 4.3.2 中，若已知从患者中抽出一人，发现他是主动求诊的，问他患情绪障碍的概率是多少？

解：已知患者患情绪障碍和认知障碍的概率分别为 $P(A_1)=0.85$ 和 $P(A_2)=0.15$，根据贝叶斯公式，有

$$P(A_1 \mid B)=\frac{P(A_1)P(B \mid A_1)}{\sum_{i=1}^{2}P(A_i)P(B \mid A_i)}=\frac{0.85\times 0.05}{0.85\times 0.05+0.15\times 0.04}=0.87629$$

【例 4.3.4】有甲、乙、丙 3 名参试者参加一个心理学测验。这个测验要求他们合作完成一项任务：制作一批纸品。结果，甲制作了所有纸品的 35%，乙制作了 40%，丙制作了 25%。甲的次品率为 1%，乙为 1.5%，丙为 1%。现在抽出一个纸品发现是次品，问这个次品分别是甲、乙、丙制作的概率是多少？

解：设事件 A_1、A_2、A_3 分别为纸品由甲、乙、丙制作。已知纸品来自甲、乙、丙的概率分别为

$$P(A_1)=0.35，P(A_2)=0.40，P(A_3)=0.25。$$

设事件 B 为随机抽取一个纸品发现是次品，则有

$$P(B|A_1)=0.010，P(B|A_2)=0.015，P(B|A_3)=0.010。$$

根据贝叶斯公式，有

$$P(A_1 \mid B)=\frac{P(A_1)P(B \mid A_1)}{\sum_{i=1}^{3}P(A_i)P(B \mid A_i)}=\frac{0.35\times 0.01}{0.35\times 0.01+0.40\times 0.015+0.25\times 0.01}=\frac{0.0035}{0.012}=0.29167$$

$$P(A_2|B)=\frac{P(A_2)P(B|A_2)}{\sum_{i=1}^{3}P(A_i)P(B|A_i)}=\frac{0.40\times0.015}{0.35\times0.01+0.40\times0.015+0.25\times0.01}=\frac{0.006}{0.012}=0.5$$

$$P(A_3|B)=\frac{P(A_3)P(B|A_3)}{\sum_{i=1}^{3}P(A_i)P(B|A_i)}=\frac{0.25\times0.01}{0.35\times0.01+0.40\times0.015+0.25\times0.01}=\frac{0.0025}{0.012}=0.20833$$

答：这个次品是甲、乙、丙制作的概率分别为 0.29167、0.5 和 0.20833。

贝叶斯推理在包括心理学在内的许多学科领域有极其广泛的应用。有的心理学家还研究了普通人是如何进行贝叶斯推理的。

本章术语

- **概率**（probability）：某随机事件出现的可能性的大小。
- **随机试验**（random experiment）：对随机现象（或随机变量）的观察。
- **随机事件**（random event）：随机试验的可能结果。
- **基本空间**（fundamental space）：由所有可能发生的试验结果所构成的集合。
- **后验概率**（posterior probability）：在大量试验中随机事件出现次数的稳定比率。
- **古典概型**（classical probability model）：该模型必须满足两个条件：(a) 可能结果的数目是有限的；(b) 各个结果出现的可能性被认为是相等的。
- **先验概率**（prior probability）：在古典概型中，随机事件的概率为该事件所包含可能结果个数 m 与所有可能结果的总数 n 的比值。
- **不可能事件**（impossible event）：在一定条件下必然不会发生的事件。
- **必然事件**（certain event）：在一定条件下必然会发生的事件。
- **事件的和（并）**（sum of events）：若干个事件至少有一个发生。
- **事件的积（交）**（product of events）：若干个事件同时发生。
- **对立事件**（complementary events）：如果在试验中事件 A 和事件 B 必有一个发生且仅有一个发生，则称这两个事件互为对立事件。
- **互斥事件**（exclusive events）：在一次试验中不可能同时出现的若干个事件。

◆ **独立事件**（independent events）：一个事件是否发生不会影响另一事件，它们就是相互独立的，称为独立事件。

◆ **小概率事件**（small probability event）：发生概率非常小的事件，被认为是在一次试验中实际上不可能发生的事件。

◆ **条件概率**（conditional probability）：如果 A 和 B 是一定条件组下的两个随机事件，且 $P(B) \neq 0$，则称在 B 发生的前提下 A 发生的概率为条件概率。

◆ **全概率公式**（total probability formula）：如果事件组 $A_1, A_2, \cdots, A_n$ 为一完备事件组（即两两互斥，且组成基本空间 Ω），则对于任一事件 B 都有：$P(B)=\sum_{i=1}^{n} P(A_i) \times P(B \mid A_i)$。

◆ **贝叶斯公式**（Bayesian formula）：如果事件组 A_1，A_2，…，A_n 为一完备事件组（即两两互斥，且组成基本空间 Ω），则对于任一事件 B $[P(B) \neq 0]$，有 $P(A_i \mid B)=\dfrac{P(A_i)P(B \mid A_i)}{\sum_{i=1}^{n} P(A_i)P(B \mid A_i)}$。

练习与思考

1. 什么是概率？它有哪两种常用的定义方法？
2. 从一副洗好的纸牌(去掉两张王牌)中每次抽取一张牌，出现下列情况的概率是多少？
   （1）一张 K （2）一张梅花 （3）一张红牌 （4）一张不是 J、Q、K 的红心
3. 如果将一个骰子特制成 6 个面分别是 1、2、3、6、6 和 6，抛掷这个骰子时，出现以下数字的概率分别是多少？
   （1）1 （2）6 （3）偶数 （4）小于 3
4. 设 H 代表正面朝上，T 代表反面朝上。连续掷 4 枚硬币时，得出以下序列的概率是多少？
   （1）HTHT （2）HHHH （3）3 枚反面，1 枚正面 （4）连续 2 枚为反面
5. 如果将一个骰子特制成 6 个面分别是 1、2、3、6、6 和 6，连续抛掷 2 次骰子时，出现以下情况的概率分别是多少？
   （1）连续 2 个 1 （2）连续 2 个 6
   （3）连续 2 个奇数 （4）连续 2 个大于等于 3

6. 在某个记忆实验中，将画有某个相同特定符号的 10 张卡片与其他 40 张卡片打乱排列。现有一名参试者从这些卡片中抽取 3 张（每抽一张都放回），问

(1) 3 张卡片都有特定符号的概率是多少？

(2) 前 2 张没有而最后 1 张有特定符号的概率是多少？

7. 例 4.1.4 提到关于概率计算的争论。你能否利用以下 100 个随机数字给出一个解决方案？（提示：随机数字可以看作硬币连续投掷的记录。）

[100 个随机数字]

1, 1, 1, 0, 0, 1, 0, 1, 1, 1, 0, 0, 1, 1, 0, 1, 1, 0, 1, 0, 1, 1, 0, 1, 0,
0, 1, 1, 0, 0, 1, 1, 1, 1, 1, 0, 1, 1, 0, 1, 0, 1, 1, 0, 1, 0, 0, 1, 0, 0,
0, 0, 0, 1, 1, 0, 0, 0, 0, 1, 0, 0, 1, 0, 1, 0, 0, 1, 0, 0, 1, 0, 1, 0, 0,
1, 1, 1, 0, 0, 1, 1, 1, 1, 0, 1, 1, 0, 1, 1, 1, 0, 0, 0, 0, 0, 0, 1, 0, 0

8. 某医疗研究机构调查吸烟与健康的关系。结果如下表。问：如果从这些被调查者中随机抽取 1 人，请计算

(1) 他（她）长期吸烟且患肺癌的概率；

(2) 已知某人长期吸烟，他（她）患肺癌的概率；

(3) 无论是否长期吸烟，他（她）患肺癌的概率；

(4) 某人已患肺癌，他（她）长期吸烟的概率。

注意：为更好地巩固本章知识，请用概率形式（而不是直接用人数）来解答本题。

	是否长期（5 年以上）吸烟		合计
	是	否	
患肺癌人数	80	20	100
未患肺癌人数	420	980	1400
合计	500	1000	1500

9. 假设某种疾病的患者人数占总人口的 1%，患者在 X 光检查中有 80% 呈阳性，未患此病者有 10% 呈阳性。现在有一个人呈阳性，问他患此病的概率是多大？

第 5 章

概率分布

本章提要

本章主旨

不同类型的随机变量的概率分布有不同的特点。间断变量最常用的概率分布是二项分布，连续变量最常用的概率分布是正态分布。正态分布有许多重要的应用，是许多非正态分布的极限分布形式。

本章要点

- 二项分布表征的是若干次二项试验中不同成功次数对应的概率。
- 正态分布的特点和标准正态分布表。
- 运用正态分布，可以将原始分数转换成标准分数，从而获得原始分数对应的百分等级，更科学地计算多个分数的总分，以及确定录取分数线等。
- *t* 分布也是重要的概率分布之一，广泛用于小样本问题。

导读问题

在第 2 章中，我们研究了次数分布表和次数分布图的制作方法。在长期的统计实践中，人们还发现，许多随机变量的分布是有规律可循的。例如，抛掷 n 次硬币，其中 X 次正面朝上的概率服从二项分布；凭猜测做 n 道是非题或选择题，做对 X 道题的概率也服从二项分布；身高、体重、学习成绩、智力水平等都服从正态分布。

从本章开始，各章的开头的“导读问题”都会列出该章所针对的实际问题。解决这些实际问题就是各章的教学目标。为了更好地构建学习目标系统，请读者先仔细观察这些问题的组成要素，比较各个问题的异同（包括比较各章问题的异同），然后考察不同问题所对应的不同统计分析方法，了解要解决不同的问题必须知道什么、会做什么，以及应当注意什么。

本章的目标是解决以下问题：

- 问题一：**一位心理学家为了了解儿童对某种材料的再认能力，设计了若干个识记项目，并对一个儿童进行再认测验*。结果发现，如果将 5 个识记过的旧项目与 5 个未识记过的新项目混在一起，该儿童能正确指出其中 5 个项目是新的还是旧的，另 5 个则回答错误。现在问：该儿童对这种材料究竟有没有再认能力？**

乍一看，该儿童对这种材料似乎有很强的再认能力。因为 10 个项目他认对了 50%。但是且慢，我们很快可以发现问题：再认一个项目，即使完全凭瞎猜，猜对的概率也有 50%。所以，我们只能说，10 个项目认对了 50%，完全可能是瞎猜的结果。因此，可以认为该儿童对这种材料没有什么再认能力。现在的问题在于，认对多少个项目才算有再认能力了呢？这个问题需要二项分布的相关知识求解。

- 问题二：**某心理学研究所编制了一个智力测验，从全市各大学中随机挑选 1000 名大学新生进行试测。假定试测的结果是：1000 名新生的得分呈正态分布，平均分为 75，标准差为 10。现有某参试者原始成绩为 85 分，问该生是否智力超常？**

---

* 再认测验的一般形式是，让参试者识记若干个项目，然后将这些项目与未识记过的项目混合起来，让参试者辨认哪些是识记过的项目。

这个问题至少涉及两个方面：第一，85 分仅仅是一个原始分数，它在整个新生人群中的位置（百分等级）是多少？第二，智力超常的标准是什么？这需要用正态分布来求解。

本章还介绍了 t 分布，但是仅介绍了其密度函数和查表方法，实际问题要到第 6 至 8 章才会出现。

5.1 二项分布

5.1.1 预备知识

二项分布是间断变量的概率分布的最常见形式。在学习之前，我们需要先了解一下间断变量的概率分布是怎么一回事。

间断变量 X 的取值可以表示为 $\{X=x_i\}$（i=1，2，…），取这些值的概率可以记为 $p_i=P\{X=x_i\}$（i=1，2，…）。如果将间断型随机变量 X 的取值及其相应的概率列成表格，就得到了一个概率分布表（见表 5.1.1）。

表 5.1.1 间断型随机变量的概率分布表

间断型随机变量 X 的取值	x_1	x_2	x_3	…	x_i	…
间断型随机变量 X 取值 x_i 的概率 p_i	p_1	p_2	p_3	…	p_i	…

在例 4.1.2 中，连续抛掷 3 枚硬币可以产生 8 种随机事件：Ω={HHH, HHT, HTH, THH, HTT, THT, TTH, TTT}，令 X 表示正面朝上（H）的次数，则 X 就是一个间断型随机变量，因为其取值只有 4 种情况：{X=0, 1, 2, 3}。这 4 种情况及它们所对应的概率可以列为一个概率分布表（见表 5.1.2）。

表 5.1.2 抛掷硬币 3 次，正面朝上不同次数的概率分布表

变量值（多少次正面朝上）	0	1	2	3
各个变量值相应的概率 p_i	1/8	3/8	3/8	1/8

概率分布表进一步可以画成概率分布图。例如，表 5.1.2 可以用图 5.1.1 来表示。

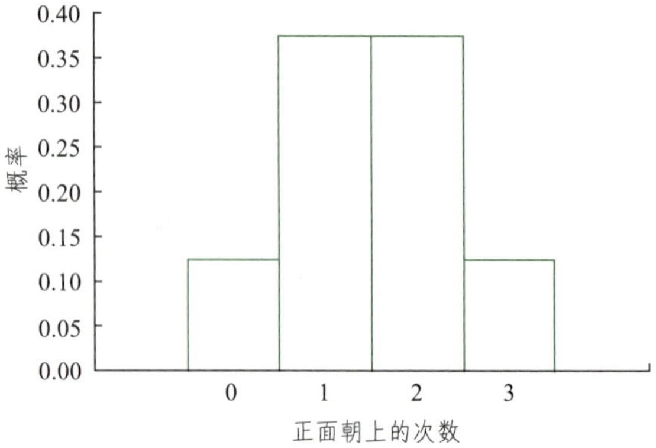

图 5.1.1 抛掷硬币 3 次，正面朝上不同次数的概率分布图

5.1.2 二项分布及其应用

5.1.2.1 二项试验

在本章导读问题一中，我们认为 10 个项目认对了 50% 完全可能是瞎猜的结果。接下来要思考的问题是，认对多少个项目才算有再认能力了呢？ 6 个？ 7 个？好像还太少，因为只要瞎猜的时候运气稍微好一点，多猜对一两个项目也没有什么稀奇。8 个？好像差不多了，因为单凭运气成绩似乎不大可能那么好。如果对了 9 个甚至 10 个，我们就会很有把握地认为该儿童有再认能力，因为完全凭猜测答对 9 ～ 10 个项目的可能性很小。

上面说的都是“感觉”。统计学家不能凭感觉说话，于是就要研究类似上述情况的问题有没有数量规律性，以便找出一个数字标准：超过这个标准，就认为有再认能力；否则就认为没有再认能力。这就要引入**二项试验**这一概念。

满足以下条件的试验被称为二项试验（或称贝努里试验）：

- 一次试验只有两种可能结果，即“成功”和“失败”（引号表示这不是平常意义上的成功或失败，只是说明两种结果或状态而已）；
- 试验可以在同样的条件下重复进行；
- 试验的结果可以用计数来表示成功或失败的次数；
- 各次试验中成功的概率 p 相同，失败的概率 q 也相同，且 $p+q=1$；
- 各次试验的结果互不影响，相互独立。

回到问题一。进行再认测验时，参试者每对一个测验项目做出反应（“看见过”或“没有看见过”），都只有两种可能结果：认对（成功）和认错（失败）。可以让参试者重复进行多个项目的测试，例如连续测 10 个项目，计算认对和认错的次数；而且，在采取措施排除了记忆的序列位置效应后，我们就可以认为各个项目认对的概率相等，认错的概率也相等；最后，参试者对任何一个项目的再认都不影响他对其他项目的再认。这些都符合二项试验的条件，因此我们可以认定，上述例子中讲的再认测验在统计学上就是一种二项试验。

5.1.2.2 二项分布

重复进行 n 次二项试验，成功的次数可以从 0 到 n 不等。不同的成功次数 x 所对应的概率也可能是不一样的。我们把重复进行 n 次二项试验后不同成功次数 x 所对应的概率分布称为二项分布。

【例 5.1.1】一个学生完全凭猜测答 2 道是非题，则答对 0、1、2 道题的概率是多大？如果共有 3 道题、4 道题呢？

解：先列出做对题目与做错题目的各种组合，再列表说明答对不同题数的可能结果数目和概率。

2 道是非题的情况：××；√×，×√；√√

答对题数	0 题	1 题	2 题
可能结果	1 种	2 种	1 种
概率	1/4	2/4	1/4

3 道是非题的情况：×××；√××，×√×，××√；√√×，√×√，×√√；√√√

答对题数	0 题	1 题	2 题	3 题
可能结果	1 种	3 种	3 种	1 种
概率	1/8	3/8	3/8	1/8

4 道是非题的情况：××××；√×××，×√××，××√×，×××√；√√××，√××√，××√√，√×√×，×√√×，×√×√；√√√×，√√×√，√×√√，×√√√；√√√√

答对题数	0 题	1 题	2 题	3 题	4 题
可能结果	1 种	4 种	6 种	4 种	1 种
概率	1/16	4/16	6/16	4/16	1/16

例 5.1.1 中的完全凭猜测回答是非题，回答 n 题答对不同题数 x 的概率分布是典型

的二项分布。在例题中有多张表格，列出了取不同的 n 和 x 时的可能结果数目与相应的概率。我们看到，可能结果数目是：

$n=2$ 时：1，2，1

$n=3$ 时：1，3，3，1

$n=4$ 时：1，4，6，4，1

这使我们想到中学数学中就学过的二项展开式和杨辉三角形。上述每一组数字，实际上是 n 次二项式 $(a+b)^n$ 展开后的各项系数：

$$(a+b)^2=a^2+2ab+b^2$$

$$(a+b)^3=a^3+3a^2b+3ab^2+b^3$$

$$(a+b)^4=a^4+4a^3b+6a^2b^2+4ab^3+b^4$$

……

因此，只要记得各项的系数，就可以知道取不同的 n 和 x 时的可能结果数目。

更方便的办法是利用杨辉三角形（见表 5.1.3）。表 5.1.3 中的“总和”就是可能结果的总数，而且当“成功”与“失败”的概率相等时，它们同时也是计算相应概率时所用的分母。所以，如果需要求出 $n=5, 6, 7, 8, 9, 10$ 时不同答对题数的可能结果数目与相应概率，完全可以通过查表获得。

表 5.1.3 杨辉三角形

次数n	二项展开式各项系数	总和
1	1 1	2
2	1 2 1	4
3	1 3 3 1	8
4	1 4 6 4 1	16
5	1 5 10 10 5 1	32
6	1 6 15 20 15 6 1	64
7	1 7 21 35 35 21 7 1	128
8	1 8 28 56 70 56 28 8 1	256
9	1 9 36 84 126 126 84 36 9 1	512
10	1 10 45 120 210 252 210 120 45 10 1	1024

不过，总是查表毕竟不方便，而且随着 n 的增大，查表越来越不可能。何况在更多的情况下，成功和失败的概率不等。为此，有必要考虑具有普遍意义的计算方法。

在解答例 5.1.1 时，我们先将答对题目与答错题目所有可能的组合罗列出来，然后计算组合数。利用组合公式，可以直接计算答对题数为 x 的组合数。

$$C_n^x = \frac{n!}{x!(n-x)!} \quad (x = 0, 1, 2, \cdots, n) \qquad \text{（公式 5.1.1）}$$

这些组合数就是例 5.1.1 表格中可能结果对应的数目，组合数再乘以 $p^x q^{n-x}$ 就可以得到相应的概率：

$$P\{X = x\} = C_n^x p^x q^{n-x} = \frac{n!}{x!(n-x)!} p^x q^{n-x} \quad (x = 0, 1, 2, \cdots, n) \qquad \text{（公式 5.1.2）}$$

式中：

$p^x q^{n-x}$ 表示 x 次成功与 $(n-x)$ 次失败同时发生的概率。

总之，二项分布用 n 次方的二项展开式来表达在 n 次二项试验中不同成功次数（$x = 0, 1, \cdots, n$）所对应的概率分布。二项展开式的通式就是二项分布函数，运用这一函数式可以直接求出成功事件恰好出现 x 次的概率。

如果一个变量 X 服从二项分布，则记为 $X \sim b(n, p)$。二项分布具有概率分布的两个基本性质：

■ $P\{X = x\} = C_n^x p^x q^{n-x} \geqslant 0$

■ $\sum_{x=0}^{n} P\{X = x\} = \sum_{x=0}^{n} C_n^x p^x q^{n-x} = 1$

还可以证明，如果一个变量服从二项分布，即 $X \sim b(n, p)$，则它的平均数 μ 和方差 σ^2 分别是

$$\mu = np \qquad \text{（公式 5.1.3）}$$

$$\sigma^2 = npq \qquad \text{（公式 5.1.4）}$$

【例 5.1.2】用二项展开式的通式计算一个学生全凭猜测答 4 道是非题，答对 1 道题和 2 道题的概率分别是多大？

解：已知 $p = q = 0.5$，$n = 4$，$x = 1$，则

$$P\{X=x\}=C_n^x p^x q^{n-x}=\frac{4!}{1!(4-1)!}\times 0.5^1\times 0.5^{(4-1)}=4\times 0.5^4=0.25$$

当 $x=2$ 时，

$$P\{X=x\}=C_n^x p^x q^{n-x}=\frac{4!}{2!(4-2)!}\times 0.5^2\times 0.5^{(4-2)}=6\times 0.5^4=0.375$$

在前面的例子中，成功与失败的概率是相等（$p=q=0.5$）的。两者概率不等又会怎样呢？

【例 5.1.3】设某班级学生英语六级通过率为 $p=90\%$，抽取 3 个学生，问其中通过英语六级的人数分别为 0、1、2、3 的概率是多少？

解：抽取 3 个学生通过与未通过英语六级的可能结果列表如下（A 表示通过，B 表示未通过）：

通过情况		概率计算公式	计算结果
通过 3 人	AAA	ppp	0.729
通过 2 人	AAB	ppq	0.081
	ABA	pqp	0.081
	BAA	qpp	0.081
通过 1 人	ABB	pqq	0.009
	BAB	qpq	0.009
	BBA	qqp	0.009
通过 0 人	BBB	qqq	0.001
合计			1.000

将表中通过人数分别为 0、1、2、3 的相应概率相加，得

通过 0 人：$qqq=C_3^0p^0q^3=0.001$

通过 1 人：$3pqq=C_3^1p^1q^2=0.027$

通过 2 人：$3ppq=C_3^2p^2q^1=0.243$

通过 3 人：$ppp=C_3^3p^3q^0=0.729$

由此可见，无论成功的概率是否等于失败的概率，公式 5.1.2 都是适用的。

【例 5.1.4】如果一位考生对毫无把握的 20 道选择题（四选一）随机作答，求这 20 题的平均得分和标准差。

解：因为都是四选一的选择题，故猜对的概率 $p = 0.25$，猜错的概率 $q = 1 - 0.25 = 0.75$，$n = 20$。

$$\mu = np = 20 \times 0.25 = 5$$

$$\sigma = \sqrt{npq} = \sqrt{20 \times 0.25 \times 0.75} = 1.936$$

答：这 20 题的平均得分为 5 分，标准差为 1.936 分。

5.1.2.3　二项分布图

将二项分布函数计算得到的概率分布画成图，就是二项分布图。图 5.1.2 给出了 n 和 p 取不同的值时的概率分布情况。

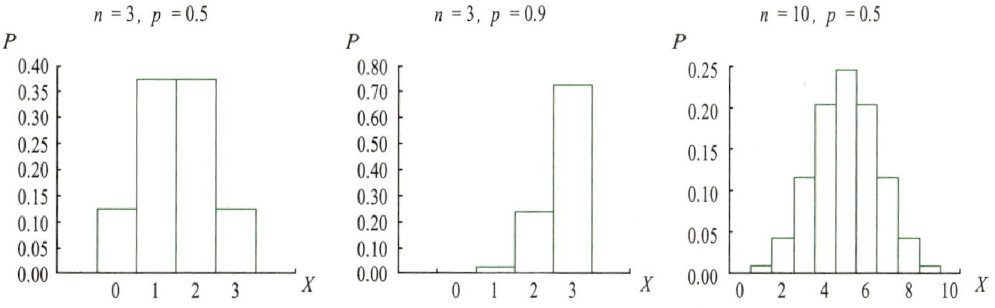

图 5.1.2　二项分布图

从图 5.1.2 中可以总结出二项分布的特点：

- 当 $p = q = 0.5$ 时，二项分布左右对称；p 值偏离 0.5 越远，图形偏斜程度越大。
- n 越小，图形越陡峭；n 越大，图形越平缓；当 n 趋近于无穷大时，二项分布趋近于正态分布；
- 当 n 与 p 确定后，随着 X 的增加，二项分布的概率值先升后降，在 $X = np$ 处达到最大值。

5.1.2.4　二项分布的应用

现在我们回到那个儿童再认能力的例子上。再认 10 个项目，认对（成功）多少个项目才算有再认能力了呢？我们先用二项分布函数计算儿童完全凭猜测认对不同项目数的概率，结果见表 5.1.4。

在实际研究工作中，我们有这样一种思想方法：如果参试者的再认成绩达到完全凭猜测**几乎不可能**达到的水平，即当 $P\{X \geqslant x\} < 0.05$（小概率事件）时，就认定参试

者有再认能力。这样，我们就只要求出那个 x 就可以了。从表 5.1.4 中的累积概率一列可以看出，完全凭猜测认对 9 个及 9 个以上的概率 $P\{X \geqslant 9\}$ 只有 0.011，这么小的概率说明没有再认能力的参试者几乎完全不可能认对 9 个及 9 个以上项目。所以这时更容易被接受的结论就是：参试者有再认能力。而完全凭猜测认对 8 个及 8 个以上的概率 $P\{X \geqslant 8\}$ 为 0.055，接近小概率事件。所以，当测试项目为 10 个时，可以设定参试者有再认能力的标准为认对的项目数达 $X \geqslant 8$ 或 $X \geqslant 9$，可以根据实际情况选择使用。

表 5.1.4 再认 10 个项目时认对不同项目数的概率分布情况

认对项目数 x	可能的结果数目 C_{10}^{x}	概率 $P\{X=x\}$	累积概率 $P\{X \geqslant x\}$
0	1	0.001	1.000
1	10	0.010	0.999
2	45	0.044	0.989
3	120	0.117	0.945
4	210	0.205	0.828
5	252	0.246	0.623
6	210	0.205	0.377
7	120	0.117	0.172
8	45	0.044	0.055
9	10	0.010	0.011
10	1	0.001	0.001
总和	1024	1.000	

零分有时也不是那么好考的

根据二项分布的特点，我们已经明白，如果一个人回答 10 道是非题，因为完全凭猜测答对 9 题或 10 题的概率仅为 0.011，故应该认为他不是瞎猜的，而是懂得相关知识的。但是，如果他回答了每一道题，结果却得了零分，算不算他懂呢？也应该算懂，其原因同样是：完全凭猜测答对 0 题或 1 题的概率仅为 0.011。

对于这个结论也许你很难一下子接受，不过你如果找一些自己完全不懂的是非题或选择题做来试试，就会明白，零分也不是那么好考的！

5.2　正态分布和 t 分布

正态分布最早是由德莫弗（A. de Moivre）于 1733 年研究二项分布的极限分布形式时提出的，但是当时没有引起人们的重视。后来，高斯（C. F. Gauss）和拉普拉斯（M. de Laplace）在 19 世纪初分别重新提出了正态分布。

正态分布是统计学中最重要的分布。这是因为，第一，有大量的客观现象服从或近似服从正态分布，例如，人的体重和身高以及学生的考试成绩等都服从正态分布。在心理学中，一般情况下，心理测验得分、心理实验测得的数量指标也都服从正态分布。

第二，正态分布具有许多良好的数学性质，许多非正态分布以正态分布为极限分布。

本书的例题和习题有许多是关于心理测验、心理实验或教育考试得分的，在这些例题或习题中，只要不做特别的声明，就认为有关变量服从正态分布。

t 分布是戈赛特（W. S. Gosset）于 1908 年提出来的。由于当时他用了笔名“学生”（Student），所以 t 分布又被称为“学生分布”。t 分布主要用于解决小样本问题，堪称现代小样本统计理论的开端。

5.2.1　概率密度函数

正态分布是连续变量的概率分布，它与间断变量的概率分布（例如，二项分布）有本质的差异。

间断型随机变量的取值个数是有限的，因此可以将这些可能的取值及其相应的概率一一罗列出来，二项分布就是如此：我们可以计算成功次数 X 从 0 到 n 这 $n+1$ 个可能取值所对应的概率。但是，连续型随机变量的可能取值在数学上连续地充满某一区间，在任意两个取值之间都可以找到它们的中间值，所以其可能取值的数目是无限的，不能一一列举。

例如，假定一个学生的数学成绩（连续变量）一贯在 80 分左右，那么他是不是有很大的把握（概率）刚好考 80 分，而不是 79 或 81 呢？换句话说，我们能否单独计算 $X=80$ 的概率呢？其实，刚好考 80 分的概率是很低的。如果老师打分的时候还有给 0.5 分的情况，这种概率就更低了。如果打分时可以精确到小数点后任意一位，则获得任何一个分数的概率都是零！因此可以说，连续型随机变量取某个特定值的概率为零。

不过，就实际应用来说，我们通常关心的是连续型随机变量取值于某个区间的概率。例如，考试得到 90 分以上的概率 $P\{X \geqslant 90\}$；测量误差小于 1 毫秒的概率 $P\{X < 1\}$；身高在 160 ～ 180 厘米的概率 $P\{160< X <180\}$；等等。就刚才那个学生而言，虽然他正好考 80 分的概率是很低的，但是他考到 75 ～ 85 分还是有较大把握的。

我们可以设想，连续变量数轴上的每一个点都有其相应的概率密度，相应的就有一个概率密度函数 $f(x)$，任何区间的概率就是该区间上方的概率密度函数曲线与 X 轴所围成的面积（见图 5.2.1）。

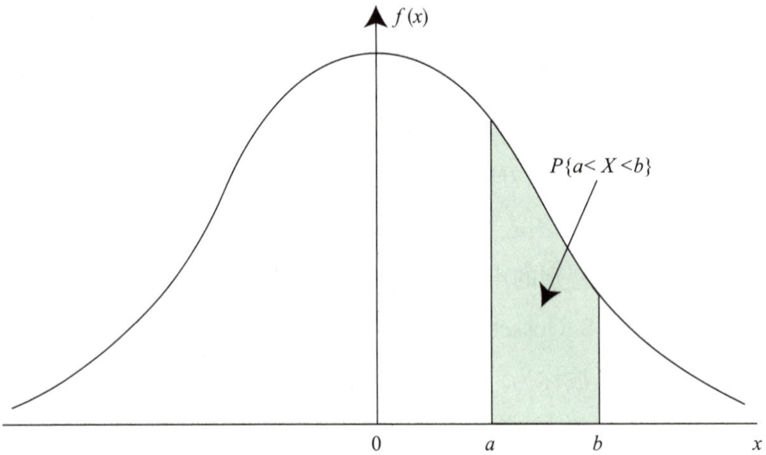

图 5.2.1　概率密度函数

我们可以用物质的密度的概念来与概率密度做一类比：如果两种物质的体积相同而密度不同，则它们的质量就不同，密度大的质量就大。连续变量也是这样：同样宽度的两个取值区间因为有不同的概率密度，相应的概率就不一样了。例如，刚才那个学生考到 75 ～ 85 的概率大于考到 90 ～ 100 的概率。

于是，概率密度函数的定义就是：如果函数 $f(x)$ 的曲线与 x 轴围成的面积等于 1，则称 $f(x)$ 为连续型随机变量 X 的概率密度函数；而 X 取值于 (a,b) 区间的概率就是由 (a, b) 区间上的 $f(x)$ 曲线与 x 轴围成的面积（见图 5.2.1）。

间断型的概率分布在变量的可能取值数目很大的情况下，概率被步步细分，最终接近连续型的概率分布。

5.2.2　正态分布与标准正态分布

5.2.2.1　正态分布

正态分布的概率密度函数为

$$f(x)=\frac{1}{\sqrt{2\pi}\sigma}e^{-\frac{(x-\mu)^2}{2\sigma^2}} \quad (-\infty< x <+\infty) \qquad (公式 5.2.1)$$

式中：

π 是圆周率；

e 是自然对数的底（约为 2.7183）；

μ 为随机变量 X 的平均数；

σ 为随机变量 X 的标准差；

σ^2 为方差。

换言之，如果随机变量 X 的概率密度函数为公式 5.2.1，则称 X 服从正态分布，记作

$$X\sim N(\mu,\sigma^2)$$

由公式 5.2.1 可见，μ 和 σ^2 是影响正态分布的概率密度函数形态的参数。每一对 μ 和 σ^2 都能确定一条正态分布密度函数曲线（以下简称“正态分布曲线”），其中，μ 决定曲线的中心位置，σ^2 或 σ 则决定曲线的陡峭程度。图 5.2.2 给出了 3 条正态分布曲线，它们的 μ 都是 0，σ 则分别为 0.5、1、2。从图中可以看出正态分布的几个特征：正态分布曲线相对于直线 $X=\mu$ 对称，并在 $X=\mu$ 处达到最大值；在 $X=\mu\pm\sigma$ 处有拐点；当 X 趋于无穷时，曲线以 X 轴为渐近线；曲线的陡峭程度取决于方差（或标准差）的大小。

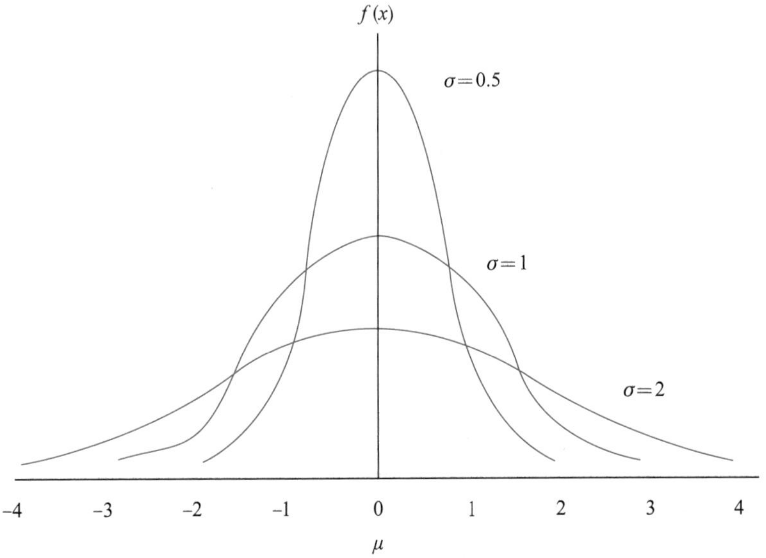

图 5.2.2 不同 σ 的正态分布曲线

5.2.2.2 标准正态分布

特别地，当 $\mu=0$，$\sigma=1$ 时，正态分布的概率密度函数为

$$\varphi(x)=\frac{1}{\sqrt{2\pi}}e^{-\frac{x^2}{2}} \quad \text{（公式 5.2.2）}$$

公式 5.2.2 称为标准正态分布的概率密度函数。换言之，如果随机变量 X 的概率密度函数为公式 5.2.2，则称 X 服从标准正态分布，记作

$$X \sim N(0,\ 1^2)$$

图 5.2.2 中 σ 为 1 的那条正态分布曲线，就是标准正态分布曲线。

当随机变量服从标准正态分布时，我们可以直接利用附录三中的标准正态分布表（附录三中的统计用表 1）。但是，当随机变量服从正态分布而不服从标准正态分布时，不能直接查表，而要先对 X 变量进行转换，使它成为服从标准正态分布的随机变量，然后才能查表。转换的公式是

$$Z=\frac{X-\mu}{\sigma}\ \text{（用于总体）或}\ Z=\frac{X-\overline{X}}{S}\ \text{（用于样本）} \quad \text{（公式 5.2.3）}$$

所以，标准正态分布的概率密度函数也可以表示为

$$f(z)=\frac{1}{\sqrt{2\pi}}e^{-\frac{z^2}{2}}$$

任何形态的正态分布都可以通过公式 5.2.3 转换为标准正态分布。

标准正态曲线的特点是：

- 曲线在 $Z=0$ 处为最高点；
- 曲线以 $Z=0$ 处为中心，左右对称；
- 曲线从最高点向左右缓慢下降，以横轴为渐近线；
- 标准正态分布的平均数为 0，标准差为 1；
- 在 $Z=\pm1$ 处有拐点；
- 从 $Z=-3$ 到 $Z=+3$ 这个区间包括的概率几乎达到 1。

5.2.2.3 标准正态分布表

通过标准正态分布表，可以实现 Z 值、面积（概率 P）和概率密度（纵线高度 Y）之间的互查。图 5.2.3 说明本书的标准正态分布表中 P 所表示的是 Z 取值于（0，Z_0）区间的概率。附录三统计用表 1 中的 Z 都是正值，对于负值的情况，可以根据正态分

布曲线左右对称的原理，通过相同大小的正值查找相应的 Y 值和 P 值。另外，由于是连续变量，每个点对应的概率应该是 0，所以无论 Z 取值区间是开区间还是闭区间，结果都是相同的。

注意

同样是标准正态分布表，有的书上的概率 P 表示的不是 Z 取值为（0，Z_0）区间的概率，而是（$-\infty$，Z_0）区间的概率，或者是（$-Z_0$，Z_0）区间的概率等，查阅时应留意其区别，并进行换算。

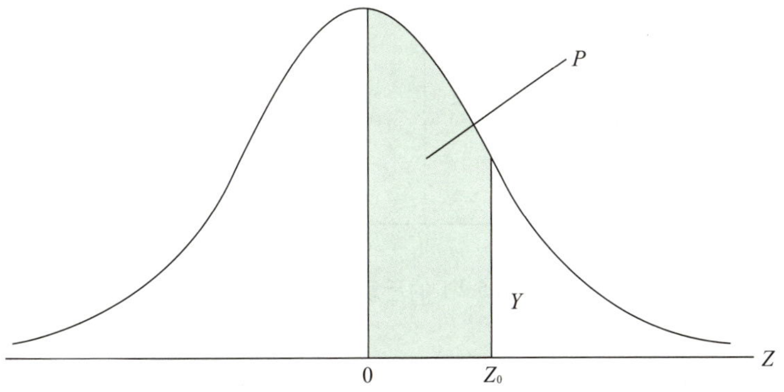

图 5.2.3　标准正态分布表中 $Z-Y-P$ 的图示

【例 5.2.1】设变量 Z 服从标准正态分布，求

（1）$P\{0\leqslant Z\leqslant 1\}$　（2）$P\{-1\leqslant Z\leqslant 0\}$　（3）$P\{-1\leqslant Z\leqslant 1\}$

（4）$P\{Z>0\}$　（5）$P\{Z>1\}$　（6）$P\{|Z|>1\}$

（7）$P\{1<Z<2\}$　（8）$P\{-2<Z<1\}$

解：由于变量 Z 服从标准正态分布，故直接查附录三统计用表 1。

(1) $P\{0\leqslant Z\leqslant 1\}$ 正是表中概率 P 表示的 Z 取值区间为（0，1）的概率，可以根据 $Z=1$ 直接查到概率 $P\{0\leqslant Z\leqslant 1\}=0.34134$。它是图 5.2.4 中的①部分。

(2) $P\{-1\leqslant Z\leqslant 0\}$ 所示的部分正好与 $P\{0\leqslant Z\leqslant 1\}$ 对称，故 $P\{-1\leqslant Z\leqslant 0\}=P\{0\leqslant Z\leqslant 1\}=0.34134$。它是图 5.2.4 中的②部分。

(3) $P\{-1\leqslant Z\leqslant 1\}$ 所示的正好是 $P\{-1\leqslant Z\leqslant 0\}$ 与 $P\{0\leqslant Z\leqslant 1\}$ 之和，故 $P\{-1\leqslant Z\leqslant 1\}=0.34134+0.34134=0.68268$。应该是图 5.2.4 中的①与②部分之和。

(4) $P\{Z>0\}$ 指的是 Z 取值区间为（0，$+\infty$）的概率，显然 $P\{Z>0\}=0.5$。应该

是图 5.2.4 中的①与③部分之和。

(5) $P\{Z>1\}$ 指的是 Z 取值区间为 $(1,+\infty)$ 的概率。它应该是图 5.2.4 中的③部分。故 $P\{Z>1\}=0.5-P\{0\leqslant Z\leqslant 1\}=0.5-0.34134=0.15866$。根据正态分布曲线左右对称的特点，可以得出 $P\{Z<-1\}=0.15866$。它应该是图 5.2.4 中的④部分。

(6) $P\{|Z|>1\}$ 就是 $P\{Z<-1\}+P\{Z>1\}=0.15866+0.15866=0.31732$。它应该是图 5.2.4 中的③与④部分之和。

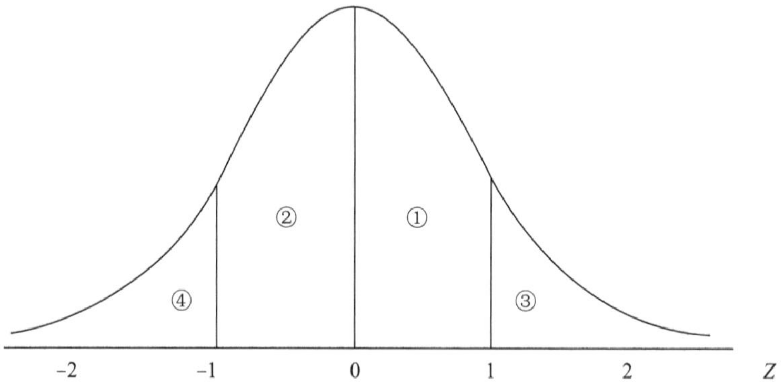

图 5.2.4 例 5.2.1 的示意图（第 1 ～ 6 小题）

(7) $P\{1<Z<2\}$ 就是 $P\{0<Z<2\}-P\{0<Z<1\}=0.47725-0.34134=0.13591$，它应该是图 5.2.5 中的①部分。

(8) $P\{-2<Z<1\}$ 就是 $P\{-2<Z<0\}+P\{0<Z<1\}=0.47725+0.34134=0.81859$，它应该是图 5.2.5 中的②部分。

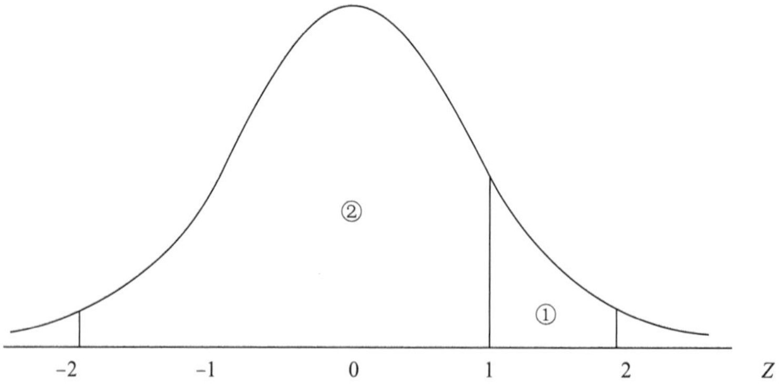

图 5.2.5 例 5.2.1 的示意图（第 7 ～ 8 小题）

【例 5.2.2】设随机变量 X 服从平均数为 10，标准差为 2 的正态分布，求

（1）$P\{10 \leqslant X \leqslant 12\}$　　（2）$P\{9 \leqslant X \leqslant 10\}$　　（3）$P\{9 \leqslant X \leqslant 11\}$

（4）$P\{X > 14\}$　　（5）$P\{11 < X < 12.5\}$　（6）$P\{X < 4\}$

解：已知 $X \sim N(10,\ 2^2)$，这不是一个标准正态分布，必须先用公式$Z = \frac{X-\mu}{\sigma}$将其转换成标准正态分布，然后才能查统计用表1。

因为 $\mu = 10$，$\sigma = 2$

所以当 $X = 10$ 时，

$$Z_1 = \frac{X-\mu}{\sigma} = \frac{10-10}{2} = 0$$

当 $X = 12$ 时，

$$Z_2 = \frac{X-\mu}{\sigma} = \frac{12-10}{2} = 1$$

当 $X = 9$ 时，

$$Z_3 = \frac{X-\mu}{\sigma} = \frac{9-10}{2} = -0.5$$

其余类推，得出 $X = 11$、14、12.5、4 时，Z 值分别为：0.5，2，1.25，–3。

这样得出的新变量 $Z \sim N(0,\ 1^2)$，可以查标准正态分布表：

（1）$P\{10 \leqslant X \leqslant 12\} = P\{0 \leqslant Z \leqslant 1\} = 0.34134$

（2）$P\{9 \leqslant X \leqslant 10\} = P\{-0.5 \leqslant Z \leqslant 0\} = 0.19146$

（3）$P\{9 \leqslant X \leqslant 11\} = P\{-0.5 \leqslant Z \leqslant 0.5\} = 0.19146 \times 2 = 0.38292$

（4）$P\{X > 14\} = P\{Z > 2\} = 0.5 - 0.47725 = 0.02275$

（5）$P\{11 < X < 12.5\} = P\{0.5 < Z < 1.25\} = P\{0 < Z < 1.25\} - P\{0 < Z < 0.5\} = 0.39435 - 0.19146 = 0.20289$

（6）$P\{X < 4\} = P\{Z < -3\} = 0.5 - 0.49865 = 0.00135$

反过来，根据概率 P 值也可以查到相应的 Z 值。

【例 5.2.3】设随机变量 Z 服从标准正态分布，求以下各 Z_0 值

（1）$P\{0 \leqslant Z \leqslant Z_0\} = 0.30$　　（2）$P\{Z_0 \leqslant Z \leqslant 0\} = 0.40$

（3）$P\{-1 \leqslant Z \leqslant Z_0\} = 0.68268$　　（4）$P\{Z > Z_0\} = 0.025$

（5）$P\{Z > Z_0\} = 0.005$　　（6）$P\{|Z| < Z_0\} = 0.95$

（7）$P\{1<Z<Z_0\}=0.1$　　（8）$P\{Z_0<Z<1\}=0.5$

解：

(1) $P\{0 \leqslant Z \leqslant Z_0\} = 0.30$，属于 $Z = 0$ 到 $Z = Z_0$ 这个区间的概率，可以直接从附录三统计用表 1 中查 P 值，由于表中只有最接近 0.30 的 0.2995，故 $Z_0 \approx 0.84$。当然，除了查找最接近的值以外，还可以用直线内插法计算 Z_0。

(2) $P\{Z_0 \leqslant Z \leqslant 0\} = 0.40$，属于 $Z = Z_0$ 到 $Z = 0$ 这个区间的概率，可以直接从附录三统计用表 1 中查 P 值，但是所得的 Z 值应取负值。故 $Z_0 = -1.28$。

(3) $P\{-1 \leqslant Z \leqslant Z_0\} = 0.68268$，$Z_0$ 可能大于 0，或等于 0，也可能小于 0。由于 $P = 0.68268 > 0.5, Z_0 > 0$，故 $P\{-1 \leqslant Z \leqslant Z_0\}$ 应该是 $P\{-1 \leqslant Z \leqslant 0\}$ 与 $P\{0 \leqslant Z \leqslant Z_0\}$ 之和。而 $P\{-1 \leqslant Z \leqslant 0\} = 0.34134$，故 $P\{0 \leqslant Z \leqslant Z_0\} = 0.68268 - 0.34134 = 0.34134$。显然,$Z_0 = 1$。

(4) $P\{Z > Z_0\} = 0.025$，属于 $Z = Z_0$ 以上的面积，故 $P\{0 \leqslant Z \leqslant Z_0\} = 0.5 - 0.025 = 0.475$。查附录三统计用表 1，得 $Z_0 = 1.96$。

(5) $P\{Z > Z_0\} = 0.005$，原理同 (4)，$Z_0 = 2.58$。

(6) $P\{|Z| < Z_0\} = P\{0 \leqslant Z \leqslant Z_0\} + P\{-Z_0 \leqslant Z \leqslant 0\} = 0.95$，故 $P\{0 \leqslant Z \leqslant Z_0\} = 0.95/2 = 0.475$。查附录三统计用表 1，得 $Z_0 = 1.96$。

(7) $P\{1 < Z < Z_0\} = P\{0 < Z < Z_0\} - P\{0 < Z < 1\} = 0.1$，故 $P\{0 < Z < Z_0\} = 0.34134 + 0.1 = 0.44134$，查表得 $Z_0 = 1.57$。

(8) $P\{Z_0 < Z < 1\} = 0.5$，由于 $P = 0.5$，故 $Z_0 < 0$。$P\{Z_0 < Z < 1\} = P\{0 < Z < 1\} + P\{Z_0 < Z < 0\} = 0.34134 + P\{Z_0 < Z < 0\} = 0.5$，$P\{Z_0 < Z < 0\} = 0.5 - 0.34134 = 0.15866$。相应的 $Z_0 = -0.41$。

【例 5.2.4】设有一条纵线将标准正态分布曲线下的面积分割成 p 和 q（$q = 1-p$）两部分，$p = 0.6$，$q = 0.4$。问该纵线高度 Y 是多少？

解：根据题意，该纵线左右的面积分别是 0.4 和 0.6，也可以是 0.6 和 0.4，如图 5.2.6 所示，显然，由于正态分布的对称性，两条纵线的高度 Y 相等。

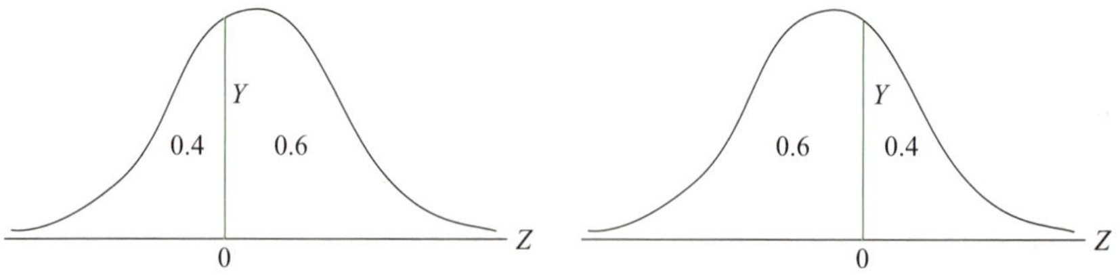

图 5.2.6　例 5.2.4 的示意图（一）

但是，由于附录三统计用表1中的概率 P 指的是 $P\{0 \leqslant Z \leqslant Z_0\}$，本题中的概率0.4或0.6均应做相应转换。以纵线左右的面积分别是0.6和0.4为例，可知 $P\{0 \leqslant Z \leqslant Z_0\} = 0.10$，如图5.2.7所示。

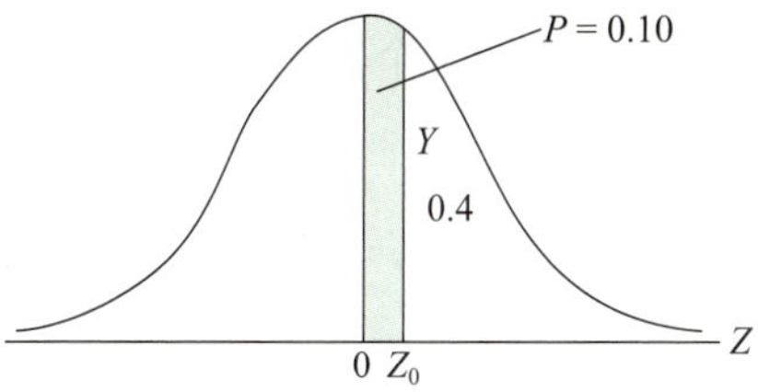

图 5.2.7 例5.2.4的示意图（二）

从附录三统计用表1中可以查到最接近于 $P = 0.10$（$P = 0.09871$）的纵线高度 Y 为0.38667，其相应的 $Z_0 = 0.25$。

5.2.2.4 标准分数

在心理测验和教育考试中，原始分数尚不能反映个体在整个群体中的地位。例如，本章导读问题二中提到，某参试者智力测验得到的原始分数为85分，但是这个原始分数并不能说明其智力的高低，还要与平均分做比较。因此可以说，原始分数传递的信息量是最少的。

要了解个体在群体中的地位，应将原始分数转换成标准分数。前面说到的服从标准正态分布的 Z 值，被称为**标准分数**。标准分数的正负和大小就可以体现参试者在群体中的地位。以智力测验为例：

如果 $Z = 0$，说明参试者的成绩正好位于平均分数处，智力水平中等；

如果 $Z = 1$，说明得分较高，且高于平均分1个标准差，智力水平比他低的人数比率（概率）应该有 $0.5 + 0.34134 = 0.84134$；

如果 $Z = 2$，说明得分高于平均分2个标准差，智力水平比他低的人数比率（概率）应该有 $0.5 + 0.47725 = 0.97725$；

如果 $Z = -1$，说明得分低于平均分数1个标准差，智力水平比他低的人数比率（概率）应该有 $0.5 - 0.34134 = 0.15866$；

如果 $Z = -2$，说明得分低于平均分数2个标准差，智力水平比他低的人数比率（概率）应该有 $0.5 - 0.47725 = 0.02275$。

一般来说，规范的心理学测验或教育测验都有将原始分数转换为标准分数或百分等级的公式或转换表。

本章导读问题二中的参试者的原始分数为 85，他所在群体的平均分为 75，标准差为 10，因此其标准分 $Z=(85-75)/10=1$。这说明其百分等级略高于 84，即该参试者的智力水平高于其他 84% 的人。但是这个参试者算不算智力超常呢？这就要与智力超常的标准进行比较了。一般来说，智力测验将超常的标准定在得分高于平均数 2 个标准差（即标准分 $Z \geqslant 2$）。该参试者未达到智力超常标准。

注意

务必牢记，运用标准分数的前提是原始分数服从正态分布。否则，根据 Z 值查表求概率就失去意义了。

标准分数不仅可以提供关于个体在群体中的地位的信息，还可以更科学地计算多个分数的总分。在学校里，计算学生各科考试的总分时，一般都是将各科原始分数直接相加。严格地说，这种方法是错误的。这是因为，各科试卷难度不一，数学的 1 分往往不等于语文的 1 分，所以它们之间不能直接相加求总分。

标准分数的单位是绝对等价的，可以相加。所以，我们可以将原始分数转换为标准分数后再计算总分，它的正负和大小就可以反映出考生在全体考生中所处的地位。

【例 5.2.5】已知某班在期末考试中的数学、语文和外语的平均分数和标准差分别为数学：80，10；语文：75，5；外语：85，8。

现有两位学生，成绩分别是

甲生：数学 85，语文 75，外语 77；

乙生：数学 70，语文 90，外语 75。

试判断哪一位学生总成绩更高些？

解：考试成绩服从正态分布，故可以将两位考生的成绩转换为标准分数。

甲生：

数学：85，$Z=(85-80)/10=0.5$

语文：75，$Z=(75-75)/5=0$

外语：77，$Z=(77-85)/8=-1$

甲生原始分数总分为 $85+75+77=237$；标准分数总分为 $0.5+0+(-1)=-0.5$。

乙生：

数学：70，$Z=(70-80)/10=-1$

语文：90，$Z=(90-75)/5=3$

外语：75，$Z=(75-85)/8=-1.25$

乙生原始分数总分为 $70+90+75=235$；标准分数总分为 $(-1)+3+(-1.25)=0.75$。

从上例可见，甲生的原始分数比乙生高，可是标准分数比乙生低。

不过，Z 值往往有小数点，而且有负值，看着不习惯，用着也不方便。所以常常将其进一步转换成 ***T* 分数**，转换公式为

$$T=KZ+C \quad \text{（公式 5.2.4）}$$

这是一种线性转换，转换后得到的 T 分数仍保持了 Z 分数的特征：各科标准分数的单位是绝对等价的。为了进行合理的转换，还要求 K 值应大于（至少等于）原始分数的标准差，C 值应大于或等于 3 倍 K 值（在普通考试中）或 4 倍 K 值（在大规模考试中）。

T 分数仍然服从正态分布，且其平均数为 C，标准差为 K，即，$T\sim N(C, K^2)$。

智商 IQ 就是 *T* 分数

智商也是一种 T 分数，转换公式多为 $T=15Z+100$。这就意味着平均智商为 100，标准差为 15。正常人的智商在 $100\pm2\times15$，即 70～130（约占总人口的 95% 以上）；130 分以上为超常，70 分以下为低常（两者的比例均不超过 2.5%）。

利用正态分布，还可以确定录取分数线。

【例 5.2.6】某次选拔性考试成绩服从正态分布 $X\sim N(300, 20^2)$。若录取率为 10%，问录取分数线是多少？

解：考试成绩服从正态分布，由于考试仅录取前 10% 的考生，录取分数线对应的 Z 分数可以查表获得。根据标准正态分布表，$P\{0\leqslant Z\leqslant Z_0\}=0.5-0.1=0.4$，对应的 Z_0 为 1.28，故录取分数 $X=\mu+\sigma Z_0=300+20\times1.28=325.6$。

在心理测量和教育考试中，正态分布还有许多其他用途，例如，确定等级评定的人数，对品质评定加以数量化处理等。

5.3 t分布、泊松分布与指数分布

5.3.1 t分布

5.3.1.1 t分布的概率密度函数

与正态分布一样，t 分布也是一种连续型分布，其密度函数为

$$f(t)=\frac{\Gamma\left(\frac{n+1}{2}\right)}{\sqrt{n\pi}\,\Gamma\left(\frac{n}{2}\right)}\left(1+\frac{t^2}{n}\right)^{-\frac{n+1}{2}} \qquad (-\infty < t < +\infty) \qquad \text{（公式 5.3.1）}$$

式中：

n 为自由度（亦记作 df）。

t 分布的数学期望和方差分别为：

$$E(t)=0 \qquad \text{（公式 5.3.2）}$$

$$D(t)=n/(n-2) \qquad \text{（公式 5.3.3）}$$

注意：在以上公式中，$n>2$。

t 分布与正态分布有很多相似之处，主要表现在（见图 5.3.1）：

- t 分布和正态分布基线上的取值 t 值（或 Z 值）都是 $-\infty \sim +\infty$；
- 以平均数 0 为中心，左侧 t 值（或 Z 值）为负，右侧 t 值（或 Z 值）为正；
- 曲线以平均数处为最高点向两侧逐渐下降，尾部无限延伸，永不与基线相接，呈单峰对称形。

两者的区别之处在于：t 分布的形态随自由度 n 的变化呈一簇分布形态，不同自由度的 t 分布形态不同。当 $n<30$ 时，t 分布的分散程度比标准正态分布大，密度函数曲线比较平缓；随着自由度的逐渐增大，t 分布逐渐接近标准正态分布；当 $n \geqslant 30$ 时，t 分布的密度函数曲线与标准正态分布的密度函数曲线几乎重合，故正态分布是 t 分布的极限形式。

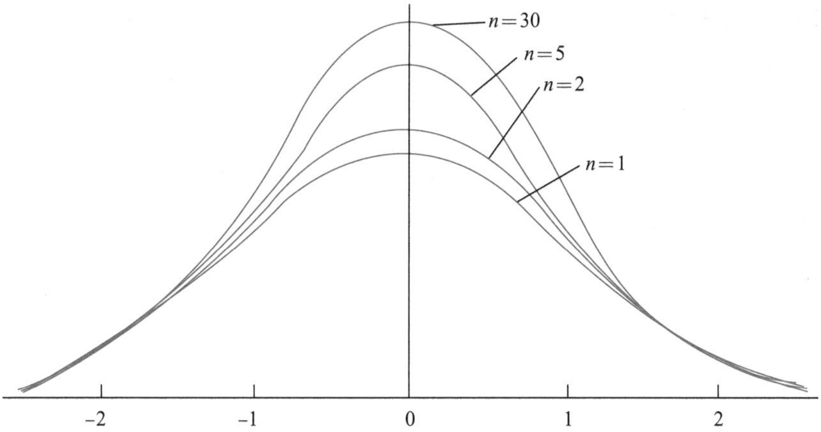

图 5.3.1 *t* 分布和正态分布曲线图（*n* 为自由度）

t 分布的最简单应用是描述正态分布总体情况下的样本平均数的抽样分布：设（X_1，X_2，…，X_n）是抽自正态分布总体的一个容量为 *n* 的简单随机样本，则有

$$t = \frac{\overline{X} - \mu}{S / \sqrt{n}} \sim t_{n-1} \quad （公式 5.3.4）$$

即随机变量 *t* 服从自由度为 $n-1$ 的 *t* 分布。

5.3.1.2 自由度

自由度是指总体参数估计量中变量值独立自由变化的个数。在行文中，为了与样本容量 *n* 相区别，一般将自由度记为 *df*。

例如，在运用公式 5.3.4 时，自由度为 $n-1$。自由度是这样产生的：当用样本统计量 S^2 估计总体参数 σ^2 时，估计量 S^2 的计算公式是

$$S^2 = \frac{\sum_{i=1}^{n}(X_i - \overline{X})^2}{n-1}$$

其中的 *n* 个离差（$X_i - \overline{X}$）中只有 $n-1$ 个可以自由变化，而第 *n* 个离差（$X_n - \overline{X}$），在其他离差已经确定的前提下不能自由变化，因为这里有一个限制因素：它与其他离差之和必须为零，即$\sum_{i=1}^{n}(X_i - \overline{X}) = 0$。所以，当用样本统计量 S^2 估计总体参数 σ^2 时，自由度 $df = n-1$。可见，自由度的个数等于样本容量减去限制因素的个数。自由度的另一种判断方法是看估计量中运用了几个样本统计量，因为每一个样本统计量都构成一个限制因素。

5.3.1.3 *t* 分布表

在自由度 *df* 不同的情况下，*t* 值与概率 *P* 之间的数值关系可以查 *t* 分布表（附录三统计用表 2）。与标准正态分布表不同，查 *t* 分布表时要考虑自由度。限于篇幅，本书只列出了几个常用的概率（0.25, 0.10, 0.05, 0.025, 0.01, 0.005, 0.0025, 0.001 和 0.0005），而且这里的概率指的都是对应的 *t* 值以上的面积（如图 5.3.2 所示）。附录三统计用表 2 中的 *t* 值全部为正；如果是负数，可以根据 *t* 分布左右对称的特性解题。

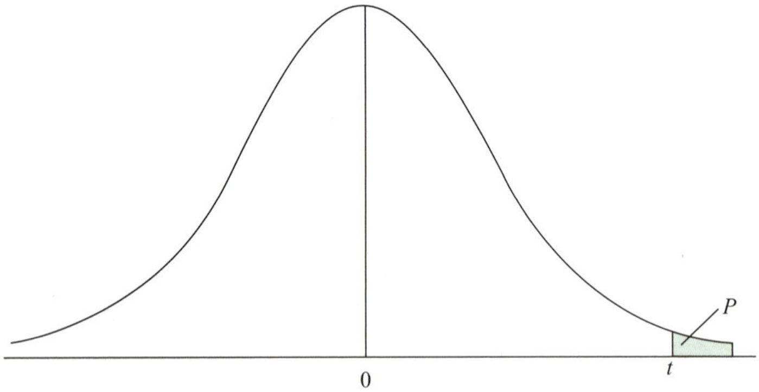

图 5.3.2 *t* 分布中概率 *P* 的位置

【例 5.3.1】设变量 *t* 服从 *t* 分布，求

（1）$P\{t \geqslant 4.297\}(df=9)$　　（2）$P\{t \geqslant 2.571\}(df=5)$

（3）$P\{0 \leqslant t \leqslant 1.356\}(df=12)$　　（4）$P\{t<-1.708\}(df=25)$

（5）$P\{t \geqslant 1.962\}(df=1000)$

解：由于变量 *t* 服从 *t* 分布，故查附录三统计用表 2。

（1）先找到 $df=9$ 这一行，然后在 $P=0.001$ 下找到 4.297，这说明 $P\{t \geqslant 4.297\}=0.001$。

（2）先找到 $df=5$ 这一行，然后在 $P=0.025$ 下找到 2.571，这说明 $P\{t \geqslant 2.571\}=0.025$。

（3）先找到 $df=12$ 这一行，然后在 $P=0.10$ 下找到 1.356，这说明 $P\{t \geqslant 1.356\}=0.10$，故 $P\{0 \leqslant t \leqslant 1.356\}=0.50-0.10=0.40$。

（4）先找到 $df=25$ 这一行，然后在 $P=0.05$ 下找到 1.708，这说明 $P\{t>1.708\}=0.05$，故 $P\{t<-1.708\}=P\{t>1.708\}=0.05$。

（5）先找到 $df=1000$ 这一行，然后在 $P=0.025$ 下找到 1.962，这说明 $P\{t>1.962\}=0.025$。这一小题说明，随着自由度的增加，*t* 分布逐渐接近标准正态分布，因为 $P\{Z>1.96\}=0.025$。

5.3.2　泊松分布和指数分布★

其实，统计学家还研究过许多其他的分布。就间断型随机变量而言，除了二项分布，还有泊松分布和超几何分布等；就连续型随机变量而言，除了正态分布，还有指数分布与Γ分布等。这里简单介绍一下泊松分布和指数分布。

5.3.2.1　泊松分布

在n比较大的情况下，计算二项分布的概率就相当麻烦。这时，我们需要寻找一个近似而又简便的算法。泊松分布最初就是1837年由法国数学家泊松（S. D. Poisson，1781—1840）作为二项分布的近似形式提出来的。

如果随机变量X的概率分布为

$$P\{X=x\}=\frac{\lambda^x}{x!}e^{-\lambda}\quad (x=0,\ 1,\ 2,\ \cdots;\ \lambda>0) \qquad \text{（公式 5.3.5）}$$

则称随机变量X服从参数为λ的泊松分布。

一种随机现象可以在一个空间或时间过程中重复地出现。公式5.3.5中的x表示某一随机事件在某一空间或时间范围内发生的次数。e为常数，其近似值为2.7183。参数λ表示随机事件在单位空间或时间间隔内平均发生的次数。

例如，假定某种精神疾患的发生率为$p=0.00015$，每次取10000人，其中患者的人数x可能是0人、1人、2人、3人……但是无数次抽取后的平均人数为$\lambda=np=1.5$。在这10000人中，患者数（x可以是0，1，2，3……）就是随机事件发生的次数。

泊松分布的平均数与方差均为λ，即

$$\mu=\lambda \qquad \text{（公式 5.3.6）}$$

$$\sigma^2=\lambda \qquad \text{（公式 5.3.7）}$$

随着λ的增大，泊松分布接近正态分布。

在经验上，当$p\leqslant 0.25$，$n>20$，$np\leqslant 5$时，用泊松分布近似计算效果比较理想。

【例5.3.2】假定某种精神疾患的发生率为$p=0.00015$，每次取10000人，问其中抽到0个、1个、2个和3个患者的概率分别是多少？

解：已知$p=0.00015$，$n=10000$，$X\sim b(n,p)$，故$\lambda=np=1.5$。

根据泊松分布是二项分布的极限形式这一原理，当$n\to\infty$时，

$$b(n,p)\to\frac{\lambda^x}{x!}e^{-\lambda}$$

将$\lambda = 0$、1、2、3 分别代入上式，得到这四种情况的概率分别是 0.2231、0.3347、0.2510 和 0.1255。

泊松分布不仅作为二项分布的极限形式，还可以应用于社会生活中的许多领域。例如，一本书中的印刷错误数、交通事故发生的次数、对某种服务的需求数等，都服从或近似服从泊松分布。

5.3.2.2 指数分布

若随机变量 t 的概率密度函数为

$$f(t) = \begin{cases} \lambda e^{-\lambda t} & t \geqslant 0, \lambda > 0 \\ 0 & t < 0 \end{cases} \qquad \text{（公式 5.3.8）}$$

则称 t 服从参数为 λ 的**指数分布**。

指数分布的平均数和方差分别是：

$$\mu = \frac{1}{\lambda} \qquad \text{（公式 5.3.9）}$$

$$\sigma^2 = \frac{1}{\lambda^2} \qquad \text{（公式 5.3.10）}$$

指数分布与泊松分布有密切的关系。泊松分布可以用来研究某一个时间段内随机事件 A 出现的次数，而指数分布则用来研究随机事件 A 两次出现之间的时间间隔 t。两个分布中的 λ 都表示随机事件 A 在单位时间内出现的平均次数或发生率。

本章术语

- **二项试验**（binomial experiment）：满足以下条件的试验：(a) 一次试验只有两种可能的结果（“成功”和“失败”）；(b) 试验可以在同样的条件下重复进行；(c) 可以用计数来表示成功或失败的次数；(d) 各次试验中成功的概率 p 相同，失败的概率 q 也相同，且 $p + q = 1$；(e) 各次试验的结果相互独立。
- **二项分布**（binomial distribution）：重复进行 n 次二项试验后不同的成功次数所对应的概率分布。它是用 n 次方的二项展开式来表达在 n 次二项试验中不同的成功次数($x = 0, 1, \cdots, n$) 的概率分布。
- **概率密度函数**（probability density function）：如果函数 $f(x)$ 的曲线与 x 轴围成的面

积等于 1，则称 $f(x)$ 为连续型随机变量 X 的概率密度函数。

◆**正态分布**（normal distribution）：如果随机变量 X 的概率密度函数为 $f(x)=\frac{1}{\sqrt{2\pi}\sigma}e^{-\frac{(x-\mu)^2}{2\sigma^2}}$，则称 X 服从正态分布。

◆**标准正态分布**（standard normal distribution）：如果随机变量 X 的概率密度函数为 $\varphi(x)=\frac{1}{\sqrt{2\pi}}e^{-\frac{x^2}{2}}$，则称 X 服从标准正态分布。

◆**标准分数**（standard score, *Z*-score）：服从正态分布的 X 变量用 $Z=\frac{X-\mu}{\sigma}$ 或 $Z=\frac{X-\overline{X}}{S}$ 进行转换得到的 Z 值。

◆***T* 分数**（*T*-score）：将 Z 分数进行线性转换所获得的分数，转换公式为 $T=KZ+C$。

◆***t* 分布**（*t*-distribution）：又称“学生分布”，如果随机变量 t 的概率密度函数为 $f(t)=\frac{\Gamma\left(\frac{n+1}{2}\right)}{\sqrt{n\pi}\,\Gamma\left(\frac{n}{2}\right)}\left(1+\frac{t^2}{n}\right)^{-\frac{n+1}{2}}$，则称 t 服从 t 分布。

◆**自由度**（degree of freedom）：总体参数估计量中变量值独立自由变化的个数。

◆**泊松分布**（Poisson distribution）：若随机变量 X 的概率分布为 $P\{X=x\}=\frac{\lambda^x}{x!}e^{-\lambda}$（$x=0$，1，2，⋯；$\lambda>0$），则称随机变量 X 服从参数为 λ 的泊松分布。

◆**指数分布**（exponential distribution）：若随机变量 t 的概率密度函数为 $f(t)=\begin{cases}\lambda e^{-\lambda t} & t\geqslant 0,\lambda>0\\ 0 & t<0\end{cases}$，则称 t 服从参数为 λ 的指数分布。

练习与思考

1. 有 4 道四选一的选择题，如果一个学生完全凭猜测来选择答案，那么

   （1）平均能猜对多少题？

   （2）标准差是多少？

   （3）猜对 3 题的概率是多少？

2. 假定全国 0 ～ 14 岁的少年儿童占总人口的 20%。现从全国人口中随机抽出 10 人，其中少年儿童为 5 人的概率是多少？不少于 6 人的概率是多少？

3. 求下列各取值区间在正态曲线下的面积：

（1）$Z=0\sim Z=1.2$　　（2）$Z=0.5\sim Z=2.8$

（3）$Z=0\sim Z=1.4$　　（4）$Z=-1.5\sim Z=1.8$

（5）$Z=-0.5\sim Z=1.88$　　（6）$Z=-2.5\sim Z=0.8$

4. 设随机变量 Z 服从标准正态分布，求以下各 Z_0 值：

（1）$P\{0\leqslant Z\leqslant Z_0\}=0.475$　　（2）$P\{Z_0\leqslant Z\leqslant +\infty\}=0.95$

（3）$P\{-1\leqslant Z\leqslant Z_0\}=0.83634$　　（4）$P\{|Z|>Z_0\}=0.10$

（5）$P\{Z>Z_0\}=0.25$　　（6）$P\{Z_0<Z<3\}=0.5$

5. 对某班 50 名学生进行言语能力测验，得 $\overline{X}=80$ 分，$S=10$，问在 70 ～ 90 分之间，从理论上讲应有多少人？占全班的百分比为多少？

6. 某心理学家设计了一种认知任务，并发现参试者完成该任务的时间呈正态分布，且平均时间为 100 秒，标准差为 16 秒。问：

（1）从参试者中任选 1 人，他在 90 秒内完成该任务的概率；

（2）能否保证 95% 的参试者在 130 秒内完成任务？

7. 有 500 名学生的劳动技能水平呈正态分布，拟将之分成 A、B、C、D、E 五个等距等级，问各等级应有多少人？（提示：可将 $Z=-3\sim Z=3$ 分为 5 个等距的区间，各区间概率密度函数曲线下相应的面积就是各等级的比例。）

8. 设变量 t 服从 t 分布，求

（1）$P\{t\geqslant 1.796\}\ (df=11)$

（2）$P\{t\geqslant 0.690\}\ (df=16)$

（3）$P\{-2.060\leqslant t\leqslant 2.060\}\ (df=25)$

（4）$P\{t<-1.646\}\ (df=1000)$

9. 某学业成就测验由 100 道 5 选 1 的单项选择题组成，每题 1 分。如果要设置一条分数线，从统计上(有 99% 的把握)排除猜测作答的情形，该分数线至少应该是几分？

实习题

10. 将完成第 2 章和第 3 章实习题时采集的两组数据合在一起，计算其平均数、标准差、方差、偏态系数和峰态系数。如果觉得数据很不符合正态分布，可以适当调整部分观察值（这种做法仅限于教学需要）。最后，计算每个个体观察值对应的 Z 分数，并将其转换成平均数为 500、标准差为 70 的 T 分数。最后，计算 Z 分数的平均数和标准差，验证它们是否分别为 0 和 1。

第 6 章

抽样技术与样本平均数的抽样分布

本章提要

本章主旨

推断统计学是心理统计学的主干内容，其任务是根据样本的统计量来估计总体的参数，或者根据样本信息对总体的参数或分布形态进行假设检验。样本信息是采用一定的抽样方法获得的，其抽样分布特点构成推断统计的理论基础。本章主要介绍抽样方法和样本平均数的抽样分布特点。

本章要点

- 推断统计学的前提是抽样调查，抽样的质量直接影响推断统计的质量。
- 常用的抽样方法有简单随机抽样、分层随机抽样、机械抽样和整群抽样等。一般采用的是简单随机抽样。
- 抽样分布是推断统计学的理论基础，参数估计和假设检验都必须遵循相对应的抽样分布。
- 从单个总体中抽出的单个样本平均数的抽样分布受到总体分布形态、总体方差是否已知以及样本容量的影响；两个总体各抽出一个样本所产生的样本平均数之差的抽样分布，还受到方差是否齐性的影响。

- 在有限总体且不放回抽样的情况下，还需考虑有限总体的修正系数。

导读问题

第1章曾提到，统计学可以分为描述统计学和推断统计学。从本章开始，读者的主要任务就是学习各种推断统计学方法。本章需要解决的问题是这样的：

- 问题一：某心理测验的得分服从正态分布，其总体平均数 $\mu = 100$，总体标准差 $\sigma = 5$。现从该总体中抽取一个容量为 25 的简单随机样本，求这一样本的样本平均数介于 99 ～ 101 的概率。

这是一个单样本情况下平均数抽样分布的问题。如果变化题目中有下划线的内容，可以得出该问题的多个变式，即总体可以呈正态分布，或非正态分布；总体标准差 σ 可以已知，也可以未知；样本可以是大样本，也可以是小样本；此外，总体可以是无限总体，也可以是有限总体；抽样形式可以是放回的，也可以是不放回的。这些变化都可能造成适用定理或公式的差异。

将问题一的单个总体、单个样本情形改为在两个总体中各抽一个样本，就成为了问题二。

- 问题二：某心理测验的得分服从正态分布，已知男生成绩平均为 100，总体方差 $\sigma_1^2 = 64$；女生成绩平均为 102，总体方差 $\sigma_2^2 = 49$。现在随机抽取 25 名男生和 16 名女生进行智力测验，问：两个样本平均数介于 1 ～ 3 的概率是多少？

与问题一相似，该问题会随着分布是否正态、总体方差是否已知（如果未知，还要看方差是否齐性）、样本是大样本还是小样本等条件产生各种变式，且情况比问题一更加复杂。

6.1　抽样技术与统计推断

6.1.1　抽样调查与统计推断

我们已经知道，随机现象可以用随机变量来描述。我们可以描述变量的次数分布特点，或者通过其数字特征（例如，平均数、方差等）对这个变量有一个大致的了解。而且，随机变量还可以通过概率和概率分布来描述。只要掌握了它的概率分布，就可以计算出变量在不同取值或取值区间上的概率。

但是，上述任何的统计学处理都必须建立在有足够数据的基础上。因此，最理想的做法就是开展全面调查，即针对总体的全部成员进行观察或实验。但是，在许多实际问题中，我们往往只能得到一部分数据，无法进行全面调查。例如，我们想调查社会公众对“精神病人的治疗费用是否应由政府支付”的看法，虽然我们知道人们对这个问题有不同的看法（赞成、反对或不置可否），但是不可能征询到社会上的所有人对这个问题的观点。又如，我们想调查中国人心理健康状况，如果要对全体十多亿人进行测定，几乎是不可能完成的。

有时候，全面调查不仅难以做到，甚至是不允许的。假定我们要检验某厂生产的灯泡的使用寿命，就要把灯泡拿来实际使用；检验结束，被检验的灯泡也就“寿终正寝”了。显然，我们不能对该厂所有的灯泡都进行这样的检验。

所以，尽管从理论上讲，我们可以对随机现象进行大量的、反复的观察，从而了解其总体的数量规律性，但实际在很多情况下是做不到的。这时，可以从总体中抽取一部分个体组成样本，取得数据后再对总体的信息加以推断，这就是统计推断。本书第 1 章所说的推断统计学就是专门研究统计推断的理论和方法的。

统计推断包括两个方面的内容——参数估计和假设检验。参数估计是利用样本信息，根据一定的概率，对总体参数做出科学的估计。而假设检验则是利用样本信息，根据一定的概率，决定是否接受关于总体参数或分布的假设。

6.1.2　抽样调查及其评价指标

统计的质量取决于数据的质量。任何统计分析方法，尤其是推断统计学的各种方法，都有一个隐含的前提，即样本资料或实验数据对总体而言有足够的代表性。因此，科学地获取样本信息，不仅是科学研究的首要环节，更是对总体情况做出科学、可靠的结论的前提。

6.1.2.1 抽样调查的几个基本概念

从总体中抽取部分个体组成样本，对该样本进行观察或实验，获得样本信息，进而推断未知总体情况，称为抽样调查。由于抽样调查并不针对总体中的所有个体进行观察，所以它是一种非全面调查方法。

抽样调查分为非概率抽样调查和概率抽样调查两大类。

非概率抽样调查是依据调查者的经验，有目的地挑选一部分个体组成样本，根据对样本的观察来推断总体的基本情况。典型调查、重点调查就是常见的非概率抽样。它往往不能作为推断未知总体参数的依据，而且不能计算调查结果的理论精确度和可靠程度。

概率抽样调查则要求总体中的每个个体被抽中的概率是已知的。这样，研究者就可以根据概率论的原理，随机地抽取部分个体组成样本，再利用各种推断统计的方法进行参数估计和假设检验，并能计算出调查结果的理论精确度和可靠程度。概率抽样调查是本节介绍的重点。为了方便，将其简称为抽样调查。

与全面调查相比，抽样调查能够节省人力、物力和时间，还可以计算和控制抽样误差，应用范围十分广泛；尤其是在心理学、教育学和社会学等领域中，由于研究的对象是人类的心理和行为，所以绝大多数研究都是抽样调查。当然，抽样调查不能完全取代全面调查。因为全面调查不存在抽样误差，对于某些事关国计民生的重大调查，例如，人口调查、土地调查等仍有必要采用全面调查的方式（例如，全国人口普查等）。

任何一个抽样调查都可能产生误差。调查的总误差可以分为两部分：非抽样误差和抽样误差。非抽样误差指漏报、错报、测量误差以及在调查结果的登录和汇总等环节上产生的误差；抽样误差则是根据样本信息来推断总体信息时产生的随机误差。本章只讨论抽样误差。

6.1.2.2 评价抽样方法的指标

通常，我们用抽样精确度和调查费用这两个指标来评价各种抽样方法的优劣。

抽样精确度是指未知总体参数的估计值$\hat{\theta}$与其平均数$E(\hat{\theta})$之差。在统计学上，一般用估计量的方差来表示抽样方法的精确度。在比较不同的抽样方法的精确度时，常以简单随机抽样的估计量的方差 $[V_{SRS}(\hat{\theta})]$ 为基准，其他各种抽样方法都以这个基准为分母计算各自的相对精确度指标，该指标就是**设计效果指标**（*Deff*）：

$$Deff=\frac{V_d(\hat{\theta})}{V_{SRS}(\hat{\theta})} \quad \text{（公式 6.1.1）}$$

式中：

$V_d(\hat{\theta})$ 指其他各种抽样方法的估计量的方差。

如果 $Deff>1$，说明被评价的抽样方法的精确度不如简单随机抽样。

抽样的目的之一就是节省费用。抽样调查还要求在保证一定精确度的前提下尽量减少费用，或在限定费用的前提下尽量提高抽样的精确度。

6.1.3 抽样方法

常用的抽样方法有简单随机抽样、分层随机抽样、机械抽样、整群抽样和多阶段抽样（本书未做介绍）等。

6.1.3.1 简单随机抽样

简单随机抽样就是从总体的 N 个个体中，完全以随机形式（不加人为干扰地）抽取 n 个个体组成一个样本。在抽取的过程中，总体中每个个体被抽到的概率是均等的，并且在任何一个个体被抽取之后，总体内成分不变（抽样的独立性）。本书大多数问题中提到的样本都默认为简单随机抽样样本。

简单随机抽样的主要步骤是：第一，给每个个体编号；第二，利用各种随机的方法产生随机号码，从而确定应被抽取的个体。过去，产生随机号码的方法主要是查随机数字表，而现在可以用计算机程序生成随机数。

当总体为有限总体时，理论上应采用放回的抽样。这样个体被抽取以后就不会造成总体成分的变化。如果是无限总体，则不存在这个问题。但是在实际工作中，多为不放回抽样。

6.1.3.2 分层随机抽样

分层随机抽样是一种有人为干预的限制性随机抽样，也有人称之为分类型抽样，它是按有关的因素或指标将总体划分为互不重叠的几个部分（层），再从各层中独立地抽取一定数量的个体，最后将在各层中抽取的个体合在一起，组成一个样本。

使用分层抽样方法主要是为了减少抽样误差，提高调查结果的精确度。如果总体中有些个体之间差异很大，有些个体之间差异比较小，这时可以考虑将整个总体分层，将差异比较小的那些个体集中在一个层中。分层抽样的一个重要原则就是：**各层内部的差异要小，层与层之间的差异要大**。分层后抽取的个体在总体中散布得更均匀，大大降低了出现极端数值的风险；随机地从任何一层中抽取的样本对该层的代表性得以提高，由它们构成的样本对整个总体也就有较高的代表性。

分层抽样的必要前提是总体中的个体数 N 以及总体中各层的个体数 N_h（$h=1,2,\cdots,L$）是已知的。例如，对学生进行抽样时，可将学生划分为男生和女生，要求全部学生的人数和男女生各有多少人都是已知的。此外，分层抽样要求在任何两层中抽取个体时都相互独立。

在确定从各层抽取个体的个数时，可以简单地按照相同比例原则，即从各层中抽取的个体数与各层个体总数的比例完全相等，这称为**等比例分层抽样**。例如，要从一个 10000 人的总体中抽取 500 人 (5%) 作为样本，则每一层都抽取该层个体总数的 5%。

不过，等比例分层抽样没有考虑各层标准差的大小。最好能够既考虑各层的个体数比例，又考虑各层的标准差，这是一种不等比例分层抽样，称为**内曼配置法**。运用内曼配置法从各层抽取个体的个数的计算公式为：

$$n_h = n\frac{N_h\sigma_h}{\sum_{h=1}^{L}N_h\sigma_h} \qquad \text{（公式 6.1.2）}$$

式中：

n_h 为从第 h 层抽取的个体数；

n 为样本容量（各层所抽个体数之和）；

N_h 为第 h 层的个体数；

σ_h 为第 h 层的标准差。

如果进一步考虑各层的单位调查费用 c_h，就是**最优配置法**，这也是一种不等比例分层抽样。运用最优配置法从各层抽取个体的个数计算公式为：

$$n_h = n\frac{N_h\sigma_h/\sqrt{c_h}}{\sum_{h=1}^{L}(N_h\sigma_h/\sqrt{c_h})} \qquad \text{（公式 6.1.3）}$$

6.1.3.3 机械抽样

机械抽样又称为系统抽样、等距抽样，其做法是，先将总体中的所有个体按顺序编号，然后每隔一定的间隔 k 抽取个体，组成样本。

机械抽样简便易行，只要确定了抽样间隔和起点，应该抽取哪些个体组成样本就都确定了，因此它的主要用途之一就是在比较大规模的抽样调查中代替简单随机抽样。同时，只要样本个体在总体中的分布是均匀的，机械抽样估计量的方差与简单随机抽样相近，故仍使用简单随机抽样的公式计算机械抽样估计量的方差。但是，当总体内的各个个体按某个指标的高低顺序排列时，机械抽样估计量的方差将介于简单随机抽样和分层随机抽样之间。

机械抽样的具体抽取方式主要有直线抽样和循环抽样。**直线抽样**就是把总体中 N 个个体分为 n 段，每段中包含 k 个个体，从每段中抽取 1 个个体。**循环抽样**就是将总体中 N 个个体首尾相连排列成一个圆形。确定抽样间隔 k 后，随机确定一个起点，按抽样间隔依次抽取个体，直至抽够 n 个个体为止。

当总体内各个个体指标的取值存在周期变动趋势时，机械抽样估计量的方差大小取决于抽取的个体在总体中的位置。例如，如果研究的变量是商业零售额，而抽样时以时间间隔（每周的星期几，每月的几号等）为抽样间隔，由于商业零售额有很强的周期性（往往是周末的零售额比较高），就有可能影响调查结果的精确度。这时若沿用简单随机抽样的公式计算估计量的方差，其效果就不能令人满意。

6.1.3.4　整群抽样

整群抽样是指以整群为单位的抽样方法，即从总体中抽出来的是某个群体的所有个体。

所谓“整群”，就是若干个有联系的个体的集合。在实际工作中，往往利用总体中已经存在的自然的或社会的整群来抽取样本。例如，在学校进行抽样调查，可以将班级看作整群，对抽中的班级的所有学生进行全面调查。

整群抽样通常指的是**单阶段整群抽样**，即在以整群为抽样单位抽取样本后，对抽中的整群中的全部个体进行调查。在比较大型的、复杂的抽样调查中，有时还采取**多阶段整群抽样**：在整群抽样中，先抽中若干大的整群，再从中抽取部分小的整群，对抽中的小整群中的个体进行全面调查。例如，在调查学生的学习成绩时，可以抽取一个学校作为整群；而在这个学校中，又可进一步采取整群抽样，抽取若干个小的整群（班级）进行调查。这样，对于一个学校，不是调查所有班级，而是仅仅调查其中一个或几个班级，这就是一种多阶段抽样。在样本容量相同的条件下，多阶段抽样的样本个体在总体中的分布比单阶段抽样更均匀。此外，多阶段抽样可以利用现成的行政区划作为在各阶段划分整群的依据。大规模抽样调查一般都采用多阶段抽样方法。

整群抽样存在调查结果的精确性不太高的缺点，而且其统计运算和分析更加复杂。有兴趣的读者可以查阅专门讲述抽样调查技术的教材。

6.2 样本平均数的抽样分布

6.2.1 抽样分布

抽样分布是推断统计学的理论基础，参数估计和假设检验都必须遵循相对应的抽样分布。要懂得什么是抽样分布，先要区分三种不同性质的分布：总体分布、样本分布和抽样分布。

总体分布指的是总体内个体观察值的次数分布或概率分布，它是全面调查得到的结果。例如，将某城市 10000 名一年级小学男生的身高作为一个总体，则这 10000 个身高数值的次数分布就是总体分布。

样本分布指的是样本内个体观察值的次数分布或概率分布，它是抽样调查得到的结果。例如，如果从上述 10000 名一年级小学生中随机抽取 100 人（样本），这 100 个身高数值的分布就是样本分布。

抽样分布指的不是个体观察值的分布，而是统计量的概率分布，是根据样本（X_1，X_2，…，X_n）的所有可能的样本观察值计算出来的某个统计量的观察值的分布。

本书第 1 章就提到，统计量是样本上的数字特征，最常用的统计量就是样本平均数。以上面小学生的身高问题为例，我们可以随机抽取 100 名一年级小学男生，记录其样本平均数，接着将样本**放回**总体（这样他们以后还有机会被再次抽取），然后再随机抽取**同样人数**的另一个样本，再记录这个样本的平均数，如此重复下去。各样本的观察值不同，样本平均数也不同。如果把这些平均数也看作观察值，就可以像以前为原始观察数据制作次数分布表那样，为这些平均数制作次数分布表或概率分布表，这样的分布就是样本平均数的抽样分布。

【例 6.2.1】假设某次心理学测验中的 5 名参试者的得分分别是：120、125、130、135、140。如果将这 5 名参试者看作一个总体，从中随机抽取 2 名参试者作为样本，则样本平均数的抽样分布情况会怎样？

显然，该总体的概率分布是均匀分布的，即变量的各个取值的概率相等(见表 6.2.1 和图 6.2.1)。

表 6.2.1　总体的概率分布

参试者编号	1	2	3	4	5
测验得分（X_i）	120	125	130	135	140
次数（f）	1	1	1	1	1
概率（P）	0.20	0.20	0.20	0.20	0.20

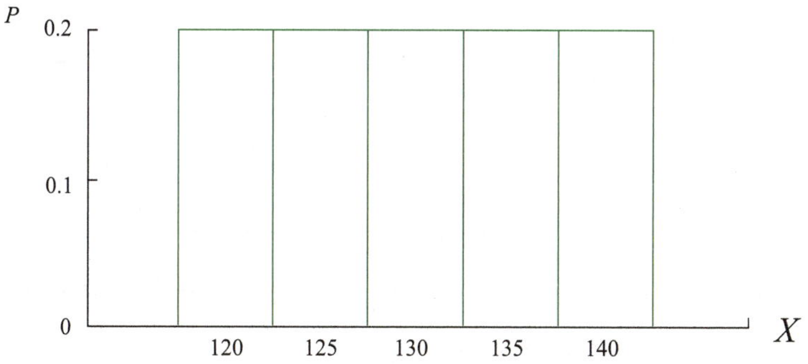

图 6.2.1　总体的概率分布

根据上述数据，我们可以算出测验得分的总体平均数和总体方差分别为

$$\mu=\frac{\sum_{i=1}^{N}X_i}{N}=\frac{(120+125+130+135+140)}{5}=130$$

$$\sigma^2=\frac{\sum_{i=1}^{N}(X_i-\mu)^2}{N}=50$$

现在，我们采用放回抽样的方式（抽取一名参试者后立即将他还回去）随机抽取2名参试者组成一个样本，然后计算样本平均数。显然，不同的样本会得出不同的样本平均数。我们把容量 n=2 的样本的所有可能结果都罗列出来，计算出它们的样本平均数（见表 6.2.2，其中各单元格内的括号中的两个数字为观察值，下面一行的数字为样本平均数）。

表 6.2.2 从 5 名参试者的总体中抽取 2 名（放回抽样）的所有可能结果

		第一次抽中编号				
		1	2	3	4	5
第二次抽中编号	1	(120,120) 120	(125, 120) 122.5	(130, 120) 125	(135, 120) 127.5	(140, 120) 130
	2	(120, 125) 122.5	(125, 125) 125	(130, 125) 127.5	(135, 125) 130	(140, 125) 132.5
	3	(120, 130) 125	(125, 130) 127.5	(130, 130) 130	(135, 130) 132.5	(140, 130) 135
	4	(120, 135) 127.5	(125, 135) 130	(130, 135) 132.5	(135, 135) 135	(140, 135) 137.5
	5	(120, 140) 130	(125, 140) 132.5	(130, 140) 135	(135, 140) 137.5	(140, 140) 140

将表 6.2.2 中的 25 个样本平均数当作观察值，对它们制作一个次数分布表（见表 6.2.3），这就形成了一个样本平均数的抽样分布。

表 6.2.3 样本（n=2）平均数的抽样分布

样本平均数（$\overline{X}$）	120	122.5	125	127.5	130	132.5	135	137.5	140
次数（f）	1	2	3	4	5	4	3	2	1
概率（P）	0.04	0.08	0.12	0.16	0.20	0.16	0.12	0.08	0.04

还可以用图来表示样本平均数的抽样分布，见图 6.2.2(注意，其横坐标不是 X 而是 $\overline{X}$)。

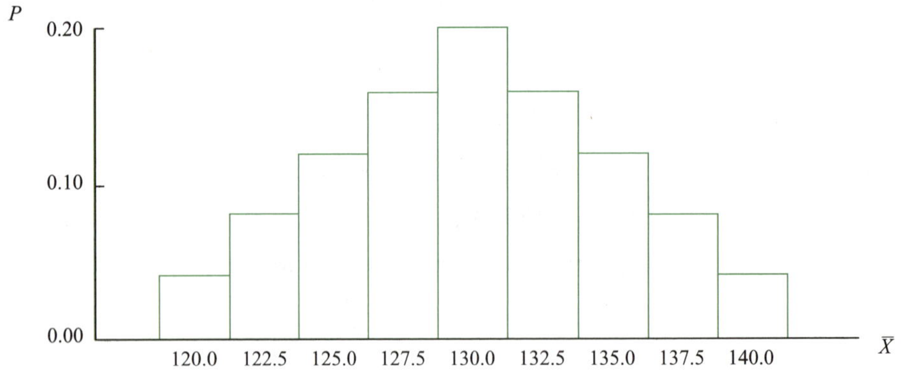

图 6.2.2 样本平均数的概率分布图

6.2.2 样本平均数的抽样分布（σ^2 已知）

计算例 6.2.1 中所有可能的样本平均数 $\overline{X}$ 的平均数 $\mu_{\overline{X}}$ 与方差 $\sigma_{\overline{X}}^2$，得到

$$\mu_{\overline{X}}=\frac{\sum_{i=1}^{N}\overline{X}_i}{N}$$

$=(120+122.5\times2+125\times3+127.5\times4+130\times5+132.5\times4+135\times3+137.5\times2+140)/25$

$=130$

$$\sigma_{\overline{X}}^2=\frac{\sum_{i=1}^{N}(\overline{X}-\mu_{\overline{X}})^2}{N}=25$$

可以看到，就样本平均数而言，其平均数$\mu_{\overline{X}}$等于μ，其方差$\sigma_{\overline{X}}^2$等于σ^2/n。这两个关系不仅在本例中成立，无论总体是何种分布形态都普遍成立。这就是样本平均数的抽样分布的第一个定理（定理6.2.1）：

定理6.2.1

设总体X服从分布$F(x)$，$(X_1, X_2, \cdots, X_n)$是抽自该总体的一个简单随机样本，则总体平均数μ与样本平均数$\overline{X}$，总体方差σ^2（或标准差σ）与样本平均数的方差$\sigma_{\overline{X}}^2$（或标准差$\sigma_{\overline{X}}$）之间存在以下关系：

$$\mu_{\overline{X}}=\mu \qquad （公式6.2.1）$$

$$\sigma_{\overline{X}}^2=\frac{\sigma^2}{n} \quad 或 \quad \sigma_{\overline{X}}=\frac{\sigma}{\sqrt{n}} \qquad （公式6.2.2）$$

$\sigma_{\overline{X}}$又称为标准误。

一个抽样分布的形态有三个影响因素：总体的分布形态（是正态分布还是非正态分布）、样本容量的大小（是大样本还是小样本）以及要计算的统计量（是样本平均数还是样本方差等）。数理统计学家系统地研究了在不同的总体分布和不同的样本容量下的样本平均数的抽样分布特点，图6.2.3概括了研究的结果。从图中可以发现，如果总体服从正态分布，则无论是大样本还是小样本，$\overline{X}$均服从正态分布，只不过n越大，$\overline{X}$的取值越紧密地聚集在μ的周围。而其他三个非正态分布总体，在小样本的条件下，样本平均数都不是正态分布；但是随着样本容量n的增大，样本平均数$\overline{X}$的分布越来越接近正态分布，当n=30时，$\overline{X}$的分布基本上近似于正态分布了。这样，我们就得到以下两个定理（定理6.2.2和定理6.2.3）：

定理6.2.2

设总体X服从正态分布，$(X_1, X_2, \cdots, X_n)$是抽自该总体的一个容量为n的简单随机样本，则样本平均数$\overline{X}$亦服从正态分布，且总体平均数与样本平均数，总体方差与样本平均数的方差之间存在以下关系：

$$\mu_{\overline{X}} = \mu$$

$$\sigma_{\overline{X}}^2 = \frac{\sigma^2}{n}$$

即

$$\overline{X} \sim N(\mu, \sigma^2/n)$$

定理6.2.3

设总体 X 具有总体平均数 μ 与方差 σ^2，当样本容量 n 趋于无穷大时，则样本平均数$\overline{X}$的分布趋于正态分布，且样本平均数的数学期望（即平均数）$\mu_{\overline{X}} = \mu$，样本平均数的方差$\sigma_{\overline{X}}^2 = \frac{\sigma^2}{n}$，即$\overline{X} \sim N(\mu, \sigma^2/n)$。这个定理是**中心极限定理**的一种表现形式。

在$\overline{X} \sim N(\mu, \sigma^2/n)$的情况下，我们可以运用公式

$$Z = \frac{\overline{X} - \mu_{\overline{X}}}{\sigma_{\overline{X}}} = \frac{\overline{X} - \mu}{\sigma / \sqrt{n}} \qquad \text{（公式 6.2.3）}$$

将其转换成标准正态分布。

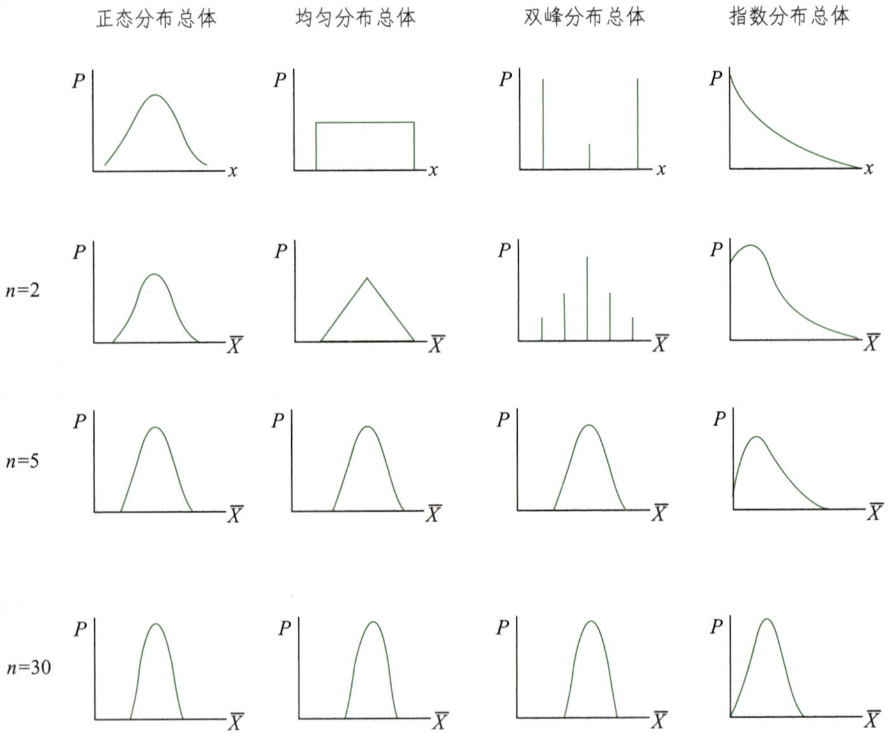

图 6.2.3 不同总体取不同样本容量时（n=2，5，30）样本平均数的抽样分布

【例 6.2.2】本例即为本章导读问题一：某心理测验的得分服从正态分布，其总体平均数 $\mu=100$，总体标准差 $\sigma=5$。现从该总体中抽取一个容量为 25 的简单随机样本，求这一样本的样本平均数介于 99 ～ 101 的概率。

解：根据定理 6.2.2，样本平均数 $\overline{X}\sim N(\mu,\sigma^2/n)$，故当 $\overline{X}=99$ 时，

$$Z=\frac{\overline{X}-\mu}{\sigma/\sqrt{n}}=\frac{99-100}{5/\sqrt{25}}=-1$$

当 $\overline{X}$ =101 时，

$$Z=\frac{\overline{X}-\mu}{\sigma/\sqrt{n}}=\frac{101-100}{5/\sqrt{25}}=1$$

查附录三统计用表 1 得：$P\{99\leqslant\overline{X}\leqslant 101\}=P\{-1\leqslant Z\leqslant +1\}=2\times 0.34134=0.68268$。

6.2.3 样本平均数的抽样分布（σ^2 未知）

定理 6.2.1~6.2.3 描述的样本平均数的抽样分布，都是建立在总体方差 σ^2 已知的前提下的，而在实际工作中，σ^2 常常是未知的。这时，就要用到 t 分布。

定理6.2.4

设（X_1，X_2,…，X_n）是抽自正态分布总体的一个容量为 n 的简单随机样本，则有

$$t=\frac{\overline{X}-\mu}{S/\sqrt{n}}\sim t_{n-1} \qquad \text{（公式 6.2.4）}$$

式中

$$S^2=\frac{\sum_{i=1}^{n}(X_i-\overline{X})^2}{n-1}$$

即随机变量 t 服从自由度为 $n-1$ 的 t 分布。

注意

定理 6.2.4 没有提及样本容量大小的问题，这说明无论是大小样本都可以运用这个定理。只不过在大样本的情况下，t 分布已经十分接近标准正态分布了，因此可以认为这时的随机变量 t 服从标准正态分布。

【例 6.2.3】设某心理测验的分数服从正态分布，其总体平均数为 100。从该总体中抽取一个容量为 16 的简单随机样本，样本标准差 S 为 4，问其样本平均数服从怎样的分布？如果样本容量为 64 呢？

解：这个题目与例 6.2.2 类似，只是用样本标准差 S 取代了总体标准差，因此属于总体方差未知的情况。由于总体服从正态分布，故无论样本容量大小，样本平均数转换成 t 值后都服从 t 分布。

当 $n = 16$ 时，

$$t = \frac{\overline{X} - \mu}{S / \sqrt{n}} = \frac{\overline{X} - 100}{4 / \sqrt{16}} \sim t_{n-1}，\text{自由度为 } n - 1 = 16 - 1 = 15。$$

当 $n = 64$ 时，

$$t = \frac{\overline{X} - \mu}{S / \sqrt{n}} = \frac{\overline{X} - 100}{4 / \sqrt{64}} \sim t_{n-1}，\text{自由度为 } n - 1 = 64 - 1 = 63。$$

由于这时是大样本，故样本平均数近似服从正态分布：

$$Z = \frac{\overline{X} - \mu}{S / \sqrt{n}} = \frac{\overline{X} - 100}{4 / \sqrt{64}} \sim N(0, 1^2)$$

定理6.2.5

设（$X_1, X_2, \cdots, X_n$）是抽自非正态分布总体的一个容量为 $n < 30$ 的简单随机样本，则样本平均数的抽样分布无解；而对于 $n \geqslant 30$ 的简单随机样本，则有

$$t \approx \frac{\overline{X} - \mu}{S / \sqrt{n}} \sim t_{n-1} \quad \text{（公式 6.2.5）}$$

即随机变量 t 近似地服从自由度为 $n - 1$ 的 t 分布。由于大样本时 t 分布与标准正态分布十分接近，因此也可以直接用标准正态分布来处理。

$$Z \approx \frac{\overline{X} - \mu}{S / \sqrt{n}} \sim N(0, 1^2)$$

注意

与定理 6.2.3 相对应，定理 6.2.5 说明，在非正态总体的条件下，要严格区分大样本和小样本的情况。如果是小样本，样本平均数的抽样分布无解。如果是大样本，可以利用 t 分布或标准正态分布近似求解。

【例 6.2.4】同例 6.2.3，但是该心理测验的分数不服从正态分布，样本容量为 16 的简单随机样本的平均数服从怎样的分布？如果样本容量为 64 呢？当 $n=64$ 时，样本平均数大于 102 的概率有多大？

解：由于总体不服从正态分布，且总体方差未知，根据定理 6.2.5，样本容量为 16 时无解；样本容量为 64 时属于大样本，可以认为样本平均数转换成 t 值后近似于服从 t 分布或标准正态分布，即

$$t \approx \frac{\overline{X}-\mu}{S/\sqrt{n}} = \frac{\overline{X}-100}{4/\sqrt{64}} \sim t_{n-1}，自由度\ df\ 为\ n-1=64-1=63。$$

或

$$Z \approx \frac{\overline{X}-\mu}{S/\sqrt{n}} = \frac{\overline{X}-100}{4/\sqrt{64}} \sim N(0, 1^2)$$

当 $n=64$ 时，样本平均数大于 102 的概率为：

$$P\{\overline{X}>102\} = P\{t > \frac{\overline{X}-\mu}{S/\sqrt{64}} = \frac{102-100}{4/\sqrt{64}}\}$$
$$= P\{t>4\} \approx P\{Z>4\} = 0.00003$$

6.2.4 有限总体修正系数

在前面的例子中，我们采用的抽样方式是放回抽样（重复抽样），即一个个体被抽取以后，在抽取下一个体之前就被还了回去。这样，这个个体就可能被重复地抽取。但有的时候，我们用的是不放回抽样（不重复抽样）。例如，当检验灯泡使用寿命的时候，将样本放回显得毫无意义。在有限总体且不放回抽样的条件下，样本平均数的平均数不变，只是其方差要乘以一个**有限总体修正系数**。

定理6.2.6

设总体 X 的总体平均数为 μ，方差为 σ^2，($X_1, X_2, \cdots, X_n$) 是以不放回的抽样形式从该总体中抽取的一个容量为 n 的简单随机样本，则样本平均数 $\overline{X}$ 的平均数与方差分别为：

$$\mu_{\overline{X}} = \mu \qquad （公式 6.2.6）$$

$$\sigma_{\overline{X}}^2 = \frac{N-n}{N-1} \times \frac{\sigma^2}{n} \qquad （公式 6.2.7）$$

可以看到，无论是放回的抽样还是不放回的抽样，样本平均数的平均数都等于总

体平均数。但是，与放回抽样相比，在不放回抽样的条件下，样本平均数的方差前多出了一个系数：$\frac{N-n}{N-1}$。因为 n 总是大于等于 1，所以这个系数总是小于等于 1。于是我们可以得出结论：在不放回抽样时，样本平均数的方差总是小于等于放回抽样时样本平均数的方差。$\frac{N-n}{N-1}$被称为有限总体修正系数。而当总体是无限总体时（即 $N \to \infty$），则

$$\lim_{N\to\infty}\frac{N-n}{N-1}\times\frac{\sigma^2}{n}=\frac{\sigma^2}{n}$$

这时即使采取不放回抽样，有限总体修正系数也几乎为 1，其修正作用不大。因此，对于无限总体，不必考虑修正问题。而且，即使是有限总体，一般也规定，只有当$\frac{n}{N}\geqslant 0.05$ 时，才需要采用有限总体修正系数；如果$\frac{n}{N}< 0.05$，可以省略该系数。

如果 σ^2 未知，用 S^2 代替即可。

【例 6.2.5】某校 2000 个学生的手工制作能力服从正态分布，其总体平均数为 80，总体标准差为 5。现从该总体中不放回地抽取 200 个学生作为样本，求样本平均数的平均数和方差。

解：已知 $\mu=80$，$\sigma=5$，故$\overline{X}$的平均数与方差分别为：

$$\mu_{\overline{X}}=\mu=80$$

$$\sigma_{\overline{X}}^2=\frac{N-n}{N-1}\times\frac{\sigma^2}{n}=\frac{2000-200}{2000-1}\times\frac{5^2}{200}=0.11256$$

例 6.2.5 如果不采用有限总体修正系数，则$\overline{X}$的方差为 0.125。

样本平均数的抽样分布可总结为一个树形图（见图 6.2.4）。从这个图中可以做出这样的概括：研究样本平均数的抽样分布时，要系统地考虑以下问题才能得出正确的答案：(a) 总体方差是否已知？（b）总体是否服从正态分布？（c）是大样本还是小样本？（d）是放回的抽样还是不放回的抽样？

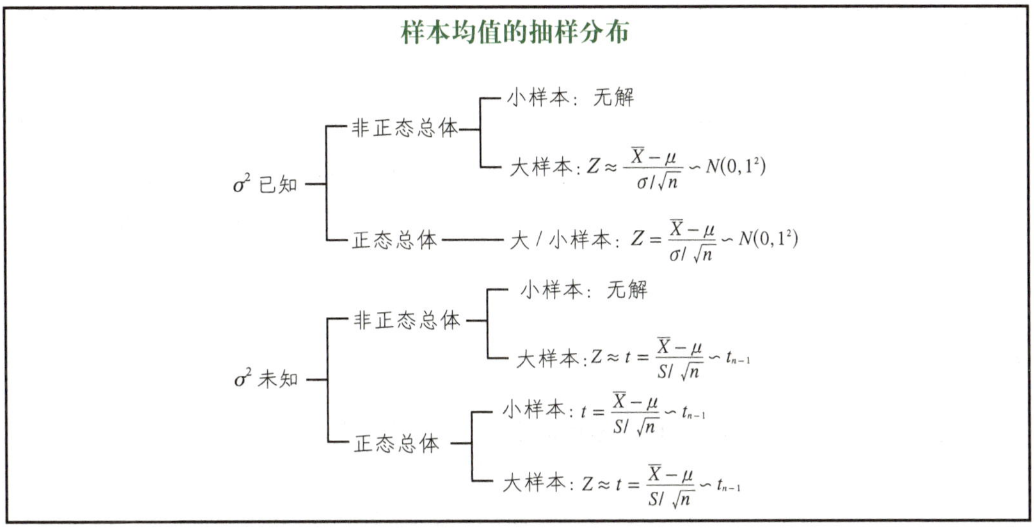

图 6.2.4 样本平均数的抽样分布小结

6.3 两个样本平均数之差的抽样分布

样本平均数之差的抽样分布是总体平均数之差的参数估计和假设检验的数学基础。

如果从男生和女生中分别独立地随机抽取一个样本（即抽样时两个样本各抽各的，相互之间没有任何影响），样本容量分别为 n_1 和 n_2，则分别得到平均数$\overline{X}_1$和$\overline{X}_2$。但是，这只是一次抽样的结果，如果有放回地抽取多次(例如 5 次)，结果可能如表 6.3.1 所示。

表 6.3.1 男生和女生智商抽样比较

抽样序号	样本平均数		样本平均数之差
	$\overline{X}_1$	$\overline{X}_2$	$\overline{X}_1-\overline{X}_2$
1	106	107	–1
2	101	105	–4
3	100	99	1
4	98	100	–2
5	99	101	–2

可见，随着每次样本取值的不同，两个样本平均数以及它们之间的差（$\overline{X}_1-\overline{X}_2$）也不同。我们可以把这个差看作一种新的观察值，并可以证明（$\overline{X}_1-\overline{X}_2$）是一个随机变量。

像这样反复从两个总体中分别抽取样本，各次抽样所得的样本平均数之差（$\overline{X}_1-\overline{X}_2$），也可以构成一个抽样分布。

与一个样本平均数的抽样分布一样，在考察两个样本平均数之差（$\overline{X}_1-\overline{X}_2$）的抽样分布时，首先要考虑两个总体的方差是否已知，两个总体是否服从正态分布，是大样本还是小样本；而且，在总体方差未知的条件下，还要考虑方差是否齐性（我们接下来就会讲到），以及抽样是否放回。

6.3.1 样本平均数之差的抽样分布（σ_1^2 和 σ_2^2 已知）

6.3.1.1 σ_1^2 和 σ_2^2 已知，正态总体的条件下，（$\overline{X}_1-\overline{X}_2$）的抽样分布

定理6.3.1

若$\overline{X}_1$是独立地抽自总体$X_1\sim N(\mu_1,\sigma_1^2)$的一个容量为 n_1 的样本的平均数，$\overline{X}_2$是独立地抽自总体$X_2\sim N(\mu_2,\sigma_2^2)$的一个容量为 n_2 的样本的平均数，则（$\overline{X}_1-\overline{X}_2$）也是一个随机变量，且

$$\overline{X}_1-\overline{X}_2\sim N\left(\mu_1-\mu_2,\frac{\sigma_1^2}{n_1}+\frac{\sigma_2^2}{n_2}\right) \quad \text{（公式 6.3.1）}$$

或

$$Z=\frac{(\overline{X}_1-\overline{X}_2)-(\mu_1-\mu_2)}{\sqrt{\frac{\sigma_1^2}{n_1}+\frac{\sigma_2^2}{n_2}}}\sim N(0,1^2) \quad \text{（公式 6.3.2）}$$

可见，在 σ_1^2 和 σ_1^2 已知且正态总体的条件下，样本无论大小，（$\overline{X}_1-\overline{X}_2$）的抽样分布均服从正态分布。

【例 6.3.1】本例即本章导读问题二：已知男生成绩平均为 100，总体方差 $\sigma_1^2=64$；女生成绩平均为 102，总体方差 $\sigma_2^2=49$。现在随机抽取 25 名男生和 16 名女生进行智力测验，问：两个样本平均数之差介于 1 ～ 3 的概率是多少？

解：智商的分布应该是正态分布，故已知 $X_1\sim N(\mu_1,\ \sigma_1^2)$，$X_2\sim N(\mu_2,\ \sigma_2^2)$，$n_1=25$，$n_2=16$，且两总体方差已知：$\sigma_1^2=64$，$\sigma_2^2=49$。根据定理 6.3.1，两样本平均数之差应服从正态分布：

$$\overline{X}_1-\overline{X}_2\sim N\left(\mu_1-\mu_2,\frac{\sigma_1^2}{n_1}+\frac{\sigma_2^2}{n_2}\right)$$

即
$$\overline{X}_1-\overline{X}_2\sim N\left(-2,\ 2.3712^2\right)$$

或
$$Z=\frac{(\overline{X}_1-\overline{X}_2)-(\mu_1-\mu_2)}{\sqrt{\frac{\sigma_1^2}{n_1}+\frac{\sigma_2^2}{n_2}}}=\frac{(\overline{X}_1-\overline{X}_2)-(-2)}{2.3712}\sim N(0,1^2)$$

将$\overline{X}_1-\overline{X}_2=1$和$\overline{X}_1-\overline{X}_2=3$分别代入上式，得

$$Z_1=\frac{1-(-2)}{2.3712}=1.2652$$

$$Z_2=\frac{3-(-2)}{2.3712}=2.1087$$

$$P\{1<\overline{X}_1-\overline{X}_2<3\}=P\{1.2652<Z<2.1087\}=0.0855$$

答：$(\overline{X}_1-\overline{X}_2)$ 介于 1~3 的概率是 0.0855。

6.3.1.2　σ_1^2 和 σ_2^2 已知，非正态总体的条件下，$(\overline{X}_1-\overline{X}_2)$ 的抽样分布

定理 6.3.1 可以近似地推广到非正态总体且大样本的情况。但是在非正态总体且小样本时无解。

注意，两个总体中只要有一个是非正态总体，就应视作非正态总体的情况；同样，两个样本中只要有一个是小样本，也应视作小样本的情况。

6.3.2　样本平均数之差的抽样分布（σ_1^2 和 σ_2^2 未知）

6.3.2.1　σ_1^2 和 σ_2^2 未知，但已知 $\sigma_1^2=\sigma_2^2$，正态总体的条件下，$(\overline{X}_1-\overline{X}_2)$ 的抽样分布

定理6.3.2

若$\overline{X}_1$是独立地抽自总体 $X_1\sim N(\mu_1,\ \sigma_1^2)$ 的一个容量为 n_1 的样本的平均数，$\overline{X}_2$是独立地抽自总体 $X_2\sim N(\mu_2,\ \sigma_2^2)$ 的一个容量为 n_2 的样本的平均数，且总体方差 σ_1^2、σ_2^2 未知，但知道两者方差齐性（$\sigma_1^2=\sigma_2^2$），则有

$$t=\frac{(\overline{X}_1-\overline{X}_2)-(\mu_1-\mu_2)}{\sqrt{\frac{(n_1-1)S_1^2+(n_2-1)S_2^2}{n_1+n_2-2}(\frac{1}{n_1}+\frac{1}{n_2})}}\sim t_{n_1+n_2-2} \quad \text{（公式 6.3.3）}$$

所谓方差齐性，就是两个或多个总体的方差无显著差异。以后章节将介绍如何判断方差是否齐性。

在两个样本都是大样本的情况下，公式 6.3.3 可以改成

$$Z=\frac{(\overline{X}_1-\overline{X}_2)-(\mu_1-\mu_2)}{\sqrt{\frac{S_1^2}{n_1}+\frac{S_2^2}{n_2}}}\sim N(0,1^2) \quad \text{（公式 6.3.4）}$$

【例 6.3.2】已知男女学生完成某种认知任务的平均时间分别为 1270 秒和 1260 秒，现分别从男生和女生中抽取 50 人完成该任务。假定男女生完成任务的时间均服从正态分布，且样本方差分别为 $S_1^2=802$ 和 $S_2^2=942$，两者无显著差异。问：两样本完成任务的平均时间之差服从怎样的分布？

解：男女生完成任务的时间均服从正态分布，但是 σ_1^2 和 σ_2^2 未知，且方差齐性，根据定理 6.3.2，应采用 t 分布，且由于样本容量较大，t 分布也可以近似地看作标准正态分布，即

$$t=\frac{(\overline{X}_1-\overline{X}_2)-(\mu_1-\mu_2)}{\sqrt{\frac{(n_1-1)S_1^2+(n_2-1)S_2^2}{n_1+n_2-2}(\frac{1}{n_1}+\frac{1}{n_2})}}=\frac{(\overline{X}_1-\overline{X}_2)-10}{\sqrt{\frac{49\times 802+49\times 942}{98}\times(\frac{2}{50})}}=\frac{(\overline{X}_1-\overline{X}_2)-10}{5.9059}\sim t_{98}$$

或

$$Z=\frac{(\overline{X}_1-\overline{X}_2)-10}{5.9059}\sim N(0,1^2)$$

本题如果直接用公式 6.3.4 也能求解，其结果相差也不大。

6.3.2.2 σ_1^2 和 σ_2^2 未知，但知 $\sigma_1^2=\sigma_2^2$，非正态总体的条件下，$(\overline{X}_1-\overline{X}_2)$ 的抽样分布

定理 6.3.2 可以推广到非正态总体、大样本的情况。但是在非正态总体、小样本时还是无解。

在例 6.3.2 中，如果产品使用寿命不是正态分布，但由于两个样本都是大样本，故也能解题，仍然可以认为 $(\overline{X}_1-\overline{X}_2)$ 近似于服从正态分布。而且，由于是大样本，可以直接用公式 6.3.4：

$$Z=\frac{(\overline{X}_1-\overline{X}_2)-(\mu_1-\mu_2)}{\sqrt{\frac{S_1^2}{n_1}+\frac{S_2^2}{n_2}}}\sim N(0,1^2)$$

6.3.2.3 σ_1^2 和 σ_2^2 未知，但知 $\sigma_1^2\neq\sigma_2^2$ 的条件下，$(\overline{X}_1-\overline{X}_2)$ 的抽样分布

定理6.3.3

若 $\overline{X}_1$ 是独立地抽自总体 $X_1\sim N(\mu_1,\ \sigma_1^2)$ 的一个容量为 n_1 的样本的平均数，$\overline{X}_2$ 是独立

地抽自总体 $X_2 \sim N(\mu_2, \sigma_2^2)$ 的一个容量为 n_2 的样本的平均数，且总体方差 σ_1^2 和 σ_2^2 未知，但知道两者方差不齐性（$\sigma_1^2 \neq \sigma_2^2$），则

$$t' = \frac{(\overline{X}_1 - \overline{X}_2) - (\mu_1 - \mu_2)}{\sqrt{\frac{S_1^2}{n_1} + \frac{S_2^2}{n_2}}} \sim t_{df'} \qquad \text{（公式 6.3.5）}$$

式中

$$df' = \frac{\left(\frac{S_1^2}{n_1} + \frac{S_2^2}{n_2}\right)^2}{\frac{\left(\frac{S_1^2}{n_1}\right)^2}{n_1} + \frac{\left(\frac{S_2^2}{n_2}\right)^2}{n_2}} \qquad \text{（公式 6.3.6）}$$

定理 6.3.3 规定了两个总体是正态分布，但是它也可以近似地推广到非正态总体且大样本的情况下。而且，由于是大样本，无论总体是否服从正态分布，公式 6.3.5 都可以改成

$$Z = \frac{(\overline{X}_1 - \overline{X}_2) - (\mu_1 - \mu_2)}{\sqrt{\frac{S_1^2}{n_1} + \frac{S_2^2}{n_2}}} \sim N(0, 1^2)$$

这实际上就是公式 6.3.4。可见，在大样本的情况下，无论方差是否齐性，无论是不是正态总体，都可以采用公式 6.3.4。

【例 6.3.3】在工业心理学中，常常需要研究采用不同的工艺时工人的工作效率之间的差别。某公司让一个组的 10 名工人用第一种工艺组装产品，$S_1^2=25$；让另一个组的 10 名工人用第二种工艺组装产品，$S_2^2=144$。现假定工作用时服从正态分布，两个总体平均数相等，两总体方差有显著差异。问：两种工艺平均用时之差服从怎样的分布？

解：两总体均服从正态分布，且两总体方差不齐性，根据定理 6.3.3

$$t' = \frac{(\overline{X}_1 - \overline{X}_2) - (\mu_1 - \mu_2)}{\sqrt{\frac{S_1^2}{n_1} + \frac{S_2^2}{n_2}}} \sim t_{df'}$$

式中 $\mu_1 - \mu_2 = 0$，故

$$t'=\frac{\overline{X}_1-\overline{X}_2}{\sqrt{\frac{25}{10}+\frac{144}{10}}}=\frac{\overline{X}_1-\overline{X}_2}{4.111}\sim t_{df'}$$

式中

$$df'=\frac{\left(\frac{S_1^2}{n_1}+\frac{S_2^2}{n_2}\right)^2}{\frac{\left(\frac{S_1^2}{n_1}\right)^2}{n_1}+\frac{\left(\frac{S_2^2}{n_2}\right)^2}{n_2}}=\frac{16.9^2}{\frac{\left(\frac{25}{10}\right)^2}{10}+\frac{\left(\frac{144}{10}\right)^2}{10}}\approx 13$$

如果本题中两个样本均为大样本，则可以认为（$\overline{X}_1-\overline{X}_2$）服从正态分布，或

$$Z=\frac{(\overline{X}_1-\overline{X}_2)}{4.111}\sim N(0,1^2)$$

样本平均数之差的抽样分布也可以总结为一个树形图，见图 6.3.1。

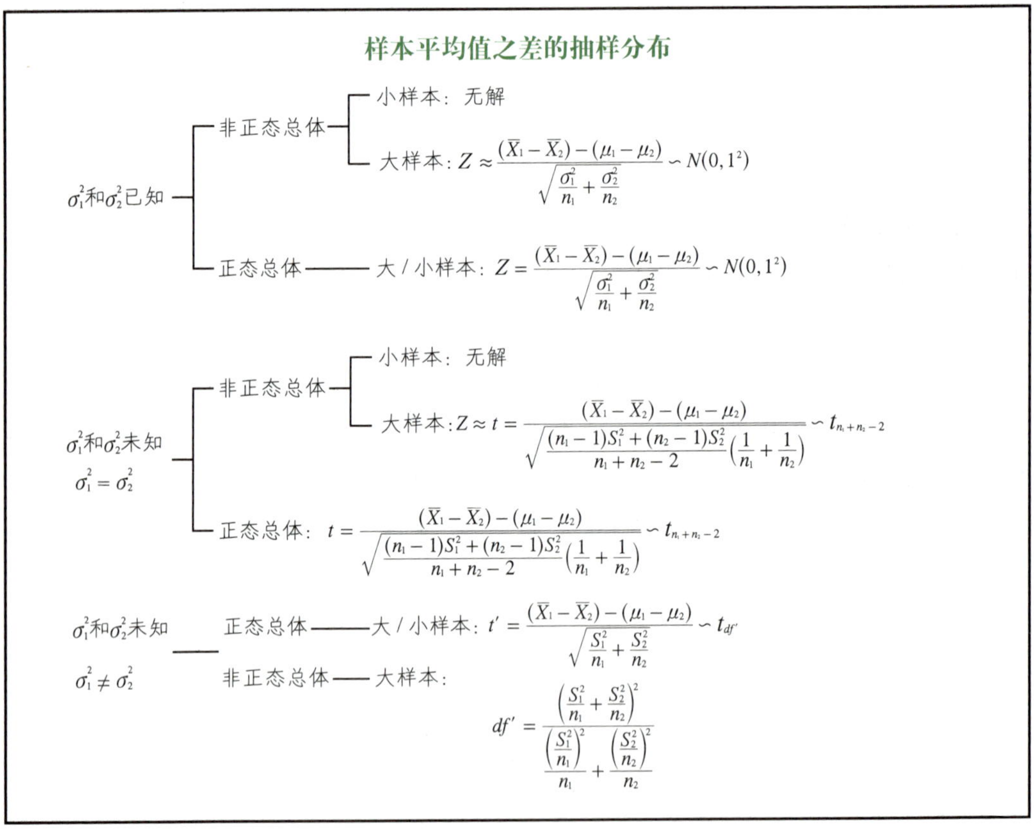

图 6.3.1 样本平均数之差的抽样分布小结

本章术语

- **全面调查**（complete survey）：针对总体全部成员进行观察或实验。
- **抽样调查**（sampling survey）：从总体中抽取部分个体组成样本，对该样本进行观察或实验，获得样本信息，进而推断未知总体的情况。
- **抽样误差**（sampling error）：根据样本信息来推断总体信息时产生的随机误差。
- **简单随机抽样**（simple random sampling）：从总体中完全以随机形式抽取若干个个体组成一个样本。在抽取的过程中，总体中的每个个体被抽到的概率是均等的，并且在任何一个个体被抽取之后总体内成分不变。
- **分层随机抽样**（group sampling，stratification sampling）：按有关的因素或指标将总体划分为互不重叠的几个层，再从各层中独立地抽取一定数量的个体，最后将从各层中抽取的个体合在一起，组成一个样本。
- **机械抽样**（systematic sampling）：先将总体中的所有个体按顺序编号，然后每隔一定的间隔抽取个体，组成样本。
- **整群抽样**（cluster sampling）：以整群为单位的抽样方法，即从总体中抽出来的是某个群体的所有个体。
- **总体分布**（population distribution）：总体内个体观察值的次数分布或概率分布。
- **样本分布**（sample distribution）：样本内个体观察值的次数分布或概率分布。
- **抽样分布**（sampling distribution）：统计量的概率分布，是根据样本的所有可能的观察值计算出来的某个统计量的观察值的分布。
- **标准误**（standard error）：样本统计量的标准差，例如，样本平均数的标准差 $\sigma_{\overline{X}}=\dfrac{\sigma}{\sqrt{n}}$。
- **中心极限定理**（central limit theorem）：设总体 X 具有总体平均数 μ 与方差 σ^2，当样本容量 n 趋于无穷大时，则样本平均数$\overline{X}$的分布趋于正态分布，即$\overline{X}\sim N(\mu,\sigma^2/n)$。
- **放回抽样**（sampling with replacement）：个体被抽取以后即放回总体，同一个个体可以被重复抽取的抽样方式。亦称重复抽样。
- **不放回抽样**（sampling without replacement）：个体被抽取以后不放回总体，同一个体能被重复抽取的抽样方式。亦称不重复抽样。

◆ **方差齐性**（homogeneity of variance）：两个或多个总体的方差无显著差异。

练习与思考

1. 抽样分布与样本分布有什么区别？
2. 某小学毕业班的语文考试历年来平均成绩 $\mu = 90$，标准差 $\sigma = 5$。假定今年毕业班的情况与往年没有差别，现从该校今年毕业的学生中抽出 25 人，问这个样本的平均成绩介于 89 ～ 91 的概率是多少？如果抽取的人数是 100 呢？
3. 某初中毕业班的书法测验历年来不呈正态分布，平均成绩 $\mu = 80$，假定今年毕业班的情况与往年没有差别，现从该校今年毕业的学生中抽出 25 人，测得其样本标准差 $S = 10$，问这个样本的平均成绩介于 78 ～ 82 的概率是多少？如果抽取的人数是 100 呢？
4. 某大学一年级数学测验历来的平均成绩 $\mu = 75$，假定今年学生的情况与往年没有差别，从中抽 36 份卷子，算得样本平均分数为 72.5，标准差 $S = 6$，问如果继续抽取样本且容量 n 不变，新样本平均分数低于 72.5 的概率是多少？
5. 已知某市全体 7 岁男童词汇测验平均成绩为 $\mu_1 = 70, \sigma_1 = 8$；7 岁女童 $\mu_2 = 72, \sigma_2 = 7$；现在从全体 7 岁儿童中抽取男童 128 人和女童 98 人，问如何描述男女童样本词汇测验平均成绩之差（$\overline{X}_1 - \overline{X}_2$）的分布特点？
6. 某中学高三学生动作协调能力测试成绩为非正态分布，男生 $\mu_1 = 75$；女生 $\mu_2 = 77$。现从参加这次测试的男生和女生中各随机抽取 25 人，算得男生的标准差 $S_1 = 12$，女生的标准差 $S_2 = 9$。问女生平均成绩高于男生 2 ～ 4 分的可能性有多大？

实习题

7. 将第 5 章组合而成的数据看作总体，当时计算而得的平均数、标准差和方差等都可看作总体参数。现在利用统计软件从该总体中随机抽取若干数量的个体作为样本，并计算样本平均数；重复抽样多次，考察平均数的分布特点。
8. 仿照前一总体，另行采集一组数据作为总体，计算其平均数、标准差和方差。再利用统计软件从两个总体中分别抽取一个随机样本，计算两个样本的平均数；重复抽样多次，考察两样本平均数之差的分布特点。

第 7 章

平均数的参数估计

本章提要

本章主旨

根据样本平均数的抽样分布特点，可以由样本平均数估计总体平均数，或由两个样本的平均数之差估计两个总体的平均数之差。最简单的参数估计是点估计，更合理的方法是根据一定的置信水平进行区间估计。

本章要点

- 参数估计的基本概念和相关术语——待估参数、估计量和估计值。
- 点估计和区间估计是参数估计的两种基本方法，现代统计学更多采用区间估计。
- 判断估计量优劣的标准：无偏性、有效性、一致性和充分性。
- 根据样本平均数的抽样分布，可以对总体平均数进行区间估计，其中要考虑总体方差是否已知，总体是否服从正态分布，是大样本还是小样本等问题。
- 在根据两个样本平均数之差的抽样分布估计两个总体的平均数之差时，要考虑两总体的方差是否已知，两总体是否服从正态分布，方差是否齐性，是大样本还是小样本等问题。

导读问题

与平均数有关的参数估计问题和第 6 章有关抽样分布的问题相似，只是总体平均数从已知条件变成了需要估计的参数。

- 问题一：**某心理测验的得分服从正态分布，总体标准差 $\sigma=5$。现从该总体中抽取一个容量为 25 的简单随机样本，其样本平均数 $\overline{X}=100$，请以 95% 的置信水平估计总体平均数 μ 的置信区间。**

这是根据样本平均数估计总体平均数的问题。和抽样分布相似，如果对题目中有下划线的内容加以变化，可以得出该问题的多个变式，即总体可以呈正态分布或非正态分布；总体标准差 σ 可以已知，也可以未知；样本可以是大样本，也可以是小样本；置信水平可以是 95%，也可以是 99% 或其他数值。此外，总体可以是无限总体，也可以是有限总体；抽样形式可以是放回的，也可以是不放回的。

- 问题二：**某心理测验的得分服从正态分布，已知男生成绩的总体方差 $\sigma_1^2=64$；女生成绩总体方差 $\sigma_2^2=49$。现在随机抽取 25 名男生，测得其 $\overline{X_1}=100$；另抽取 16 名女生，测得其 $\overline{X_2}=102$。求在 95% 的置信水平下，男女生总体平均数之差的置信区间。**

与问题一相似，该问题随着分布是否正态、总体方差是否已知（如果未知，还要看方差是否齐性）、样本是大样本还是小样本以及置信水平的变化会产生各种变式。

7.1 参数估计

参数估计是统计推断的基本任务之一。在解决实际问题时，往往没有条件直接计算出总体的参数，这就需要进行参数估计。例如，研究者要研究一年级大学新生的智力水平，他可以随机地抽取一部分新生进行测试，根据他们的平均智商，估计全体新生的平均智商。又如，随机地抽取一部分大学生，对他们的气质类型加以评价，计算各种气质类型所占的比例，就可以依此估计全校学生各气质类型所占的比例。在这里，通过一部分新生的平均智商来估计全体新生的平均智商，实际上就是利用样本平均数来估计总体平均数；通过一部分学生气质类型的比例来估计全校学生气质类型的比例，实际上就是利用样本比例来估计总体比例。有时，我们还需要根据样本方差来估计总体方差。

7.1.1 估计量与判断估计量优劣的标准

7.1.1.1 估计量

在第1章里，我们就把样本平均数、样本方差和样本比例等样本上的数字特征称为统计量，把总体平均数、总体方差和总体比例等总体上的数字特征称为参数。在参数估计中，我们把要估计的参数称为**待估参数**，用 θ 表示；把用来估计参数的统计量称为**估计量**，用$\hat{\theta}$表示；把计算出来的统计量的值作为估计量的值，并称为**估计值**，也用$\hat{\theta}$表示。

于是，**参数估计**就成了待估参数、估计量和估计值之间的关系。用数学语言来概括，就是：设总体 X 服从分布 $F(x)$，该总体有参数 θ，根据抽自该总体的样本（$X_1, X_2, \cdots, X_n$）构造出一个估计量$\hat{\theta}$去估计 θ，估计值$\hat{\theta}$由样本的一组观察值计算得出。

参数估计的基本思想是，设总体 X 服从分布 $F(x)$，该总体有参数 θ，自总体中抽取一个样本（$X_1, X_2, \cdots, X_n$），此时可以根据以下两种方法估计 θ：

- **点估计**：根据样本的观察值计算出一个与 θ 相应的估计值，用这个估计值直接作为对参数 θ 的估计。
- **区间估计**：根据样本的观察值计算出两个估计值 $\hat{\theta}_1$ 和 $\hat{\theta}_2$，用区间（$\hat{\theta}_1, \hat{\theta}_2$）作为参数 θ 可能的取值范围，并指出参数 θ 落在这一区间的概率。

7.1.1.2 判断估计量优劣的标准

对于同一个未知参数，可以采用不同的估计量。例如，对于总体平均数，可以用样本平均数来估计，也可以用样本中位数或样本众数来估计。这样就有了如何评价不同估计量的优劣的问题。这里介绍的是几个基本标准：**无偏性**、**有效性**、**一致性**和**充分性**。

（1）无偏性

根据抽样分布的原理，作为估计量的统计量也是一个随机变量，不同的样本观察值会产生不同的估计值，这些估计值与待估参数之间总是存在一定的偏差。我们虽然不能消除这些偏差，但是希望这些偏差比较小，并且正负抵消后平均数为零，即估计量的所有可能取值的平均数等于待估参数的真值。这就牵涉到了无偏估计量的问题。

设 $\hat{\theta}$ 为待估参数 θ 的估计量，若该估计量的所有可能结果的数学期望（平均数）$E(\hat{\theta})=\theta$，则称 $\hat{\theta}$ 为 θ 的无偏估计量。

根据抽样分布的原理，样本平均数的数学期望 $\mu_{\overline{X}}=\mu$，故 $\overline{X}$ 是总体平均数的无偏估计量。

相应的，总体方差也需要用样本的方差作为估计值。我们知道，样本方差有两种算法：S_n^2 和 S^2，其中，

$$S_n^2=\frac{\sum_{i=1}^{n}(X_i-\overline{X})^2}{n}$$

但是可以证明（证明过程从略），它不是总体方差（σ^2）的无偏估计量。

为了得到 σ^2 的无偏估计量，可以考虑样本方差的另一种算法 S^2：

$$S^2=\frac{\sum_{i=1}^{n}(X_i-\overline{X})^2}{n-1}$$

可以证明，S^2 是一个无偏估计量：$E(S^2)=\sigma^2$。因此，S^2 又被称为总体方差的估计值。当然，在样本容量 n 趋于无穷大时，S_n^2 和 S^2 趋于相等。故对于应用统计学者来说，在大样本的情况下，两者可以等同看待。

（2）有效性

我们不仅希望估计量的可能取值与待估参数之间的偏差正负抵消后平均数为零（无偏性），也希望这些偏差本身尽可能小。换句话说，无偏估计量解决了使偏差平均数为零的问题，但是没有考虑偏差应尽可能小的问题。在实际问题中，我们往往更关心偏差的大小问题。偏差越小的无偏估计量就越有效。这就牵涉到有效估计量的问题。

设 $\hat{\theta}_1$ 和 $\hat{\theta}_2$ 为待估参数 θ 的两个无偏估计量，若这两个估计量的所有可能结果的方差 $\sigma_{\hat{\theta}_1}^2<\sigma_{\hat{\theta}_2}^2$，则称 $\hat{\theta}_1$ 是较 $\hat{\theta}_2$ 有效的估计量。

样本平均数和样本中位数都是总体平均数的无偏估计量，但是根据抽样分布的原理，样本平均数的方差为 $\frac{\sigma^2}{n}$，而样本中位数的方差 $\sigma_{Md}^2=\frac{\pi}{2n}\sigma^2>\sigma_{\overline{X}}^2=\frac{\sigma^2}{n}$，故样本平均数作为估计量比样本中位数更有效。

如果某一参数的一个无偏估计量的方差小于该参数的所有其他无偏估计量的方差，则称该估计量为**最有效估计量**或**最佳无偏估计量**。样本平均数就是总体平均数的最有

效估计量。

（3）一致性

所谓一致性，就是当样本容量趋于无穷大时，估计量$\hat{\theta}$的值越来越接近待估参数的真值。

设 $\hat{\theta}$ 为待估参数 θ 的估计量，若 $n \to +\infty$ 时，$\hat{\theta}$ 收敛于 θ，即 $\lim\limits_{n\to\infty}\hat{\theta}=\theta$，则称 $\hat{\theta}$ 为 θ 的**一致估计量**。

如果一个估计量是一个一致估计量，就意味着随着样本容量的增大，$\hat{\theta}$将成为待估参数 θ 的无偏估计量，而且$\hat{\theta}$的方差也将趋于零。样本平均数对于总体平均数、样本方差对于总体方差都是一致估计量。

（4）充分性

一个估计量如果充分地利用了样本提供的所有有关待估参数的信息，就称其为**充分估计量**。

例如，样本平均数是总体平均数的充分估计量，因为样本所有的观察值都要参加样本平均数的计算。而样本中位数的计算过程中只利用了位于中间位置的 1 ～ 2 个观察值，所以它不是一个充分估计量。

此外，样本比例也是总体比例的一致估计量和充分估计量。

7.1.2　点估计与区间估计

7.1.2.1　点估计

点估计有许多具体的方法，例如矩法、最大似然估计法、最小平方法和贝叶斯估计法等。本章介绍最简单的矩法。矩法的基本思想是用样本统计量直接作为相对应的总体参数的估计量。

【例 7.1.1】从总体 X 中抽取一个容量为 5 的样本，其观察值是：100，120，105，122，111。求总体平均数与总体方差的点估计值。

解：用样本平均数作为对总体平均数的点估计值：

$$\hat{\mu}=\overline{X}=(100+120+105+122+111)/5=111.6$$

用 S^2 作为总体方差的点估计值：

$$\hat{\sigma}^2=S^2=\frac{\sum\limits_{i=1}^{n}(X_i-\overline{X})^2}{n-1}=89.30$$

点估计得到的估计值并不是总体参数的真值，两者之间总是存在一定的偏差。而且无法计算估计值与参数真值的接近程度和可靠程度。

7.1.2.2 区间估计

为了克服点估计的缺陷，可以采用区间估计。区间估计得出的不是一个单一数值，而是一个数值区间（$\hat{\theta}_1, \hat{\theta}_2$）。它同时给出了参数真值的所在范围和参数真值落在这个范围里的概率。

区间估计涉及一系列术语：设总体 X 有待估参数 θ，$(X_1, X_2, \cdots, X_n)$ 是抽自该总体的一个容量为 n 的简单随机样本。现建立两个统计量 $\hat{\theta}_1$ 和 $\hat{\theta}_2$，且 $\hat{\theta}_1 \leqslant \hat{\theta}_2$，$\alpha$ 为一给定概率，称为**显著性水平**，$1-\alpha$ 为置信水平，若关系式 $P\{\hat{\theta}_1 < \theta < \hat{\theta}_2\} = 1-\alpha$ 成立，则称区间（$\hat{\theta}_1, \hat{\theta}_2$）为参数 θ 在置信水平 $1-\alpha$ 下的区间估计或置信区间。$\hat{\theta}_1$ 和 $\hat{\theta}_2$ 分别称为置信区间的**下置信限**和**上置信限**。

例如，要对总体平均数进行区间估计，关键在于确定区间（$\hat{\mu}_1$，$\hat{\mu}_2$）的下置信限 $\hat{\mu}_1$ 和上置信限 $\hat{\mu}_2$，使得在 $1-\alpha$ 的置信水平下，$P\{\hat{\mu}_1 < \mu < \hat{\mu}_2\} = 1-\alpha$。

根据抽样分布中的定理 6.2.2，设总体 X 服从正态分布，（X_1，X_2，…，X_n）是抽自该总体的一个简单随机样本，样本平均数 $\overline{X}$ 亦服从正态分布，且 $\mu_{\overline{X}} = \mu$，$\sigma^2_{\overline{X}} = \dfrac{\sigma^2}{n}$，即 $\overline{X} \sim N(\mu, \sigma^2/n)$。如图 7.1.1 所示。

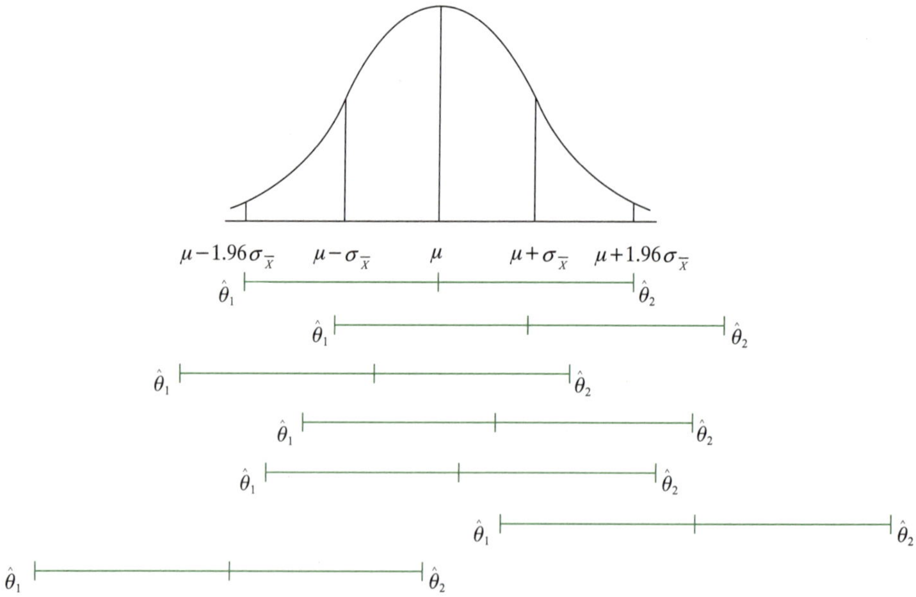

图 7.1.1 总体平均数的区间估计示意图（图中 $\sigma_{\overline{X}} = \sigma/\sqrt{n}$）

在样本平均数服从正态分布的情况下，我们可以运用公式$Z=\frac{\overline{X}-\mu}{\sigma/\sqrt{n}}$将其转换成标准正态分布，即$Z\sim N(0,1^2)$。由正态分布的对称性可知，

$$P\{-1.96<Z<1.96\}=0.95$$

再将Z值转换回去，得

$$P\{\overline{X}-1.96\sigma/\sqrt{n}<\mu<\overline{X}+1.96\sigma/\sqrt{n}\}=0.95$$

这说明，区间（$\overline{X}-1.96\sigma/\sqrt{n}$，$\overline{X}+1.96\sigma/\sqrt{n}$）包含总体平均数$\mu$的概率为0.95。这时我们可以将该区间称为总体平均数μ的置信水平为0.95的置信区间，其上下置信限分别为（$\overline{X}+1.96\sigma/\sqrt{n}$）和（$\overline{X}-1.96\sigma/\sqrt{n}$）。

由于我们实际上不知道μ究竟是多少，因此，很难说根据样本数据得到的区间（$\overline{X}-1.96\sigma/\sqrt{n}$，$\overline{X}+1.96\sigma/\sqrt{n}$）一定能将其包含在内。但是我们可以肯定，如果一直用上述方法做下去，根据很多个样本确定很多个置信区间，那么其中将有95%的置信区间可以包含μ的真值，或者说，这些区间包含μ的真值的概率为0.95。同理可以证明

$$P\{\overline{X}-2.58\sigma/\sqrt{n}<\mu<\overline{X}+2.58\sigma/\sqrt{n}\}=0.99$$

图7.1.1是区间估计的一个图示。上半部分的正态分布曲线就是样本平均数$\overline{X}$的分布曲线，下半部分的若干条线段代表根据容量相同的各个可能样本得出的置信区间。这些区间有的包含μ的真值，有的没有包含，但是总和起来可以得到包含μ的真值的概率。用正规一些的说法就是：**置信区间的上下置信限是随样本观察值而变化的，它能否包含μ是一个随机事件，如果有100个置信区间，能包含μ的区间有$100\times(1-\alpha)$个，或者说任何一个置信区间能包含μ的概率为$1-\alpha$。**这就是区间估计的基本思想。

7.2 总体平均数的参数估计

上一节阐述的总体平均数的估计方法，仅仅是最简单情况下（正态总体且σ^2已知）的例子。但是它已经足以说明，参数估计的公式与抽样分布的公式是一一对应的。因此，我们将根据样本平均数的抽样分布的各种情况来分别说明总体平均数的参数估计方法。要考虑的仍然是：总体方差是否已知？总体是否服从正态分布？是大样本还是小样本？另外，如果需要，还应考虑有限总体修正系数。

7.2.1 总体平均数的区间估计（σ^2 已知）

7.2.1.1 在 σ^2 已知，正态总体的条件下，总体平均数的区间估计

这是上一节已经讨论过的情况。以置信水平为 95% 为例：

$$P\{-1.96 < Z < 1.96\} = 0.95$$

再将 Z 值转换回去，得

$$P\{\overline{X} - 1.96\sigma/\sqrt{n} < \mu < \overline{X} + 1.96\sigma/\sqrt{n}\} = 0.95$$

这说明，区间（$\overline{X} - 1.96\sigma/\sqrt{n}$，$\overline{X} + 1.96\sigma/\sqrt{n}$）包含总体平均数 μ 的概率为 0.95。

置信水平表示为 $1-\alpha$，α 为显著性水平。如果置信水平为 0.95，则 α 为 0.05。查表时要使得分布的两端各占一半 α，故查 $Z_{\alpha/2}$，即 $Z_{0.025}$，得到 1.96。

现在将上式推广到任意的置信水平 $1-\alpha$，则有

$$P\{-Z_{\frac{\alpha}{2}} < Z < Z_{\frac{\alpha}{2}}\} = 1-\alpha$$

或

$$P\{-Z_{\frac{\alpha}{2}} < \frac{\overline{X} - \mu}{\sigma/\sqrt{n}} < Z_{\frac{\alpha}{2}}\} = 1-\alpha$$

移项后得

$$P\{\overline{X} - Z_{\frac{\alpha}{2}} \cdot \sigma/\sqrt{n} < \mu < \overline{X} + Z_{\frac{\alpha}{2}} \cdot \sigma/\sqrt{n}\} = 1-\alpha \qquad \text{（公式 7.2.1）}$$

即总体平均数在 $1-\alpha$ 的置信水平下的置信区间为

$$(\overline{X} - Z_{\frac{\alpha}{2}} \cdot \sigma/\sqrt{n}\ ,\ \overline{X} + Z_{\frac{\alpha}{2}} \cdot \sigma/\sqrt{n}) \quad \text{或} \quad (\overline{X} \pm Z_{\frac{\alpha}{2}} \cdot \sigma/\sqrt{n}) \qquad \text{（公式 7.2.2）}$$

【例 7.2.1】某职校进行汽车修理技能测试，成绩服从正态分布。已知总体标准差 $\sigma = 5$ 分。从被测学生中抽取 25 人，其平均成绩为 80 分，试估计全部学生平均成绩的置信区间（置信水平为 95%）。

解：已知 $X \sim N(\mu,\ 5^2)$，$n = 25$，$\overline{X} = 80$，$1-\alpha = 0.95$，$\alpha = 0.05$，故

$$P\{\overline{X} - Z_{\frac{\alpha}{2}} \cdot \sigma/\sqrt{n} < \mu < \overline{X} + Z_{\frac{\alpha}{2}} \cdot \sigma/\sqrt{n}\} = 0.95$$

当 $\alpha = 0.05$ 时，$Z_{\alpha/2} = Z_{0.025} = 1.96$。将上述已知数据代入公式，得

$$P\{80 - 1.96 \times 5/\sqrt{25} < \mu < 80 + 1.96 \times 5/\sqrt{25}\} = 0.95$$

故总体平均数 μ 在95%的置信水平下的置信区间为（78.04，81.96）。

本题与本章导读问题一为同一类型，请读者自行解答问题一。

7.2.1.2 在 σ^2 已知，且非正态总体的条件下，总体平均数的区间估计

根据样本平均数的抽样分布特点可知，在非正态总体的情况下，如果抽取的是小样本，则样本平均数的抽样分布也是非正态的，因而无法进行参数的区间估计。但是，随着样本容量的增大，样本平均数的抽样分布逐步接近正态分布。因此，在大样本的情况下，我们同样可以用以上方法来估计总体平均数。

【例 7.2.2】某大学对20名大学生用于购买书籍的费用进行了调查。调查结果表明，平均每人每学年的支出费用为300元。根据过去的资料可知总体标准差 σ=50元。能否据此对全部大学生平均每人每学年用于购买书籍的费用进行区间估计？如果调查的大学生人数为400人（置信水平为95%）呢？

解：大学生用于购买书籍的费用的总体分布形态未知，只能当作非正态分布总体，由于 $n=20$，为小样本，故无解。但是如果 $n=400$，为大样本，此时样本平均数近似服从正态分布，且知 $\sigma=50$，$\overline{X}=300$，$1-\alpha=0.95$，$\alpha=0.05$，因此

$$P\{\overline{X}-Z_{\frac{\alpha}{2}}\cdot\sigma/\sqrt{n}<\mu<\overline{X}+Z_{\frac{\alpha}{2}}\cdot\sigma/\sqrt{n}\}=0.95$$

将上述已知数据代入公式，得

$$P\{300-1.96\times50/\sqrt{400}<\mu<300+1.96\times50/\sqrt{400}\}=0.95$$

故全部大学生平均每人每学年用于购买书籍的费用在0.95的置信水平下的置信区间为（295.10，304.90）。

7.2.2 总体平均数的区间估计（σ^2 未知）

7.2.2.1 在 σ^2 未知，且正态总体的条件下，总体平均数的区间估计

在实际生活中，总体方差往往也是未知的。这时用总体方差的无偏估计量 S^2 来代替 σ^2，但这时，样本平均数的抽样分布形态也发生了变化。

根据定理6.2.4，当总体服从正态分布时，从总体中抽取一个简单随机样本，有

$$t=\frac{\overline{X}-\mu}{S/\sqrt{n}}\sim t_{n-1}$$

因此，可以得出

$$P\{-t_{\frac{\alpha}{2},n-1} < t < t_{\frac{\alpha}{2},n-1}\} = 1-\alpha \quad 或 \quad P\{-t_{\frac{\alpha}{2},n-1} < \frac{\overline{X}-\mu}{S/\sqrt{n}} < t_{\frac{\alpha}{2},n-1}\} = 1-\alpha$$

移项后得

$$P\{\overline{X} - t_{\frac{\alpha}{2},n-1} \cdot S/\sqrt{n} < \mu < \overline{X} + t_{\frac{\alpha}{2},n-1} \cdot S/\sqrt{n}\} = 1-\alpha \qquad (公式 7.2.3)$$

即总体平均数在 $1-\alpha$ 的置信水平下的置信区间为

$$(\overline{X} - t_{\frac{\alpha}{2},n-1} \cdot S/\sqrt{n} \quad , \overline{X} + t_{\frac{\alpha}{2},n-1} \cdot S/\sqrt{n}) \ 或 \ (\overline{X} \pm t_{\frac{\alpha}{2},n-1} \cdot S/\sqrt{n}) \qquad (公式 7.2.4)$$

而且，当样本容量很大时，由于 t 分布接近标准正态分布，可以用

$$(\overline{X} - Z_{\frac{\alpha}{2}} \cdot S/\sqrt{n} \quad , \overline{X} + Z_{\frac{\alpha}{2}} \cdot S/\sqrt{n}) \quad 或 \quad (\overline{X} \pm Z_{\frac{\alpha}{2}} \cdot S/\sqrt{n}) \qquad (公式 7.2.5)$$

来做近似计算。

【例 7.2.3】根据表 2.2.3 的数据，估计该班所在学校的全体学生的智商的置信区间（置信水平为 0.99）。

解：将表 2.2.3 的数据列出如下：

序号	学号	性别	智商（IQ）
1	10060101	女	103
2	10060102	男	114
3	10060103	女	129
4	10060104	女	105
5	10060105	女	103
6	10060106	男	97
7	10060107	女	102
8	10060108	男	108
9	10060109	男	102
10	10060110	男	87
11	10060111	男	107
12	10060112	男	85
13	10060113	女	110
14	10060114	男	94
15	10060115	男	108
16	10060116	男	92

续　表

序号	学号	性别	智商（IQ）
17	10060117	女	113
18	10060118	男	108
19	10060119	男	122
20	10060120	男	107
21	10060121	女	119
22	10060122	男	98
23	10060123	女	95
24	10060124	男	118
25	10060125	女	88
26	10060126	女	94
27	10060127	女	105
28	10060128	男	102
29	10060129	女	97
30	10060130	女	108

这 30 个学生的智商可以假定是从正态分布总体中抽取出来的简单随机样本，且总体方差未知，可用 t 分布解答本题。

首先计算出$\overline{X}=104$，$S=10.4221$，且 $n=30$，$t_{\alpha/2,n-1}=t_{0.005,29}=2.756$，故总体平均数 μ 在 0.99 的置信水平下的置信区间为

$$(\overline{X}\pm t_{\frac{\alpha}{2},n-1}\cdot S/\sqrt{n})=(104\pm 2.756\times 10.4221/\sqrt{30})=(104\pm\ 5.2441)$$

即（98.7559，109.2441）。

7.2.2.2　在 σ^2 未知，且非正态总体的条件下，总体平均数的区间估计

与样本平均数的抽样分布相对应，如果在 σ^2 未知的条件下，总体为非正态总体，就要严格区分大样本和小样本的情况。如果是小样本，样本平均数的抽样分布无解，因而无法进行参数区间估计；如果是大样本，我们可以利用 t 分布或标准正态分布近似求解。

【例 7.2.4】同例 7.2.2，某大学对 400 名大学生用于购买书籍的费用进行调查。调查结果表明，平均每人每学年的支出费用为 300 元，但是总体方差未知，仅根据样本数据计算得到 $S=50$ 元。试以 99% 的置信水平估计全部大学生每人每学年用于购买书籍的平均费用的置信区间。

解：大学生用于购买书籍的费用的总体分布形态未知，只能视其为非正态分布总体，且总体方差未知，但是已知 n=400，为大样本，故样本平均数近似服从正态分布。在 S=50, $\overline{X}$=300，$1-\alpha$=0.99 时，总体平均数在 0.99 的置信水平下的置信区间为

$$\left(\overline{X}-Z_{\frac{\alpha}{2}}\cdot S/\sqrt{n}\quad,\ \overline{X}+Z_{\frac{\alpha}{2}}\cdot S/\sqrt{n}\right)$$

或

$$(\overline{X}\pm Z_{\frac{\alpha}{2}}\times S/\sqrt{n})=(300\pm 2.58\times 50/\sqrt{400})=(300\pm 6.45)$$

故全部大学生每人每学年用于购买书籍的平均费用在 0.99 的置信水平下的置信区间为（293.55，306.45）。

7.3 两总体平均数之差的参数估计

根据两个样本平均数之差$(\overline{X}_1-\overline{X}_2)$的抽样分布，可以估计两个总体的平均数之差。其中要考虑两个总体的方差是否已知，两个总体是否服从正态分布，是大样本还是小样本，抽样是否放回，而且在总体方差未知的条件下，还要考虑方差是否齐性。

7.3.1 总体平均数之差的参数估计（σ_1^2 和 σ_2^2 已知）

根据 6.3 节所述样本平均数之差的抽样分布特点（定理 6.3.1），在两总体方差 σ^2_1 和 σ^2_2 已知的条件下，当两个总体服从正态分布，或虽然是非正态总体，但是抽自两个总体的两个样本均为大样本时，样本平均数之差（$\overline{X}_1-\overline{X}_2$）服从正态分布：

$$\overline{X}_1-\overline{X}_2\sim N\left(\mu_1-\mu_2,\frac{\sigma_1^2}{n_1}+\frac{\sigma_2^2}{n_2}\right)$$

或

$$Z=\frac{(\overline{X}_1-\overline{X}_2)-(\mu_1-\mu_2)}{\sqrt{\dfrac{\sigma_1^2}{n_1}+\dfrac{\sigma_2^2}{n_2}}}\sim N(0,\ 1^2)$$

故在给定置信水平（$1-\alpha$）时，

$$P\left\{(\overline{X}_1-\overline{X}_2)-Z_{\alpha/2}\cdot\sqrt{\frac{\sigma_1^2}{n_1}+\frac{\sigma_2^2}{n_2}}<\mu_1-\mu_2<(\overline{X}_1-\overline{X}_2)+Z_{\alpha/2}\cdot\sqrt{\frac{\sigma_1^2}{n_1}+\frac{\sigma_2^2}{n_2}}\right\}=1-\alpha \quad \text{（公式 7.3.1）}$$

因此，两总体平均数之差（$\mu_1-\mu_2$）在 $1-\alpha$ 置信水平下的置信区间为

$$\left((\overline{X}_1-\overline{X}_2)\pm Z_{\alpha/2}\cdot\sqrt{\frac{\sigma_1^2}{n_1}+\frac{\sigma_2^2}{n_2}}\right) \quad \text{（公式 7.3.2）}$$

如果是非正态总体，且为小样本，则无解。

7.3.2 总体平均数之差的参数估计（σ_1^2 和 σ_2^2 未知）

7.3.2.1 在 σ_1^2 和 σ_2^2 未知，但已知 $\sigma_1^2=\sigma_2^2$ 的条件下，总体平均数之差的参数估计

根据定理 6.3.2，当 σ_1^2 和 σ_2^2 未知，但知 $\sigma_1^2=\sigma_2^2$（方差齐性），且两个总体服从正态分布，或虽然是非正态总体，但是抽自两个总体的两个样本均为大样本时，统计量

$$t=\frac{(\overline{X}_1-\overline{X}_2)-(\mu_1-\mu_2)}{\sqrt{\frac{(n_1-1)S_1^2+(n_2-1)S_2^2}{n_1+n_2-2}\left(\frac{1}{n_1}+\frac{1}{n_2}\right)}}\sim t_{n_1+n_2-2}$$

由此可得出两个总体平均数之差（$\mu_1-\mu_2$）在 $1-\alpha$ 置信水平下的置信区间为

$$\left((\overline{X}_1-\overline{X}_2)\pm t_{\frac{\alpha}{2},n_1+n_2-2}\cdot\sqrt{\frac{(n_1-1)S_1^2+(n_2-1)S_2^2}{n_1+n_2-2}\left(\frac{1}{n_1}+\frac{1}{n_2}\right)}\right) \quad \text{（公式 7.3.3）}$$

【例 7.3.1】随机地从 A 校抽取 4 名学生，从 B 校抽取 5 名学生，测得他们的英语口语能力分别为

A 校：143，142，143，137

B 校：140，142，136，138，140

若已知两校学生英语口语能力均服从正态分布，且方差齐性，试求（$\mu_1-\mu_2$）在 95% 的置信水平下的置信区间。

解：根据原始分数，求出两个样本的平均数分别为

$$\overline{X}_1=141.25,\ \overline{X}_2=139.20$$

两个样本方差分别为

$$S_1^2=8.25,\ S_2^2=5.20$$

当 $\alpha=0.05$ 时，$t_{0.025,7}=2.3646$，故（$\mu_1-\mu_2$）在 95% 的置信水平下的置信区间为

$$\left((\overline{X}_1-\overline{X}_2)\pm t_{\frac{\alpha}{2},n_1+n_2-2}\times\sqrt{\frac{(n_1-1)S_1^2+(n_2-1)S_2^2}{n_1+n_2-2}(\frac{1}{n_1}+\frac{1}{n_2})}\right)$$

$$=\left((141.25-139.20)\pm 2.3646\times\sqrt{\frac{(4-1)\times 8.25+(5-1)\times 5.20}{4+5-2}(\frac{1}{4}+\frac{1}{5})}\right)$$

$$=(-1.9963,\ 6.0963)$$

7.3.2.2 在 σ_1^2 和 σ_2^2 未知，但已知 $\sigma_1^2\neq\sigma_2^2$ 的条件下，总体平均数之差的参数估计

根据定理 6.3.3，当两个总体都是正态总体，σ_1^2 和 σ_2^2 未知，但知 $\sigma_1^2\neq\sigma_2^2$（方差不齐性）的条件下，统计量

$$t'=\frac{(\overline{X}_1-\overline{X}_2)-(\mu_1-\mu_2)}{\sqrt{\frac{S_1^2}{n_1}+\frac{S_2^2}{n_2}}}\sim t_{df'}$$

其中

$$df'=\frac{\left(\frac{S_1^2}{n_1}+\frac{S_2^2}{n_2}\right)^2}{\frac{\left(\frac{S_1^2}{n_1}\right)^2}{n_1}+\frac{\left(\frac{S_2^2}{n_2}\right)^2}{n_2}}$$

因此，在这种条件下，两个总体平均数之差（$\mu_1-\mu_2$）在（$1-\alpha$）置信水平下的置信区间为

$$\left((\overline{X}_1-\overline{X}_2)\pm t'_{\frac{\alpha}{2},df'}\cdot\sqrt{\frac{S_1^2}{n_1}+\frac{S_2^2}{n_2}}\right)\qquad\text{（公式 7.3.4）}$$

注意，计算出的 df' 应取整数。以上公式亦适用于非正态总体的大样本的情况。

【例 7.3.2】某公司让一个组的 10 名工人用第一种工艺组装产品，平均用时为 29 分钟，$S_1^2=25$；让另一个组的 10 名工人用第二种工艺组装产品，平均用时为 26 分钟，$S_2^2=144$。现假定工作用时服从正态分布，而且没有理由认为它们的方差一样，试估计两种工艺平均用时之差（$\alpha=0.05$）。

解：两总体均服从正态分布，且两总体方差不齐性，根据定理 6.3.3，

$$t'=\frac{(\overline{X}_1-\overline{X}_2)-(\mu_1-\mu_2)}{\sqrt{\frac{S_1^2}{n_1}+\frac{S_2^2}{n_2}}}\sim t_{df'}$$

两个总体平均数之差（$\mu_1-\mu_2$）在（$1-\alpha$）的置信水平下的置信区间为

$$\left((\overline{X}_1-\overline{X}_2)\pm t'_{\frac{\alpha}{2},df'}\cdot\sqrt{\frac{S_1^2}{n_1}+\frac{S_2^2}{n_2}}\right)$$

其中

$$df'=\frac{\left(\frac{S_1^2}{n_1}+\frac{S_2^2}{n_2}\right)^2}{\frac{\left(\frac{S_1^2}{n_1}\right)^2}{n_1}+\frac{\left(\frac{S_2^2}{n_2}\right)^2}{n_2}}\approx 13$$

查表得 $t_{0.025,13}=2.16$，

$$(\overline{X}_1-\overline{X}_2)\pm t'_{\frac{\alpha}{2},df'}\cdot\sqrt{\frac{S_1^2}{n_1}+\frac{S_2^2}{n_2}}=(29-26)\pm 2.16\times\sqrt{\frac{25}{10}+\frac{144}{10}}=3\pm 8.8797$$

故置信区间为 (–5.8797, 11.8797)。

最后，将不同条件下的总体平均数的区间估计的计算方法做一个总结，见表 7.3.1 和表 7.3.2。

表 7.3.1 总体平均数的区间估计表

已知条件	置信区间	自由度
σ^2 已知；$X\sim N(\mu,\sigma^2)$，或非正态总体且大样本	$\overline{X}\pm Z_{\frac{\alpha}{2}}\cdot\frac{\sigma}{\sqrt{n}}$	
σ^2 未知；$X\sim N(\mu,\sigma^2)$，或非正态总体且大样本	$\overline{X}\pm t_{\frac{\alpha}{2}}\cdot\frac{S}{\sqrt{n}}$	$df=n-1$

表 7.3.2　总体平均数之差区间估计表

已知条件	置信区间	自由度
总体方差已知；两正态总体，或非正态总体且大样本	$(\overline{X}_1-\overline{X}_2)\pm Z_{\frac{\alpha}{2}}\cdot\sqrt{\frac{\sigma_1^2}{n_1}+\frac{\sigma_2^2}{n_2}}$	
总体方差未知但无显著差异；两正态总体，或非正态总体且大样本	$(\overline{X}_1-\overline{X}_2)\pm t_{\frac{\alpha}{2}}\cdot\sqrt{\frac{(n_1-1)S_1^2+(n_2-1)S_2^2}{n_1+n_2-2}(\frac{1}{n_1}+\frac{1}{n_2})}$	$df=n_1+n_2-2$
总体方差未知但有显著差异；两正态总体，或非正态总体且大样本	$(\overline{X}_1-\overline{X}_2)\pm t'_{\frac{\alpha}{2}}\cdot\sqrt{\frac{S_1^2}{n_1}+\frac{S_2^2}{n_2}}$	$df'=\frac{\left(\frac{S_1^2}{n_1}+\frac{S_2^2}{n_2}\right)^2}{\frac{\left(\frac{S_1^2}{n_1}\right)^2}{n_1}+\frac{\left(\frac{S_2^2}{n_2}\right)^2}{n_2}}$

本章术语

- **待估参数**（parameter to be estimated）：在参数估计中需要估计的参数。
- **估计量**（estimator）：用来估计参数的统计量。
- **估计值**（estimated value）：作为估计量的统计量的值。
- **参数估计**（parameter estimation）：设总体 X 服从分布 $F(x)$，该总体有参数 θ，根据抽自该总体的样本（$X_1, X_2, \cdots, X_n$）构造出一个估计量$\hat{\theta}$去估计 θ，估计值$\hat{\theta}$由样本的一组观察值计算得出。
- **点估计**（point estimation）：根据样本的观察值计算出一个与 θ 相应的估计值，用这个估计值直接作为对参数 θ 的估计。
- **区间估计**（interval estimation）：根据样本的观察值计算出两个估计值$\hat{\theta}_1$和$\hat{\theta}_2$，用区间（$\hat{\theta}_1$，$\hat{\theta}_2$）作为参数 θ 可能的取值范围，并指出参数 θ 落在这一区间的概率。
- **无偏估计量**（unbiased estimator）：设$\hat{\theta}$为待估参数 θ 的估计量，若 $E(\hat{\theta})=\theta$，则称$\hat{\theta}$为 θ 的无偏估计量。
- **有效估计量**（effective estimator）：设$\hat{\theta}_1$和$\hat{\theta}_2$为待估参数 θ 的两个无偏估计量，若$\sigma_{\hat{\theta}_1}^2<\sigma_{\hat{\theta}_2}^2$，则称$\hat{\theta}_1$是较$\hat{\theta}_2$有效的估计量。
- **一致估计量**（consistent estimator）：设$\hat{\theta}$为待估参数 θ 的估计量，若 $n\to\infty$ 时，$\hat{\theta}$收

敛于 θ，即$\lim_{n\to\infty}\hat{\theta}=\theta$，则称$\hat{\theta}$为 θ 的一致估计量。

- **充分估计量**（fully estimator）：充分地利用了样本提供的所有有关待估参数的信息的估计量。
- **置信水平**（confidence level）：参数真值 θ 落在置信区间（$\hat{\theta}_1$，$\hat{\theta}_2$）里的概率。
- **置信区间**（confidence interval）：在区间估计中，若关系式 $P\{\hat{\theta}_1<\theta<\hat{\theta}_2\}=1-\alpha$ 成立，则称区间（$\hat{\theta}_1$，$\hat{\theta}_2$）为参数 θ 在置信水平 $1-\alpha$ 下的置信区间。

练习与思考

1. 某小学毕业班的语文成绩历年来的标准差为 10，现从该校今年毕业的学生中抽出 25 人，算得其平均分数为 70 分，试求该校全体学生平均成绩的置信水平分别为 95% 和 99% 的置信区间。
2. 随机地从某校抽取 25 名学生，测得他们的英语口语平均成绩为 86 分，又根据历史数据得知该校此项测验的标准差为 12 分，试求该校全体学生平均成绩的置信水平分别为 95% 和 99% 的置信区间。
3. 从某大学一年级数学测验中随机抽出 50 份卷子，算得平均分数为 71.5，标准差为 11.5，试求全校此次测验平均分数的 99% 的置信区间。
4. 某研究小组试图测定行人在路口等候绿灯出现的时间，经过对 25 位行人的测定，得到其平均等候的时间为 1 分 30 秒，标准差为 15 秒，能否据此估计全体行人的平均等候时间？（置信水平为 95%）
5. 已知某校高二的 10 名学生的物理测验分数分别为 96、84、77、66、84、78、91、80、77、67，请以 95% 的把握估计该校高二全年级平均分数的置信区间。
6. 某研究者试图预估采用新教材的学生在当年的高考成绩。他用模拟试卷对 169 位采用新教材的学生进行测试，平均成绩为 451 分，S=13 分。请在 95% 的置信水平上估计采用新教材的学生的平均模拟考试成绩，求出其置信区间。
7. 下列数据是两所幼儿园 5 岁幼儿绘画测验的成绩：

   甲园：82，75，67，86，79，90，86，72

   乙园：73，84，69，83，71，92，82

   假定方差齐性，试求在 95% 的置信水平下，两所幼儿园全体幼儿绘画测验平均成绩之差的置信区间。

8. 有 5 名女生，物理测验成绩分别是 78，79，80，81，82；另有 7 名男生，成绩分别是 50，60，70，80，90，100，110。假定方差不齐性，试求男女生总体平均数之差在 95% 置信水平下的置信区间。

9. 随机地从 A 区抽取 76 名学生，从 B 区抽取 68 名学生，测得他们的口算成绩分别为：

A 区：平均数 80，标准差 5

B 区：平均数 73，标准差 10

试求两区学生口算成绩总体平均数之差在 99% 置信水平下的置信区间。

实习题

10. 将截至第 6 章采集的数据看作两个总体。利用统计软件从两个总体中分别抽取一个随机样本，计算两个样本的平均数、方差、标准差和标准误；对两总体平均数分别进行区间估计，并对两总体平均数之差做区间估计。以上区间估计的置信水平都设定为 95%。

第 8 章

平均数的假设检验

本章提要

本章主旨

本章介绍假设检验的基本思想。根据样本平均数的抽样分布特点，可以进行平均数的显著性检验。假设检验可能犯 α 错误或 β 错误。统计功效、效应量和 ω^2 从不同的侧面反映了自变量对因变量的影响程度。

本章要点

- 假设检验分为参数假设检验和非参数假设检验，本章阐述关于平均数（单样本和双样本）的参数假设检验。
- 假设检验总是先提出两个相互对立的假设——零假设和备择假设，接着从零假设出发，计算其被拒绝的概率，然后做出接受或拒绝零假设的决策。
- 常用的检验统计量的共同的特征是：检验统计量 =（样本统计量 − 相应参数）/ 样本统计量的标准误差。
- 根据样本平均数的抽样分布，可以对总体平均数进行差异显著性检验，需考虑总体方差是否已知，总体是否服从正态分布，是大样本还是小样本等问题。

- 根据两个独立样本平均数之差的抽样分布，可以检验两个总体的平均数有无显著差异，需考虑两总体的方差是否已知，两总体是否服从正态分布，方差是否齐性，是大样本还是小样本等问题。
- 独立样本和相关样本在抽样方法和计算公式上都是不同的。
- α 错误或 β 错误的概率都是可以计算的，且两者不可能同时增大或同时减小。
- 统计功效、效应量和 ω^2 从不同的侧面反映了自变量对因变量的影响程度。

导读问题

与平均数有关的假设检验与前 2 章的抽样分布和参数估计问题相似，只是假设检验回答的问题是总体平均数有无显著差异。

- 问题一：某心理测验的得分服从正态分布。已知某校历年来的毕业生在该项测验上的总体平均数 $\mu=100$，总体标准差 $\sigma=5$。今年从该校的应届毕业生中抽取了一个容量为 25 的简单随机样本，测得其样本平均数 $\overline{X}=101.5$，问在 5% 的显著性水平下，今年全校应届毕业生的成绩与往年相比有无显著差异？

这是根据样本平均数对总体平均数进行假设检验的问题。根据抽样分布理论，如果对题目中有下划线的内容加以变化，可以得出该问题的多个变式，即总体可以呈正态分布或非正态分布；总体标准差 σ 可以已知，也可以未知；样本可以是大样本，也可以是小样本；显著性水平可以是 5%，也可以是 1% 或其他数值。此外，总体可以是无限总体，也可以是有限总体；抽样形式可以是放回的，也可以是不放回的。

- 问题二：某心理测验的得分服从正态分布，已知男生成绩总体方差 $\sigma_1^2=64$；女生成绩总体方差 $\sigma_2^2=49$。现在随机抽取 25 名男生，测得其 $\overline{X}_1=100$；另抽取 16 名女生，测得其 $\overline{X}_2=102$。问在 5% 的显著性水平下，男女生得分有无显著差异？

与问题一相似，该问题随着分布是否正态、总体方差是否已知（如果未知，还要看方差是否齐性）、样本是大样本还是小样本以及置信水平的变化而产生各种变式。

● 问题三：10 名学生进行射击训练，训练前后各进行一次测试，成绩见下表。问：测验结果是否说明训练前后成绩有显著差异？

学生序号	1	2	3	4	5	6	7	8	9	10
训练后（X_1）	95	70	90	66	80	78	89	84	70	73
训练前（X_2）	76	74	80	52	63	62	82	85	64	72

问题三和问题二有相似之处，都是检验两组数据之间有无显著差异；区别在于问题三中的每个学生经过 2 次测试，出现了成对的数据。同样是差异的显著性检验，问题二属于独立样本的情况，问题三属于相关样本的情况，需采用不同的公式。

8.1　假设检验

8.1.1　假设检验的概念

假设检验是推断统计的基本任务之一，它是利用样本信息，根据一定的概率，对关于总体参数（或总体分布）的假设成立的可能性进行评价，进而做出拒绝或保留的决断。相比参数估计，假设检验在心理学研究中用得更加广泛。

假设检验分为参数假设检验和非参数假设检验。参数假设检验是对关于总体参数的假设进行检验。

本章的导读问题一就是参数检验问题。看到这样的问题，你可能会想：既然历届平均得分是 100，应届平均得分是 101.5，不正说明应届的成绩比往届高吗？其实未必。凡是抽样，就会有抽样误差。应届 25 个人的平均分数比历届总体平均成绩高出 1.5 分，这 1.5 分有可能是抽样误差造成的。如果再进行一次抽样，换一个同样是 25 人的样本，其平均分数或许就是 98.5、99、102.4……如果真是这样，那就只能认为应届毕业生的成绩与历届相比没有显著差异。

但是，如果 25 个人的平均分数 $\overline{X}=110$，我们会觉得（事实上也确实可能如此），这次高出的 10 分，再单纯地用抽样误差来解释很说不过去：抽样误差固然可以解释其中的一部分差距，但是很难解释全部的 10 分差距。这时，我们不得不说，应届毕业生的成绩与历届相比有显著差异。

分析一下上述推断过程，显然可以分为几个阶段：第一阶段，假设应届毕业生成绩与历届相比**没有**显著差异，成绩差异完全由抽样误差造成；第二阶段，判断成绩差异的相对大小，评价抽样误差能解释全部成绩差异的可能性；第三阶段，对是否接受第一阶段的假设做出决断：如果抽样误差能解释全部的成绩差异，则接受该假设；否则，就拒绝该假设，并选择接受与其相反的假设（即应届毕业生成绩与历届相比**有**显著差异）。上述过程可以说是用直觉经验进行的假设检验。

8.1.2 假设检验的基本思想

统计学家的工作将原来要用直觉估计回答的问题转化成可以通过计算相应统计量进而得出结论的数学问题。当然，这项工作还是建立在统计量的抽样分布的基础上的。下面以总体平均数的假设检验为例，介绍假设检验的基本思想。

既然是假设检验，当然要先建立一个假设，然后决定是否接受它。我们先确定一个假设："$\overline{X}$所代表的总体平均数与μ没有显著差异"，或者说"$\overline{X}$是从平均数为μ的总体中抽出的样本平均数"。

根据抽样分布中的定理 6.2.2，设总体 X 服从正态分布，$(X_1, X_2, \cdots, X_n)$ 是抽自该总体的一个简单随机样本，样本平均数 $\overline{X}$ 亦服从正态分布，且

$$\mu_{\overline{X}} = \mu\text{，}\ \sigma_{\overline{X}}^2 = \frac{\sigma^2}{n}$$

即 $\overline{X} \sim N(\mu, \sigma^2/n)$，如图 8.1.1 所示。

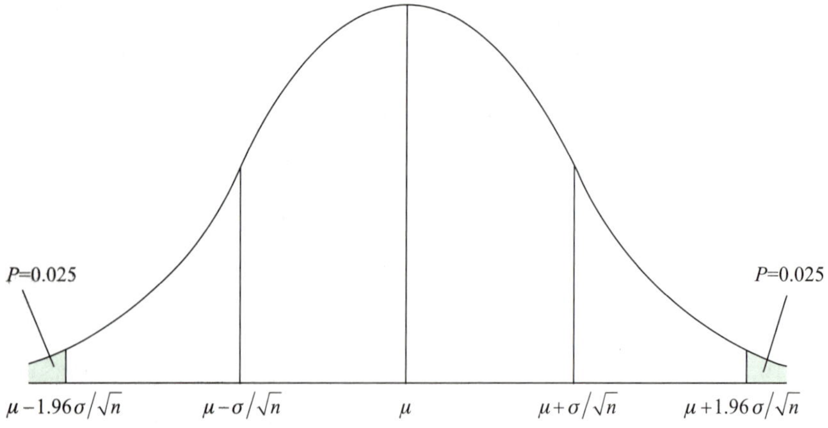

图 8.1.1 关于总体平均数的假设检验示意图

从图 8.1.1 可以看出，从一个平均数为 μ，方差为 σ^2 的正态总体中抽取的容量为 n 的样本的平均数 $\bar{X}$ 会随着样本的不同而变化，有的可能高于 μ，有的可能低于 μ，但是它们总是围绕 μ 上下波动，而且落在离 μ 近的地方的概率大，落在离 μ 远的地方的概率小，根据定理 6.2.2，查正态分布表可知，$\bar{X}$ 落在（$\mu-1.96\sigma/\sqrt{n}$，$\mu+1.96\sigma/\sqrt{n}$）以内的概率总共达到 0.95，落在这个范围以外的概率只有 0.05。

在讲述概率的基本知识时，我们曾经提到过小概率事件。小概率事件被认为是在一次试验中实际上不可能发生的事件。它有两个标准：概率分别为 0.05 和 0.01。这就是我们限定 $\bar{X}$ 落在上述范围以外的概率为 0.05（或 0.01）的缘由。

概率小于 0.05 而大于 0.01 的小概率事件，是"几乎不可能发生"的事件；概率小于 0.01 的小概率事件，是"几乎完全不可能发生"的事件。这样，我们就可以说，从一个平均数为 μ、方差为 σ^2 的正态总体中抽取的容量为 n 的样本的平均数**几乎不可能**落在（$\mu-1.96\sigma/\sqrt{n}$，$\mu+1.96\sigma/\sqrt{n}$）以外。

如果样本平均数落在了这个范围之外，统计学上就认为：既然从一个平均数为 μ、方差为 σ^2 的总体中抽取的容量为 n 的样本的平均数落在（$\mu-1.96\sigma/\sqrt{n}$，$\mu+1.96\sigma/\sqrt{n}$）以外是"几乎不可能的"，那么，什么是更有可能的呢？显然就是：这个样本所在的总体的平均数应该不是 μ，或者说这个样本是从另一个总体中抽出来的。这时，我们就说这个样本所在的总体平均数与原来的那个总体平均数 μ 有**显著差异**。

总结上述思路，就可以获得关于平均数的假设检验的逻辑规则：如果 $\bar{X}$ 落入（$\mu-1.96\sigma/\sqrt{n}$，$\mu+1.96\sigma/\sqrt{n}$）这个区间，就说明这个 $\bar{X}$ 所代表的总体的平均数与 μ 没有显著差异；相反，如果 $\bar{X}$ 落在（$\mu-1.96\sigma/\sqrt{n}$，$\mu+1.96\sigma/\sqrt{n}$）这个区间以外，就认为 $\bar{X}$ 所代表的总体的平均数与 μ 有显著差异。

我们刚才已经先确定了一个假设——"$\bar{X}$ 所代表的总体的平均数与 μ 没有显著差异"，现在我们看到，（$\mu-1.96\sigma/\sqrt{n}$，$\mu+1.96\sigma/\sqrt{n}$）这个区间就是接受该假设的区域，称作接受域；而这个区间以外的区域就是拒绝这个假设的区域，称作拒绝域。

在假设检验的过程中，实际的计算过程往往不是计算 $\bar{X}$ 是否落在上述范围中，而是将它转换成 Z 值，判断其绝对值是否大于 1.96。因为既然样本平均数服从正态分布，就可以运用公式 $Z=\dfrac{\bar{X}-\mu}{\sigma/\sqrt{n}}$ 将其转换成标准正态分布，即 $Z\sim N(0,1^2)$。由正态分布的对称性可知：

$$P\{|Z|\geqslant 1.96\}=0.05$$

这说明，Z 的绝对值超过 1.96 的概率为 0.05，这与 $\bar{X}$ 落入（$\mu-1.96\sigma/\sqrt{n}$，

$\mu+1.96\sigma/\sqrt{n}$）以外区域的概率仅为 0.05 的说法是等价的。

小概率事件的另一个标准是概率小于 0.01。查正态分布表可知，$P\{|Z| \geqslant 2.58\}=0.01$，即 $\overline{X}$ 落入（$\mu-2.58\sigma/\sqrt{n}$，$\mu+2.58\sigma/\sqrt{n}$）之外的概率仅为 0.01。这是一个几乎完全不可能发生的事件。故统计学上规定，如果 $\overline{X}$ 落在（$\mu-2.58\sigma/\sqrt{n}$，$\mu+2.58\sigma/\sqrt{n}$）这个区间以外，则认为 $\overline{X}$ 所代表的总体的平均数与 μ 有**极其显著的差异**。可见，小概率事件的标准提高了，即样本平均数落在拒绝域的概率减小了，上述差异的显著性水平也增强了。

8.1.3 假设检验的步骤

通常，我们按以下四个步骤进行假设检验：

（1）提出零假设和备择假设

对于每一个假设检验问题，我们同时提出了两个相反的假设：零假设和备择假设。**零假设**又称原假设、虚无假设或解消假设，用 H_0 表示；**备择假设**又称“研究假设”或“对立假设”，用 H_1 表示。例如，对于导读问题一，我们提出如下假设：

$$H_0：\mu=100 \text{ 或 } \mu=\mu_0\ (\text{令 } \mu_0=100)$$

$$H_1：\mu \neq 100 \text{ 或 } \mu \neq \mu_0$$

H_0 就是假设样本是从平均数为 100 的总体中抽取出来的。假设检验就是**从零假设出发，根据其被拒绝的概率而得出决断。**

（2）确定适当的检验统计量并计算其值

确定检验统计量时，要根据前面研究过的抽样分布做出选择。不同类型的问题涉及的抽样分布不同，要选择不同的检验统计量。在问题一中，总体成绩 X 服从正态分布，故可以认为样本平均数 $\overline{X}$ 亦服从正态分布，这样就可以用

$$Z=\frac{\overline{X}-\mu}{\sigma/\sqrt{n}}$$

作为检验统计量，并计算其数值，然后判断 Z 的取值是否进入了小概率事件的范围。

许多常用的检验统计量有着共同的特征：

检验统计量 =（样本统计量 − 相应参数）/ 样本统计量的标准误差

（3）规定显著性水平

检验统计量落入拒绝域的概率 α 称为显著性水平，通常规定 α 为 0.05 或 0.01。不同的显著性水平对应着不同的接受域和拒绝域。注意，这里的接受域和拒绝域都是针

对零假设而言的。

这时还要决定是进行双侧检验还是单侧检验。在此基础上，查表获得接受域与拒绝域之间的分界点（临界值）。

所谓双侧检验，就是将 α 等分为左右两个部分，左右两边各设置一个拒绝域，中间是接受域。每个拒绝域相应的概率为 $\alpha/2$。图 8.1.1 所示的就是一个双侧检验。

所谓单侧检验，就是要么将与 α 对应的拒绝域全部放置在左侧，要么将其全部放置在右侧，另一边则是接受域。所以单侧检验又分**左侧检验**和**右侧检验**。图 8.1.2 所示的就是一个左侧检验和一个右侧检验。

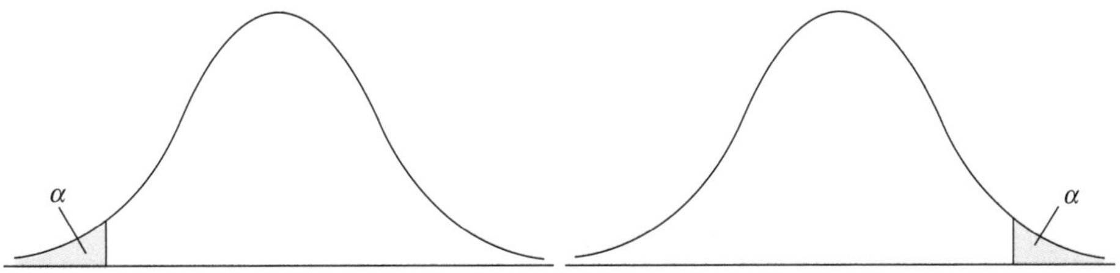

图 8.1.2　左侧检验和右侧检验

至于究竟什么时候应该用双侧检验，什么时候应该用单侧检验，以及应该用左侧检验还是右侧检验，要根据问题的具体要求做出判断，本书稍后将介绍这方面的内容。

（4）统计决断

在计算出选定的检验统计量的数值后，再判断其对应的概率是否小于显著性水平 α。在导读问题一中，如果我们通过计算发现$Z=\dfrac{\overline{X}-\mu}{\sigma/\sqrt{n}}$的绝对值超过了 1.96，这说明，在假定 $\mu=100$ 的情况下，$\overline{X}$ **几乎不可能**达到现在的数量。那么，就应该拒绝零假设，接受备择假设。如果 Z 值超过了 2.58，这说明在假定 $\mu=100$ 的情况下，$\overline{X}$ **几乎完全不可能**达到现在的数量。那就更应该拒绝零假设，接受备择假设。

现根据以上步骤，写出本章导读问题一的解。

解：

①提出零假设和备择假设：

H_0：$\mu=100$

H_1：$\mu\neq100$

②确定适当的检验统计量并计算其值：

因为总体X服从正态分布，所以可以认为样本平均数$\overline{X}$亦服从正态分布，这样就可以用$Z=\dfrac{\overline{X}-\mu}{\sigma/\sqrt{n}}$作为检验统计量。经计算可得，$Z=\dfrac{\overline{X}-\mu}{\sigma/\sqrt{n}}=\dfrac{101.5-100}{5/\sqrt{25}}=1.5$

③规定显著性水平：设定α为0.05。在双侧检验的情况下，相应的Z临界值应该是1.96。

④统计决断：

由于Z的绝对值未超过1.96，故接受H_0，认为应届学生与历届学生没有显著差异。

如果问题一中的样本平均数是110，则$Z=10$，远远超过2.58，此时应认为应届学生与历届学生有极其显著的差异。实际上，当样本平均数是103时，Z就超过2.58了。

参数检验除了可以回答导读问题一这样的关于某总体平均水平前后有无显著差异的问题，还可以回答以下问题：两总体平均水平有无显著差异？多个总体平均水平有无显著差异？两个或多个总体方差有无显著差异？等等。

8.1.4 假设检验可能犯的两类错误

按照以上思想进行假设检验，不会百分之百正确，会犯一些错误。这些错误可以分为两类，一类称作α错误（Ⅰ型错误），另一类称作β错误（Ⅱ型错误），见表8.1.1。

表 8.1.1 α错误与β错误

	决策	
	接受H_0	拒绝H_0
H_0为真	正确	α错误
H_0为假	β错误	正确

8.1.4.1 α错误（Ⅰ型错误）

前面说过，从一个平均数为μ、方差为σ^2的正态总体中抽取的容量为n的样本的平均数几乎不可能落在（$\mu-1.96\sigma/\sqrt{n}$，$\mu+1.96\sigma/\sqrt{n}$）以外，所以我们将这个区间称为零假设的接受域，该区间以外称为拒绝域。

但是，从这个正态总体中抽取的容量为n的样本的平均数落在（$\mu-1.96\sigma/\sqrt{n}$，$\mu+1.96\sigma/\sqrt{n}$）以外的概率虽然不高，毕竟还是存在的，其概率为0.05。也就是说，即使零假设为真，样本确确实实是从这个正态总体中抽取出来的，也可能

“不幸”遇上很大的抽样误差，结果落入拒绝域。这时，按照前面定出的判断规则，我们只能拒绝零假设（$\bar{X}$所代表的总体的平均数与 μ 没有显著差异），而接受备择假设（$\bar{X}$所代表的总体的平均数与 μ 有显著差异），认为这个样本所在的总体的平均数应该不是 μ。这个判断显然不合乎实际，但是在统计学上不能因为可能存在这样的错误而放弃原定的判断标准。这样一来，每当上述“不幸”的情况发生时，我们都会犯表 8.1.1 中 H_0 **为真却被拒绝**的错误，即拒绝本来是正确的零假设，接受错误的备择假设，这种错误称为 **α 错误**，又称为 **Ⅰ型错误**。之所以称之为 α 错误，是因为犯这种错误的概率就等于显著性水平 α（见图 8.1.3）。

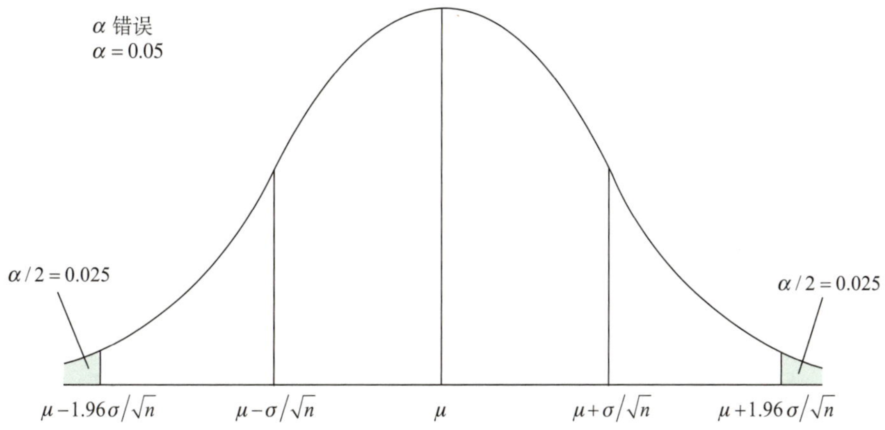

图 8.1.3 α 错误示意图（双侧检验，α=0.05）

在实际生活中也可以观察到类似于 α 错误的现象。例如，一个学生的数学水平原本没有提高，但在某次考试中，他的运气特别好，成绩远远超过以前。这时老师虽然心存疑虑，但还是不得不先承认该生的成绩有了显著的提高。这时，老师犯的就是 α 错误，即拒绝了“该生成绩没有显著变化”这一正确的假设，故 α 错误又称为“拒真”错误。

如果犯 α 错误的代价很大，我们当然想降低犯错的概率，这时可以将显著性水平 α 设为 0.01 甚至更低。

8.1.4.2 β 错误（Ⅱ型错误）

β 错误，又称为 **Ⅱ型错误**，它与 α 错误正好相反：接受错误的零假设，拒绝正确的备择假设。如果一个样本确确实实是从一个平均数为 μ_1 的总体中抽取出来的，而不是从平均数为 μ_0 的总体中抽取出来的，那么正确的结论应该是拒绝零假设，接受备择假设。但是，如果这个样本的平均数与 μ_0 没有拉开足够的距离，它就可能落在 H_0 的接受域中，从而认为该样本是从平均数为 μ_0 的总体中抽取出来的。这就犯了表 8.1.1

中 H_0 **为假却被接受**的错误（见图 8.1.4），故 β 错误又称为“存伪”错误。

β 错误在生活中也很常见。例如，还是前面说的那个学生，他通过一段时间的刻苦努力，数学水平实际上是显著提高了。但是考试的时候不幸没有发挥好，成绩没比以前提高多少，老师当然只能认为该学生的数学水平没有显著的提高，即接受“该生成绩没有显著变化”这一错误的假设。这时老师就是犯了 β 错误。

从图 8.1.4 可以看出，完全消除错误是不可能的。规定较小的 α（例如 0.01 甚至更低）固然可以减少 α 错误，但是会造成零假设接受域的扩大，从而增加犯 β 错误的概率；当 α 设为 0 时，接受域就是整个数轴（从 $-\infty$ 到 $+\infty$），这时就没有机会拒绝错误的零假设了。换句话说，在给定的样本容量下，α 错误和 β 错误的概率不可能同时增加或同时减少。不过，如果增加样本容量，倒是可以减少犯 β 错误的概率。另外，在 8.2 节中还能看到，合理地设定拒绝域（位于双侧、左侧或右侧），也可以在一定程度上减少犯 β 错误的概率。

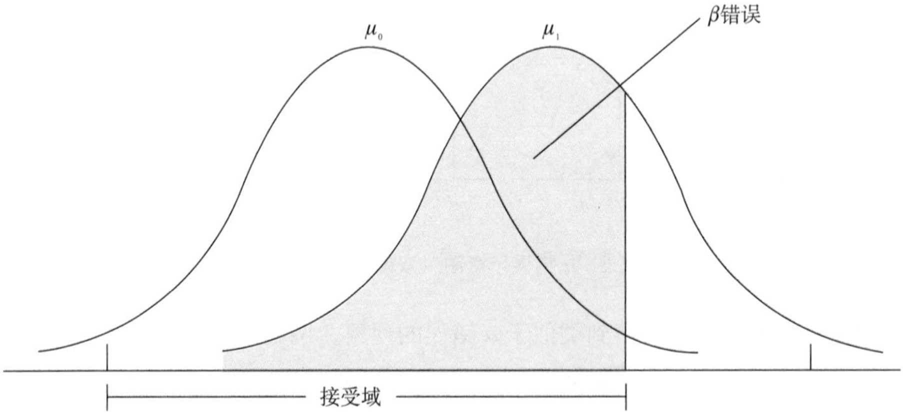

图 8.1.4　β 错误（双侧检验。接受域以外的就是拒绝域）

假设检验存在 α 错误和 β 错误，这令初学者备感困惑。很多人以为，零假设在 α 水平上被拒绝，就说明零假设是错的，至少说明零假设成立的概率很小（只有 α）。其实，严格来说，即使是在零假设成立的情况下，t 值（或其他检验统计量的值）也有 α 的概率落入我们指定的拒绝域——一旦这种情况发生，我们就不得不拒绝零假设，无论其真伪；而如果这种情况没有发生，我们就不得不接受零假设，同样无论其真伪。简而言之，被接受的零假设未必为真，被拒绝的零假设也未必为假。我们事实上**无法以绝对的把握证实或证伪零假设**。但是，面对随机现象，我们也只能采取这种方法，从零假设和备择假设中做一个倾向性选择。

8.2 总体平均数的假设检验

与参数估计一样，参数假设检验的公式与抽样分布的公式也是一一对应的。要考虑的问题仍然是：总体方差是否已知？总体是否服从正态分布？是大样本还是小样本？是放回的抽样还是不放回的抽样？但是参数假设检验经常还要考虑另一个问题，是双侧检验还是单侧检验？如果是单侧检验，则要考虑是左侧检验还是右侧检验。

本节和8.3节中的所述的假设检验，在大多数实际情况下，都采用以t为首的公式，故可以统称为t检验。当然，如果用到以Z为首的公式，也可以称之为Z检验或u检验。

8.2.1 总体平均数的假设检验（σ^2 已知）

8.2.1.1 在σ^2已知，且正态总体的条件下，总体平均数的假设检验

这种情况已经在8.1节中讨论过。对于正态分布的总体，根据样本平均数的抽样分布定理6.2.2，可知：

$$\overline{X} \sim N(\mu，\sigma^2/n)$$

或

$$Z = \frac{\overline{X} - \mu}{\sigma / \sqrt{n}} \sim N(0,1^2)$$

在H_0（μ=μ_0）成立的情况下，若显著性水平α为0.05，由正态分布的对称性可知：

$$P\{|Z| \geqslant 1.96\} = 0.05$$

这说明，Z的绝对值超过1.96的概率为0.05，或者说，$\overline{X}$落入($\mu-1.96\sigma/\sqrt{n}$，$\mu+1.96\sigma/\sqrt{n}$)以外区域的概率仅为0.05。这样，如果$\overline{X}$落入该区域以外的区域，即拒绝域，就应当拒绝零假设。

将显著性水平α推广到一般情况下，则

$$P\{|Z| \geqslant Z_{\frac{\alpha}{2}}\} = \alpha$$

这说明，Z的绝对值超过$Z_{\frac{\alpha}{2}}$的概率为α，或者说，$\overline{X}$落入($\mu - Z_{\frac{\alpha}{2}} \cdot \sigma / \sqrt{n}$，$\mu + Z_{\frac{\alpha}{2}} \cdot \sigma / \sqrt{n}$)以外区域（拒绝域）的概率为$\alpha$。如果$\overline{X}$落入拒绝域，就应当拒绝零假设。

假设检验有双侧检验和单侧检验之分。在上述情况下，提出的问题是μ和μ_0有无

显著差异。既然是差异，当然分大于和小于两种情况，故拒绝域有两个，位于接受域以外的两侧，这种检验称为双侧检验。如果拒绝域分布在单侧，就是单侧检验。单侧检验进一步分为左侧检验和右侧检验。它们适用的公式是一样的，但是假设和拒绝域的设置正好相反。

如果提出的问题为“μ 是否显著地低于 μ_0？”则 H_0 应为 $\mu \geqslant \mu_0$，H_1 应为 $\mu < \mu_0$，拒绝域在左边（$Z \leqslant -Z_\alpha$），是左侧检验（见图 8.2.1）。

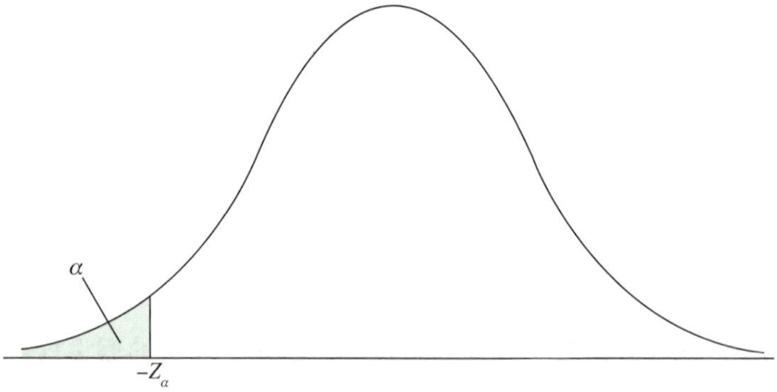

图 8.2.1 左侧检验

如果提出的问题为“μ 是否显著地高于 μ_0？”则 H_0 应为 $\mu \leqslant \mu_0$，H_1 应为 $\mu > \mu_0$，拒绝域在右边（$Z \geqslant Z_\alpha$），是右侧检验（见图 8.2.2）。

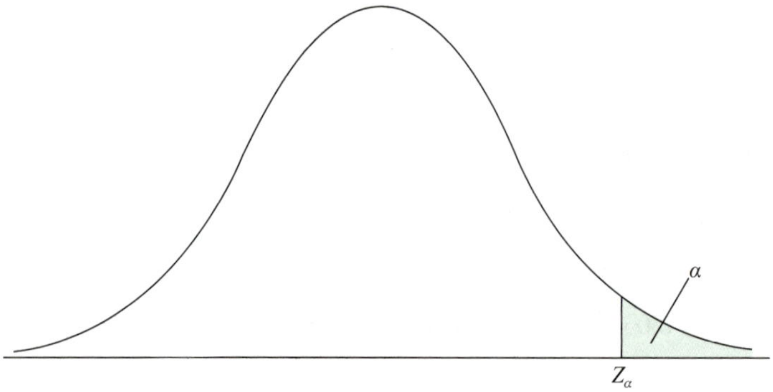

图 8.2.2 右侧检验

注意：在单侧检验的时候，查表要查 Z_α，而不是 $Z_{\alpha/2}$。例如，当 α=0.05 时，$Z_{0.05}$=1.65，而不是 1.96。

合理地设定拒绝域，可以在一定程度上减少犯 β 错误的概率。当不知道总体平均数 μ 是大于还是小于 μ_0 时，宜采用双侧检验。但是如果几乎肯定地认为总体平均数 μ 是显著地小于 μ_0 时，就应该用左侧检验。这样可以加大拒绝零假设 $\mu \geqslant \mu_0$ 的概率，这等于是加大了接受假设 $\mu < \mu_0$ 的概率，如图 8.2.3 所示。

从图 8.2.3 的三种情况可以看出，若真实的总体平均数 $\mu < \mu_0$，左侧检验因其拒绝域在左侧，犯 β 错误的概率最小；如果是双侧检验，犯 β 错误的概率稍大；如果是右侧检验，拒绝域落在右侧，就很少有机会拒绝 H_0，故犯 β 错误的概率最大。

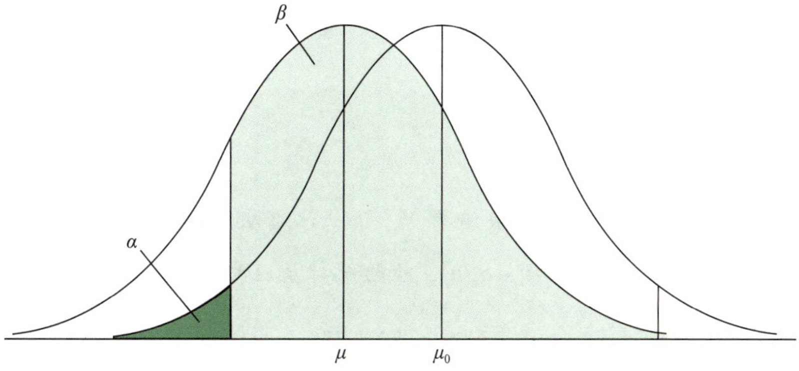

(A) 若真实的总体平均数 $\mu < \mu_0$，拒绝域在左侧时，犯 β 错误的概率

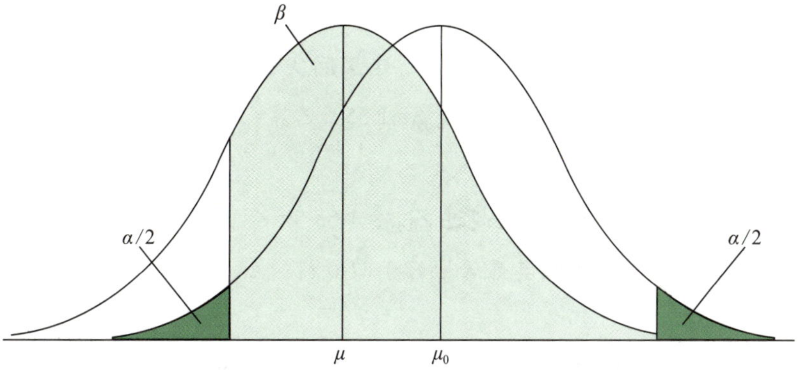

(B) 若真实的总体平均数 $\mu < \mu_0$，拒绝域在双侧时，犯 β 错误的概率

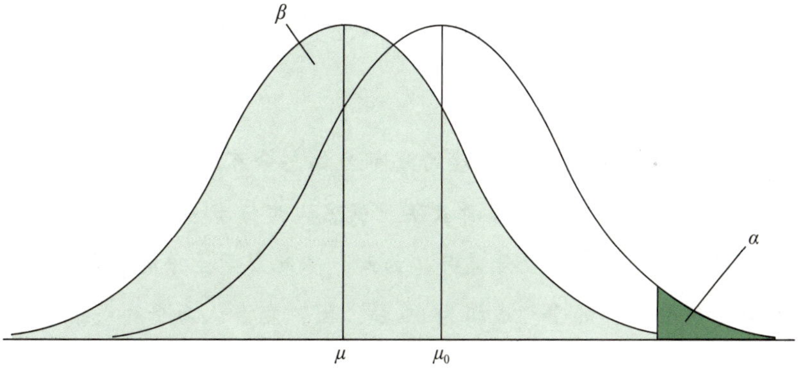

(C) 若真实的总体平均数 $\mu < \mu_0$，拒绝域在右侧时，犯 β 错误的概率

图 8.2.3　若真实的总体平均数 $\mu < \mu_0$，犯 β 错误的概率（浅影部分）示意图

【例 8.2.1】某小学采用一种实验教材，使用一年以后，随机抽取 10 名学生进行测试，得到平均成绩 82 分。而过去使用旧教材的全体学生的平均成绩为 77 分，标准差为 5 分。研究者几乎肯定实验教材的效果好于旧教材，请做差异显著性检验。

解：

①提出假设：

H_0：$\mu \leqslant 77$

H_1：$\mu > 77$

②确定检验统计量并计算其值：

设使用实验教材的学生学习成绩为 X，该总体服从正态分布。根据题意，总体方差已知，应为 $\sigma^2 = 5^2$，故 $\overline{X} \sim N(\mu, \sigma^2/n)$，检验统计量应为

$$Z = \frac{\overline{X} - \mu}{\sigma / \sqrt{n}} = \frac{82 - 77}{5 / \sqrt{10}} = 3.1623$$

③规定显著性水平：

一般情况下，规定 α 为 0.05 或 0.01，这里问实验教材效果是否显著好于旧教材，应采用右侧检验，拒绝域为 $Z \geqslant Z_\alpha$。$Z_{0.05} = 1.65$，$Z_{0.01} = 2.33$。

④统计决断：

本题计算出的 $Z = 3.1623$ 远远超过 $Z_{0.05} = 1.65$ 和 $Z_{0.01} = 2.33$ 这两个临界值，故应当拒绝 H_0，承认实验教材效果极其显著地好于旧教材。

8.2.1.2 在 σ^2 已知，且非正态总体的条件下，总体平均数的假设检验

根据样本平均数的抽样分布特点（定理 6.2.3），在非正态总体的情况下，如果抽取的是小样本，则无法进行统计处理。但是，在大样本的情况下，可以用正态分布近似求解。

【例 8.2.2】某学校英语考试成绩的分布为偏态分布，平均成绩为 60 分，标准差为 6 分。后来在新一届学生中采用新教法，虽然认为标准差不会有什么变化，但是不知道平均成绩与以前相比有无显著差异。为此，从此届学生中随机抽取 16 人，经过同样难度的测验，得到他们的平均成绩为 65 分。问：能否认为平均成绩有显著变化？如果抽取 36 人呢？

解：根据题意，新一届学生的考试成绩总体方差已知，其值为 6^2，但是由于总体

不服从正态分布，故必须在大样本情况下进行总体平均数的假设检验。现样本容量 $n = 16 < 30$ 为小样本，故本题无解。

样本容量增加至 36 人时为大样本的情况，故可以用正态分布近似求解。

①提出假设：

H_0：$\mu = 60$，H_1：$\mu \neq 60$

②确定检验统计量并计算其值：

根据题意，总体方差 $\sigma^2=6^2$，$n=36 > 30$ 为大样本，故 $\overline{X}$ 近似服从 $N(\mu,\ \sigma^2/n)$，检验统计量应为

$$Z = \frac{\overline{X} - \mu}{\sigma / \sqrt{n}} = \frac{65 - 60}{6 / \sqrt{36}} = 5$$

③规定显著性水平：

本题没有规定显著性水平，故规定 α 为 0.05 和 0.01。这里问成绩有无显著变化，故应采用双侧检验，拒绝域为 $|Z| \geqslant Z_{\alpha/2}$。$Z_{0.025} = 1.96$，$Z_{0.005} = 2.58$。

④统计决断：

因为 $Z = 5 > 2.58$，故应当拒绝 H_0，承认成绩有极其显著的变化或差异。

8.2.2　总体平均数的假设检验（σ^2 未知）

8.2.2.1　在 σ^2 未知，且正态总体的条件下，总体平均数的假设检验

根据定理 6.2.4，当总体服从正态分布时，会从总体中抽取一个简单随机样本，有

$$t = \frac{\overline{X} - \mu}{S / \sqrt{n}} \sim t_{n-1}$$

因此，当 σ^2 未知时，用 S^2 代替 σ^2，用 t 分布代替标准正态分布。

【例 8.2.3】根据表 2.2.3 所示的某班级 30 名学生的智商测验结果，能否认为该班所在学校学生的智商是 106？（显著性水平为 0.05）。

解：智商测验成绩服从正态分布，现总体方差未知，故用 S^2 代替之。根据表 2.2.3 数据计算得到 $\overline{X}=104$，S 为 10.4221。

①提出假设：

H_0：$\mu=106$

H_1：$\mu \neq 106$

②确定检验统计量并计算其值：

智商 X 的总体服从正态分布。根据题意，总体方差未知，故检验统计量应为

$$t=\frac{\overline{X}-\mu}{S/\sqrt{n}}=\frac{104-106}{10.4221/\sqrt{30}}=-1.051$$

③规定显著性水平：

α 为 0.05。采用双侧检验，拒绝域为 $|t| \geqslant t_{\alpha/2}$。$t_{0.025,29}$=2.045。

④进行统计决断：

因为 $|t|<2.045$，故应当接受 H_0，可以认为该班所在学校学生的智商是 106。

实际上，由于本题的样本容量达到了 30，可以算是一个大样本，故也可以用标准正态分布求解，$Z_{0.025}=1.96$。

8.2.2.2 在 σ^2 未知，且非正态总体的条件下，总体平均数的假设检验

根据定理 6.2.5，在 σ^2 未知且总体为非正态总体的条件下，应严格区分大样本和小样本。如果是小样本，样本平均数的抽样分布无解，因而无法进行参数假设检验和参数区间估计；如果是大样本，则利用 t 分布或标准正态分布近似求解。

【例 8.2.4】某市调查大学生在假期中平均每天用于上网浏览的时间。某教授认为不会超过 3 小时。随机抽取 100 名学生进行调查的结果为：平均时间为 2.8 小时，方差 $S^2=1.69$。问：调查结果是否支持该教授的看法？（显著性水平为 0.05）。

解：大学生在假期中平均每天用于上网浏览的时间的分布形式未知，总体方差也未知。但是 $n=100$ 为大样本，故用 $S=\sqrt{1.69}=1.3$代替总体标准差，用标准正态分布近似求解。根据题意，这是一个右侧检验。

①提出假设

H_0：$\mu \leqslant 3$，H_1：$\mu > 3$

②确定检验统计量并计算其值：

$$Z\approx\frac{\overline{X}-\mu}{S/\sqrt{n}}=\frac{2.8-3}{1.3/\sqrt{100}}=-1.5385$$

③规定显著性水平：

本题没有规定显著性水平，故规定 α 为 0.05 和 0.01，拒绝域为 $Z \geqslant Z_{\alpha}$。$Z_{0.05}=1.65$，$Z_{0.01}=2.33$。

④统计决断：

因为 $Z<1.65$，故应当接受 H_0，认为不会超过 3 小时。

怎样确定 H_0？

初学者往往不知道怎样确定 H_0 和 H_1。就平均数差异的假设检验来说，其实有一个很简单的原则，那就是 H_0 中应该包括无差异的情况（即有一个等号）。这样在后面的计算中才能代入那个 μ。就例 8.2.4 来说，教授的看法是 $\mu\leqslant 3$，其中包括了 $\mu=3$，故应该把教授的看法设为 H_0。而 H_1 就是 $\mu>3$。因而这是一个右侧检验。

8.3 两总体平均数之差的假设检验

比较两个总体平均数之间的差异是否显著是实际应用中常见的假设检验，其检验方法仍来自两样本平均数之差的抽样分布，故需考虑两总体方差是否已知，两总体是否服从正态分布，是大样本还是小样本，以及方差是否齐性，来分析应该采用何种检验统计量。

8.3.1 总体平均数之差的假设检验（σ_1^2 和 σ_2^2 已知）

根据定理 6.3.1 及其推广，在两总体方差 σ_1^2 和 σ_2^2 已知的条件下，当两个总体服从正态分布，或虽然是非正态总体，但是抽自两个总体的两个样本均为大样本时，有

$$\overline{X}_1-\overline{X}_2\sim N\left(\mu_1-\mu_2,\frac{\sigma_1^2}{n_1}+\frac{\sigma_2^2}{n_2}\right)$$

因此，此时可以用 Z 作为检验统计量：

$$Z=\frac{(\overline{X}_1-\overline{X}_2)-(\mu_1-\mu_2)}{\sqrt{\dfrac{\sigma_1^2}{n_1}+\dfrac{\sigma_2^2}{n_2}}}$$

由于零假设为 $\mu_1=\mu_2$，故上式可以简化成

$$Z=\frac{\overline{X}_1-\overline{X}_2}{\sqrt{\dfrac{\sigma_1^2}{n_1}+\dfrac{\sigma_2^2}{n_2}}} \qquad \text{（公式 8.3.1）}$$

若计算出的Z值落入拒绝域，则拒绝零假设，接受备择假设。

【例 8.3.1】求解本章导读问题二。某心理测验的得分服从正态分布，已知男生成绩总体方差 $\sigma_1^2=64$；女生成绩总体方差 $\sigma_2^2=49$。现在随机抽取 25 名男生，测得其$\overline{X}_1=100$；另抽取 16 名女生，测得其$\overline{X}_2=102$。问在 5% 的显著性水平下，男女生得分有无显著差异？

解：

①提出假设：

H_0：$\mu_1-\mu_2=0$ 或 $\mu_1=\mu_2$

H_1：$\mu_1-\mu_2\neq 0$ 或 $\mu_1\neq\mu_2$

②选择检验统计量并计算其值：

两个总体方差已知，且为两个正态总体，$n_1=25$，$n_2=16$ 为小样本，故应采用 Z 检验：

$$Z=\frac{\overline{X}_1-\overline{X}_2}{\sqrt{\frac{\sigma_1^2}{n_1}+\frac{\sigma_2^2}{n_2}}}$$

将$\overline{X}_1=100$，$\overline{X}_2=102$，$\sigma_1^2=64$，$\sigma_2^2=49$ 代入公式，得

$$Z=\frac{\overline{X}_1-\overline{X}_2}{\sqrt{\frac{\sigma_1^2}{n_1}+\frac{\sigma_2^2}{n_2}}}=\frac{100-102}{\sqrt{\frac{64}{25}+\frac{49}{16}}}=\frac{-2}{2.3712}=-0.84346$$

③确定临界值：

当 $\alpha=0.05$ 时，$Z_{\alpha/2}=Z_{0.025}=1.96$。

④统计决断：

由于 $|Z|=0.84346<1.96$，故应接受 H_0，男女生得分无显著差异。

8.3.2 总体平均数之差的假设检验（σ_1^2 和 σ_2^2 未知）

8.3.2.1 在 σ_1^2 和 σ_2^2 未知，但已知 $\sigma_1^2=\sigma_2^2$ 的条件下，总体平均数之差的假设检验

当 $\sigma_1^2=\sigma_2^2$，且两个总体服从正态分布，或虽然是非正态总体，但是抽自两个总体的两个样本均为大样本时，根据定理 6.3.2，可知统计量

$$t=\frac{(\overline{X}_1-\overline{X}_2)-(\mu_1-\mu_2)}{\sqrt{\frac{(n_1-1)S_1^2+(n_2-1)S_2^2}{n_1+n_2-2}(\frac{1}{n_1}+\frac{1}{n_2})}}\sim t_{n_1+n_2-2}$$

相应的检验统计量就是

$$t=\frac{\overline{X}_1-\overline{X}_2}{\sqrt{\frac{(n_1-1)S_1^2+(n_2-1)S_2^2}{n_1+n_2-2}(\frac{1}{n_1}+\frac{1}{n_2})}} \qquad \text{（公式 8.3.2）}$$

在大样本的情况下，相应的检验统计量可以用下式代替。

$$Z=\frac{\overline{X}_1-\overline{X}_2}{\sqrt{\frac{S_1^2}{n_1}+\frac{S_2^2}{n_2}}} \qquad \text{（公式 8.3.3）}$$

【例 8.3.2】从某大学一年级抽取部分学生，研究男生与女生的英语成绩有无显著差异，结果分别为

男生：抽取 100 人，$\overline{X}_1=77.5$，$S_1^2=8.5$

女生：抽取 80 人，$\overline{X}_2=80.2$，$S_2^2=8.0$

假设两总体方差齐性，问男女生英语成绩有无显著差异？

解：

①提出假设：

H_0：$\mu_1-\mu_2=0$ 或 $\mu_1=\mu_2$

H_1：$\mu_1-\mu_2\neq 0$ 或 $\mu_1\neq\mu_2$

②选择检验统计量并计算其值：

两个总体方差未知，但知两总体方差齐性，且为两个正态总体，可以用 t 检验；又因为 $n_1=100$，$n_2=80$ 均为大样本，故可以采用 Z 检验：

$$Z=\frac{\overline{X}_1-\overline{X}_2}{\sqrt{\frac{S_1^2}{n_1}+\frac{S_2^2}{n_2}}}$$

将 $\overline{X}_1=77.5$，$\overline{X}_2=80.2$，$S_1^2=8.5$，$S_2^2=8.0$ 代入公式，得

$$Z=\frac{\overline{X}_1-\overline{X}_2}{\sqrt{\frac{S_1^2}{n_1}+\frac{S_2^2}{n_2}}}=\frac{77.5-80.2}{\sqrt{\frac{8.5}{100}+\frac{8.0}{80}}}=\frac{-2.7}{\sqrt{0.185}}=-6.2774$$

③确定临界值：

当 $\alpha=0.05$ 时，$Z_{\alpha/2}=Z_{0.025}=1.96$；当 $\alpha=0.01$ 时，$Z_{\alpha/2}=Z_{0.005}=2.58$。

④统计决断：

因为 $|Z|=6.2774>2.58$，应拒绝 H_0，接受 H_1，认为男女生英语成绩有极其显著的差异。

【例 8.3.3】同例 8.3.2，如果抽取男女生人数分别为

男生：抽取 10 人，$\overline{X}_1=77.5$，$S_1^{\,2}=8.5$

女生：抽取 8 人，$\overline{X}_2=80.2$，$S_2^{\,2}=8.0$

仍假设两总体方差齐性，问男女生英语成绩有无显著差异？

解：

①提出假设：

H_0：$\mu_1-\mu_2=0$ 或 $\mu_1=\mu_2$

H_1：$\mu_1-\mu_2\neq 0$ 或 $\mu_1\neq\mu_2$

②选择检验统计量并计算其值：

两个总体方差未知，但知两总体方差齐性，且为两个正态总体，而且由于 $n_1=10$，$n_2=8$ 均为小样本，只能采用 t 检验：

$$t=\frac{\overline{X}_1-\overline{X}_2}{\sqrt{\frac{(n_1-1)S_1^2+(n_2-1)S_2^2}{n_1+n_2-2}\left(\frac{1}{n_1}+\frac{1}{n_2}\right)}}$$

将 $\overline{X}_1=77.5$，$\overline{X}_2=80.2$，$S_1^{\,2}=8.5$，$S_2^{\,2}=8.0$ 代入公式，得

$$t=\frac{(\overline{X}_1-\overline{X}_2)}{\sqrt{\frac{(n_1-1)S_1^2+(n_2-1)S_2^2}{n_1+n_2-2}\left(\frac{1}{n_1}+\frac{1}{n_2}\right)}}=\frac{77.5-80.2}{\sqrt{\frac{9\times 8.5+7\times 8}{16}\left(\frac{1}{10}+\frac{1}{8}\right)}}=\frac{-2.7}{1.3650}=-1.9780$$

③确定临界值：

当 $\alpha=0.05$ 时，$t_{\alpha/2,df}=t_{0.025,\,16}=2.120$；当 $\alpha=0.01$ 时，$t_{\alpha/2,df}=t_{0.005,16}=2.921$。

④统计决断：

因为 $|t| = 1.9780 < t_{0.025,16} = 2.120$，应接受 H_0。可见，男女生英语成绩没有显著的差异。

通过上面两个例题可以看出，在其他条件相同的情况下，增大样本容量会提高出现显著差异的可能性。

8.3.2.2　在 σ_1^2 和 σ_2^2 未知，但已知 $\sigma_1^2 \neq \sigma_2^2$ 的条件下，总体平均数之差的假设检验

根据定理 6.3.3，在两个总体都是正态总体，σ_1^2 和 σ_2^2 未知，但是知道 $\sigma_1^2 \neq \sigma_2^2$（方差不齐性）的条件下，统计量

$$t' = \frac{(\overline{X}_1 - \overline{X}_2) - (\mu_1 - \mu_2)}{\sqrt{\frac{S_1^2}{n_1} + \frac{S_2^2}{n_2}}} \sim t_{df'}$$

其中

$$df' = \frac{\left(\frac{S_1^2}{n_1} + \frac{S_2^2}{n_2}\right)^2}{\frac{\left(\frac{S_1^2}{n_1}\right)^2}{n_1} + \frac{\left(\frac{S_2^2}{n_2}\right)^2}{n_2}}$$

相应的检验统计量就是

$$t' = \frac{\overline{X}_1 - \overline{X}_2}{\sqrt{\frac{S_1^2}{n_1} + \frac{S_2^2}{n_2}}} \qquad \text{（公式 8.3.4）}$$

在大样本的情况下（此时无论是否为正态总体），相应的检验统计量可以用下式代替。

$$Z = \frac{\overline{X}_1 - \overline{X}_2}{\sqrt{\frac{S_1^2}{n_1} + \frac{S_2^2}{n_2}}}$$

【例 8.3.4】对 45 名男生和 36 名女生的反应速度测验结果表明，男生的平均反应速度为 695 毫秒，样本方差 S_1^2 为 6972.25；女生的平均反应速度为 780 毫秒，样本方差 S_2^2 为 27225。问：测验结果是否说明男生的反应速度显著高于女生？本题方差相差较大，可视为方差不齐性。

解：

①提出假设：

反应速度快意味着反应时间短，故本题为左侧检验。

H_0：$\mu_1-\mu_2 \geqslant 0$ 或 $\mu_1 \geqslant \mu_2$

H_1：$\mu_1-\mu_2 < 0$ 或 $\mu_1 < \mu_2$

②选择检验统计量并计算其值：

两个总体方差未知，且知两个正态总体，方差不齐性，可采用 t 检验：

$$t'=\frac{(\overline{X}_1-\overline{X}_2)}{\sqrt{\dfrac{S_1^2}{n_1}+\dfrac{S_2^2}{n_2}}}=\frac{695-780}{\sqrt{\dfrac{6972.25}{45}+\dfrac{27225}{36}}}=-2.816$$

③确定临界值：

$$df'=\frac{\left(\dfrac{S_1^2}{n_1}+\dfrac{S_2^2}{n_2}\right)^2}{\dfrac{\left(\dfrac{S_1^2}{n_1}\right)^2}{n_1}+\dfrac{\left(\dfrac{S_2^2}{n_2}\right)^2}{n_2}}=\frac{\left(\dfrac{6972.25}{45}+\dfrac{27225}{36}\right)^2}{\dfrac{\left(\dfrac{6972.25}{45}\right)^2}{45}+\dfrac{\left(\dfrac{27225}{36}\right)^2}{36}}\approx 50$$

当 $\alpha=0.05$ 时，$t_{\alpha,df'}=t_{0.05,50}=1.676$；当 $\alpha=0.01$ 时，$t_{\alpha,df'}=t_{0.01,50}=2.403$。

④统计决断：

因为 $t=-2.816<-t_{\alpha,df'}=-t_{0.01,50}=-2.403$，应拒绝 H_0。可见，男生的反应速度极其显著地高于女生。

由于本题中 $n_1=45$，$n_2=36$ 均为大样本，也可以采用 Z 检验。

8.3.3 相关样本平均数差异的假设检验

前面提到的样本抽样是分别独立进行的，抽取其中任何一个样本都不会对抽取另一个样本产生任何影响。两个样本内的个体之间不存在一一对应的关系。这种样本称为独立样本。

相关样本，指的是在样本之间有相互影响的条件下抽样得到的样本，两个样本内的个体之间存在着一一对应的关系。

相关样本可以通过以下两种方法获得：

- 用相同的方法对同一组个体在2个不同的条件下各进行1次观察，这样每个个体有2个观察值（可以看作2个相同或相近的个体分别在不同的样本中或条件下得到的数据），由此获得的2组观察值就是相关样本。
- 根据某些条件基本相同的原则，把个体一一匹配成对，然后将每对个体随机地分入2个样本，对这2个样本的个体施行不同的实验处理之后，用同一方法进行观察。2个匹配成对的个体分别在不同的样本中（条件下）得到的数据就是相互对应的，由此得到的2组观察值，也是相关样本。

相关样本平均数之差的抽样分布有以下特点：

$$t=\frac{(\overline{X}_1-\overline{X}_2)-(\mu_1-\mu_2)}{\sqrt{\frac{\sum_{i=1}^{n}D_i^2-\left(\sum_{i=1}^{n}D_i\right)^2/n}{n(n-1)}}}=\frac{\overline{D}-(\mu_1-\mu_2)}{\sqrt{\frac{\sum_{i=1}^{n}D_i^2-\left(\sum_{i=1}^{n}D_i\right)^2/n}{n(n-1)}}}\sim t_{n-1} \qquad \text{（公式 8.3.5）}$$

式中：

$D=X_1-X_2$，为对应的两个观察值的差值；

自由度 $df=n-1$；

n 指观察值的对子数。

在大样本的情况下，相关样本平均数之差的抽样分布接近正态分布：

$$Z=\frac{(\overline{X}_1-\overline{X}_2)-(\mu_1-\mu_2)}{\sqrt{\frac{\sum_{i=1}^{n}D_i^2-\left(\sum_{i=1}^{n}D_i\right)^2/n}{n(n-1)}}}=\frac{\overline{D}-(\mu_1-\mu_2)}{\sqrt{\frac{\sum_{i=1}^{n}D_i^2-\left(\sum_{i=1}^{n}D_i\right)^2/n}{n(n-1)}}}\sim N(0,1^2) \qquad \text{（公式 8.3.6）}$$

因此，可以用 t 检验或 Z 检验完成相关样本平均数之差的显著性检验：

$$t=\frac{\overline{D}}{\sqrt{\frac{\sum_{i=1}^{n}D_i^2-\left(\sum_{i=1}^{n}D_i\right)^2/n}{n(n-1)}}} \qquad \text{（公式 8.3.7）}$$

$$Z=\frac{\overline{D}}{\sqrt{\frac{\sum_{i=1}^{n}D_i^2-\left(\sum_{i=1}^{n}D_i\right)^2/n}{n(n-1)}}} \quad \text{（公式 8.3.8）}$$

另外，在已知相关系数 r 的情况下，也可以用以下公式描述相关样本的抽样分布：

$$t=\frac{(\overline{X}_1-\overline{X}_2)-(\mu_1-\mu_2)}{\sqrt{\frac{S_1^2+S_2^2-2rS_1S_2}{n}}}\sim t_{n-1} \quad \text{（公式 8.3.9）}$$

在大样本的情况下，则有

$$Z=\frac{(\overline{X}_1-\overline{X}_2)-(\mu_1-\mu_2)}{\sqrt{\frac{S_1^2+S_2^2-2rS_1S_2}{n}}}\sim N(0,1^2) \quad \text{（公式 8.3.10）}$$

r 的计算方法将在相关分析一章中阐述。

【例 8.3.5】解答本章导读问题三，测验结果是否说明训练前后的成绩有显著差异？

解：

①提出假设：

H_0：$\mu_1-\mu_2=0$ 或 $\mu_D=0$

H_1：$\mu_1-\mu_2\neq 0$ 或 $\mu_D\neq 0$

②选择检验统计量并计算其值：

这是相关样本的情况，而且是小样本，故必须用 t 检验。先计算出每个学生训练前后成绩的差值 D 如下：

学生序号	1	2	3	4	5	6	7	8	9	10	合计
训练后（X_1）	95	70	90	66	80	78	89	84	70	73	795
训练前（X_2）	76	74	80	52	63	62	82	85	64	72	710
差值 D	19	−4	10	14	17	16	7	−1	6	1	85

将 D 代入公式，得到

$$t=\frac{\overline{D}}{\sqrt{\frac{\sum_{i=1}^{n}D_i^2-\left(\sum_{i=1}^{n}D_i\right)^2/n}{n(n-1)}}}=\frac{8.5}{2.5441}=3.341$$

③确定临界值：

当 $\alpha = 0.05$ 时，$t_{\alpha/2,\,df} = t_{0.025,\,9} = 2.262$；当 $\alpha = 0.01$ 时，$t_{\alpha/2,df} = t_{0.005,\,9} = 3.250$。

④统计决断：

由于 $|t| = 3.341 > t_{\alpha/2,\,df} = t_{0.005,\,9} = 3.250$，故应拒绝 H_0，认为训练前后成绩有极其显著的差异。

最后，我们将平均数或平均数之差的假设检验方法做一个小结（见表 8.3.1）。

表 8.3.1　总体平均数之差的假设检验表

已知条件	假设	检验统计量	自由度	H_0 的拒绝域
总体方差已知；两正态总体，或非正态总体且大样本	H_0：$\mu_1 = \mu_2$ H_1：$\mu_1 \neq \mu_2$	$Z = \dfrac{\overline{X}_1 - \overline{X}_2}{\sqrt{\dfrac{\sigma_1^2}{n_1} + \dfrac{\sigma_2^2}{n_2}}}$		$\lvert Z\rvert \geqslant Z_{\alpha/2}$
	H_0：$\mu_1 \geqslant \mu_2$ H_1：$\mu_1 < \mu_2$			$Z \leqslant -Z_\alpha$
	H_0：$\mu_1 \leqslant \mu_2$ H_1：$\mu_1 > \mu_2$			$Z \geqslant Z_\alpha$
总体方差未知，方差齐性；两正态总体，或非正态总体且大样本	H_0：$\mu_1 = \mu_2$ H_1：$\mu_1 \neq \mu_2$	$t = \dfrac{\overline{X}_1 - \overline{X}_2}{\sqrt{\dfrac{(n_1-1)S_1^2 + (n_2-1)S_2^2}{n_1 + n_2 - 2}(\dfrac{1}{n_1} + \dfrac{1}{n_2})}}$	$df = n_1 + n_2 - 2$	$\lvert t\rvert \geqslant t_{\alpha/2}$
	H_0：$\mu_1 \geqslant \mu_2$ H_1：$\mu_1 < \mu_2$			$t \leqslant -t_\alpha$
	H_0：$\mu_1 \leqslant \mu_2$ H_1：$\mu_1 > \mu_2$			$t \geqslant t_\alpha$
总体方差未知，但方差不齐性；两正态总体或非正态总体且大样本	H_0：$\mu_1 = \mu_2$ H_1：$\mu_1 \neq \mu_2$	$t' = \dfrac{\overline{X}_1 - \overline{X}_2}{\sqrt{\dfrac{S_1^2}{n_1} + \dfrac{S_2^2}{n_2}}}$	$df' = \dfrac{\left(\dfrac{S_1^2}{n_1} + \dfrac{S_2^2}{n_2}\right)^2}{\dfrac{\left(\dfrac{S_1^2}{n_1}\right)^2}{n_1} + \dfrac{\left(\dfrac{S_2^2}{n_2}\right)^2}{n_2}}$	$\lvert t\rvert \geqslant t_{\alpha/2}$
	H_0：$\mu_1 \geqslant \mu_2$ H_1：$\mu_1 < \mu_2$			$t \leqslant -t_\alpha$
	H_0：$\mu_1 \leqslant \mu_2$ H_1：$\mu_1 > \mu_2$			$t \geqslant t_\alpha$

8.4 功效函数和效应量

8.4.1 功效函数★

8.4.1.1 β 错误概率的计算

正如 8.1 节所述，假设检验不是百分之百正确的，会犯 α 错误（Ⅰ型错误）或 β 错误（Ⅱ型错误）。

α 错误的概率很容易确定，它就是我们在统计检验时规定的显著性水平 α。而 β 错误的概率 β 计算起来稍微麻烦一些，以平均数差异的双侧检验为例，它应该是以新的总体平均数 μ_1 为中心的正态分布（或 t 分布）曲线之下、以零假设的接受域为上下限计算出来的概率（见图 8.4.1）。

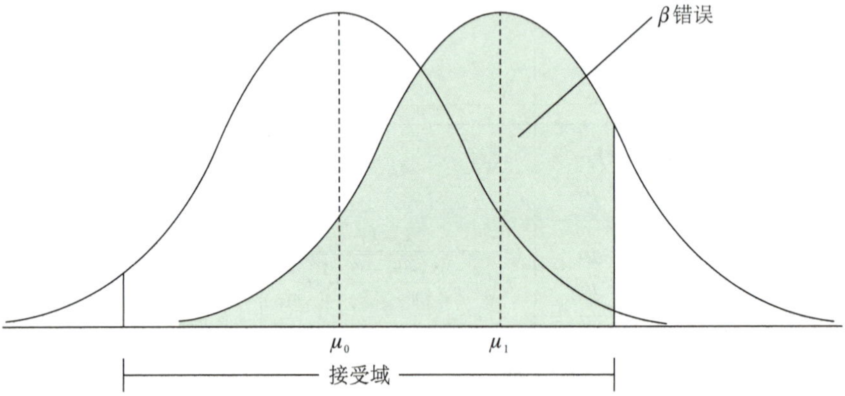

图 8.4.1　β 错误的概率

【例 8.4.1】某大学为了监控学生体质状况，在每一届学生中抽取 16 人进行体质检测并打分。假定该体质测验得分服从正态分布，且历史数据表明，$\mu_0=100$，$\sigma=10$。如果今年学生的体质状况有所提高（$\mu_1=105$），问在 $\alpha=0.05$ 的显著性水平下，假设检验（此届学生的体质状况与往年相比有无显著差异）时犯 β 错误的概率是多大？

解：虽然今年学生的体质状况有所提高，但是由于仅抽取 16 名学生进行检测，可能因为抽样误差而未能发现差异。例如，如果抽取的样本 $\overline{X}=102$，则

$$Z=\frac{\overline{X}-\mu_0}{\sigma/\sqrt{n}}=\frac{102-100}{10/\sqrt{16}}=0.8$$

从而接受“此届学生的体质状况与往年相比无显著差异”的零假设，这就是犯了 β 错误。

由于今年学生的体质状况得分 $X\sim N(105, 10^2)$，故其样本平均数 $\overline{X}$ 应该是以 105 为中心的正态分布：$\overline{X}\sim N(105, 10^2/16)$，即 95% 的 $\overline{X}$ 会落在（$105\pm1.96\times2.5$）或（100.1, 109.9）这一区间内；而当 $\overline{X}\sim N(100, 10^2/16)$ 时，其零假设的接受域为（$100\pm1.96\times2.5$）或（95.1, 104.9）这两个区间有很大范围的重叠，因而产生 β 错误。

再看犯 β 错误的概率。根据前文介绍的算法，应该是以新的总体平均数 105 为中心的正态分布曲线之下、以零假设的接受域为上下限（95.1, 104.9）计算出来的概率：

$$P\left\{\frac{95.1-105}{10/\sqrt{16}}\leqslant\frac{\overline{X}-\mu_1}{\sigma/\sqrt{n}}\leqslant\frac{104.9-105}{10/\sqrt{16}}\right\}$$
$$=\mathrm{P}\{-3.96\leqslant \mathrm{Z}\leqslant -0.04\}=0.5-0.016=0.484$$

故犯 β 错误的概率为 0.484。

8.4.1.2　统计功效和功效函数

如果将犯 β 错误的概率记为 β，则 $1-\beta$ 的值就是不犯 β 错误的概率，或者说是成功地拒绝错误的零假设的概率，这就是统计功效。统计检验追求的，就是在给定的 α 水平下，尽量提高功效值。

例 8.4.1 仅仅讨论了体质状况提高到 $\mu_1=105$ 的情况，如果将 μ_1 变化的各种可能性都列出来（$\mu_1=\cdots$，95，96，97，98，99，100，101，102，103，104，105，$\cdots$），计算各种情况下的功效值 $1-\beta$，就可以得到功效函数，它以备择假设 H_1 提出的可能的参数值（此处为 μ_1 的可能取值）为自变量，以参数值对应的功效值 $1-\beta$ 为因变量。

【例 8.4.2】以例 8.4.1 的数据，根据 μ_1=92.5，95，97.5，102.5，105 和 107.5，求假设检验（此届学生的体质状况与往年相比有无显著差异）时的功效函数曲线。

解：例 8.4.1 已经算出，在 μ_1=105 的情况下，犯 β 错误的概率为 0.484，故统计功效为 $1-\beta=0.516$。在其他备择假设的情况下，同样可以根据“以 μ_1 为中心的正态分布曲线之下、以零假设的接受域为上下限（95.1, 104.9）”计算犯 β 错误的概率和统计功效 $1-\beta$。结果见表 8.4.1 和图 8.4.2。从中可以看出，备择假设的 μ_1 越接近 100，犯

β 错误的概率越高，统计功效随之越低。

表 8.4.1 $\alpha = 0.05$ 时与不同备择假设的 μ_1 值对应的 β 值和 $1-\beta$ 值

不同备择假设的 μ_1 值	犯 β 错误的概率	统计功效值（$1-\beta$）
92.5	0.351	0.649
95	0.484	0.516
97.5	0.830	0.170
100*	$1-\alpha = 0.95$	$\alpha = 0.05$
102.5	0.830	0.170
105	0.484	0.516
107.5	0.351	0.649

* 当然，在实际进行的假设检验中，备择假设是不会出现 $\mu_1 = \mu_0 = 100$ 的情况的。

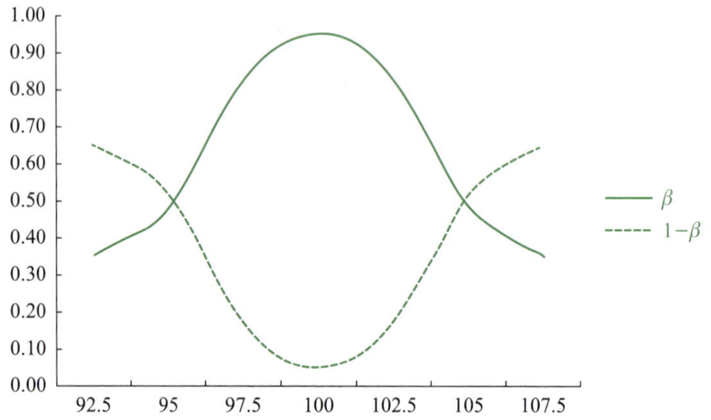

图 8.4.2 $\alpha = 0.05$ 时的 β 值曲线和功效值（$1-\beta$）函数曲线

8.4.2 效应量和 ω^2

8.4.2.1 效应量

在科学研究中，常常出现多个调查或实验探讨的是同一个问题的情况。例如，很多学者在研究言语能力的性别差异。这些研究有的发现了显著的差异，有的认为无显著差异；有的认为男优于女，也有的认为女优于男。这就需要一种技术，将以前的分析报告汇总起来加以进一步分析，这就是元分析。

元分析的一个最常用的数量指标是效应量，它用于体现一个研究揭示的相对差异程度。就单样本的 t 检验而言，效应量 d_1 的计算公式是：

$$d_1 = \frac{\overline{X} - \mu}{S}\sqrt{2} \quad \text{（公式 8.4.1）}$$

如果是双样本的 t 检验，其效应量 d_2 为两个样本的平均数之差除以两个样本的平均标准差，即

$$d_2 = \frac{\overline{X}_1 - \overline{X}_2}{S} \quad \text{（公式 8.4.2）}$$

式中：

S 为两个样本的平均标准差。

例如，在某个关于推理能力的性别差异的研究中，男生组的推理测验得分平均数为 75，女生组平均数为 70，两组平均标准差为 10，则效应量 $d_2 = (75 - 70)/10 = 0.5$。

同一问题的不同研究之间的效应量可以相互比较、汇总和计算平均值。有人根据经验提出了对于不同 d 值的判断标准：d 小于 0.2 为较弱的效应量；d 在 0.5 左右为中等的效应量；d 大于 0.8 为较强的效应量。根据效应量，我们可以间接推知检验的功效和样本容量是否合理。

8.4.2.2 ω^2

ω^2 是一个用于衡量自变量对因变量的影响程度的指标。例如，如果我们研究 A、B 两种教材对学习效果的影响，教材就是自变量，学习效果（往往是考试成绩）为因变量。如果我们发现教材对学习效果有显著影响，还希望了解这种影响到底有多显著，就可以用公式 8.4.3 来计算教材对学习效果的影响程度：

$$\omega^2 = \frac{t^2 - 1}{t^2 + n_1 + n_2 - 1} \quad \text{（公式 8.4.3）}$$

可见，如果平均数间差异不够显著，当 t 的绝对值小于 1 时，ω^2 就成为了一个负值。ω^2 可以表示因变量的差异中有多大比例是可以用自变量的变化来解释的（例如在学习效果的差异中，有多大比例是因为教材的改变而造成的）。比例越大，说明变量间影响越大。

【例 8.4.3】例 8.3.2 和例 8.3.3 都是检验男生与女生的英语成绩有无显著差异的，即检验性别对成绩的影响。试计算这两种情况下的 ω^2。

解：例 8.3.2 算得的 t（Z）值为 –6.2774，其 ω^2 是

$$\omega^2=\frac{(-6.2774)^2-1}{(-6.2774)^2+100+80-1}=0.1758$$

例 8.3.3 算得 $t=-1.978$，其 ω^2 是

$$\omega^2=\frac{(-1.978)^2-1}{(-1.978)^2+10+8-1}=0.1393$$

这说明在上述两个例题中，学生成绩上的差异分别有 17.58% 和 13.93% 是性别不同造成的。

本章术语

- **假设检验**（hypothesis testing）：利用样本信息，根据一定概率，对关于总体参数（或总体分布）的假设成立的可能性进行评价，进而做出拒绝或保留的决断。假设检验总是从零假设出发，评价其被拒绝的概率。
- **接受域**（region for acceptance）：接受零假设的区域。
- **拒绝域**（region for rejection）：拒绝零假设的区域，是接受域以外的区域。
- **显著性水平**（significance level）：检验统计量落入拒绝域的概率，记作 α，通常规定 α 为 0.05 或 0.01。
- **双侧检验**（two-tailed test）：将 α 等分为左右两个部分，左右两边各设置一个拒绝域。每个拒绝域相应的概率为 $\alpha/2$。
- **单侧检验**（one-tailed test）：将与 α 对应的拒绝域全部放置在左侧，或全部放置在右侧，分别称为左侧检验（left-tailed test）和右侧检验（right-tailed test）。
- **α 错误**（α error）：拒绝本来是正确的零假设，接受错误的备择假设，又称为 I 型错误（Type I error）。
- **β 错误**（β error）：接受错误的零假设，拒绝正确的备择假设，又称为 II 型错误（Type II error）。
- **独立样本**（independent groups）：分别独立抽取的样本，抽取其中任何一个样本都不会对抽取另一个样本产生任何影响，两个样本内的个体之间不存在对应的关系。
- **相关样本**（correlated-groups）：在样本之间有相互影响的条件下抽样得到的样本，两个样本内个体之间存在着一一对应的关系。

- **统计功效**（statistical power）：成功地拒绝错误的零假设的概率，为 $1-\beta$。
- **功效函数**（power function）：以备择假设 H_1 提出的可能的参数值为自变量，以参数值对应的功效值 $1-\beta$ 为因变量的函数关系。
- **效应量**（effect size）：元分析的一个最常用的数量指标，用于体现相对差异程度，它可以使不同研究中得到的差异得以相互比较和汇总。
- ω^2（omega squared）：用于衡量自变量对因变量的影响程度的指标，表示因变量的差异中有多大比例是可以用自变量的变化来解释的。

练习与思考

1. 某市全体 7 岁男童体重平均数为 22 千克，标准差为 2.2 千克，某小学 100 名 7 岁男童体重的平均数为 24 千克，问该校 7 岁男童体重与该市是否一样？
2. 某小学毕业班的语文成绩历年来的平均数为 75，标准差为 10，现从该校今年毕业的学生中抽出 25 人，算得其平均分数为 70 分，问今年该校全体学生的语文成绩与往年相比有无显著差异？
3. 某中学高三学生数学统考平均成绩为 75，现从参加这次统考的女生中随机抽取 80 份试卷，其平均成绩为 73.5，标准差为 5，问女生成绩是否显著低于全校平均成绩？
4. 某校四年级男生跑 1000 米的历年平均成绩为 4 分 25 秒，今年该校有 40 个四年级男生跑 1000 米的平均成绩为 4 分 03 秒，标准差 S 为 20 秒，问今年该校四年级男生的成绩与往年相比有无显著提高？
5. 有 5 名女生，物理测验成绩分别是 78、79、80、81、82；另有 7 名男生，成绩分别是 50、60、70、80、90、100、110。假定方差不齐性，男女生成绩是否具有显著差异？
6. 王老师和李老师分别教 A 班和 B 班的数学。一开始两个班级的基础差不多，经过一学期教学以后，两班考试成绩如下，试问两位老师的教学效果有无显著差异（假定方差齐性）？

班级	人数 n	平均分 $\overline{X}$	样本标准差 S
A 班	66	85	9.7
B 班	55	83	10.1

7. 一个 $n=10$ 的配对样本，实验组和对照组分别施以两种教学方法，后期测验结果如下表，试比较两种教学法效果有无显著差异？

配对序号	1	2	3	4	5	6	7	8	9	10
实验组（X_1）	86	83	85	78	74	86	75	95	90	78
对照组（X_2）	83	83	85	87	92	96	88	74	85	97

8. 某跳水队 8 名队员训练前后两次得分如下表，问训练有无显著效果？

队员序号	1	2	3	4	5	6	7	8
训练前（X_1）	26	24	28	30	37	39	29	25
训练后（X_2）	33	30	36	30	38	34	32	31

9. 某记者每个周末都去超市，随机询问 9 位消费者对超市服务的满意度。正常情况下，消费者的平均满意度为 $\mu_0=100$ 分，$\sigma=3.75$ 分。假定某段时间超市服务质量有所下降，消费者满意度已经下降到 $\mu_1=99$ 分，σ 不变，试计算在 $\alpha=0.05$ 的情况下，进行双侧 t 检验时犯 β 错误的概率和统计功效。

10. 某位研究人员检验颜色对注意力的影响，他运用独立样本的 t 检验发现，在台灯颜色偏红和偏蓝时，参试者维持集中注意的时间有显著差异。具体结果是：$t=2.5$，$\overline{X}_1=25.3$ 分钟，$n_1=34$，$\overline{X}_2=32.8$ 分钟，$n_2=34$，两组参试者平均标准差 $S=8.1$ 分钟，试计算本次检验的效应量，并用 ω^2 描述台灯颜色对注意力的影响程度。

实习题

11. 将截至第 6 章采集的数据看作两个总体。利用统计软件从两个总体中分别抽取一个随机样本，对两样本平均数之差进行显著性差异检验。

12. 用同样难度的试卷（A、B 卷）对同一组参试者进行测验，检验两次测量得分有无显著差异。（如果有显著差异，说明该测验信度低，不可靠。）

第 9 章

总体方差与总体比例的统计推断

本章提要

本章主旨

本章介绍样本方差和样本比例的抽样分布特点以及在此基础上进行的关于总体方差与总体比例的参数估计和假设检验。

本章要点

- 与样本方差有关的两个分布是 χ^2 分布与 F 分布。χ^2 分布用于描述单个样本方差的抽样分布，F 分布用于描述两个样本方差之比的抽样分布。
- 根据样本方差的抽样分布，可以根据样本方差对总体方差进行区间估计；还可以进行相应的假设检验，尤其是方差齐性检验；在方差分析中，还需要进行多样本方差齐性检验。
- 样本比例服从二项分布；在大样本的情况下，可以根据样本比例估计总体比例，对总体比例或总体比例之差做出假设检验。

导读问题

本章需要解决的问题有两类，第一类是关于总体方差的推断（见问题一、问题二和问题三），第二类是关于总体比例的推断（见问题四和问题五）。

第一类问题：根据样本方差（标准差）对总体方差（标准差）进行参数区间估计和假设检验。

- 问题一：**在某校抽取 40 名学生，测得英语口语成绩的 $S=3$。试以 95% 的置信水平估计该校学生的英语口语成绩的方差及标准差。**

如果有 2 个乃至多个样本，常常需要根据样本方差进行方差齐性检验，即问题二和问题三。

- 问题二：**对某校的男女生反应速度（正态总体）进行测量，抽取 16 名男生，测得 S_1^2 为 1200；抽取 21 名女生，测得 S_2^2 为 800。问男女生反应速度是否方差齐性？**
- 问题三：**某项研究抽取了 4 个样本，样本方差分别是：$S_A^2=33.367$，$S_B^2=19.767$，$S_C^2=26.000$，$S_D^2=11.867$，样本容量均为 6。请对其进行方差齐性检验。**

第二类问题：根据样本比例对总体比例进行参数区间估计和假设检验。

- 问题四：**从某市机关中抽取公务员进行性格测试，100 人中有 75 人为冷静型，试估计该市机关员工属于冷静型的比例（令 $\alpha=0.01$）。**
- 问题五：**从甲乙两个学校中抽取本科生进行普通话测试。在甲校的 300 人中有 90 人成绩优良，在乙校的 350 人中有 140 人成绩优良，判断两个学校本科生普通话优良率有无显著差异。**

问题五还可以用第 13 章介绍的 χ^2 检验求解。

9.1 χ^2 分布与 F 分布

在许多实际问题中，我们需要对总体的方差进行推断统计，这就需要了解样本方差的抽样分布特点。而在研究这个问题之前，先要了解与样本方差有关的两个分布：χ^2 分布与 F 分布。

9.1.1 χ^2 分布

定义9.1.1 χ^2分布

设随机变量 $X_1, X_2, \cdots, X_n$ 相互独立，且都服从标准正态分布，则称随机变量

$$\chi^2 = X_1^2 + X_2^2 + \cdots + X_n^2 = \sum_{i=1}^{n} X_i^2 \qquad \text{（公式 9.1.1）}$$

服从自由度为 n 的 χ^2 分布，记作 $\chi^2 \sim \chi_n^2$。

χ^2 分布只有一个参数，即自由度 n。图 9.1.1 给出了当 n 分别为 1、4、10 和 20 时，χ^2 分布的概率密度函数曲线。

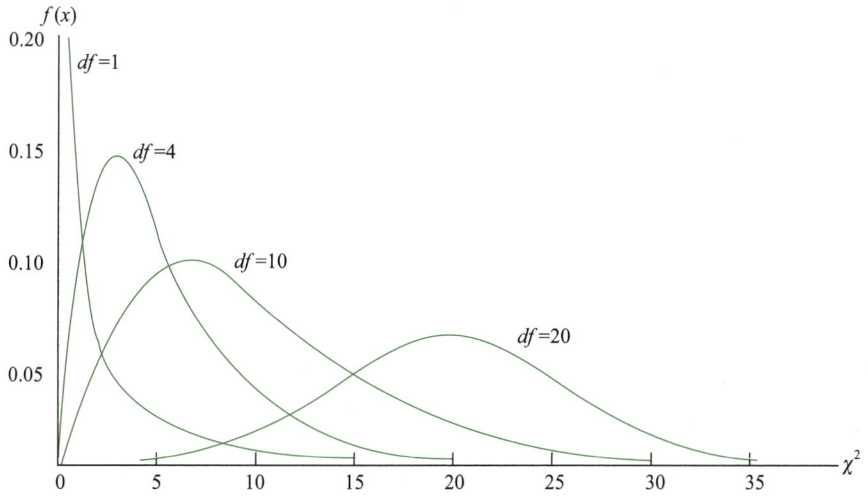

图 9.1.1 χ^2 分布

从图 9.1.1 可以看出 χ^2 分布的特点：

- χ^2 值总是大于或等于零。
- χ^2 分布的概率密度函数随自由度的变化而形成一簇分布形态。χ^2 分布的数学期望为 n，方差为 $2n$，即若 $\chi^2 \sim \chi_n^2$，则

$$E(X) = n \quad \text{（公式 9.1.2）}$$

$$D(X) = 2n \quad \text{（公式 9.1.3）}$$

- χ^2 分布呈正偏态，右侧无限延伸，但永不与基线相交，自由度 n 越大，χ^2 分布形态越趋于对称，当 $n \to \infty$ 时，χ^2 分布以正态分布为其极限分布形式，即

$$\chi^2 \to N(n, 2n) \quad \text{（公式 9.1.4）}$$

为了与样本容量 n 相区别，后文中的自由度记作 df。

χ^2 分布具有**可加性**：若 $X_1 \sim \chi^2_{df_1}$，$X_2 \sim \chi^2_{df_2}$，且 X_1 与 X_2 相互独立，则

$$(X_1 + X_2) \sim \chi^2_{df_1+df_2} \quad \text{（公式 9.1.5）}$$

在不同自由度 df 的情况下，χ^2 值与概率 P 之间的数值关系可以查 χ^2 分布表（附录三统计用表 3）。

9.1.2 F 分布

F 分布是由统计学家费舍（R. A. Fisher）提出的一个重要分布，常用于检验两个总体的方差是否相等，在总体平均数之差的假设检验、方差分析、回归分析、实验设计中，都有重要的应用。

定义9.1.2 F分布

设随机变量 $X_1 \sim \chi^2_{df_1}$, $X_2 \sim \chi^2_{df_2}$, 且 X_1 与 X_2 相互独立，则称随机变量 $F = \dfrac{X_1 / df_1}{X_2 / df_2}$ 所服从的分布为 ***F* 分布**，（df_1，df_2）为 F 分布的自由度，记为

$$F = \frac{X_1 / df_1}{X_2 / df_2} \sim F_{(df_1, df_2)} \quad \text{（公式 9.1.6）}$$

可见，F 分布是两个相互独立的 χ^2 分布随机变量之比的分布。

F 分布的密度函数曲线图见图 9.1.2。F 分布有两个参数（自由度）：df_1 和 df_2，每一对 df_1 和 df_2 决定一个 F 分布。当 $df_1 \leqslant 2$ 时，F 分布密度函数曲线形似 J 曲线；当 $df_1 > 2$ 时，F 分布为正偏态分布，随着 df_1 和 df_2 的增大，曲线偏斜的程度逐渐减缓，但是不以正态分布为极限形式。

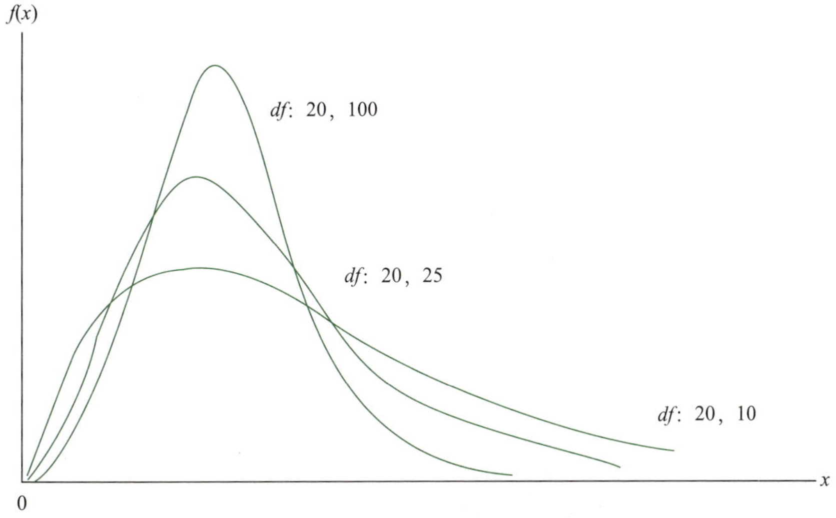

图 9.1.2 F 分布的密度函数曲线图

F 值与概率 P 之间的数值关系，可以查 F 分布表（附录三统计用表 4）。

一般的 F 分布表给出的概率指的是由 F 值开始直到无穷大的那一部分曲线下包括的概率，见图 9.1.3。因此，查附录三统计用表 4 时只能直接查到 $\alpha \leqslant 0.05$ 时的 F 分布临界值。当 α 接近 1 时，临界值位于靠近原点的一端，要根据 F 分布的倒数性质求出。F 分布的倒数性质是，**服从 $F_{(df_1,\ df_2)}$ 分布的随机变量的倒数服从 $F_{(df_2,\ df_1)}$ 分布：**

$$\frac{1}{F_{\alpha,df_1,df_2}} = F_{1-\alpha,df_2,df_1} \qquad \text{（公式 9.1.7）}$$

F 分布中的两个自由度的位置不能随意调换。通常我们把前面的那个自由度称为第一自由度或分子自由度，把后面的那个自由度称为第二自由度或分母自由度。

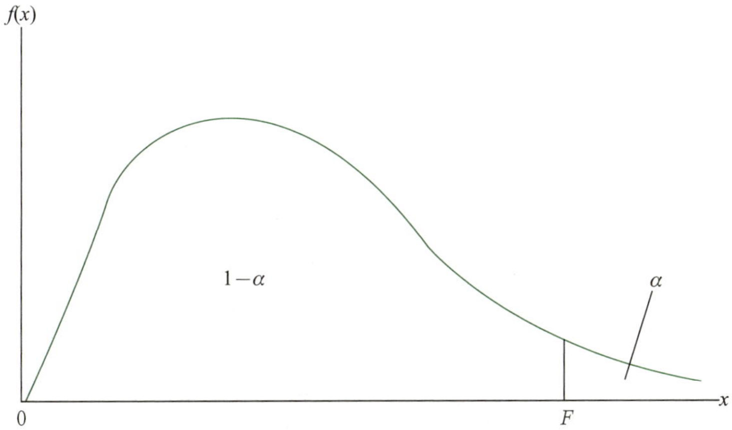

图 9.1.3 F 分布的临界值

9.2 总体方差的统计推断

9.2.1 样本方差的抽样分布

样本方差的抽样分布分为单个样本方差和两个样本方差之比的抽样分布。单个样本方差的抽样分布体现了总体方差 σ^2 和样本方差 S^2 之间的关系。

定理9.2.1

设 $(X_1, X_2, \cdots, X_n)$ 是抽自正态分布总体 $X\sim N(\mu, \sigma^2)$ 的一个容量为 n 的简单随机样本，则其样本平均数 $\overline{X}$ 与样本方差 S^2 为相互独立的随机变量，且

$$\frac{\sum_{i=1}^{n}(X_i-\overline{X})^2}{\sigma^2}=\frac{(n-1)S^2}{\sigma^2}\sim\chi_{n-1}^2 \qquad \text{（公式 9.2.1）}$$

两样本方差之比的抽样分布体现为定理 9.2.2。

定理9.2.2

若 $(X_1, X_2, \cdots, X_{n_1})$ 是独立地抽自总体 $N(\mu_1, \sigma_1^2)$ 的一个容量为 n_1 的简单随机样本，$(Y_1, Y_2, \cdots, Y_{n_2})$ 是独立地抽自总体 $N(\mu_2, \sigma_2^2)$ 的一个容量为 n_2 的简单随机样本，当 $\sigma_1^2=\sigma_2^2$ 时，统计量

$$F=\frac{\frac{(n_1-1)S_1^2}{\sigma_1^2}/(n_1-1)}{\frac{(n_2-1)S_2^2}{\sigma_2^2}/(n_2-1)}=\frac{S_1^2}{S_2^2}\sim F_{(n_1-1,n_2-1)} \qquad \text{（公式 9.2.2）}$$

9.2.2 总体方差的参数估计

定理 9.2.1 表明，样本方差 S^2 与总体方差 σ^2 之比所构造的统计量 $\frac{(n-1)S^2}{\sigma^2}$ 服从自由度为 $n-1$ 的 χ^2 分布，即 $\frac{\sum_{i=1}^{n}(X_i-\overline{X})^2}{\sigma^2}=\frac{(n-1)S^2}{\sigma^2}\sim\chi_{n-1}^2$

故

$$P\left\{\chi_{1-\frac{\alpha}{2},n-1}^2<\frac{(n-1)S^2}{\sigma^2}<\chi_{\frac{\alpha}{2},n-1}^2\right\}=1-\alpha \qquad \text{（公式 9.2.3）}$$

将上式略做移项，可以建立在给定置信水平 $1-\alpha$ 时总体方差的置信区间：

$$\left(\frac{(n-1)S^2}{\chi^2_{\frac{\alpha}{2},n-1}},\frac{(n-1)S^2}{\chi^2_{1-\frac{\alpha}{2},n-1}}\right) \qquad \text{（公式 9.2.4）}$$

总体标准差 σ 的置信区间为：

$$\left(\sqrt{\frac{(n-1)S^2}{\chi^2_{\frac{\alpha}{2},n-1}}},\sqrt{\frac{(n-1)S^2}{\chi^2_{1-\frac{\alpha}{2},n-1}}}\right) \qquad \text{（公式 9.2.5）}$$

注意

我们在构造总体方差和总体标准差的置信区间时，使用了两个 χ^2 值。这是因为 χ^2 分布是不对称的，且 $\chi^2 \geqslant 0$，所以不能像构造总体平均数的置信区间时只需用一个 Z（或 t）的绝对值那样，简单地用一个 χ^2 分布值。为了使分布曲线下两端的面积相等（均为 $\alpha/2$），应同时使用 $\chi^2_{\frac{\alpha}{2}}$ 及 $\chi^2_{1-\frac{\alpha}{2}}$。

χ^2 临界值的不对称性见图 9.2.1。

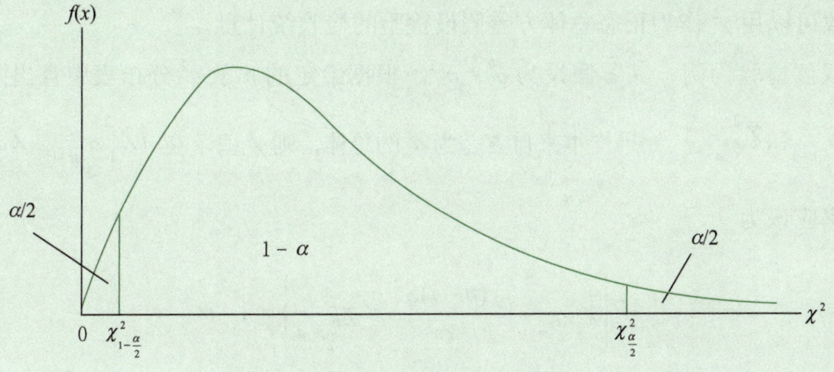

图 9.2.1　总体方差的置信区间

【例 9.2.1】即本章导读问题一：某校抽取 40 名学生，测得英语口语成绩的 $S=3$。试以 95% 的置信水平估计该校学生的英语口语成绩的方差及标准差。

解：用 X 表示学生的英语口语成绩，已知

$$X\sim N(\mu,\ \sigma^2)，且 S=3，n=40$$

当 α=0.05 时，

$$\chi^2_{\frac{\alpha}{2},n-1} = \chi^2_{0.025,39} = 58.12；\ \chi^2_{1-\frac{\alpha}{2},n-1} = \chi^2_{0.975,39} = 23.65$$

总体方差 σ^2 的置信区间为

$$\left(\frac{(n-1)S^2}{\chi^2_{\frac{\alpha}{2},n-1}}, \frac{(n-1)S^2}{\chi^2_{1-\frac{\alpha}{2},n-1}}\right) = \left(\frac{39\times 3^2}{58.12}, \frac{39\times 3^2}{23.65}\right) = (6.0392, 14.8414)$$

总体标准差 σ 的置信区间为

$$\left(\sqrt{\frac{(n-1)S^2}{\chi^2_{\frac{\alpha}{2},n-1}}}, \sqrt{\frac{(n-1)S^2}{\chi^2_{1-\frac{\alpha}{2},n-1}}}\right) = (2.46, 3.85)$$

9.2.3 总体方差的假设检验

9.2.3.1 正态总体方差的假设检验

当总体 X 服从正态分布时，根据定理 9.2.1，统计量 $\frac{(n-1)S^2}{\sigma^2}$ 服从自由度为 $n-1$ 的 χ^2 分布，故可以用 χ^2 作为正态总体方差假设检验的检验统计量。

以双侧检验为例，其零假设为 $\sigma^2=\sigma_0{}^2$。根据给定的 α 从 χ^2 分布表中查出两个临界值：$\chi^2_{1-\frac{\alpha}{2},n-1}$ 和 $\chi^2_{\frac{\alpha}{2},n-1}$。如果样本来自方差为 σ^2 的总体，则 χ^2 值落在（$\chi^2_{1-\frac{\alpha}{2},n-1}$，$\chi^2_{\frac{\alpha}{2},n-1}$）之间的概率应该为

$$P\left\{\chi^2_{1-\frac{\alpha}{2},n-1} < \frac{(n-1)S^2}{\sigma^2} < \chi^2_{\frac{\alpha}{2},n-1}\right\} = 1-\alpha$$

（$\chi^2_{1-\frac{\alpha}{2},n-1}$，$\chi^2_{\frac{\alpha}{2},n-1}$）是零假设的接受域，而（$\chi^2 \geqslant \chi^2_{\frac{\alpha}{2},n-1}$）∪（$\chi^2 \leqslant \chi^2_{1-\frac{\alpha}{2},n-1}$）是零假设的拒绝域。

【例 9.2.2】某校历年来写作能力测验成绩的总体方差为 8，现抽取 10 名学生，测得成绩的 $S=3$。能否认为今年的方差与往年相比没有显著差异？

解：

①提出假设：

H_0：$\sigma^2=8$，H_1：$\sigma^2 \neq 8$

②确定检验统计量并计算其值：

用 X 表示英语口语成绩，则 X 服从正态分布。根据定理 9.2.1，应当用 χ^2 作为正态总体方差假设检验的检验统计量，即

$$\chi^2=\frac{(n-1)S^2}{\sigma^2}=\frac{(10-1)\times 3^2}{8}=10.125$$

③规定显著性水平：

这是一个双侧检验，当 α=0.05 时，两个临界值为：

$$\chi^2_{1-\frac{\alpha}{2},n-1}=\chi^2_{0.975,9}=2.70，\chi^2_{\frac{\alpha}{2},n-1}=\chi^2_{0.025,9}=19.02。$$

④统计决断：

由于 $2.70<\chi^2=10.125<19.02$，故不能拒绝 H_0，应认为今年的方差与往年相比没有显著差异。

9.2.3.2　两个正态总体方差之比的假设检验

检验两个正态总体方差之间是否具有显著差异，称为方差齐性检验，可以用 F 检验法。

根据定理 9.1.2，若从方差相同（即 $\sigma_1{}^2=\sigma_2{}^2$）的两个正态总体中随机抽取两个独立样本，分别求出两个相应的样本方差 $S_1{}^2$ 和 $S_2{}^2$，则它们的比值服从 F 分布，即

$$F=\frac{S_1^2}{S_2^2}\sim F_{(n_1-1,n_2-1)}$$

在比较两总体方差有无显著差异时，零假设和备择假设分别为：

$$H_0：\sigma_1{}^2=\sigma_2{}^2，H_1：\sigma_1{}^2 \neq \sigma_2{}^2$$

显然，若 $\sigma_1{}^2=\sigma_2{}^2$ 成立（方差齐性），则

$$F=\frac{S_1^2}{S_2^2}\approx 1$$

如果 F 值远大于或远小于 1，则可以认为 S_1^2 和 S_2^2 之间的差异已经不能由抽样误差来解释，而应当认为它们来自有不同方差的总体，即认为 $\sigma_1^2 \neq \sigma_2^2$。

一般的 F 分布表给出的概率指的是由 F 值开始直到 $+\infty$ 那一部分曲线下包括的概率，表中的 F 值都大于 1，所以我们总是将 S_1^2 和 S_2^2 中数值较大的一个作为分子，将数值较小的一个作为分母，即

$$F=\frac{\max(S_1^2,S_2^2)}{\min(S_1^2,S_2^2)} \qquad \text{（公式 9.2.6）}$$

注意

采用公式 9.2.6 以后，自由度不再是固定的 n_1-1 和 n_2-1。应当将作为分子的那个 S^2 所对应的 $n-1$ 作为第一自由度，将作为分母的 S^2 所对应的 $n-1$ 作为第二自由度。

在进行方差差异的显著性检验时，一般采用右侧检验。如果 $F>F_{\alpha,df_1,df_2}$，则认为两个总体的方差有显著差异，或方差不齐性。

在进行两总体平均数之差的假设检验时，在总体方差未知的情况下，应当先进行方差齐性检验，然后根据方差齐性检验的结果来决定用公式

$$t=\frac{\overline{X}_1-\overline{X}_2}{\sqrt{\frac{(n_1-1)S_1^2+(n_2-1)S_2^2}{n_1+n_2-2}\left(\frac{1}{n_1}+\frac{1}{n_2}\right)}}$$

还是公式

$$t'=\frac{\overline{X}_1-\overline{X}_2}{\sqrt{\frac{S_1^2}{n_1}+\frac{S_2^2}{n_2}}}。$$

【例 9.2.3】即本章导读问题二：对某校的男女生反应速度（正态总体）进行测量。抽取 16 名男生，测得 S_1^2 为 1200；抽取 21 名女生，测得 S_2^2 为 800。问男女生反应速度是否方差齐性？

解：

①提出假设：

H_0: $\sigma_1^{\ 2} = \sigma_2^{\ 2}$, H_1: $\sigma_1^{\ 2} \neq \sigma_2^{\ 2}$

②确定检验统计量并计算其值：

由于假定反应速度服从正态分布，故这是两个正态总体，可用 F 分布检验是否方差齐性。已知 $n_1 = 16$，$S_1^{\ 2} = 1200$，$n_2 = 21$，$S_2^{\ 2} = 800$，$S_1^{\ 2} > S_2^{\ 2}$，故检验统计量为：

$$F = \frac{S_1^2}{S_2^2} = 1.5$$

③规定显著性水平：

当 $\alpha = 0.05$ 时，$F_{\alpha, df_1, df_2} = F_{0.05,15,20} = 2.20$。

④统计决断：

由于 $F = 1.5 < 2.20$，故不能拒绝 H_0，应当认为方差齐性。如果需要检验男女生反应速度有无显著差异，就可以采用公式 t 而不是 t'。

9.2.3.3　多个正态总体方差之比的假设检验

有时，我们还需要检验多个样本的方差是否齐性。例如，在方差分析中，就要保证各种实验处理的组内方差没有显著差异。因为，当方差分析发现平均数之间有显著差异时，这种差异可能在一定程度上是由方差不齐造成的。

多样本的方差齐性检验与两个样本的方差齐性检验略有不同，这里介绍的是哈特莱（Hartley）所提出的最大 F 值检验法。其检验统计量是

$$F_{\max} = \frac{S_{\max}^2}{S_{\min}^2} \quad \text{（公式 9.2.7）}$$

可见，最大 F 值就是用各种处理中最大的方差除以最小的方差得出的值。计算出 $F_{\max}$ 后，查 $F_{\max}$ 表（附录三统计用表 5）寻找临界值。如果 $F_{\max}$ 小于临界值，则认为方差齐性，否则就是方差不齐性。不过在查 $F_{\max}$ 表时，需要根据三个条件：组数 k，自由度 $df = n - 1$，显著性水平 α。其中 n 指样本容量。如果各组容量不等，可用容量最大的一组的 n 计算自由度。

【例 9.2.4】即本章导读问题三：某项研究抽取了 4 个样本，样本方差分别是：$S_A^2=33.367$，$S_B^2=19.767$，$S_C^2=26.000$，$S_D^2=11.867$，样本容量均为 6。请对其进行方差齐性检验。

解：

$$F_{max}=\frac{S_{max}^2}{S_{min}^2}=\frac{33.367}{11.867}=2.8117$$

本例中，组数 $k=4$，自由度 $df=n-1=5$，显著性水平 $\alpha=0.05$，查表得 $F_{max\ 0.05,4,5}=13.7$。显然，本例中各组方差齐性。

【例 9.2.5】某项研究抽取了 3 个样本，样本方差分别是：$S_A^2=160.333$，$S_B^2=8.667$，$S_C^2=10.000$，其中最大样本的容量 $n=6$，请对其进行方差齐性检验。

解：

$$F_{max}=\frac{S_{max}^2}{S_{min}^2}=\frac{160.333}{8.667}=18.845$$

本例中，组数 $k=3$，自由度 $df=n-1=5$，显著性水平 $\alpha=0.05$，查表得 $F_{max\ 0.05,3,5}=10.8$。显然，本例中各组方差不齐性。

Levene 方差齐性检验

本节介绍的方差齐性检验方法都要求变量服从正态分布。但是在很多情况下，我们得到的数据不都是正态分布的，这就大大限制了这些方法的用途。好在 Levene 检验弥补了这一缺陷。Levene 检验以观察值与平均数（或中位数）之差的绝对值来构建检验统计量，这种方法既可以处理正态分布的数据，也可以处理非正态分布（包括不明分布）的数据，被许多研究者采用。统计软件 SPSS 就可以报告 Levene 检验的结果。

9.3 总体比例的统计推断

9.3.1 样本比例的抽样分布

在实际生活中，常常需要对比例进行参数估计和假设检验。例如，社会调查机构经常会抽取一部分民众，要求他们对某个候选人或社会事件表示支持与否的态度，然后根据样本的比例估计全体民众对候选人或社会事件的支持率，这就涉及通过样本比例对总体比例进行估计的问题。为此，我们应当了解样本比例的抽样分布特点。

9.3.1.1 样本比例的抽样分布

在总体中具有某种特征（例如，前面说的“表示支持”）的个体数占全部个体数的比例称为**总体比例**，记作 p；从该总体中抽取容量为 n 的样本，其中具有该种特征的个体数占样本全部个体数的比例，称为**样本比例**，记作 p'。p' 也是一个随机变量，随着抽取到的样本的不同而发生变化，形成样本比例的抽样分布。

比例的抽样分布与二项分布有密切的关系。因为，在同一个总体中的各个个体，要么具有某种特征，要么不具有该种特征。例如，要么支持，要么不支持；要么是学生，要么不是学生；要么是红色的，要么是非红色的；要么是合格产品，要么是不合格产品，等等。所以，当我们从总体中抽出一个容量为 n 的样本，样本中具有某种特征的个体数 x 应该服从二项分布，显然样本比例 p' 也服从二项分布。根据二项分布期望值（平均数）的公式

$$E(x) = np$$

和方差的公式

$$D(x) = np\,(1-p)$$

可以证明，样本比例抽样分布的数学期望为总体比例 p，方差为 $p(1-p)/n$，即：

$$E(p') = E\left(\frac{x}{n}\right) = \frac{1}{n}E(x) = p \qquad \text{（公式 9.3.1）}$$

$$D(p') = D\left(\frac{x}{n}\right) = \frac{1}{n^2}D(x) = \frac{p(1-p)}{n} \qquad \text{（公式 9.3.2）}$$

从公式 9.3.1 可以看出，样本比例 p' 是总体比例 p 的无偏估计量。

当样本容量 n 比较大时，若 $np'>5, n(1-p')>5$，二项分布趋近正态分布，因此 p' 也趋近正态分布：

$$p' \sim N\left(p, \frac{p(1-p)}{n}\right) \quad \text{（公式 9.3.3）}$$

或

$$Z = \frac{p'-p}{\sqrt{\frac{p'(1-p')}{n}}} \sim N(0, 1^2) \quad \text{（公式 9.3.4）}$$

由于样本比例 p' 是总体比例 p 的无偏估计量，这里用 p' 代替了分母中的 p。

在有限总体不放回抽样的条件下，当样本容量 n 与总体容量 N 之比 $n/N>0.05$ 时，同样要计算有限总体修正系数，p' 抽样分布的方差就会发生如下变化：

$$p' \sim N\left(p, \frac{N-n}{N-1} \cdot \frac{p(1-p)}{n}\right) \quad \text{（公式 9.3.5）}$$

9.3.1.2 样本比例之差的抽样分布

设有两个总体，其中具有某种特征的个体数所占的比例分别为 p_1 和 p_2，从两个总体中分别独立地抽取容量为 n_1 和 n_2 的两个样本，其中具有该种特征的个体数所占的比例分别为 p_1' 和 p_2'，则（$p_1'-p_2'$）也是一个随机变量。当两个样本都是大样本时，（$p_1'-p_2'$）趋近服从正态分布

$$(p_1'-p_2') \sim N\left(p_1-p_2, \frac{p_1(1-p_1)}{n_1} + \frac{p_2(1-p_2)}{n_2}\right) \quad \text{（公式 9.3.6）}$$

即

$$Z = \frac{(p_1'-p_2')-(p_1-p_2)}{\sqrt{\frac{p_1'(1-p_1')}{n_1} + \frac{p_2'(1-p_2')}{n_2}}} \quad \text{（公式 9.3.7）}$$

9.3.2 关于总体比例的参数估计与假设检验

9.3.2.1 关于总体比例的参数估计

根据样本比例的抽样分布特点，我们可以进行总体比例的区间估计。当样本容量

n 比较大时，若 $np'>5$，$n(1-p')>5$，从公式 9.3.4 出发可以推出

$$P\left\{-Z_{\frac{\alpha}{2}}<\frac{p'-p}{\sqrt{\frac{p'(1-p')}{n}}}<Z_{\frac{\alpha}{2}}\right\}=1-\alpha \quad （公式 9.3.8）$$

即

$$P\left\{p'-Z_{\frac{\alpha}{2}}\cdot\sqrt{\frac{p'(1-p')}{n}}<p<p'+Z_{\frac{\alpha}{2}}\cdot\sqrt{\frac{p'(1-p')}{n}}\right\}=1-\alpha \quad （公式 9.3.9）$$

即在 $1-\alpha$ 的置信水平下，总体比例 p 的置信区间为

$$\left(p'\pm Z_{\frac{\alpha}{2}}\cdot\sqrt{\frac{p'(1-p')}{n}}\right) \quad （公式 9.3.10）$$

同样，根据样本比例之差的抽样分布特点，我们也可以进行两个总体比例之差的区间估计。从公式 9.3.7 出发可以推出

$$P\left\{(p_1'-p_2')-Z_{\frac{\alpha}{2}}\cdot\sqrt{\frac{p_1'(1-p_1')}{n_1}+\frac{p_2'(1-p_2')}{n_2}}<\right.$$

$$\left.p_1-p_2<(p_1'-p_2')+Z_{\frac{\alpha}{2}}\cdot\sqrt{\frac{p_1'(1-p_1')}{n_1}+\frac{p_2'(1-p_2')}{n_2}}\right\}=1-\alpha \quad （公式 9.3.11）$$

即在 $1-\alpha$ 的置信水平下，总体比例之差（p_1-p_2）的置信区间为

$$\left((p_1'-p_2')\pm Z_{\frac{\alpha}{2}}\cdot\sqrt{\frac{p_1'(1-p_1')}{n_1}+\frac{p_2'(1-p_2')}{n_2}}\right) \quad （公式 9.3.12）$$

【例 9.3.1】即本章导读问题四：从某市机关中抽取公务员进行性格测试，100 人中有 75 人为冷静型，试估计该市机关员工冷静型比例（令 $\alpha=0.01$）。

解：$p'=75/100=0.75$，$n=100$，为大样本，且 $np'=75$，$n(1-p')=25$，均大于 5，可用公式 9.3.10 估计总体比例。当 $\alpha=0.01$ 时，$Z_{\frac{\alpha}{2}}=Z_{0.005}=2.58$，故

$$\left(p'\pm Z_{\frac{\alpha}{2}}\cdot\sqrt{\frac{p'(1-p')}{n}}\right)=\left(0.75\pm 2.58\times\sqrt{\frac{0.75(1-0.75)}{100}}\right)=(0.75\pm 0.1117)$$

即（0.6383，0.8617）。这说明，该市机关员工冷静型比例在99%的置信水平下为63.83%至86.17%。

【例9.3.2】从甲乙两个学校中抽取本科生进行普通话测试。在甲校的300人中有90人成绩优良，在乙校的350人中有140人成绩优良，试估计两个学校本科生普通话优良率之差（令 $\alpha=0.05$）。

解：$p_1'=90/300=0.3$，$p_2'=140/350=0.4$，$n_1=300$，$n_2=350$，均为大样本，因此可以认为（$p_1'-p_2'$）趋近服从正态分布。由于 $Z_{\frac{\alpha}{2}}=Z_{0.025}=1.96$，故两个总体的比例之差在 $\alpha=0.05$ 的情况下的置信区间应该是

$$\left((p_1'-p_2')\pm Z_{\frac{\alpha}{2}}\cdot\sqrt{\frac{p_1'(1-p_1')}{n_1}+\frac{p_2'(1-p_2')}{n_2}}\right)$$
$$=\left((0.3-0.4)\pm 1.96\times\sqrt{\frac{0.3\times(1-0.3)}{300}+\frac{0.4\times(1-0.4)}{350}}\right)$$
$$=(-0.1\pm 0.073)$$

即（–0.173，–0.027）。这说明，两个学校本科生普通话优良率之差在95%的置信水平下为–17.3%至–2.7%。

假设检验也可以采取参数估计形式进行

在参数估计的时候，也可以判断两个总体平均数或两个总体比例有无显著差异。当得出的（$\mu_1-\mu_2$）或（p_1-p_2）的置信区间的上下限之间包含0，则说明两个总体平均数或两个总体比例没有显著差异；如果上下限都是负数，则可以认为 $\mu_1<\mu_2$ 或 $p_1<p_2$；如果上下限都是正数，则可以认为 $\mu_1>\mu_2$ 或 $p_1>p_2$。例如，例9.3.2中得到的（p_1-p_2）的置信区间的上下限都是负数，可以认为甲校本科生普通话优良率显著低于乙校。

9.3.2.2 关于总体比例的假设检验

关于总体比例的假设检验又称为**成数检验**。对于单个样本的情况，当样本容量 n 比较大时，且 $np'>5$，$n(1-p')>5$，根据公式 9.3.4，可以将

$$Z=\frac{p'-p}{\sqrt{\frac{p'(1-p')}{n}}} \qquad \text{（公式 9.3.13）}$$

作为检验统计量。

而对于两个样本的情况，如果是大样本，两个总体比例之差的假设检验可以用

$$Z=\frac{(p_1'-p_2')}{\sqrt{\frac{p_1'(1-p_1')}{n_1}+\frac{p_2'(1-p_2')}{n_2}}} \qquad \text{（公式 9.3.14）}$$

作为检验统计量。

【例 9.3.3】某校进行一次调查问卷，询问师生员工对学分制改革的态度。结果，在被抽取的 80 个人中，有 64 个表示赞成。问这个比例是否显著高于 75%？

解：

①提出假设：

H_0：$p\leqslant 0.75$，H_1：$p>0.75$

②选择检验统计量并计算其值：

由于 $n=80$，为大样本，且 $np'=64>5$，$n(1-p')=16>5$，因此可以认为 p' 趋近服从正态分布。可以使用公式 9.3.13 作为检验统计量。

$p'=64/80=0.80$，故

$$Z=\frac{p'-p}{\sqrt{\frac{p'(1-p')}{n}}}=\frac{0.80-0.75}{\sqrt{\frac{0.80\times(1-0.80)}{80}}}=1.118$$

③规定显著性水平：

这是一个右侧检验，在 $\alpha=0.05$ 的情况下，$Z_\alpha=Z_{0.05}=1.65$。

④统计决策：

因为 $Z<1.65$，故应接受 H_0，认为比例并不显著高于 75%。

【例 9.3.4】即本章导读问题五：从甲乙两个学校中抽取本科生进行普通话测试。在甲校的 300 人中有 90 人成绩优良，在乙校的 350 人中有 140 人成绩优良，判断两个学校本科生普通话优良率有无显著差异（令 $\alpha=0.05$）。

解：

①提出假设：

H_0：$p_1=p_2$，H_1：$p_1\neq p_2$

②选择检验统计量并计算其值：

由于 $n_1=300, n_2=350$，均为大样本，因此可以认为（$p_1'-p_2'$）趋近服从正态分布。可以使用公式 9.3.14 作为检验统计量。

$p_1'=90/300=0.3$，$p_2'=140/350=0.4$，故

$$Z=\frac{(p_1'-p_2')}{\sqrt{\frac{p_1'(1-p_1')}{n_1}+\frac{p_2'(1-p_2')}{n_2}}}$$

$$=\frac{(0.3-0.4)}{\sqrt{\frac{0.3\times(1-0.3)}{300}+\frac{0.4\times(1-0.4)}{350}}}$$

$$=\frac{-0.1}{0.03723}=-2.6860$$

③规定显著性水平：

在 $\alpha=0.05$ 的情况下，$Z_{\frac{\alpha}{2}}=Z_{0.025}=1.96$。

④统计决策：

由于 $|Z|=2.6860>1.96$，故应拒绝 H_0，认为两个学校本科生普通话优良率有显著差异，乙校水平比较高。这与例 9.3.2 的结论是吻合的。

注意

对于两个总体比例之差的假设检验，除了可以用公式 9.3.14 以外，还可以用以下公式计算检验统计量：

$$Z=\frac{(p_1'-p_2')}{\sqrt{\frac{(n_1p_1'+n_2p_2')(n_1q_1'+n_2q_2')}{n_1n_2(n_1+n_2)}}} \qquad \text{（公式 9.3.15）}$$

其中的 $q_1' = 1 - p_1'$，$q_2' = 1 - p_2'$。在这个公式中，$\frac{(n_1 p_1' + n_2 p_2')}{n_1 + n_2}$是两个样本比例的加权平均数，用于代替总体的 p，$\frac{(n_1 q_1' + n_2 q_2')}{n_1 + n_2}$则是两个样本中不具有某种特征的个体比例的加权平均数，用于代替总体的（$1-p$）或 q。这固然是一个不错的改进，但是考虑到 H_0 已经假定 $p_1 = p_2$，而且假设检验是以零假设为出发点的，那么加权平均这一改进也就不那么重要了。另外，到了 χ^2 检验一章，我们还可以看到，χ^2 检验完全可以代替两总体比例之差的假设检验，而且还可以应用到有多个总体的情况中。

本章术语

- **χ^2 分布**（χ^2-distribution）：设随机变量 $X_1, X_2, \cdots, X_n$ 相互独立，且都服从标准正态分布，则称随机变量 $\chi^2 = X_1^2 + X_2^2 + \cdots + X_n^2 = \sum_{i=1}^{n} X_i^2$服从自由度为 n 的 χ^2 分布。
- ***F* 分布**（*F*-distribution）：设随机变量$X_1 \sim \chi^2_{df_1}$，$X_2 \sim \chi^2_{df_2}$，且 X_1 与 X_2 相互独立，则称随机变量$F = \frac{X_1 / df_1}{X_2 / df_2}$所服从的分布为 F 分布，（df_1，df_2）为 F 分布的自由度。
- **方差齐性检验**（variance homogeneity test）：对两个或多个正态总体的方差之间有无显著差异的检验。对于两个总体方差之间的差异，可以用 F 检验法；对于多个总体方差之间的差异，可以用最大 F 值检验法。

练习与思考

1. 已知某校高二 10 名学生的物理测验分数为 82、94、83、76、84、75、75、88、84、67。请估计全年级物理测验分数标准差的置信区间（置信水平为 95%）。
2. 如果在第 1 题中，已知过去该校高二学生物理测验成绩的标准差为 5，问今年测验成绩的标准差是否发生了显著变化？
3. 有 5 名女生，物理测验成绩分别是 78、79、80、81、82；另有 7 名男生，成绩分别是 50、60、70、80、90、100、110。问男女生成绩的方差是否齐性?

4. 在一个心理学实验中，设置了 A、B、C 三种条件，每一种条件下的参试者的观察值分别是:

A 条件: 610，705，580;

B 条件: 695，710，820，645，830;

C 条件: 740，685，857，760;

问在 A、B、C 三种条件下的方差是否齐性?

5. 甲、乙两校某年毕业生报考文科和理科的人数见下表，问两校学生报考文理科的比例有无显著差异?

校别	报考文科	报考理科
甲	42	10
乙	60	58

6. 某教育研究机构随机抽取 200 名中学教师，询问其对“高中阶段取消文理分科”的意见，结果有 110 人表示赞同。试估计全部中学教师对此项动议持赞同态度的比例(α=0.05)。

实习题

7. 将截至第 6 章采集的数据看作两个总体。设定一个标准，将观察值分为两类(达标与未达标)，利用统计软件从两个总体中分别抽取一个随机样本，分别对两总体的方差及两个总体达标的比例进行参数估计。

8. 在第 7 题的基础上，对两样本达标比例之差做显著性检验。

第 10 章

方差分析

本章提要

本章主旨

方差分析用于多个总体平均数差异的假设检验。它用分解总差异的方法检验是否存在显著的组间差异。方差分析根据自变量的个数分为单因素方差分析和多因素方差分析，并有独立样本性质的完全随机设计和相关样本性质的随机区组设计之分。

本章要点

- 当检验多个总体的平均数差异的显著性时，要用方差分析代替效率低下且容易出错的多次 t 检验。
- 方差分析的基本逻辑是，将各样本得到的原始观察值的总差异分解成组间差异和组内差异两部分，两者比值越大，各组平均数的差异就越明显。
- 方差分析的数学模型（一般线性模型）提示，任何一个观察值都是总平均数、实验处理造成的效果以及随机误差这三方面的综合结果。
- 方差分析的基本前提是：独立性、正态性和等方差性（方差齐性）。

- 完全随机设计采用的是独立样本，随机区组设计采用的是相关样本。
- 方差分析如果发现显著差异，还应对各组平均数进行逐对事后比较。
- 方差分析也可以计算其 ω^2 和效应量，以体现自变量对因变量的影响程度。
- 多因素方差分析不仅可以推断多个因素对平均数有无显著影响，还可以检验因素之间是否存在交互作用。

导读问题

假定某学者研究某种由线段组成的图形错觉，他试图考察线段的宽度、参试者对图形的观视距离，以及测试时间对错觉量（假定其服从正态分布）的影响，为此他按照 3 种线段宽度和 2 种观视距离将参试者分为 6 组，每位参试者在上午 8:00、中午 12:00 和下午 15:00 分别进行测验，搜集到以下数据（3 种线段宽度用 A、B、C 表示，2 种观视距离用 a、b 表示）：

参试者编号	线段宽度	观视距离	上午错觉量	中午错觉量	下午错觉量
0001	A	a	8.6	8.4	8.2
0002	A	b	9.5	9.6	9.3
0003	B	a	7.5	7.8	8.0
0004	C	a	8.5	8.3	8.6
0005	B	b	8.8	8.9	9.0
0006	C	b	7.0	7.3	6.8
……	……	……	……	……	……

根据这些数据可以回答很多问题。

- 问题一：如果以下午错觉量为最终数据，问：在 3 种不同的线段宽度下，参试者的错觉量有无显著差异？即线段宽度对错觉量有无显著影响？
- 问题二：同样以下午错觉量为最终数据，问：线段宽度和观视距离对错觉量有无显著影响？两个影响因素之间有无交互作用？
- 问题三：如果不考虑线段宽度和观视距离，仅考察 3 个时间点的错觉量，问：测验时间对错觉量有无显著的影响？

问题一须采用单因素方差分析，问题二须采用双因素方差分析，问题三须采用随机区组设计的方差分析。

10.1　方差分析的基本原理

10.1.1　方差分析的基本思路

10.1.1.1　方差分析的提出

第 8 章中讲述的平均数的显著性检验，指的都是对一个总体平均数或两个总体平均数之差的假设检验。由于它们都建立在正态分布或 t 分布的基础上，故简称为 t 检验。但是，当我们对多个总体进行平均数差异的假设检验时，却必须采用本章讨论的方差分析，而不能简单地采取各个总体平均数逐对比较的办法。

例如，某厂家设计了 ABCD 四种不同的商品外观形式。为了检验哪一种形式最受欢迎，随机地对一些顾客进行询问，要求顾客对不同的外观形式打分，然后对四种外观形式的平均得分进行差异显著性检验，即通过样本平均数来推断 4 个总体的平均数是否相等。如果按照第 8 章介绍的方法，将这些平均数进行逐对比较，总共要进行 $C_4^2=6$ 次比较，即 A−B、A−C、A−D、B−C、B−D、C−D。这样不仅大大增加了工作量，更重要的是，由于每次检验时只能运用 2 组样本的数据，不能充分利用全部样本的信息；而且，如果每次检验的置信水平都是 95%，6 次检验的可靠性就将降低为 $0.95^6 = 0.735$。这是因为每一次检验都有犯错误的风险，多次检验就将这种风险累积起来了。

方差分析是统计学家费舍于 20 世纪 20 年代提出来的。它可以用来对多组平均数差异的显著性进行检验，其优点是能够充分地利用样本信息，而且可以通过一次检验得出结论，从而避免多次逐对 t 检验所造成的错误概率的累积。一开始，方差分析主要用于生物学和农业田间试验，后来在许多学科中得到应用。由于这种方法建立在 F 分布的基础上，故简称为 F 检验。

10.1.1.2　组间差异与组内差异

让我们先考虑最简单的只有 3 个样本的情况。图 10.1.1 表示了这 3 个样本观察值的两种不同的分布情况：A 情况下各样本内部差异大，导致 3 组观察值重合的部分较多，B 情况下各样本内部差异小，导致 3 组观察值重合的部分较少，但在两种情况下，各样本的平均数之间的差距是相同的。如果其中只有一种情况下的平均数之间有显著差异，那么会是哪一种呢？

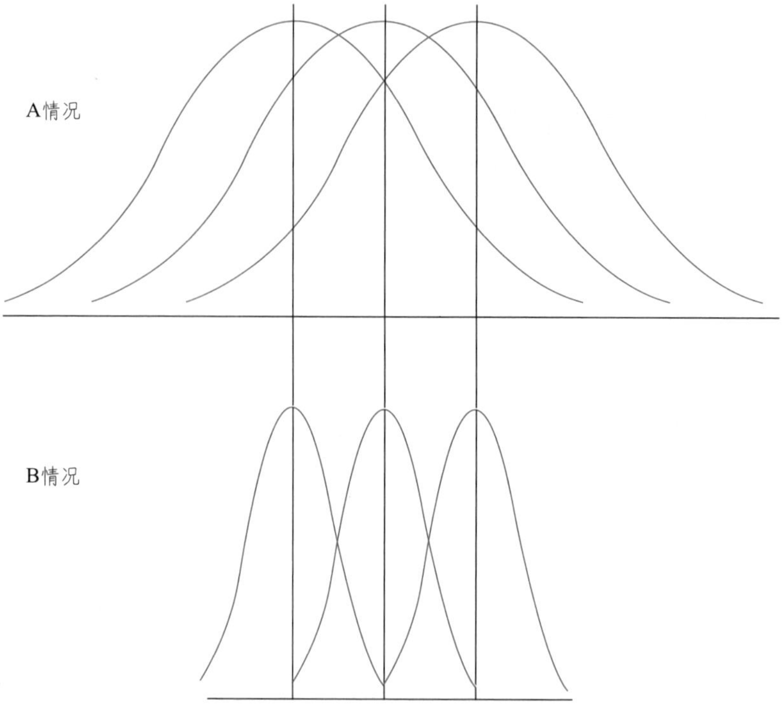

图 10.1.1 组间差异与组内差异

显然，应该是B情况下的平均数差异更显著。3个样本观察值之间重合的部分较少，这意味着从平均数较高的那个样本中，取出一个即使是最小的观察值，它在平均数较低的样本中也将居于较高位置。相反，在A情况下，样本分布重合的部分较多，这说明在高平均数样本中的观察值在低平均数样本中的位置不一定高，各样本平均数之间的差异也就不显著。

在方差分析中，各样本平均数之间的差异称为组间差异，样本内部观察值之间的差异称为组内差异。方差分析的基本逻辑就是，将从各样本得到的原始观察值的总差异分解成组间差异和组内差异两部分，计算出它们的相对大小：组间差异对组内差异的比值越大，说明各组平均数的差异越明显。

10.1.2 方差分析的数学模型

10.1.2.1 方差分析的常用术语

方差分析涉及多个术语：因素、水平、处理、主效应、交互作用。

（1）因素

获得几个不同的样本平均数的过程，实际上就是一个实验（或称试验）过程。实验中将各个样本区分开来的标志性特征，在实验方法学上就是自变量，在统计学中称为因素。只有一个自变量的实验称为单因素实验。有两个或两个以上自变量的实验称为多因素实验。前面提到，为了检验 4 种不同的商品外观形式的效果，要求顾客打分而得到 4 个样本，这就是一个实验。这个实验涉及的因素只有一个，就是商品的外观形式，所以它是一个单因素实验。如果我们不但要研究不同的外观形式对顾客评价的影响，还要同时研究不同地域的顾客对外观的偏好，那就要在全国找几个有代表性的调查点，在各个点对不同的外观进行调查。这样的实验就是一个双因素实验：一个因素是商品外观，另一个因素是地域差别。

（2）水平

某一个因素的各个可能取值称为因素的**水平**。这种取值可以是数量上的不同（**量差**），也可以是性质上的不同(**质别**)。前文所述的 4 种不同的外观形式，就是 4 个水平，地域差别若有 5 个地点，就是 5 个水平，均属于性质上的不同。如果我们将 3 组小学生每天做作业的时间控制在 0.5 小时、1 小时和 1.5 小时，以检验做作业的时间对学习成绩的影响，这样的 3 个水平就是数量上的不同。

（3）处理

按各个水平条件进行的重复实验称为各种**处理**。如果是单因素实验，处理数就是水平数；如果是双因素或多因素实验，处理数就是各因素的水平数的乘积。例如，对于 4 种不同的商品外观形式的调查，就是 4 种处理；如果同时再研究 5 个地域的差别，则处理数为 $4\times5=20$。

（4）主效应与交互作用

因素对实验结果的影响，称为**主效应**。而在多因素的情况下，如果某个因素对实验结果的影响受到另一个因素的制约，则称这种制约为**交互作用**。

10.1.2.2 柯克伦分解定理与方差分析的基本前提

在介绍方差分析的数学模型之前，还要了解一个重要的定理，这个定理实际上是一个更一般化的定理（柯克伦分解定理）的推论。

定理10.1.1

设 X_1，X_2，…，X_k 为 k 个相互独立的随机变量，且 $X_i\sim N(\mu_i,\sigma^2)$（$i=1, 2, \cdots, k$），现从这 k 个总体中分别抽取容量为 n_i 的样本，记为

$$\overline{X}_i=\frac{\sum_{j=1}^{n_i}X_{ij}}{n_i},S_i^2=\frac{\sum_{j=1}^{n_i}(X_{ij}-\overline{X}_i)^2}{n_i-1},N=\sum_{i=1}^{k}n_i,\overline{X}=\frac{\sum_{i=1}^{k}\sum_{j=1}^{n_i}X_{ij}}{N}=\frac{\sum_{i=1}^{k}n_i\overline{X}_i}{N}\quad(i=1,2,\cdots,k)$$

则：

- $Q = \sum_{i=1}^{k}\sum_{j=1}^{n_i}(X_{ij} - \overline{X})^2 = \sum_{i=1}^{k}(n_i - 1)S_i^2 + \sum_{i=1}^{k}n_i(\overline{X}_i - \overline{X})^2$
- 记 $Q_e = \sum_{i=1}^{k}(n_i - 1)S_i^2$，$U = \sum_{i=1}^{k}n_i(\overline{X}_i - \overline{X})^2$

那么

$$\frac{U/(k-1)}{Q_e/(N-k)} \sim F_{k-1, N-k} \qquad \text{（公式 10.1.1）}$$

从上述定理中可以看到，k 个随机变量（$X_1, X_2, \cdots, X_k$）是相互独立的，而且它们都服从正态分布，即 $X_i \sim N(\mu_i, \sigma^2)$，因此，方差分析就有以下三个基本前提：

- 独立性
- 正态性
- 等方差性（即方差齐性）

从理论上讲，只有满足上述前提条件的方差分析才是有效的，但是在实际应用中，完全满足以上条件的情况不多，所以只要近似满足这些条件就可以了。

10.1.2.3 方差分析的基本问题

方差分析要解决的是多个总体平均数是否相等的参数假设检验问题，也就是说，要检验相关因素在 k 个水平下产生的总体的平均数是否相等。为此，就要提出以下零假设和备择假设：

H_0：$\mu_1 = \mu_2 = \cdots = \mu_k$

H_1：$\mu_i \neq \mu_j$ 至少有一对成立（其中 $i \neq j$；i，$j = 1, 2, \cdots, k$）

方差分析的基本问题就是：检验因素的各个水平对平均数的影响是否显著，如果存在显著的影响，则选择一个最优水平；如果不存在显著的影响，就说明因素的各个水平对实验指标的影响基本相同。

方差分析面对的是比较复杂的数据结构，见表 10.1.1。

表 10.1.1　方差分析的数据结构表

		因素水平 (i)				合计
		1	2	…	k	
观察次数 (j)	1	X_{11}	X_{21}	…	X_{k1}	
	2	X_{12}	X_{22}	…	X_{k2}	
	…	…	…	…	…	
	n_i	X_{1n_i}	X_{2n_i}	…	X_{kn_i}	
合计		T_1	T_2	…	T_k	T

10.1.2.4　方差分析的数学模型

方差分析得名于将观察值之间的总差异分解成两部分：(a) 由因素的各个水平造成的差异，体现在各样本平均数之间的差异——组间差异；(b) 样本内部观察值之间的差异——组内差异。

对样本中的每一个观察值，都有

$$X_{ij} = \overline{X}_t + e_{ij} \qquad (公式 10.1.2)$$

式中：

X_{ij} 为从第 i 个总体中抽出的样本的第 j 个观察值；

$\overline{X}_t$为 k 个样本的总平均数；

e_{ij} 为误差项。

故

$$e_{ij} = X_{ij} - \overline{X}_t \qquad (公式 10.1.3)$$

进一步分解上式得：

$$e_{ij} = (\overline{X}_i - \overline{X}_t) + (X_{ij} - \overline{X}_i) \qquad (公式 10.1.4)$$

式中：

$\overline{X}_i$为第 i 个样本的平均数。

可见，公式 10.1.4 右边由两部分组成，前一部分为组间离差，可以认为是由于不同的实验处理造成的；后一部分为组内离差，是随机误差，不能用实验因素解释。

将公式 10.1.4 代入公式 10.1.2 得：

$$X_{ij}=\overline{X}_t+(\overline{X}_i-\overline{X}_t)+(X_{ij}-\overline{X}_i) \quad \text{（公式 10.1.5）}$$

这是一个样本模型，其对应的总体模型是：

$$X_{ij}=\mu+\alpha_i+\varepsilon_{ij} \quad \text{（公式 10.1.6）}$$

其中 α_i 表示实验处理造成的效果；ε_{ij} 表示不受实验处理影响的随机误差。意思是说，任何一个观察值都是总平均数、实验处理造成的效果以及随机误差这三方面综合起来的结果。由于这样一个线性方程，方差分析的数学模型还得了一个雅号——一般线性模型 (general linear model)。

将公式 10.1.4 两边平方后再求总和（推导过程不再给出），可得：

$$\sum_{i=1}^{k}\sum_{j=1}^{n_i}e_{ij}^2=\sum_{i=1}^{k}\sum_{j=1}^{n_i}(X_{ij}-\overline{X}_t)^2=\sum_{i=1}^{k}\sum_{j=1}^{n_i}(X_{ij}-\overline{X}_i)^2+\sum_{i=1}^{k}n_i(\overline{X}_i-\overline{X}_t)^2 \quad \text{（公式 10.1.7）}$$

令

$$SST=\sum_{i=1}^{k}\sum_{j=1}^{n_i}e_{ij}^2=\sum_{i=1}^{k}\sum_{j=1}^{n_i}(X_{ij}-\overline{X}_t)^2$$

$$SSA=\sum_{i=1}^{k}n_i(\overline{X}_i-\overline{X}_t)^2$$

$$SSE=\sum_{i=1}^{k}\sum_{j=1}^{n_i}(X_{ij}-\overline{X}_i)^2=\sum_{i=1}^{k}(n_i-1)S_i^2$$

则

$$SST=SSA+SSE \quad \text{（公式 10.1.8）}$$

我们称 *SST* 为**总离差平方和**，*SSA* 为**组间离差平方和**，*SSE* 为**组内离差平方和**。“离差平方和”亦简称“平方和”。在这个基础上，就可以进行方差分析了。

10.1.2.5 方差分析的统计量

为了进行方差分析，我们必须构造一个检验统计量。公式 10.1.9 表示的 *F* 就是方差分析的检验统计量，因为其中的 *SSA* 和 *SSE* 分别就是公式 10.1.1 中的 *U* 和 Q_e。所以，当零假设为真时，有

$$F=\frac{SSA/(k-1)}{SSE/(N-k)}=\frac{MSA}{MSE}\sim F_{k-1,N-k} \quad \text{（公式 10.1.9）}$$

在一定的显著性水平 α 下，我们可以根据 *F* 分布表查到 *F* 统计量的临界值 $F_{\alpha,k-1,N-k}$。如果 *F* 值小于临界值，说明实验处理造成各组平均数之间的差异不够显著，应接受零

假设；反之，如果 F 值大于临界值，说明实验处理造成各组平均数之间的差异比较显著，应拒绝零假设，接受备择假设。

10.2 单因素方差分析（完全随机设计）

10.2.1 完全随机设计

为了检验某个因素的多种不同水平的效应，从总体中随机地抽取一些个体，再将其随机地分派到不同的样本中，在对这些样本分别施以不同的实验处理以后，记录这些个体的观察值，然后对不同样本的平均数差异进行显著性检验。这就是完全随机设计。由于完全随机，产生的样本就是独立样本。如果只有 2 个样本，就是第 8 章介绍的独立样本情况下的 t 检验，如果有 2 个以上的样本，就是方差分析。本章导读问题一因为是考察了三种不同的线段宽度条件对错觉量的影响，而且不同条件下的参试者都是随机抽取和分派的，三种条件的数据之间没有对应关系，所以应采用完全随机设计的单因素方差分析。

10.2.2 检验步骤和计算公式

10.2.2.1 检验步骤

和 t 检验一样，仍按以下四个步骤进行方差分析：

（1）提出零假设和备择假设

在方差分析时，我们同时提出两个相反的假设：

H_0：$\mu_1=\mu_2=\cdots=\mu_k$

H_1：$\mu_i \neq \mu_j$ 至少有一对成立（其中 $i \neq j$；i，$j=1, 2, \cdots, k$。k 为样本数。）

（2）选择检验统计量并计算其值

使用 F=MSA / MSE 作为检验统计量。

（3）设定显著性水平

一般设 α 水平为 0.05 或 0.01。由于 F 值越接近于 0 越不能拒绝 H_0，故拒绝域集中在右侧，为右侧检验。

（4）做出统计决断

F 值大于临界值时，拒绝 H_0，否则接受 H_0。

方差分析计算完毕后，可以列出方差分析表，将计算过程中得到的结果列入，方便阅读和使用。

严格来说，在进行方差分析前，还要先检查一下是否满足方差分析的三个前提：独立性、正态性和等方差性（即方差齐性）。

10.2.2.2 计算公式

（1）计算平方和

总平方和：

$$SST=\sum_{i=1}^{k}\sum_{j=1}^{n_i}(X_{ij}-\overline{X}_t)^2=\sum_{i=1}^{k}\sum_{j=1}^{n_i}X_{ij}^2-\frac{T^2}{N} \quad \text{（公式 10.2.1）}$$

式中：

T 为所有 X 的总和：$T=\sum_{i=1}^{k}\sum_{j=1}^{n_i}X_{ij}$。

组间平方和：

$$SSA=\sum_{i=1}^{k}n_i(\overline{X}_i-\overline{X}_t)^2=\sum_{i=1}^{k}\frac{T_i^2}{n_i}-\frac{T^2}{N} \quad \text{（公式 10.2.2）}$$

式中：

T_i 为各组 X 的总和：$T_i=\sum_{j=1}^{n_i}X_{ij}$。

组内平方和：

$$SSE=\sum_{i=1}^{k}\sum_{j=1}^{n_i}(X_{ij}-\overline{X}_i)^2=\sum_{i=1}^{k}\sum_{j=1}^{n_i}X_{ij}^2-\sum_{i=1}^{k}\frac{T_i^2}{n_i} \quad \text{（公式 10.2.3）}$$

怎样理解 SSA？

有些读者难以理解 *SSA* 何以代表组间差异。其实道理很简单：

SSA 的定义公式 $\sum_{i=1}^{k}n_i(\overline{X}_i-\overline{X}_t)^2$ 可以假想为各个样本内部 n_i 个个体获得的观察值是相等的（$X_1=X_2=\cdots=\overline{X}$），即 $n_i(\overline{X}_i-\overline{X}_t)^2=\sum_{j=1}^{n_i}(\overline{X}_i-\overline{X}_t)^2$，换言之，这个离差平方和意味着以各个样本的平均数代替样本内每个个体的观察值（这就排除了组内差异），在此基础上计算总离差平方和。显然，这就是组间差异。

（2）计算自由度

组间自由度 df_A：$k-1$

组内自由度 df_w：$N-k$

（3）计算均方差

组间方差：$MSA = SSA/(k-1)$

组内方差：$MSE = SSE/(N-k)$

（4）计算 F 值

$F = MSA/MSE$

【例 10.2.1】在某厂家检验不同的商品外观形式效果的实验中，要求每个顾客根据自己的喜好程度对其中一种外观形式打分，每种外观各有 6 位顾客打分。结果见表 10.2.1，问：顾客对这 4 种外观形式的喜好程度有无显著差异？

表 10.2.1 不同商品外观形式得分

		外观形式				合计
		A	B	C	D	
顾客序号	1	34	45	33	40	
	2	42	38	34	48	
	3	45	44	40	40	
	4	49	39	38	42	
	5	50	50	47	38	
	6	45	41	36	42	
合计		265	257	228	250	1000

解：

①提出假设：

H_0：$\mu_1 = \mu_2 = \cdots = \mu_4$

H_1：$\mu_i \neq \mu_j$ 至少有一对成立

（其中 $i \neq j; i, j = 1, 2, 3, 4$）

②选择检验统计量并计算其值：

使用$F = \dfrac{MSA}{MSE}$作为检验统计量。

$$SST=\sum_{i=1}^{k}\sum_{j=1}^{n_i}(X_{ij}-\overline{X}_t)^2=\sum_{i=1}^{k}\sum_{j=1}^{n_i}X_{ij}^2-\frac{T^2}{N}$$
$$=34^2+42^2+\cdots+42^2-1000^2/24=581.333$$

$$SSA=\sum_{i=1}^{k}n_i(\overline{X}_i-\overline{X}_t)^2=\sum_{i=1}^{k}\frac{T_i^2}{n_i}-\frac{T^2}{N}$$
$$=265^2/6+257^2/6+\cdots+250^2/6-1000^2/24=126.333$$

$$SSE=\sum_{i=1}^{k}\sum_{j=1}^{n_i}(X_{ij}-\overline{X}_i)^2=\sum_{i=1}^{k}\sum_{j=1}^{n_i}X_{ij}^2-\sum_{i=1}^{k}\frac{T_i^2}{n_i}$$
$$=34^2+42^2+\cdots+42^2-(265^2/6+257^2/6+\cdots+250^2/6)=455.000$$

$$F=\frac{MSA}{MSE}=\frac{SSA/(k-1)}{SSE/(N-k)}=1.851$$

③设定显著性水平并做出统计决策：

设 $\alpha=0.05$，由于组间自由度 $k-1=3$，组内自由度 $N-k=20$，查表得 $F_{0.05,3,20}=3.10$。因为 $F=1.851<3.10$，故接受 H_0，认为顾客对这四种不同的外观形式的喜好程度没有显著差异。

④列方差分析表，见表 10.2.2：

表 10.2.2 方差分析表

误差来源	平方和	自由度	均方差	F 值
组间差异	126.333	3	42.111	1.851
组内差异	455.000	20	22.750	
总差异	581.333	23		

【例 10.2.2】从 3 所学校随机抽取 15 名学生，测得他们的自学能力得分（见表 10.2.3），问这 3 所学校学生的自学能力有无显著差异？

表 10.2.3 不同学校学生的自学能力得分表

		学校			得分总和
		A 校	B 校	C 校	
学生序号	1	34	39	39	
	2	37	35	38	
	3	29	32	42	
	4	38	36	40	
	5		38	46	
	6		40		
得分总和		138	220	205	563

解：

①提出假设：

H_0：$\mu_1=\mu_2=\mu_3$

H_1：$\mu_i \neq \mu_j$ 至少有一对成立

（其中 $i \neq j; i, j=1, 2, 3$）

②选择检验统计量并计算其值：

使用$F=\dfrac{MSA}{MSE}$作为检验统计量。

$$SST=\sum_{i=1}^{k}\sum_{j=1}^{n_i}(X_{ij}-\overline{X}_t)^2=\sum_{i=1}^{k}\sum_{j=1}^{n_i}X_{ij}^2-\frac{T^2}{N}$$
$$=34^2+37^2+\cdots+46^2-563^2/15=233.733$$

$$SSA=\sum_{i=1}^{k}n_i(\overline{X}_i-\overline{X}_t)^2=\sum_{i=1}^{k}\frac{T_i^2}{n_i}-\frac{T^2}{N}$$
$$=138^2/4+220^2/6+205^2/5-563^2/15=101.400$$

$$SSE=\sum_{i=1}^{k}\sum_{j=1}^{n_i}(X_{ij}-\overline{X}_i)^2=\sum_{i=1}^{k}\sum_{j=1}^{n_i}X_{ij}^2-\sum_{i=1}^{k}\frac{T_i^2}{n_i}$$
$$=34^2+37^2+\cdots+46^2-(138^2/4+220^2/6+205^2/5)=132.333$$

$$F=\frac{MSA}{MSE}=\frac{SSA/(k-1)}{SSE/(N-k)}=4.597$$

③设定显著性水平并做出统计决策：

设 $\alpha=0.05$，由于组间自由度 $k-1=2$，组内自由度 $N-k=12$，查表得 $F_{0.05,2,12}=3.89$。因 $F=4.597>3.89$，故接受 H_1，认为这3所学校学生的自学能力有显著差异。

④列方差分析表，见表10.2.4：

表 10.2.4 方差分析表

误差来源	平方和	自由度	均方差	F 值
组间差异	101.400	2	50.700	4.597*
组内差异	132.333	12	11.028	
总差异	233.733	14		

* 表示差异有显著意义。

10.2.2.3 单因素方差分析的 ω^2 和效应量

与 t 检验一样，单因素方差分析也可以计算 ω^2 和效应量 **f**，两个参数的意义与 t 检验中的 ω^2 和 d_1、d_2 相同。

$$\omega^2 = \frac{(k-1)(F-1)}{(k-1)(F-1)+N} \quad （公式 10.2.4）$$

$$\mathbf{f} = \sqrt{\frac{\eta^2}{1-\eta^2}} \quad （公式 10.2.5）$$

公式 10.2.5 中，

$$\eta^2 = \frac{SSA}{SST} \quad （公式 10.2.6）$$

有学者提出，因素方差分析效应量的评价准则是：**f** = 0.10 为弱效应，**f** = 0.25 为中等效应，**f** = 0.40 为强效应。

10.2.3 事后比较

如果用方差分析出现了显著差异的情形，还要检验各个水平的平均数两两比较有无显著差异，这就是事后比较，又称为“逐对比较”或“多重比较”。

10.2.3.1 *t* 检验

逐对 t 检验，又称 LSD 检验，这种方法比较简单且应用广泛。

先列出各个样本之间的平均数之差 D_{ij}，并逐对计算以下检验统计量

$$t_{ij} = \frac{D_{ij}}{\sqrt{MSE\left(\frac{1}{n_i}+\frac{1}{n_j}\right)}} \quad （公式 10.2.7）$$

若计算得到的 $|t_{ij}|$ 值小于或等于其临界值 $t_{\alpha/2,N-k}$，则说明因素的第 i 种水平和第 j 种水平之间没有显著差异。如果 $|t_{ij}|$ 值超过了临界值，则应该认为两者之间存在着显著差异。

也可以采用另一种计算方法，即计算 D 的临界值 D^*：

$$D^* = t_{\alpha/2,N-k}\sqrt{MSE\left(\frac{1}{n_i}+\frac{1}{n_j}\right)} \quad （公式 10.2.8）$$

如果 $|D_{ij}| \leqslant D^*$，说明第 i 种水平和第 j 种水平之间没有显著差异；反之，说明上述两种水平之间有显著差异。其实，公式 10.2.8 就是公式 10.2.7 的变形。

t 检验是方差分析的特例

在 2 个样本（$k=2$）情况下，公式 10.2.7 就成为

$$t=\frac{\overline{X}_1-\overline{X}_2}{\sqrt{\frac{(n_1-1)S_1^2+(n_2-1)S_2^2}{n_1+n_2-2}(\frac{1}{n_1}+\frac{1}{n_2})}}$$

这正是两总体平均数之差的 t 检验公式。所以，两总体平均数之差的 t 检验其实是方差分析的特例，或者说方差分析是 t 检验的推广。而且，上述 t 检验与方差分析一样，都要求满足方差齐性这一前提。

【例 10.2.3】对例 10.2.2 的数据进行平均数逐对 t 检验。

解：

查表得临界值 $t_{\alpha/2,N-k}=t_{0.025,12}=2.179$。

各组平均数间的绝对差异 D_{ij} 值和 t_{ij} 值见表 10.2.5：

表 10.2.5　平均数逐对检验表（t 检验）

第 i 组	第 j 组	D_{ij}	t_{ij}
1	2	–2.166	–1.011
	3	–6.500*	–2.918
2	1	2.166	1.011
	3	–4.333	–2.155
3	1	6.500*	2.918
	2	4.333	2.155

* 表示差异有显著意义。

可见，A 校（第 1 组）与 C 校（第 3 组）有显著差异，而 A 校与 B 校之间、B 校与 C 校之间没有显著差异。

不过，LSD 检验的精度比较差，容易把不应该推断为显著差异的情况也推断为显

著差异。

10.2.3.2 q 检验

q 检验的统计量是：

$$q_{ij}=\frac{D_{ij}}{\sqrt{\frac{MSE}{2}\left(\frac{1}{n_i}+\frac{1}{n_j}\right)}} \quad \text{（公式 10.2.9）}$$

再查 q 值表（附录三统计用表 6）寻找其临界值。查表时需要考虑三个条件：组内方差的自由度（$N-k$）、显著性水平 α、等级数 a。所谓**等级数**就是在所有的样本平均数中，介于相比较的两个组的平均数之间的平均数个数。例如，有 5 组平均数，分别是 30、50、70、40、60，现在对第一组（平均数为 30）和第五组（平均数为 60）进行逐对检验，由于 30、40、50、60 都落在 30 ～ 60 之间，故等级数为 4。

【例 10.2.4】对例 10.2.2 的数据进行平均数逐对 q 检验。

解：

根据 3 组平均数（34.500、36.667 和 41.000），查表得 A 校与 B 校之间、B 校与 C 校之间的临界值 $q_{0.05,2,12}=3.08$，A 校与 C 校之间的临界值 $q_{0.05,3,12}=3.77$

各组平均数间的绝对差异 D_{ij} 值和 q_{ij} 值见表 10.2.6：

表 10.2.6 平均数逐对检验表（q 检验）

第 i 组	第 j 组	D_{ij}	q_{ij}
1	2	–2.166	–1.429
	3	–6.500*	–4.126
2	1	2.166	1.429
	3	–4.333	–3.047
3	1	6.500*	4.126
	2	4.333	3.047

* 表示差异有显著意义。

结果与例 10.2.3 相同。

10.2.3.3 S 检验*

S 检验是歇费（Scheffe）检验的简称。它的要求很简单，任意两个样本的平均数之差（D_{ij}）如果大于临界值 S_{ij}，就认为两者之间有显著差异。

$$S_{ij}=\sqrt{(k-1)F_{0.05,k-1,N-k}MSE\left(\frac{1}{n_i}+\frac{1}{n_j}\right)} \quad (i\neq j) \qquad \text{（公式 10.2.10）}$$

【例 10.2.5】对例 10.2.2 的数据进行平均数逐对 S 检验。

解：

查表得 $F_{0.05,2,12}=3.89$；根据 3 组平均数（34.500，36.667，41.000）和前文中计算得到的 $MSE=11.028$，得出各组平均数间的绝对差异 D_{ij} 值和 S_{ij} 值见表 10.2.7：

表 10.2.7 平均数逐对检验表（*S* 检验）

第 *i* 组	第 *j* 组	$\|D_{ij}\|$	S_{ij}
1	2	2.166	5.979
	3	6.500*	6.214
2	1	2.166	5.979
	3	4.333	5.608
3	1	6.500*	6.214
	2	4.333	5.608

* 表示差异有显著意义。

结果与例 10.2.3、例 10.2.4 相同。

t 检验、q 检验和 S 检验哪个更好？

虽然例 10.2.3、例 10.2.4 和例 10.2.5 的平均数逐对检验结果都相同，但是三种检验方法并不等价，偶尔也会出现不同的结果。哪个方法更好，也没有一致的看法。但可以证明的是，*S* 检验与 *F* 检验是等价的，即当方差分析的 *F* 值显示因素对因变量有显著影响时，总能在 *S* 检验中找到两个样本平均数有显著差异。但别的方法就不一定了。

10.3 多因素方差分析

10.3.1 多因素方差分析及其作用

在实际生活中，我们所关心的某项指标的影响因素往往不止一个。影响因素越多，问题就越复杂，需要采用多因素方差分析。

最简单的设计方法，就是全因素试验：即把各个因素的一切可能水平的组合都做一次处理。例如，在两个因素的情况下，因素 A 有 a 个水平，因素 B 有 b 个水平，则总共将有 $a \times b$ 个处理。通过双因素方差分析，我们就可以推断这两个因素对平均数有无显著影响。

另外，在现实生活中，A、B 两因素对指标的影响效应不一定是两者主效应的简单相加，它们之间可能并不是独立的，而是存在着交互作用——某个因素对实验结果的影响受到其他因素的制约。比如说，某种教材是否有好的效果，往往还要看配合的是哪一种教法。如果教材和教法配合得好，就可以事半功倍。这时，我们说教材和教法之间存在交互作用。同时检验主效应和交互作用的方差分析，称为析因设计方差分析。

两个因素之间有没有交互作用，可以用图示的方法来判断。观察图 10.3.1，我们可以判断在（A）和（B）两种情况下没有交互作用，因为因素 A 的两个水平（a_1 和 a_2）之间的差异不受 B 因素不同水平（b_1、b_2、b_3）的影响，反之亦然；而在（C）和（D）两种情况下，一个因素中各水平之间的差异受到另一个因素不同水平的影响，这说明存在交互作用。

另外，在实验或调查中，虽然主要任务是检验某个单因素对某个变量的影响，但是这个变量有时又受到其他因素的影响。在前面提到的顾客给商品外观打分的问题中，顾客打分的高低不仅受到商品外观的影响，也常常受到顾客自身性格的影响。为了获得正确的结论，就要考虑这种影响，并对其加以控制。一般的做法是，将后一个因素分成各个区组，每个区组内的个体尽量保持同质，在对各区组施以多种实验处理之后，进行方差分析。这种方法称为随机区组设计。虽然随机区组设计的目的是分析单个因素的效应，但是对总方差的分解方法与双因素方差分析一样。

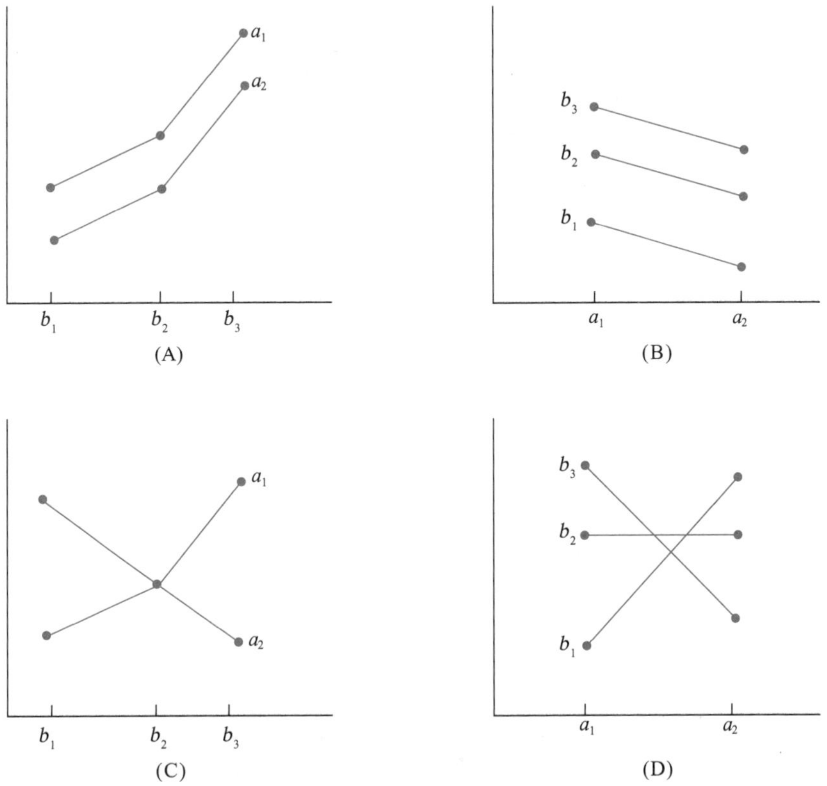

图 10.3.1 两个因素间有无交互作用（A 和 B 无，C 和 D 有交互作用）

本章导读问题二，因为是考察两个因素（线段宽度和观视距离）对错觉量的影响，而且不同条件下的数据之间没有对应关系，故应采用完全随机设计的双因素方差分析。而问题三考察的是 3 个时间点的错觉量，由于每行数据都是同一参试者在不同时间点上的观察值，每一行的 3 个数据构成一个区组，故应采用随机区组设计的方差分析。

10.3.2 双因素方差分析（完全随机设计）

10.3.2.1 双因素方差分析（完全随机设计）的数据结构和数学模型

在双因素实验中，也可以像 10.2 节中那样抽出若干独立样本，成为完全随机设计。这种情况下的数据结构见表 10.3.1。

表 10.3.1 有交互作用的双因素方差分析的数据结构

		A因素				
		1	2	…	a	总和与平均数
B因素	1	X_{111} X_{112} … X_{11n}	X_{211} X_{212} … X_{21n}	…	X_{a11} X_{a12} … X_{a1n}	T_{*1}（$\overline{X}_{*1}$）
	2	X_{121} X_{122} … X_{12n}	X_{221} X_{222} … X_{22n}	…	X_{a21} X_{a22} … X_{a2n}	T_{*2}（$\overline{X}_{*2}$）
	…	…	…	…	…	…
	b	X_{1b1} X_{1b2} … X_{1bn}	X_{2b1} X_{2b2} … X_{2bn}	…	X_{ab1} X_{ab2} … X_{abn}	T_{*b}（$\overline{X}_{*b}$）
	总和与平均数	T_{1*}（$\overline{X}_{1*}$）	T_{2*}（$\overline{X}_{2*}$）	…	T_{a*}（$\overline{X}_{a*}$）	T（$\overline{X}_t$）

表中，a 是 A 因素的水平数；b 是 B 因素的水平数；T_{i*} 是 A 因素第 i 个水平下观察值的总和；$\overline{X}_{i*}$ 是 A 因素第 i 个水平下观察值的平均数；T_{*j} 是 B 因素第 j 个水平下观察值的总和；$\overline{X}_{*j}$ 是 B 因素第 j 个水平下观察值的平均数。表中的 n 可以相等，也可以不等。

双因素方差分析的数学模型是：

$$X_{ij} = \mu + \alpha_i + \beta_j + \alpha_i\beta_j + \varepsilon_{ij} \quad \text{（公式 10.3.1）}$$

式中：

X_{ij} 是 A 因素第 i 个水平和 B 因素的第 j 个水平下的一个观察值；

μ 为总体平均数；

α_i 是 A 因素第 i 种水平产生的效应；

β_j 是 B 因素第 j 种水平产生的效应；

$\alpha_i\beta_j$ 指交互作用产生的效应；

ε_{ij} 代表总差异中除了 A、B 两个因素效应以外的随机误差。

10.3.2.2 双因素方差分析（完全随机设计）的步骤

（1）建立假设

H_0：A 因素的各种水平之间无显著差异，B 因素的各种水平之间亦无显著差异，两因素间不存在交互作用；

H_1：至少有一个因素的各种水平之间有显著差异，或两因素间有交互作用。

（2）分解总平方和

总平方和：

$$SST=\sum_{i=1}^{a}\sum_{j=1}^{b}\sum_{r=1}^{n_{ij}}(X_{ijr}-\overline{X}_t)^2=\sum_{i=1}^{a}\sum_{j=1}^{b}\sum_{r=1}^{n_{ij}}X_{ijr}^2-\frac{T^2}{N} \qquad \text{（公式 10.3.2）}$$

组间平方和：

$$SSTr=\sum_{i=1}^{a}\sum_{j=1}^{b}n_{ij}(\overline{X}_{ij}-\overline{X}_t)^2=\sum_{i=1}^{a}\sum_{j=1}^{b}\frac{T_{ij}^{\ 2}}{n_{ij}}-\frac{T^2}{N} \qquad \text{（公式 10.3.3）}$$

组内平方和：

$$SSE=\sum_{i=1}^{a}\sum_{j=1}^{b}\sum_{r=1}^{n_{ij}}(X_{ijr}-\overline{X}_{ij})^2=\sum_{i=1}^{a}\sum_{j=1}^{b}\sum_{r=1}^{n_{ij}}X_{ijr}^2-\sum_{i=1}^{a}\sum_{j=1}^{b}\frac{T_{ij}^{\ 2}}{n_{ij}} \qquad \text{（公式 10.3.4）}$$

可见

$$SST=SSTr+SSE$$

组间平方和是由于实验处理造成的差异，它可以进一步分解为 A 因素平方和、B 因素平方和与 A × B（交互作用）平方和：

A 因素平方和：

$$SSA=\sum_{i=1}^{a}n_{i*}(\overline{X}_{i*}-\overline{X}_t)^2=\sum_{i=1}^{a}\frac{\left(\sum_{j=1}^{b}\sum_{r=1}^{n_{ij}}X_{ijr}\right)^2}{n_{i*}}-\frac{T^2}{N} \qquad \text{（公式 10.3.5）}$$

B 因素平方和：

$$SSB=\sum_{j=1}^{b}n_{*j}(\overline{X}_{*j}-\overline{X}_t)^2=\sum_{j=1}^{b}\frac{\left(\sum_{i=1}^{a}\sum_{r=1}^{n_{ij}}X_{ijr}\right)^2}{n_{*j}}-\frac{T^2}{N} \qquad \text{（公式 10.3.6）}$$

A × B 平方和：

$$SS_{A\times B}=SSTr-SSA-SSB \qquad \text{（公式 10.3.7）}$$

以上各式中：

n_{ij} 为 A 因素第 i 个水平与 B 因素第 j 个水平构成的处理下的样本的容量，$\overline{X}_{ij}$是该样本的观察值的平均数，T_{ij} 是该样本的观察值总和；

n_{i*} 为 A 因素第 i 个水平下各个样本容量之和，$\overline{X}_{i*}$是这些样本的观察值的平均数。相应的，n_{*j} 为 B 因素第 j 个水平下各样本容量之和，$\overline{X}_{*j}$是这些样本的观察值的平均数。

（3）分解自由度

总自由度 df_t：$N-1$

组间自由度 df_b：$ab-1$

组内自由度 df_w：$N-ab$

A 因素自由度 df_A：$a-1$

B 因素自由度 df_B：$b-1$

A × B 自由度 $df_{A\times B}$：$(a-1)(b-1)$

（4）计算均方差和 F 值

A 因素方差：$MSA = SSA/(a-1)$

B 因素方差：$MSB = SSB/(b-1)$

A × B 因素方差：$MS_{A\times B} = SS_{A\times B}/[(a-1)(b-1)]$

组内方差：$MSE = SSE/(N-ab)$

$F_A = MSA/MSE$

$F_B = MSB/MSE$

$F_{A\times B} = MS_{A\times B}/MSE$

（5）做出统计决策，列出方差分析表

【例 10.3.1】现有四种教材和三种教学方法，在进行了一段时间的教学以后，得到以下成绩，问教材和教法这两种因素对成绩有无显著影响？两种因素之间有无交互作用？

表 10.3.2　不同教材和教法下的学习成绩

		教材因素（A 因素）			
		1	2	3	4
教法因素（B 因素）	1	85，80	90，89	92，79	69，63
	2	71，60	88，75	89，84	90，89
	3	90，96	64，70	78，80	89，87

解：

①提出假设：

H_0：教材因素的各种水平之间无显著差异，教法因素的各种水平之间亦无显著差异，两种因素之间没有交互作用

H_1：至少有一个因素的各种水平之间有显著差异，或两种因素之间存在交互作用

②进行离差平方和的分解（因数据太多，列出公式后直接给出结果，读者可自行代入数据）：

$$SST=\sum_{i=1}^{a}\sum_{j=1}^{b}\sum_{r=1}^{n_{ij}}(X_{ijr}-\overline{X}_t)^2=\sum_{i=1}^{a}\sum_{j=1}^{b}\sum_{r=1}^{n_{ij}}X_{ijr}^2-\frac{T^2}{N}=2424.625$$

$$SSE=\sum_{i=1}^{a}\sum_{j=1}^{b}\sum_{r=1}^{n_{ij}}(X_{ijr}-\overline{X}_{ij})^2=\sum_{i=1}^{a}\sum_{j=1}^{b}\sum_{r=1}^{n_{ij}}X_{ijr}^2-\sum_{i=1}^{a}\sum_{j=1}^{b}\frac{T_{ij}^{\ 2}}{n_{ij}}=313.5$$

$$SSA=\sum_{i=1}^{a}n_{i*}(\overline{X}_{i*}-\overline{X}_t)^2=\sum_{i=1}^{a}\frac{\left(\sum_{j=1}^{b}\sum_{r=1}^{n_{ij}}X_{ijr}\right)^2}{n_{i*}}-\frac{T^2}{N}=61.792$$

$$SSB=\sum_{j=1}^{b}n_{*j}(\overline{X}_{*j}-\overline{X}_t)^2=\sum_{j=1}^{b}\frac{\left(\sum_{i=1}^{a}\sum_{r=1}^{n_{ij}}X_{ijr}\right)^2}{n_{*j}}-\frac{T^2}{N}=4.750$$

$SS_{A\times B}=SSTr-SSA-SSB=SST-SSE-SSA-SSB=2044.583$

③计算自由度：

总自由度：$N-1=23$

组间自由度：$ab-1=11$

组内自由度：$N-ab=12$

A 因素自由度：$a-1=3$

B 因素自由度：$b-1=2$

A×B 自由度：$(a-1)(b-1)=6$

④计算均方差：

A 因素方差：$MSA=SSA/(a-1)=20.597$

B 因素方差：$MSB=SSB/(b-1)=2.375$

A×B 因素方差：$MS_{A\times B}=SS_{A\times B}/[(a-1)(b-1)]=340.764$

组内方差：$MSE=SSE/(N-ab)=26.125$

⑤计算 F 值：

$F_A = MSA / MSE = 0.788$

$F_B = MSB / MSE = 0.091$

$F_{A\times B} = MS_{A\times B} / MSE = 13.044$

⑥做出统计决断：

查表得 F 临界值分别为 $F_{A\ 0.05,3,12} = 3.49$，$F_{B\ 0.05,2,12} = 3.89$，$F_{A\times B\ 0.01,6,12} = 4.82$。故教材因素和教法因素本身对学生成绩无显著的影响，即无主效应；但是教材与教法具有极其显著的交互作用。为什么会产生交互作用呢？这就要考察表 10.3.2 的数据了。我们可以看到，对于教材 1，用教法 3 的成绩最好（90，96）；对于教材 2，用教法 1 的成绩最好（90，89）；对于教材 4，用教法 2 最好（90，89）；而对于教材 3，似乎没有特别有效的教法。这就是说，教法的效果受制于教材（反之亦然），通过方差分析就能检验出教材和教法的这种交互作用。

方差分析表（见表 10.3.3）：

表 10.3.3 方差分析表

误差来源	平方和	自由度	均方差	F 值
教材因素 (A)	61.792	3	20.597	0.788
教法因素 (B)	4.750	2	2.375	0.091
A × B	2044.583	6	340.764	13.044**
组内差异	313.5	12	26.125	
总差异	2424.625	23		

** 表示差异有极其显著意义。

10.3.2.3 双因素方差分析（完全随机设计）的 ω^2 和效应量

完全随机设计双因素方差分析的 ω^2 和效应量 **f** 的计算公式如下，式中下标 *effect* 的可以是 A、B 或 A × B，用来区别要计算的是 A 因素、B 因素还是 A 和 B 交互作用的 ω^2 和 **f**。

$$\omega^2 = \frac{df_{effect}(F_{effect}-1)}{df_{effect}(F_{effect}-1)+N} \qquad \text{（公式 10.3.8）}$$

$$\mathbf{f} = \sqrt{\frac{\eta^2_{effect}}{1-\eta^2_{effect}}} \qquad \text{（公式 10.3.9）}$$

公式 10.3.9 中，

$$\eta^2 = \frac{SS_{effect}}{SST} \qquad (公式\ 10.3.10)$$

10.3.3　双因素方差分析（随机区组设计）

10.3.3.1　随机区组设计

前面我们曾经提到，在实验或调查中，某个单因素常常要受另外一个因素的影响。例如，顾客对商品外观打分的高低不仅受到商品的影响，也常常受到顾客自身性格的影响。为了获得正确的结论，就要对顾客性格的影响加以控制，以便将顾客性格造成的个别差异区分出来。为此，往往采用随机区组设计：让每一位顾客对不同的外观分别打分。这样他一个人就产生了一组观察值，这组观察值就构成一个区组，见表 10.3.4。

表 10.3.4　四位顾客对 3 种外观形式的评分

		外观形式		
		1	2	3
顾客（区组）	1	70.6	72.2	71.6
	2	70.1	72.3	70.8
	3	71.5	72.6	72.1
	4	71.7	73.4	72.3

如果将顾客作为一个影响实验结果的因素考虑进来，那就相当于进行了一个双因素方差分析。但是这与前面讲的完全随机设计的双因素方差分析又有所不同。在完全随机设计的情况下，两个因素都是可以控制的，例如，教材和教法，可以随意制定、设计和控制，因而每一次呈现出来的时候都可以做到固定不变。这种情况下的统计模型称为固定效应模型，即在因素是可以控制的情况下的统计模型。而在顾客打分这个问题中，第一个因素（商品的外观形式）是可以按主观意图随意设计和控制的，属于固定效应模型；但是第二个因素属于随机效应模型，即在因素不能按主观意图指定、也不能随意控制的情况下的统计模型。因为顾客是随机抽取的，不能按主观意图指定，也不能随意控制；每一位顾客在为不同商品打分时，心理状态不是固定不变的，而是随机变化的。可见，随机区组设计中至少有一个因素属于随机效应模型。判断一个变

量适用于固定效应模型还是随机效应模型，有一个简单的办法：如果变量的水平是有限的、各个水平在试验中全部出现，可以看作固定效应模型。例如，商品的外观形式一共设计了三种，每一种又都作为一个水平出现在实验中；如果变量的水平是无限的、试验中不可能全部出现，可以看作随机效应模型。例如，顾客是无数的，试验中只能随机抽选一部分顾客作为参试者。

与两个样本平均数之差的 t 检验需要区分独立样本和相关样本一样，方差分析也要做此区分。在完全随机设计的方差分析中，由随机抽样而得到的相互没有关联的样本分别接受各种不同的处理，由此产生的是**独立样本**；而在随机区组设计的方差分析中，同一组参试者或通过匹配的多组参试者接受各种处理，由此产生的样本是**相关样本**。因此，完全随机设计的方差分析就是对多个独立样本的平均数差异所进行的显著性检验，随机区组设计的方差分析就是对多个相关样本的平均数差异所进行的显著性检验。

有时候，我们不把区组看作一个因素，也可以称随机区组设计的方差分析为单因素相关样本的方差分析。

几个有关联的概念

在心理学实验设计中，完全随机设计又称为**参试者间设计（或被试间设计）**，因为比较是在不同被试之间进行的；随机区组设计又称为**参试者内设计（或被试内设计）**，因为比较是在同一组参试者（或匹配成同质的参试者）产生的多组数据间进行的。由于参试者内设计常常是对同一组参试者在多个条件下进行测量，其方差分析又被称为**重复测量**的方差分析。详情请参考有关实验设计或研究方法的教材。

10.3.3.2 双因素方差分析（随机区组设计）的数据结构和计算公式

（1）随机区组设计的数据结构

随机区组设计的数据结构与双因素方差分析类似，见表 10.3.5。

表 10.3.5 随机区组设计的数据结构

		因素不同水平（处理）				
		1	2	…	a	总和与平均数
区组	1	X_{11}	X_{21}	…	X_{a1}	T_{*1}（$\overline{X}_{*1}$）
	2	X_{12}	X_{22}	…	X_{a2}	T_{*2}（$\overline{X}_{*2}$）
	…	…	…	…	…	
	b	X_{1b}	X_{2b}	…	X_{ab}	T_{*b}（$\overline{X}_{*b}$）
	总和与平均数	T_{1*}（$\overline{X}_{1*}$）	T_{2*}（$\overline{X}_{2*}$）	…	T_{a*}（$\overline{X}_{a*}$）	T（$\overline{X}_t$）

表中，a 是 A 因素的水平数；b 是区组的个数；T_{i*} 是因素第 i 个水平下观察值的总和；$\overline{X}_{i*}$ 是因素第 i 个水平下观察值的平均数；T_{*j} 是第 j 个区组观察值的总和；$\overline{X}_{*j}$ 是第 j 个区组观察值的平均数。

（2）总差异的分解公式

随机区组设计的方差分析与完全随机设计的方差分析的原理是一样的，都是对总平方和进行分解。不同的是，随机区组设计将总平方和分解成了组间平方和、区组平方和与误差平方和。计算公式如下：

总平方和：

$$SST=\sum_{i=1}^{a}\sum_{j=1}^{b}(X_{ij}-\overline{X}_t)^2=\sum_{i=1}^{a}\sum_{j=1}^{b}X_{ij}^2-\frac{T^2}{N} \qquad \text{（公式 10.3.11）}$$

组间平方和：

$$SSA=b\sum_{i=1}^{a}(\overline{X}_{i*}-\overline{X}_t)^2=\sum_{i=1}^{a}\frac{\left(\sum_{j=1}^{b}X_{ij}\right)^2}{b}-\frac{T^2}{N} \qquad \text{（公式 10.3.12）}$$

区组平方和：

$$SSR=a\sum_{j=1}^{b}(\overline{X}_{*j}-\overline{X}_t)^2=\sum_{j=1}^{b}\frac{\left(\sum_{i=1}^{a}X_{ij}\right)^2}{a}-\frac{T^2}{N} \qquad \text{（公式 10.3.13）}$$

误差平方和：

$$SSE=SST-SSA-SSR \qquad \text{（公式 10.3.14）}$$

（3）自由度的计算公式

总自由度 df_t：$N-1$

组间自由度 df_A：$a-1$

区组自由度 df_R：$b-1$

误差自由度：$(a-1)(b-1)=N-a-b+1$

（4）均方差和 F 值的计算公式

组间方差：$MSA = SSA/(a-1)$

区组方差：$MSR = SSR/(b-1)$

误差方差：$MSE = SSE/(N-a-b+1)$

F 值：$F_A = MSA/MSE$，$F_R = MSR/MSE$

【例 10.3.2】对表 10.3.4 的数据进行方差分析。

解：这是一个随机区组设计，故用随机区组方差分析进行显著性检验。

①提出假设：

H_0：顾客对各种商品外观的评价无显著差异

H_1：顾客对各种商品外观的评价至少有两个水平之间有显著差异

②平方和的分解：

$$SST=\sum_{i=1}^{a}\sum_{j=1}^{b}(X_{ij}-\overline{X}_t)^2=\sum_{i=1}^{a}\sum_{j=1}^{b}X_{ij}^2-\frac{T^2}{N}=9.407$$

$$SSA=b\sum_{i=1}^{a}(\overline{X}_{i*}-\overline{X}_t)^2=\sum_{i=1}^{a}\frac{\left(\sum_{j=1}^{b}X_{ij}\right)^2}{b}-\frac{T^2}{N}=5.472$$

$$SSR=a\sum_{j=1}^{b}(\overline{X}_{*j}-\overline{X}_t)^2=\sum_{j=1}^{b}\frac{\left(\sum_{i=1}^{a}X_{ij}\right)^2}{a}-\frac{T^2}{N}=3.48$$

$SSE=SST-SSA-SSR=0.455$

③计算自由度：

总自由度：$N-1=11$

组间自由度：$a-1=2$

区组自由度：$b-1=3$

误差自由度：$(a-1)(b-1)=N-a-b+1=6$

④计算均方差：

$$MSA = SSA/(a-1) = 2.736$$

$$MSR = SSR/(b-1) = 1.160$$

$$MSE = SSE/[(a-1)(b-1)] = 0.076$$

⑤计算 F 值：

$$F_A = MSA/MSE = 36.077$$

$$F_R = MSR/MSE = 15.297$$

⑥做出统计决断：

设显著性水平为 0.01，查表得 F 临界值分别为 $F_{A\ 0.01,2,6}=10.9$，$F_{R\ 0.01,3,6}=9.78$。故外观形式对顾客打分有极其显著的影响，四个区组的平均数也有极其显著的差异，这说明在这个问题中，区组设计是完全必要的。

方差分析表见表 10.3.6。

表 10.3.6 方差分析表

误差来源	平方和	自由度	均方差	F 值
组间差异	5.472	2	2.736	36.077**
区组差异	3.480	3	1.160	15.297**
误差差异	0.455	6	0.076	
总差异	9.407	11		

** 表示差异有极其显著意义。

除了一个参试者可以构成一个区组以外，一组参试者或一个团体也可以构成一个区组。

【例 10.3.3】现有四种教材，为了比较其教学效果，在某地选择了三组不同水平(重点小学、普通小学和薄弱小学）的学校进行实验研究：每个水平各选择 4 所学校，分别随机地指派一种教材。在进行了一段时间的教学以后，得到以下成绩，问不同的教材对成绩有无显著影响?

表 10.3.7 不同水平学校使用不同教材后的平均成绩

		教材				
		1	2	3	4	总和
学校（区组）	1	91.1	65.2	84.6	76.1	317.0
	2	93.3	60.5	92.2	74.2	320.2
	3	92.5	55.1	84.1	71.3	303.0
	总和	276.9	180.8	260.9	221.6	940.2

解：这是一个随机区组设计，故用随机区组方差分析进行显著性差异检验。

①提出假设：

H_0：各种教材效果之间无显著差异

H_1：至少有两种教材效果之间有显著差异

②进行离差平方和的分解：

$$SST=\sum_{i=1}^{a}\sum_{j=1}^{b}(X_{ij}-\overline{X}_t)^2=\sum_{i=1}^{a}\sum_{j=1}^{b}X_{ij}^2-\frac{T^2}{N}=1954.33$$

$$SSA=b\sum_{i=1}^{a}(\overline{X}_{i*}-\overline{X}_t)^2=\sum_{i=1}^{a}\frac{\left(\sum_{j=1}^{b}X_{ij}\right)^2}{b}-\frac{T^2}{N}=1847.87$$

$$SSR=a\sum_{j=1}^{b}(\overline{X}_{*j}-\overline{X}_t)^2=\sum_{j=1}^{b}\frac{\left(\sum_{i=1}^{a}X_{ij}\right)^2}{a}-\frac{T^2}{N}=41.84$$

$$SSE=SST-SSA-SSR=64.62$$

③计算自由度：

总自由度：$N-1=11$

组间自由度：$a-1=3$

区组自由度：$b-1=2$

误差自由度：$(a-1)(b-1)=N-a-b+1=6$

④计算均方差：

$$MSA=SSA/(a-1)=615.957$$

$$MSR=SSR/(b-1)=20.920$$

$$MSE = SSE / [(a-1)(b-1)] = 10.770$$

⑤计算 F 值：

$$F_A = MSA / MSE = 57.192$$

$$F_R = MSR / MSE = 1.942$$

⑥做出统计决断：

查表得 F 临界值分别为 $F_{A\,0.01,3,6} = 9.78$，故教材因素对成绩有极其显著的影响。$F_{R\,0.05,2,6} = 5.14$，故三个区组的平均数没有显著差异。

方差分析表（见表 10.3.8）：

表 10.3.8 方差分析表

误差来源	平方和	自由度	均方差	F 值
组间差异	1847.87	3	615.957	57.192**
区组差异	41.84	2	20.920	1.942
误差差异	64.62	6	10.770	
总差异	1954.33	11		

** 表示差异有极其显著意义。

10.3.3.3 双因素方差分析（随机区组设计）的 ω^2 和效应量

随机区组设计双因素方差分析的 ω^2 和效应量 **f** 的计算公式如下：

$$\omega^2 = \frac{df_A(F_A - 1)}{df_A(F_A - 1) + F_R b + N} \quad \text{（公式 10.3.15）}$$

$$\mathbf{f} = \sqrt{\frac{\eta^2}{1-\eta^2}} \quad \text{（公式 10.3.16）}$$

公式 10.3.16 中，

$$\eta^2 = \frac{SSA}{SST} \quad \text{（公式 10.3.17）}$$

本章术语

- **方差分析**（analysis of variance, ANOVA）：对多组平均数差异进行显著性检验的方法，其优点是能够充分地利用样本信息，而且可以通过一次检验得出结论，从而避

免多次逐对 t 检验所造成的错误概率的累积。

- **组间差异**（between-groups variance）：各样本平均数之间的差异。
- **组内差异**（within-groups variance）：样本内部观察值之间的差异。
- **因素**（factor）：实验中的自变量。
- **单因素实验**（one-way experiment）：只有一个自变量的实验。
- **多因素实验**（multiple-factor experiment）：有两个或两个以上自变量的实验。
- **水平**（level）：某一个因素的不同情况。水平之间的差别可以是数量上的差别，也可以是性质上的不同。
- **处理**（treatment）：按各个水平条件进行的重复实验。
- **主效应**（main effect）：因素对实验结果的影响。
- **交互作用**（interaction）：在多因素的情况下，某个因素对实验结果的影响受到另一个因素的制约。
- **完全随机设计**（simple randomized participants design）：随机抽取一些个体，将其随机地分派入不同的样本，在对这些样本分别施以不同的实验处理以后，进行平均数差异显著性检验。常被称为参试者间设计（between-participants design）或被试间设计（between-subjects design）。
- **事后比较**（posteriori comparisons）：方差分析出现了显著差异时，检验各个水平的平均数两两比较有无显著差异，又称为“逐对比较”（pair-wise comparisons）或“多重比较”（multiple comparisons）。
- **析因设计方差分析**（analysis of variance of factorial design）：同时检验主效应和交互作用的方差分析。
- **随机区组设计**（randomized blocks design）：一个因素的效应受到另一个因素的影响时，将后一个因素分成各个区组，每个区组内的个体尽量保持同质，在对各区组施以多种实验处理之后，进行方差分析。常被称为重复测量设计（repeated-measure design）、参试者内设计（within-participants design）或被试内设计（within-subjects design）。
- **固定效应模型**（fixed-model）：因素是在可以控制的情况下的统计模型。
- **随机效应模型**（random-model）：在因素不能按主观意图指定、也不能随意控制的情况下的统计模型。

练习与思考

1. 在一个心理学实验中，设置了 A、B、C 三种条件，每一种条件下有随机抽取的 4 名参试者，实验结果分别是：

A 条件：75，82，77，76

B 条件：88，90，85，83

C 条件：75，73，71，70

问三种条件下测得的结果有无显著差异？

2. 四个班进行英语测验，从各班随机抽取 5 个学生的试卷，成绩如下：

A 班：78，72，69，74，71

B 班：89，79，56，64，77

C 班：67，89，76，80，64

D 班：88，92，75，77，84

问四个班级学生英语测验成绩有无显著差异？

3. 从某校三个年级各随机抽取几名学生进行简单反应时测定，成绩（单位：毫秒）如下：

一年级：610，705，580

二年级：695，710，820，645，830

三年级：740，685，857，760

问三个年级学生反应时有无显著差异？

4. 对第 1 ～ 3 题数据进行多重比较（必要时）。

5. 某教师为了考察使用计算器对小学三年级学生数学成绩的影响，随机抽取男女生各 10 人，并将男、女生分别随机地分为两组，一组学生使用计算器，对另一组学生不使用计算器。作业成绩如下表，进行方差分析。

		A 因素（是否使用计算器）	
		不使用计算器	使用计算器
B 因素（性别）	男	68，50，52，64，70	87，51，70，87，90
	女	89，46，51，95，90	82，63，58，95，93

6. 计算第 5 题的 ω^2 和效应量。

7. 某研究人员随机抽取 8 名参试者，让他们分别在 4 种实验条件下记忆字符串。成绩如下表，问 4 种实验条件是否造成了记忆效果的显著差异？

参试者编号	条件 A	条件 B	条件 C	条件 D
1	21	20	19	18
2	20	19	20	17
3	22	23	19	19
4	19	19	18	18
5	19	21	17	20
6	18	19	19	19
7	21	21	20	19
8	17	16	15	16

8. 如果仅仅知道若干个独立样本的平均数、标准差和人数，能否进行单因素方差分析？例如，随机地从 A 校抽取 45 名学生，从 B 校抽取 60 名学生，从 C 校抽取 50 名学生，测得他们的口算成绩分别如下：

A 校：平均数 80，标准差 10

B 校：平均数 93，标准差 11

C 校：平均数 86，标准差 9.5

能否据此判断三校成绩有无显著差异？

9. 有一个双因素方差分析实验，A 因素为教材，共 3 种；B 因素为教法，共 4 种。交叉分组后得到 12 种处理，每个处理中有 2 名参试者。经过后期测验，得到一个方差分析表，请完成它，并说明有无显著意义。

差异来源	平方和	自由度	均方差	F 值
A 因素	180			
B 因素	300			
A×B	3000			

续　表

差异来源	平方和	自由度	均方差	*F* 值
组内	100			
总差异				

10. 从第 1 ～ 3 题中任选一题，去掉多余的样本（使 $k=2$），分别用 t 检验和方差分析，检验 2 个样本（例如 A 和 B 条件）的平均数有无显著差异，考察两种方法所获的结果是否相同。

实习题

11. 仿照本章导读问题，编制更多模拟数据，并对这些数据做一个完整的 $3\times2\times3$（线段宽度 A、B、C；观视距离 a、b；测定时间：上午、中午、下午）的方差分析。注意：前两个因素（线段宽度、观视距离）属于参试者间设计，最后一个因素（测定时间）是参试者内设计。在运用 SPSS 软件时，可以进入重复测量的方差分析，先定义“测定时间”变量的三个水平，再将线段宽度和观视距离加入参试者间自变量中。

第 11 章

相关分析

本章提要

本章主旨

相关分析研究的是变量之间不精确、不稳定的变化关系，是探索因果关系的第一步。根据不同的数据水平，可以计算各种相关系数（积差相关、等级相关、质量相关和品质相关等）并且进行显著性检验。

本章要点

- 积差相关系数对数据水平的要求最高：两个变量都应该是连续的正态变量。
- 相关系数之间只能比较相对大小，不能进行加减或乘除运算；但是可以用费舍转换法转换成具有等距单位的 Z_r 值。
- 等级相关系数用于顺序（等级）水平的变量，其中斯皮尔曼等级相关系数用于两个变量的情形，肯德尔和谐系数用于多个变量的情形。
- 质量相关系数用于描述品质型变量与数量型变量之间的相关，主要包括二列相关系数、点二列相关系数和多列相关系数。
- 品质相关系数指的是品质型变量之间的相关系数，常见的有 Φ 相关系数。

导读问题

本章探讨的都是表示变量之间关联程度的各种相关系数。现在假想有一项对高校毕业生的调查，它记录了每个参试者的性别、年龄、学历（本科、硕士、博士）、言语能力得分、计算能力得分、操作能力得分、焦虑水平（0～9）、抓握力量和对某个社会问题的态度（赞成、反对），数据如下：

参试者编号	性别	年龄	学历	言语	计算	操作	焦虑	握力	态度
0001	男	25	本科	89	86	98	7	35	赞成
0002	男	36	硕士	86	90	95	8	32	反对
0003	女	34	硕士	91	92	87	6	45	反对
0004	女	28	本科	96	85	69	8	23	反对
0005	男	29	硕士	85	78	83	5	39	赞成
0006	女	35	本科	85	77	86	7	29	反对
0007	女	32	本科	83	89	90	8	34	赞成
0008	女	23	本科	90	92	93	7	28	反对
0009	男	27	硕士	94	82	96	6	32	赞成
0010	男	32	博士	81	90	65	4	33	赞成
……	……	……	……	……	……	……	……	……	……

以上任意两个变量之间都可以计算相关系数。但是，不同水平的两个（或多个）变量之间的相关程度须用不同种类的相关系数来表示。

- 问题一：*求言语能力得分与计算能力得分之间的相关系数。*

由于一般认为这两个变量都是正态分布的连续变量，因此常常计算其积差相关系数。

- 问题二：*求言语能力得分与焦虑水平和抓握力量的相关。*

由于焦虑水平和抓握力量未必是连续变量或呈正态分布，故只能计算斯皮尔曼等级相关系数。而上述 3 个变量还可以合起来计算肯德尔和谐系数。

- 问题三：*求性别与言语能力得分之间的相关系数。*

两性是质的不同，不同的言语能力得分则是量的差异，故要表示两者之间的关联程度应计算质量相关中的点二列相关系数；如果求学历与计算能力得分的相关，则应计算质量相关中的多列相关系数。

- 问题四：计算性别与态度之间的相关系数。

由于两个变量都是质的差异，应计算品质相关中的 Φ 相关系数。

11.1 相关与相关系数

11.1.1 什么是相关

我们在中学里接触到的数学，基本上都是研究数量之间的精确关系的。例如用一个函数式表达自变量和因变量之间的关系，自变量的值确定了，因变量的值也就根据计算公式确定下来了。

但在日常生活中，更多的现象是，自变量的值确定以后，因变量的取值却只是大致上确定下来，就好像不很在行的人射箭，“虽不中，不远矣”。在自变量确定的情况下，因变量有了一定的取值范围，但是究竟取哪个值是随机的：有时候取这个值，有时候取那个值。这时，我们说自变量和因变量之间存在着一定的关系，但是这种关系不很精确，也不稳定。这是随机现象的特征之一。

例如，一个人的计算能力和言语能力之间就有一定的关系。一般来说，计算能力强的人，言语能力往往也比较强。但是，两者之间又不能精确换算，因为计算能力相同的两个人，言语能力很可能还是不同的。

相关就是指变量之间不精确、不稳定的变化关系。

两个变量之间的相关关系表现在两个方面：变化方向和密切程度。

看图 11.1.1，这里有三个散点图，分别用来表示三种相关关系：正相关、负相关和零相关。假定横坐标表示计算能力得分，纵坐标表示言语能力得分，那么图 11.1.1(A)表示的情形显然是，计算能力比较好，言语能力往往也比较好；反之，计算能力比较差，言语能力往往也比较差。像这样，一个变量的值变大，另一个变量的值相应地也变大；反之，一个变量的值变小，另一个变量的值相应地也变小，即两个变量的变化方向相同，这两个变量之间的相关就是正相关。

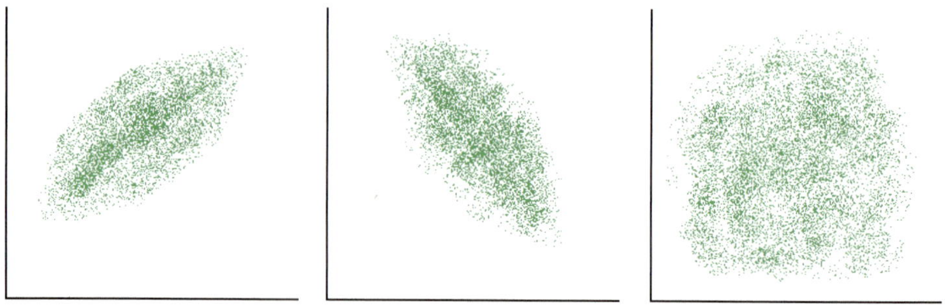

(A) 正相关　　(B) 负相关　　(C) 零相关

图 11.1.1　相关关系

如果像图 11.1.1(B) 那样，两个变量的变化方向相反，两者之间的相关就是负相关。古人讲，“玩物丧志”，一个人在“玩物”上花的时间多了，就没有志向了，显然这是一个负相关。

零相关表示两个变量之间没有相关，如图 11.1.1(C)。这时，两个变量的变化方向没有一定的规律。当一个变量的值变大时，另一个变量的值可能变大也可能变小，并且变大和变小的概率相等。

相关关系另一个方面的表现是相关的密切程度。这需要用相关系数来表示。

11.1.2　相关系数

按照数理统计学家的归类，相关系数也是一种特征量，它用来描述两个或多个变量之间相关的方向和密切程度。根据样本得出的相关系数一般用 r 来表示，而总体的相关系数一般用 ρ 来表示。

相关系数的取值范围在 $-1 \sim +1$。$r=0$ 表示零相关，$r>0$ 表示正相关，$r<0$ 表示负相关。相关系数绝对值的大小表示相关程度的不同。故相关系数为 + 1.00 时，表示两个变量之间存在完全正相关；相关系数为 − 1.00 时，表示两个变量之间存在完全负相关。完全相关时，散点图上各点均在一条直线上，这时变量之间是精确而稳定的关系。当然，完全相关的情况在实际生活中十分罕见。图 11.1.2 各图表现出了不同的相关程度。

注意，虽然相关系数的值看上去就是简单的数值，但是两个相关系数之间只能进行比较，不能直接做加、减、乘、除运算。因此，我们不能说 $r_1=0.6$ 和 $r_2=0.4$ 之间的差距是

0.2，更不能说 $r_2=0.4$ 是 $r_3=0.2$ 的 2 倍。

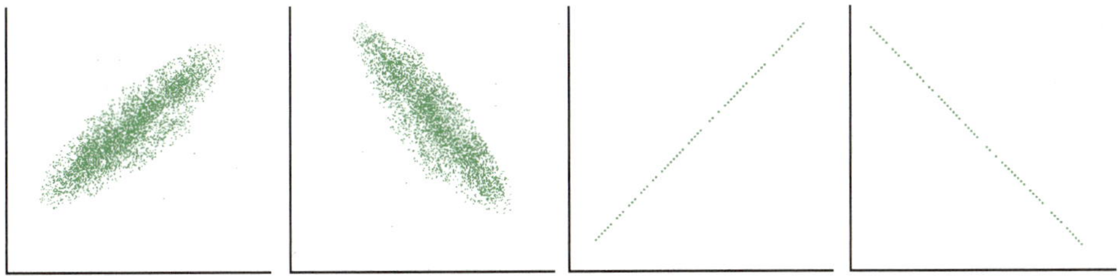

（A）正相关　（B）负相关　（C）完全正相关　（D）完全负相关

图 11.1.2　相关程度

相关不等于因果。如果两个变量之间存在因果关系，那么它们之间一定有相关。但是，如果两个变量之间存在相关关系，并不意味着它们之间一定存在因果关系。例如，我们可以说计算能力和言语能力之间存在正相关，但是不能因此断言加强计算训练就可以提高言语能力，反之亦然。所以，我们不能一发现相关关系就认为存在因果关系，甚至断言谁是原因，谁是结果。相关系数只能描述变量之间的变化方向及密切程度，并不能揭示它们之间的内在本质联系。当然，发现相关关系会促使我们去寻找变量背后的因果关系。

11.2　积差相关

11.2.1　积差相关系数

积差相关系数，又称积矩相关系数，是英国统计学家皮尔逊（Karl Pearson）提出来的，因而又称为皮尔逊相关，它用来表示两个呈线性关系的正态连续变量之间的相关程度。例如，学生的学业成绩和智力水平都是连续型的随机变量，且都服从正态分布，它们之间呈线性关系，这时就可以用积差相关系数来表示它们之间的相关程度。

11.2.1.1　积差相关系数的适用条件

并非任意两个变量都可以计算积差相关系数。其适用条件是：

- 两个变量都是连续型随机变量；

- 两个变量的总体都呈正态分布（或接近正态分布）；
- 两个变量的取值必须是一一对应的数据；
- 两个变量之间呈线性关系。

如果变量之间不是线性关系，而是曲线形态，就不能计算积差相关系数。

11.2.1.2 积差相关系数的计算

协方差是计算积差相关系数的基础，它是两个变量离差乘积之和除以 n 所得之商。其公式为：

$$Cov = \frac{\sum_{i=1}^{n}(X_i - \overline{X})(Y_i - \overline{Y})}{n} \quad \text{（公式 11.2.1）}$$

过去我们讲过方差，它的分子部分是单个变量的离差平方和，其中的离差平方就是离差自我相乘：

$$\sum_{i=1}^{n}(X_i - \overline{X})^2 = \sum_{i=1}^{n}(X_i - \overline{X})(X_i - \overline{X})$$

而当两个变量的离差相乘时，算出来的就是协方差。

协方差已经能够直观地反映变量之间的变化方向和关联程度了。通过公式 11.2.1，我们可以看到：

- 如果 X 大于 $\overline{X}$ 时，Y 也大于 $\overline{Y}$，而 X 小于 $\overline{X}$ 时，Y 也小于 $\overline{Y}$，这时它们的离差乘积之和大于零，这说明两个变量的变化方向相同，是正相关；
- 如果 X 大于 $\overline{X}$ 时，Y 小于 $\overline{Y}$，而 X 小于 $\overline{X}$ 时，Y 却大于 $\overline{Y}$，这时它们的离差乘积之和小于零，这说明两个变量的变化方向相反，是负相关；
- 如果 X 大于 $\overline{X}$ 时，Y 可能大于也可能小于 $\overline{Y}$，而 X 小于 $\overline{X}$ 时，Y 仍可能大于也可能小于 $\overline{Y}$，而且两种可能性相等，这时它们的离差乘积之和趋于零，这说明两个变量之间没有相关。

但是，由于两个变量可能具有不同的单位，因此先要将离差除以各自的标准差 S_X 和 S_Y，使之成为没有实际单位的标准分数，然后再计算协方差，这样就得到了积差相关系数。故积差相关系数也可以看作协方差除以两个变量的标准差。其公式为：

$$r = \frac{\sum_{i=1}^{n}(X_i - \overline{X})(Y_i - \overline{Y})}{nS_XS_Y} \quad \text{（公式 11.2.2a）}$$

其中

$$S_X=\sqrt{\frac{\sum_{i=1}^{n}(X_i-\overline{X})^2}{n}}，\quad S_Y=\sqrt{\frac{\sum_{i=1}^{n}(Y_i-\overline{Y})^2}{n}}$$

如果 S_X 和 S_Y 用下式计算：

$$S_X=\sqrt{\frac{\sum_{i=1}^{n}(X_i-\overline{X})^2}{n-1}}，\quad S_Y=\sqrt{\frac{\sum_{i=1}^{n}(Y_i-\overline{Y})^2}{n-1}}$$

则

$$r=\frac{\sum_{i=1}^{n}(X_i-\overline{X})(Y_i-\overline{Y})}{(n-1)S_XS_Y} \qquad \text{（公式 11.2.2b）}$$

公式 11.2.2a 和公式 11.2.2b 就是积差相关系数的定义公式。

如果用原始数据直接计算，则

$$r=\frac{\sum_{i=1}^{n}X_iY_i-(\sum_{i=1}^{n}X_i)(\sum_{i=1}^{n}Y_i)/n}{\sqrt{\sum_{i=1}^{n}X_i^2-(\sum_{i=1}^{n}X_i)^2/n}\sqrt{\sum_{i=1}^{n}Y_i^2-(\sum_{i=1}^{n}Y_i)^2/n}} \qquad \text{（公式 11.2.3）}$$

式中：

$\sum_{i=1}^{n}X_iY_i$ 表示变量 X 和变量 Y 的每一对观察值的乘积之和；

$\sum_{i=1}^{n}X_i$ 表示变量 X 的观察值之和；

$\sum_{i=1}^{n}Y_i$ 表示变量 Y 的观察值之和；

$\sum_{i=1}^{n}X_i^2$ 表示变量 X 的观察值平方之和；

$\sum_{i=1}^{n}Y_i^2$ 表示变量 Y 的观察值平方之和。

公式 11.2.3 可以在一定程度上避免烦琐计算。

【例 11.2.1】从某校抽取 11 名学生，测得他们的语文成绩和智商如表 11.2.1 所示，求两者的积差相关系数。

表 11.2.1 语文成绩与智商间相关系数的计算

序号	X	Y	X^2	Y^2	XY
1	78	136	6084	18496	10608
2	71	135	5041	18225	9585
3	68	120	4624	14400	8160
4	85	140	7225	19600	11900
5	75	130	5625	16900	9750
6	73	128	5329	16384	9344
7	72	122	5184	14884	8784
8	65	118	4225	13924	7670
9	70	119	4900	14161	8330
10	66	108	4356	11664	7128
11	74	120	5476	14400	8880
总和	797	1376	58069	173038	100139

解：

语文成绩和智商都是正态分布的连续变量，根据上述观察值绘制的散点图（见图 11.2.1），可以判断两个变量之间存在线性关系。故计算积差相关系数。

$$r=\frac{\sum_{i=1}^{n}X_iY_i-(\sum_{i=1}^{n}X_i)(\sum_{i=1}^{n}Y_i)/n}{\sqrt{\sum_{i=1}^{n}X_i^2-(\sum_{i=1}^{n}X_i)^2/n}\sqrt{\sum_{i=1}^{n}Y_i^2-(\sum_{i=1}^{n}Y_i)^2/n}}$$

$$=\frac{100139-797\times1376/11}{\sqrt{58069-797^2/11}\times\sqrt{173038-1376^2/11}}=0.813$$

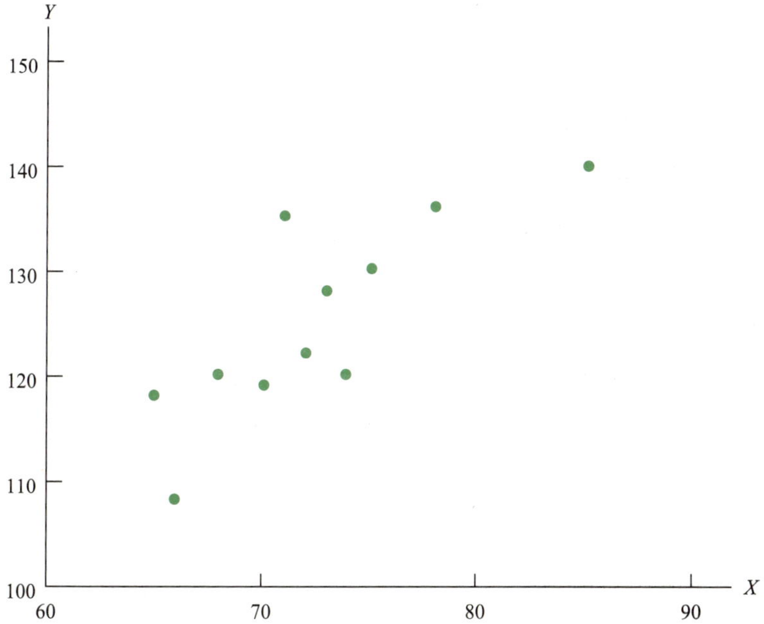

图 11.2.1 语文成绩（X）与智商（Y）的散点图

11.2.2 积差相关系数的等距转换及其合并

相关系数之间只能比较相对大小，不能进行加减或乘除运算。但是有时候，我们又往往需要计算几个相关系数的平均数。这时，可以先将相关系数 r 转换成具有等距单位的 Z_r 值，其转换公式为：

$$Z_r = \frac{1}{2}\ln\left(\frac{1+r}{1-r}\right) \text{或} Z_r = 1.1513\lg\left(\frac{1+r}{1-r}\right) \quad (\text{公式 } 11.2.4)$$

这种转换方法称为**费舍 Z_r 转换法**。统计学家认为，无论总体相关系数和样本容量的大小如何，Z_r 都近似服从正态分布，因而 Z_r 近似等距。

利用附录三统计用表 7 可以进行 r 与 Z_r 的互查。

求 Z_r 的平均数的计算公式为：

$$\overline{Z}_r = \frac{\sum_{i=1}^{k}(n_i - 3)Z_{r_i}}{\sum_{i=1}^{k}(n_i - 3)} \quad (\text{公式 } 11.2.5)$$

式中：

k 为样本个数；

Z_{r_i} 为第 i 个样本的相关系数转换而得的 Z_r 值；

n_i 为第 i 个样本的容量。

计算出 $\overline{Z}_r$ 后，再通过 r 与 Z_r 转换表，找到 r 的平均数。

【例 11.2.2】为了考察中学生语言能力与数字能力的相关程度，从北京、上海、云南三地同时进行测验调查，求出三地中学生上述两项能力的相关系数如表 11.2.2 所示。请计算其平均数。

表 11.2.2 语文成绩与智商

地点	r	n	Z_r	$(n-3)Z_r$
北京	0.60	213	0.693	145.530
上海	0.52	260	0.576	148.032
云南	0.56	311	0.633	194.964
总和		784		488.526

解：

①将相关系数 r 转换成 Z_r；

②求出各地的 $(n-3)Z_r$，并求出和 488.526；

③计算 Z_r 的平均数：

$$\overline{Z}_r=\frac{\sum_{i=1}^{k}(n_i-3)Z_{r_i}}{\sum_{i=1}^{k}(n_i-3)}=\frac{488.526}{775}=0.630$$

再根据 r 与 Z_r 转换表，查到与 $Z_r=0.630$ 对应的平均相关系数 r 为 0.558。

11.2.3 相关系数的显著性检验

通过样本求得的相关系数 r 与总体的相关系数 ρ 之间总是存在着一定的抽样误差。即使是从 $\rho=0$ 的总体中随机抽出的样本，由于抽样误差的存在，r 也往往不等于零。所以，如果根据 $r\neq 0$ 就认为两个变量之间存在相关，那是不够慎重的。这时候应该

根据 r 以 $\rho=0$ 为中心的抽样分布特点，进行相关系数的显著性检验。

同样，如果是从 $\rho=0.5$ 的总体中随机抽出的样本，根据样本观察值计算出来的相关系数 r 也往往不等于 0.5，这时就要根据 r 以 $\rho=0.5$ 为中心的抽样分布特点，做出相应的显著性检验。因此，我们事先要了解 r 的抽样分布。

11.2.3.1　相关系数的抽样分布

相关系数的抽样分布是这样得到的：从总体中用放回的方式随机抽取一个容量为 n 的样本，根据我们关心的两个变量的观察值计算它们的相关系数 r；再以同样的方式抽取另一个容量为 n 的样本，计算 r；如此反复进行，直到所有可能样本的 r 值都计算出来，这些 r 值的分布就是抽样分布。统计学家发现，r 的抽样分布随着总体相关系数 ρ 和样本容量 n 的大小而变化，表现出如下特点：

- 当 $\rho=0$ 时，r 的抽样分布总是正态分布；
- 当 $\rho\neq0$，ρ 不大，且 n 相当大时，r 的抽样分布接近正态分布；
- 当 ρ 很大时，即使 n 相当大，r 的抽样分布仍为偏态分布；
- 当 $\rho\neq0$，且 n 相当小时，r 的抽样分布为偏态分布。

可见，只有在前两种情况下，即当总体相关系数为零，或接近于零且样本容量相当大（$n>50$ 或 $n>30$）时，r 的抽样分布才可以看作正态分布，这时才能利用正态分布进行相关系数的显著性检验。

11.2.3.2　相关系数显著性检验的步骤及方法

相关系数的显著性检验分为三种情况：

（1）检验是否存在相关

我们知道，在总体不存在相关（$\rho=0$）的条件下，样本上得到的相关系数 r 并不一定为零，相反，样本的 r 会在 0 左右波动，并形成一个抽样分布。因此，对于实际算出的样本的 r，如果它有较大的概率是从 $\rho=0$ 的总体中随机抽取样本而得到的，我们就认为总体 $\rho=0$；相反，对于那些很少有可能是从 $\rho=0$ 的总体中随机抽取样本而得到的 r，则认为 $\rho\neq0$。可见，这种检验实际上就是判断总体是否真正存在相关。

与以前的假设检验相同，检验是否存在相关，也需要提出两个假设。这里的零假设和备择假设分别是

$$H_0：\rho=0；H_1：\rho\neq0$$

对于大样本（这里主要是指 $n\geqslant50$ 的情况），r 的抽样分布接近正态分布，且 r 的标准误为

$$S_r = \frac{1-r^2}{\sqrt{n-1}} \quad \text{（公式 11.2.6）}$$

因此，可以用以下公式进行显著性检验：

$$Z = \frac{r-\rho}{\frac{1-r^2}{\sqrt{n-1}}} = \frac{r\sqrt{n-1}}{1-r^2} \quad \text{（公式 11.2.7）}$$

【例 11.2.3】某校抽取 170 名学生，测得他们的英语口语成绩与数学成绩的相关为 −0.30。问英语口语成绩与数学成绩之间有无相关？

解：

①提出假设：

H_0：$\rho = 0$；H_1：$\rho \neq 0$

②选择检验统计量并计算其值：

由于 $n = 170 \geqslant 50$，是大样本，故检验统计量为

$$Z = \frac{r\sqrt{n-1}}{1-r^2} = \frac{(-0.30)\times\sqrt{170-1}}{1-(-0.30)^2} = -4.2857$$

③确定显著性水平和临界值：

当 $\alpha = 0.05$ 时，$Z_{0.025} = 1.96$；当 $\alpha = 0.01$ 时，$Z_{0.005} = 2.58$

④统计决断：

由于 $|Z| = 4.2857 > 2.58$，故应拒绝 H_0，认为英语口语成绩与数学成绩之间存在极其显著的负相关。

当 $n < 50$ 时，关于是否存在相关的检验可以用 t 检验来进行，公式是

$$t = \frac{r\sqrt{n-2}}{\sqrt{1-r^2}} \quad (df = n-2) \quad \text{（公式 11.2.8）}$$

【例 11.2.4】根据例 11.2.1 的计算结果，检验其相关系数有无显著意义。

解：

①提出假设：

H_0：$\rho=0$；H_1：$\rho\neq 0$

②选择检验统计量并计算其值：

由于 $n=11$，是小样本，故检验统计量为

$$t=\frac{r\sqrt{n-2}}{\sqrt{1-r^2}}=\frac{0.813\times\sqrt{11-2}}{\sqrt{1-0.813^2}}=4.1888$$

③确定显著性水平和临界值：

当 $\alpha=0.05$ 时，$t_{0.025,9}=2.262$；当 $\alpha=0.01$ 时，$t_{0.005,9}=3.250$

④做出统计决断：

由于 $|t|=4.1888>3.25$，故应拒绝 H_0，认为语文成绩和智商之间存在极其显著的相关。

（2）检验相关系数是否为某个定值

有时候，我们已经知道某个总体存在显著相关，要求检验相关系数是否等于某个定值。

【例 11.2.5】根据过去的经验，初一学生数学期中考试与期末考试成绩之间的相关系数是 0.8，今年在初一学生中随机抽取 28 人，求得其数学期中与期末的考试成绩之间的相关系数是 0.6，问今年的初一学生数学期中与期末的考试成绩之间的相关是否发生了显著的变化？

这就是一个检验总体相关系数是否仍然为 0.8 的问题。

在 $\rho\neq 0$ 的情况下做假设检验时，提出的零假设和备择假设分别是

$$H_0:\ \rho=\rho_0;\quad H_1:\ \rho\neq\rho_0$$

要检验相关系数是否为某个定值，就要观察 $\rho\neq 0$ 时 r 的抽样分布。结果发现，只有当 $\rho\neq 0$、ρ 不大、且 n 相当大时，r 的抽样分布才接近正态分布；在其他情况下，r 的抽样分布都不是正态分布。这样，直接对 r 进行检验就不行了。不过，我们可以通过 r 与 Z_r 转换表将 r 转换成 Z_r，而 Z_r 与 ρ 和 n 的大小无关，总是近似服从正态分布，即 $Z_r\sim N(Z_\rho,\ \frac{1}{n-3})$。故可以用以下公式作为检验统计量：

$$Z=\frac{Z_r-Z_\rho}{\frac{1}{\sqrt{n-3}}}=(Z_r-Z_\rho)\sqrt{n-3} \qquad \text{（公式 11.2.9）}$$

现在解答例 11.2.5：

解：

①提出假设：

H_0：$\rho=0.8$；H_1：$\rho\neq 0.8$

②将相关系数转换为 Z_r：

查 r 与 Z_r 转换表，将 r 转换成 Z_r，将 ρ 转换成 Z_ρ：

$r=0.6$，$Z_r=0.693$；$\rho=0.8$，$Z_\rho=1.099$。

③选择检验统计量并计算其值：

由于 $Z_r \sim N(Z_\rho, \dfrac{1}{n-3})$，故检验统计量为

$$Z=(Z_r-Z_\rho)\sqrt{n-3}=(0.693-1.099)\times\sqrt{28-3}=2.03$$

④确定显著性水平和临界值：

当 $\alpha=0.05$ 时，$Z_{0.025}=1.96$；当 $\alpha=0.01$ 时，$Z_{0.005}=2.58$

⑤统计决断：

由于 $|Z|=2.03>1.96$，故应拒绝 H_0，认为今年的初一学生数学期中与期末成绩之间的相关发生了显著的变化。

（3）检验两个相关系数有无显著差异

有时，我们也需要对两个独立样本的相关系数之差（r_1-r_2）进行显著性检验。在这种情况下，零假设与备择假设分别为

$$H_0：\rho_1=\rho_2；H_1：\rho_1\neq\rho_2$$

由于 $Z_r \sim N(Z_\rho, \dfrac{1}{n-3})$，因而 $Z_{r_1}-Z_{r_2}$ 也服从正态分布：

$$(Z_{r_1}-Z_{r_2})\sim N(Z_{\rho_1}-Z_{\rho_2}, \frac{1}{n_1-3}+\frac{1}{n_2-3}) \qquad \text{（公式 11.2.10）}$$

故同样可以先通过 r 与 Z_r 转换表将 r 转换成 Z_r，然后用以下公式作为检验统计量：

$$Z=\frac{(Z_{r_1}-Z_{r_2})}{\sqrt{\dfrac{1}{n_1-3}+\dfrac{1}{n_2-3}}} \qquad \text{（公式 11.2.11）}$$

注意，上述公式仅适用于两个独立样本的相关系数的显著性差异检验，不能用于相关样本的情况。

【例 11.2.6】从甲校中随机抽取 50 名学生，他们的数学期中与期末的考试成绩之

间的相关系数是0.8，从乙校中随机抽取50名学生，相关系数是0.6，问：甲乙两校数学期中与期末的考试成绩之间的相关系数是否相等？

解：

①提出假设：

H_0：$\rho_1 = \rho_2$；H_1：$\rho_1 \neq \rho_2$

②将相关系数转换为 Z_r：

查 r 与 Z_r 转换表，将 r 转换成 Z_r：

$r_1 = 0.6$，$Z_{r_1} = 0.693$；$r_2 = 0.8$，$Z_{r_2} = 1.099$。

③选择检验统计量并计算其值：

由于$(Z_{r_1} - Z_{r_2}) \sim N(Z_{\rho_1} - Z_{\rho_2}, \frac{1}{n_1 - 3} + \frac{1}{n_2 - 3})$，故检验统计量为

$$Z = \frac{(Z_{r_1} - Z_{r_2})}{\sqrt{\frac{1}{n_1 - 3} + \frac{1}{n_2 - 3}}} = \frac{1.099 - 0.693}{\sqrt{\frac{1}{50 - 3} + \frac{1}{50 - 3}}} = 1.9682$$

④确定显著性水平和临界值：

当 $\alpha = 0.05$ 时，$Z_{0.025} = 1.96$；当 $\alpha = 0.01$ 时，$Z_{0.005} = 2.58$

⑤做出统计决断：

由于 $|Z| = 1.9682 > 1.96$，故应拒绝 H_0，认为甲乙两校数学期中与期末的考试成绩之间的相关系数有显著差异，即两校总体相关系数不相等。

11.3 等级相关

等级相关系数是表示顺序量表类型的变量之间的相关程度的特征量。本书介绍两种比较常用的等级相关系数：斯皮尔曼等级相关系数和肯德尔和谐系数。

11.3.1 斯皮尔曼等级相关系数

11.3.1.1 斯皮尔曼等级相关的适用条件

斯皮尔曼等级相关系数专门用来表示两个顺序水平的变量之间的相关程度，它只要求两个变量都至少是顺序水平的（当然也可以是等距量表或比率量表），但不一定要求它们服从正态分布，故适用的范围比较广。因此，当数据水平不够计算积差相关系

数的条件时，例如，其中有一个变量呈非正态分布或者是顺序量表水平，可以计算斯皮尔曼等级相关系数。

对可以计算积差相关系数的两个变量，固然也可以计算它们之间的斯皮尔曼等级相关系数，当然这是不必要的，因为将比较精确的等距量表或比率量表转换成比较粗略的顺序量表会损失大量的信息。

11.3.1.2 斯皮尔曼等级相关系数的计算

斯皮尔曼等级相关系数的计算分为以下步骤：

第一步，将两个变量的原始数据分别由小到大排序，确定秩次；

第二步，计算每一对数据（X_i，Y_i）所对应的秩次（R_{X_i}，R_{Y_i}）之差（$D_i=R_{X_i}-R_{Y_i}$）；

第三步，运用公式 11.3.1 计算相关系数：

$$r_S=1-\frac{6\sum_{i=1}^{n}D_i^2}{n(n^2-1)} \quad \text{（公式 11.3.1）}$$

式中：

r_S 为斯皮尔曼等级相关系数；

D_i 表示排序以后每一对数据对应的两个秩次之差；

n 表示样本容量。

【例 11.3.1】随机抽取 10 名学生，记录他们的数学成绩（百分制）和作文成绩（10 个等级），数据见表 11.3.1。问数学成绩和作文成绩之间是否存在相关？

表 11.3.1 数学成绩与作文成绩

序号	数学成绩		作文成绩		D_i	D_i^2
	X	秩次 R_X	Y	秩次 R_Y		
1	92	10	8	9	1	1
2	84	9	9	10	–1	1
3	75	8	6	8	0	0
4	71	6	4	5.5	0.5	0.25
5	71	6	3	3.5	2.5	6.25
6	71	6	5	7	–1	1
7	68	4	3	3.5	0.5	0.25
8	67	3	4	5.5	–2.5	6.25
9	65	2	1	1	1	1
10	59	1	2	2	–1	1
总和						18

续 表

受访者编号	购买决策（0—不购买，1—购买）	家庭年收入 / 万元	居住地（0—非城市，1—城市）
5	1	26	1
6	1	39	1
7	0	21	0
8	1	27	1
9	0	18	0
10	1	23	0
11	1	21	0
12	0	17	1
13	1	30	1
14	0	18	1
15	0	28	0
16	1	37	1
17	1	28	0
18	1	25	0
19	1	34	1
20	0	17	0
21	1	24	1
22	0	27	0
23	0	19	0
24	1	21	1
25	1	30	1
26	1	41	1
27	0	24	0
28	1	25	1
29	0	21	0
30	1	31	1

对于上述数据，我们将购买与否当作因变量，收入和居住地当作自变量，虽然也可以进行建立普通的线性回归方程，但是其预测效果很差，见表 12.7.2。

表 12.7.2 用线性回归方程对部分受访者购买行为的预测情况

受访者编号	实际决策	预测值	残差
1	0	0.21	–0.21
2	1	0.52	0.48
3	1	0.67	0.33
4	0	0.37	–0.37
5	1	0.76	0.24
6	1	1.26	–0.26
7	0	0.29	–0.29
8	1	0.80	0.20
9	0	0.17	–0.17
10	1	0.37	0.63
11	1	0.29	0.71
12	0	0.41	–0.41
13	1	0.91	0.09
14	0	0.45	–0.45
15	0	0.56	–0.56
16	1	1.18	–0.18
17	1	0.56	0.44
18	1	0.44	0.56
19	1	1.07	–0.07
20	0	0.13	–0.13
21	1	0.68	0.32
22	0	0.52	–0.52
23	0	0.21	–0.21
24	1	0.56	0.44
25	1	0.91	0.09
26	1	1.34	–0.34
27	0	0.40	–0.40

续 表

受访者编号	实际决策	预测值	残差
28	1	0.72	0.281
29	0	0.29	–0.29
30	1	0.95	0.05

12.7.2 Logistic 回归的原理和基本用途

12.7.2.1 Logistic 回归的原理

Logistic 回归的基本原理就是 12.5.4 节中提到的成长曲线模型，其图形是一条 S 形曲线。其一般形式为

$$Y=\frac{1}{\alpha+\beta e^{-X}+\varepsilon}$$

写成概率形式，就是

$$p=\frac{1}{1+e^{b(-a/b-x)}} \qquad \text{（公式 12.7.1）}$$

在式中的 a、b 取不同的值时，其对应的曲线是不同的。但是这些曲线都是 S 形曲线（形状如图 12.7.1），其特点是，随着自变量 X 的增长，因变量 p 先是缓慢上升，之后有一段快速上扬，最后又缓慢上升，直至达到 1。这与决策者在收入较低时很少有人想到购房，收入达到一定程度后，购房者迅速增多；收入再增加，终将人人有房则购房需求减少的情形十分契合。因此，用这种成长曲线来描述决策行为与其制约因素之间的关系，比线性回归要合理得多。

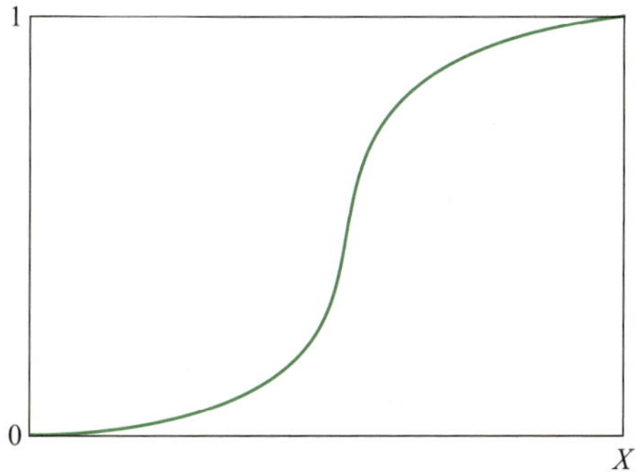

图 12.7.1 S 形曲线

实际上，正态分布的累计次数分布也是一种两端上升缓慢、中段迅速上扬的 S 形曲线，也可以用来较好地描述上述决策行为与其制约因素之间的关系。

12.7.2.2 Logistic 回归的基本用途

用 Logistic 回归，就能更好地解决因变量是二分变量的回归预测问题。例如，上述例子想预测个体会做出怎样的决策，于是将个体分为购买和未购买两类（因变量），这两类人有不同的收入、居住地等特征（自变量）。

又如，想探讨胃癌发生的危险因素，可以选择两类人群，一类患胃癌，一类未患胃癌，这两类人群有不同的体征和生活方式等。这里的因变量即为是否患胃癌，为二分变量；自变量可以是年龄、性别、饮食习惯、幽门螺旋杆菌感染等。

通过 Logistic 回归分析，就可以大致了解制约人的决策的因素是什么，或者哪些因素是胃癌的致病因素。

以前文所列购买决策数据为例。如果采取 Logistic 回归，就可以发现预测效果好了许多，在 30 次预测中，错误预测仅有 5 次，见表 12.7.3。

表 12.7.3 用 Logistic 回归模型对部分受访者购买决策（0—不购买，1—购买）的预测情况

受访者编号	实际决策	预测决策	预测错误
1	0	0	
2	1	1	
3	1	1	
4	0	0	
5	1	1	
6	1	1	
7	0	0	
8	1	1	
9	0	0	
10	1	0	错误
11	1	0	错误
12	0	0	
13	1	1	
14	0	0	

续 表

受访者编号	实际决策	预测决策	预测错误
15	0	1	错误
16	1	1	
17	1	1	
18	1	0	错误
19	1	1	
20	0	0	
21	1	1	
22	0	1	错误
23	0	0	
24	1	1	
25	1	1	
26	1	1	
27	0	0	
28	1	1	
29	0	0	
30	1	1	

本章术语

- **回归分析**（regression analysis）：利用一个变量或一组变量的变化来估计或预测另一个变量或另一组变量的变化情况。
- **线性回归模型**（linear regression model）：变量之间存在线性关系的回归模型。
- **回归线**（regression line）：用来代表散点图上分布趋势的直线。
- **拟合优度**（goodness of fit）：回归方程对样本数据的代表程度。
- **残差**（residual error）：实际观测到的因变量值 Y 与回归值 $\hat{y}$ 之差，是一种随机误差。

- **回归平方和**（regression sum of squares）：可以解释的离差平方和$\sum_{i=1}^{n}(\hat{Y}_i-\overline{Y})^2$。
- **残差平方和**（residual sum of squares）：不可解释的离差平方和$\sum_{i=1}^{n}(Y_i-\hat{Y}_i)^2$，又称为误差平方和。
- **确定系数**（coefficient of determination）：回归平方和在总离差平方和中所占的比例。
- **不确定系数**（coefficient of nondetermination）：残差平方和在总离差平方和中所占的比例。
- **估计误差的标准差**（standard deviation of estimation error）：与确定的自变量值对应的随机误差分布的标准差。
- **回归平面**（regression plane）：二元线性回归方程在三维空间中对应的一个平面。
- **偏回归系数**（partial regression coefficient）：在其他自变量保持恒定时某个自变量对因变量的影响程度。
- **逐步回归**（step-wise regression）：按各个自变量对因变量的作用，从大到小地将其逐个引入回归方程。
- **多重共线性**（multicollinearity effect）：在自变量中有两个或两个以上的自变量之间存在着完全线性或几乎完全线性的关系（即近乎完全相关）。
- **虚拟变量**（dummy variable）：将定性变量以编码的方式加以“量化”而产生的变量。编码方式有两种：0—1 编码和效应编码。
- **Logistic 回归**（Logistic regression）：因变量为二分变量的回归模型。

练习与思考

1. 根据以下数据，建立根据 X 估计 Y 的回归方程，并检验其显著性。

X	88	85	87	63	96	79	86	75	62	90
Y	90	82	86	77	87	84	81	62	70	85

2. 编制某智力测验时，让同一组参试者进行了两次测量，得到第一次测验得分（X）和第二次测验得分（Y），请建立根据 Y 估计 X 的回归方程，并检验其显著性。

X	77	76	80	88	67	70	67	75	72	74
Y	89	75	87	89	77	80	81	84	80	89

3. 如果某研究获得两种心理特质得分的不确定系数为0.36，问：它们之间的相关系数是多少？

4. 计算第1题和第2题的确定系数。

5. 根据第1题得出的方程，若 $Y_0=80$，对 $\hat{X}_0$ 进行点估计。

6. 什么是二元线性标准回归方程？标准回归方程为什么没有列出截距？

7. 下面是15名参试者的数学（Y）、物理学（X_1）、注意力（X_2）的测验分数，试建立二元线性回归方程，并检验回归方程的显著性。

数学（Y）	57	33	94	46	80	66	82	35	82	62	93	52	66	45	55
物理学（X_1）	75	57	70	56	64	57	75	58	62	73	61	42	74	52	62
注意力（X_2）	56	48	65	44	85	40	71	51	57	55	83	53	47	48	58

8. 请完成下面检验回归方程 $\hat{Y}=12.40+1.30X_1-0.25X_2$ 显著性的方差分析表（$n=12$）：

差异来源	平方和	自由度	均方差	F 值
回归 残差	700			
总差异	1400			

实习题

9. 利用自己完成第11章实习题时的模拟数据建立回归模型，尽量运用多元回归、虚拟变量和Logistic回归等方法。

第 13 章

χ^2 检验

本章提要

本章主旨

非参数检验在推断统计学中占据着重要地位。χ^2 检验是最常用的非参数检验方法。它针对的是点计所得的次数，用于检验总体的分布是否符合某一理论分布以及检验两个因素之间是否存在关联或判断多次重复实验的结果是否相同。

本章要点

- 单因素 χ^2 检验用于单向表的显著性检验，可以进行拟合优度检验。
- 双因素 χ^2 检验用于双向表，对于独立样本，可以进行独立性检验或同质性检验。
- χ^2 检验也可以用于相关样本，对于两个相关样本可以用 McNemar 检验，对于多个相关样本可以用科克伦 Q 检验。
- χ^2 检验在某些情况下需要进行连续性校正。
- χ^2 检验可以取代总体比例差异的显著性检验。

导读问题

χ^2 检验是针对次数进行的统计分析方法，它将数据转换成次数，考察次数分布是否符合理论分布。对以下假想的数据(参试者性别、年级、言语能力得分、对“高中取消文理分科”的三种态度和三次长跑测试是否达标)，我们可以提出不同的 χ^2 检验问题。

参试者编号	性别	年级	言语	态度	期初	期中	期末
0001	男	大一	89	赞成	达标	达标	达标
0002	男	大二	86	反对	未达标	未达标	达标
0003	女	大四	91	反对	达标	未达标	达标
0004	女	大四	96	反对	未达标	未达标	达标
0005	男	大一	85	赞成	未达标	未达标	达标
0006	女	大三	75	中立	未达标	达标	达标
0007	女	大三	83	中立	未达标	达标	达标
0008	女	大二	90	反对	未达标	达标	达标
0009	男	大三	64	赞成	未达标	未达标	未达标
0010	男	大一	81	赞成	未达标	未达标	未达标
……	……	……	……	……	……	……	……

● 问题一：**参试者的性别比例是不是1：1？参试者三种态度的比例是不是1：1：2？**

由于这两个问题分别针对一个变量，故可以在统计不同性别的人数或不同态度的人数后，分别进行单因素 χ^2 检验。

● 问题二：**参试者的言语能力得分是否服从正态分布？**

本题仅涉及言语能力得分，这也要用到单因素 χ^2 检验。

● 问题三：**参试者的性别与态度有无关联？**

性别与态度是两个变量，故可以统计性别与态度的各种组合($2\times3=6$)的人数，并运用双因素 χ^2 检验求解。

● 问题四：**参试者期初和期末长跑测试成绩有无显著差异？期初、期中、期末的测验成绩有无显著差异？**

同一个参试者前后 2 次或多次测验所得的成绩组成的是相关样本。由于本调查资料未列出具体成绩，仅记录是否达标，无法进行两个相关样本的 t 检验或多个相关样本（随机区组设计）的方差分析，但可以通过统计人数，分别进行两个相关样本的 McNemar 检验和多个相关样本的科克伦 Q 检验（两者都属于 χ^2 检验）。

13.1 χ^2 检验的基本概念

13.1.1 非参数检验

从第 6 章开始到第 12 章，我们接触到的因变量基本上都是正态分布的连续变量(例如，考试成绩、心理测验得分、反应时间、身高和体重等)，相应的检验方法往往都是 t 检验或 F 检验等。可是，当原始观察值是称名量表或顺序量表的时候，这些检验方法就不再有效了。例如，我们想调查一下，对高中取消文理分科的提议，赞成的人会有多少？反对的会有多少？介于赞成与反对之间（无所谓）的会有多少？假定有人假设持上述三种态度的人数比例相等（1∶1∶1），如何验证这个假设？这时，无论是 t 检验还是 F 检验都无能为力，因为 t 检验和 F 检验只能处理连续变量。而 χ^2 检验处理的是间断变量（例如，导读问题中的性别、年级、态度、三次长跑测试的成绩），只不过先要得出取间断变量各个值的次数（例如，男女人数、持不同态度的人数等）。

χ^2 检验的两个基本任务是：

- 根据样本的次数分布推断总体分布是否服从某种理论分布或某种假设分布，即根据样本的次数分布来推断总体的分布。
- 检验两个因素之间是否存在关联（独立性检验）或判断多次重复实验的结果是否相同（同质性检验）。

χ^2 检验不涉及总体的平均数、方差或相关系数等参数，而是涉及总体的分布形态，故属于非参数检验。在许多实际的假设检验问题中，我们不知道总体分布的具体形式，或者对总体分布的形式知之甚少，或者假设检验不涉及总体参数，我们把这类假设检验问题称为**非参数检验**。本章介绍的 χ^2 检验是最常用的非参数检验，其他非参数检验方法将在第 14 章阐述。

非参数统计方法有广泛的应用领域。原因如下：

- 非参数检验无须假定总体的分布形态，而且对资料的计量水平要求也不高，称名水平和顺序水平的资料就能进行包括 χ^2 检验在内的各种非参数检验。
- 当总体分布的具体形式未知，而且样本容量很小时，无法用参数检验方法，只能用非参数检验。
- 大多数非参数检验的方法简便直观，易于掌握。而且，很多非参数检验的功效并不显著地低于参数检验。

当然，这并不是说，非参数检验可以取代参数检验。面对具体问题，究竟采用何种方法，应当考虑各种现实条件。一般来说，如果可以采用参数检验，就不用非参数统计方法，否则会浪费样本提供的信息。

13.1.2 χ^2 检验的基本原理

回到前文所说的关于“高中取消文理分科”的调查中。假定随机抽取 300 人，要求每个人从“赞成”、“反对”和“中立”这三个选项中任选其一。结果是这三种态度的人数分别是 100、110 和 90。这时，如何验证“持上述三种态度的人数比例相等”的假设？

读者也许会想，既然实际得到的三种态度的人数分别是 100、110 和 90，这不就说明持上述三种态度的人数比例不是 1 : 1 : 1，而是 1 : 1.1 : 0.9 吗？其实不然，这次仅仅调查了 300 人，他们只是一个样本，因此存在着抽样误差。即使总体持三种态度的人数比例确实是 1 : 1 : 1，在我们调查的 300 人中，持三种态度的人数为 100 : 110 : 90 也不奇怪。也许下一次再抽取 300 人做样本，得到的结果会是 110 : 90 : 100。

推断统计学是直觉推理的升华。假定对人们的态度进行三次调查，每次调查的样本人数都是 300 人，结果见表 13.1.1。问三种态度人数有无显著差异？即使没有学过统计学，看到表 13.1.1 中的数据，我们也会觉得，从第一次调查得到的人数看，持三种态度的人数似乎差距不大，应该维持原来的 1 : 1 : 1 的看法；而第二次调查发现，持反对态度的人数明显增加，觉得无所谓的人数明显减少，但是要推翻原来的看法，一时也没有很大的把握；到了第三次调查时，持反对态度的人数占到绝对优势，这时我们可以很有把握地推翻原来三种态度人数相同的看法。

表 13.1.1 对“取消文理分科”持不同态度的人数

	赞成	反对	中立
第一次	100	110	90
第二次	100	120	80
第三次	100	190	10

统计学家将直觉推理提炼为数学方法，给出计算公式，根据计算结果是否超过临界值来判断是否应该推翻原来的看法（零假设）。

我们将样本中不同类别的个体数称为**观测次数**，将样本中按照理论比例计算出来的不同类别的个体数称为**理论次数**。在上面这个调查中，观测次数就是三种态度的实际人数，例如 100、110 和 90，而理论次数就是根据原来的 1∶1∶1 的比例计算出来的三种态度在理论上应该有多少人（100、100 和 100）。χ^2 检验的基本思想就是根据实际次数与理论次数的差距来计算 χ^2 值，并据此判断实际次数分布与理论次数分布之间有无显著差异。检验统计量的公式如下：

$$\chi^2=\sum_{i=1}^{k}\frac{(O_i-E_i)^2}{E_i} \qquad \text{（公式 13.1.1）}$$

式中：

k 为类别数；

O_i 为观测次数；

E_i 为理论次数。

这个公式体现出理论分布和实际分布之间的差异程度。如果所有的实际次数等于理论次数，则 χ^2 值为 0，此时理论与实际完全吻合。故 χ^2 检验可以理解为**拟合优度检验**，即关于样本次数分布与某种指定的次数分布的吻合程度的假设检验。

根据公式 13.1.1，当观测次数为 100、110 和 90 时，其 χ^2 值为

$$\chi^2=\sum_{i=1}^{k}\frac{(O_i-E_i)^2}{E_i}=\frac{(100-100)^2}{100}+\frac{(110-100)^2}{100}+\frac{(90-100)^2}{100}=2$$

这里计算得到的 χ^2 值，就是实际观察的数据与“持三种态度的人数之比为 1∶1∶1”这一理论之间的差异。在后文中，我们可以学习通过查表判断这种差异有没有达到显著水平。如果达到了，就认为实际情况不是 1∶1∶1。

χ^2 检验的步骤与参数检验相同，首先要提出零假设和备择假设，接着选择合适的检验统计量公式并计算其值，最后根据指定的显著性水平对应的临界值，判断应该接受还是拒绝零假设。

13.2 单因素 χ^2 检验

单因素 χ^2 检验用于对单向表的数据进行检验。把实得的观测次数按单一的分类标准（因素）编制成表就是单向表。例如表 13.1.1（单看其中一次调查的次数），表中只涉及一个因素——态度。

当需要判断单向表所示的次数能否表明总体服从某个理论分布或假设分布时，我们可以先根据相应分布计算出与各观测次数相对应的理论次数，然后根据公式 13.1.1 计算 χ^2 值，最后查 χ^2 值表即可做出决断，单因素 χ^2 检验的自由度为 $df = k - 1$（k 为类别数）。

13.2.1 $df > 1$ 时的单因素 χ^2 检验

对于本章导读问题一中提到的关于取消文理分科的调查结果，由于存在三种不同的态度，$df = k - 1 = 2$，属于 $df > 1$ 的单因素 χ^2 检验。

【例 13.2.1】根据表 13.1.1 第二行的数据，判断三种态度的人数是否相同？

解：

①提出假设：

H_0：三种态度的人数比例是 1∶1∶1

H_1：三种态度的人数比例不是 1∶1∶1

②选择检验统计量并计算其值：

这是一个针对次数的检验，应采用 χ^2 检验，检验统计量为

$$\chi^2 = \sum_{i=1}^{k} \frac{(O_i - E_i)^2}{E_i}$$

根据零假设中的比例计算出三种态度的理论次数都是 100。表 13.1.1 第二行的数据显示三种态度的观测次数分别是 100、120 和 80，故

$$\chi^2=\sum_{i=1}^{k}\frac{(O_i-E_i)^2}{E_i}=\frac{(100-100)^2}{100}+\frac{(120-100)^2}{100}+\frac{(80-100)^2}{100}=8$$

③确定显著性水平和临界值：

本题 $k=3$, $df=k-1=2$，故当 $\alpha=0.05$ 时，$\chi^2_{0.05,2}=5.99$；当 $\alpha=0.01$ 时，$\chi^2_{0.01,2}=9.21$。

④统计决断：

由于计算出来的 χ^2 值大于 $\chi^2_{0.05,2}=5.99$，说明实际调查结果与原来的理论假设有显著差异，故应拒绝零假设，接受备择假设，认为三种态度的人数比例不是 1∶1∶1。

如果原定的关于总体的理论分布不是均匀分布，而是其他比例关系（例如 1∶2∶1），上述方法同样适用。

13.2.2 $df=1$ 时的单因素 χ^2 检验

当 $df=1$ 时，一般情况下还是沿用公式 13.1.1 计算检验统计量的值；但是，只要有任何一个组的理论次数 $E<5$，就要运用亚茨（Yates）连续性校正法（一种将间断性数据校正为连续性数据的方法）对数据做如下校正：

$$\chi^2=\sum_{i=1}^{k}\frac{\left(\left|O_i-E_i\right|-0.5\right)^2}{E_i} \quad \text{（公式 13.2.1）}$$

【例 13.2.2】从某中学随机抽取 80 名学生，其中有 50 人喜欢看足球，有 30 人不喜欢看足球。问该校学生喜欢与不喜欢看足球的人数是否为 3 ∶ 1？

解：

①提出假设：

H_0：喜欢与不喜欢看足球的人数比例是 3∶1

H_1：喜欢与不喜欢看足球的人数比例不是 3∶1

②选择检验统计量并计算其值：

应采用 χ^2 检验，检验统计量为

$$\chi^2=\sum_{i=1}^{k}\frac{(O_i-E_i)^2}{E_i}$$

本题 $k=2$, $df=k-1=1$，根据 H_0 中的比例计算出喜欢与不喜欢看足球的理论次

数分别为 60 和 20，各组理论次数均大于 5，无须连续性校正，故

$$\chi^2=\sum_{i=1}^{k}\frac{(O_i-E_i)^2}{E_i}=\frac{(50-60)^2}{60}+\frac{(30-20)^2}{20}=6.667$$

③确定显著性水平和临界值：

当 $\alpha=0.05$ 时，$\chi^2_{0.05,1}=3.84$；当 $\alpha=0.01$ 时，$\chi^2_{0.01,1}=6.63$。

④统计决断：

由于计算出来的 χ^2 值大于 $\chi^2_{0.01,1}=6.63$，说明实际观测结果与原来的理论假设有极其显著的差异，故应拒绝零假设，接受备择假设，认为喜欢与不喜欢看足球的人数比例不是 3∶1。

【例 13.2.3】某区中学生体育优良率为 0.8，现从该区某中学随机抽取 20 人，其中体育优良的有 12 人，问该校体育优良率与全区是否相同？

解：

①提出假设：

H_0：该校体育优良率与全区相同

H_1：该校体育优良率与全区不相同

②选择检验统计量并计算其值：

应采用 χ^2 检验，检验统计量为

$$\chi^2=\sum_{i=1}^{k}\frac{(O_i-E_i)^2}{E_i}$$

本题 $k=2$，$df=k-1=1$，根据零假设中的比例计算出体育优良与非优良的理论次数分别为 16 和 4，非优良组理论次数小于 5，需进行连续性校正，故

$$\chi^2=\sum_{i=1}^{k}\frac{(|O_i-E_i|-0.5)^2}{E_i}=\frac{(|12-16|-0.5)^2}{16}+\frac{(|8-4|-0.5)^2}{4}=3.83$$

③确定显著性水平和临界值：

当 $\alpha=0.05$ 时，$\chi^2_{0.05,1}=3.84$；当 $\alpha=0.01$ 时，$\chi^2_{0.01,1}=6.63$。

④统计决断：

由于计算出来的 χ^2 值小于 $\chi^2_{0.05,1}=3.84$，故应接受零假设，说明该校体育优良率与全区没有显著差异。

13.2.3　正态分布拟合优度检验

本章导读问题二要求根据一个样本的分布来推断这个样本所在的总体是不是正态分布（假想结果见表 13.2.1），这时也要计算出在正态分布的情况下，样本中各个组的理论次数，从而计算出相应的 χ^2 值。

表 13.2.1　学生的言语测验得分分布情况

组别	−∞~54	55~59	60~64	65~69	70~74	75~79	80~84	85~89	90~94	95~∞
人数	2	3	10	15	34	28	13	9	4	2

正态分布拟合优度检验的基本思路与前面介绍的单向表的 χ^2 检验是完全一致的，都是考察理论次数分布和实际观测到的次数分布之间的差异，只不过组数往往更多一些，这样更能体现出正态分布的形态。

在正态分布拟合优度检验的计算中，各组的理论次数的计算过程比较复杂，其计算步骤如下：

第一步：根据样本平均数 $\overline{X}$ 和样本标准差 S，计算出各组上下限所对应的 Z 分数（注意，各组上下限应紧密连接，不得出现间断）；

第二步：根据 Z 分数查出各组相应的概率；

第三步：将各组概率乘以样本总次数，得到各组理论次数；

第四步：如果出现理论次数小于 5 的组，应将该组与其相邻组合并，计算出合并后的理论次数；如果还不到 5，则继续与相邻组合并，直到合并后的理论次数大于或等于 5 为止。

由于在计算理论次数时，运用了样本平均数 $\overline{X}$ 和样本标准差 S，再加上单因素 χ^2 检验本来就受到 $\sum_{i=1}^{k}(O_i - E_i) = 0$ 的限制，总共受到三重限制，故 $df = k - 3$。

【例 13.2.4】根据表 13.2.1 的数据，且知道样本平均数 $\overline{X} = 75$，标准差 $S = 10$，请判断该样本所在总体是否服从正态分布 $N(75，10^2)$？

解：

①提出假设：

H_0：样本所在总体是正态分布

H_1：样本所在总体不是正态分布

②选择检验统计量并计算其值：

应采用 χ^2 检验，检验统计量为

$$\chi^2=\sum_{i=1}^{k}\frac{(O_i-E_i)^2}{E_i}$$

根据 H_0，如果总体服从正态分布，则样本中各组理论次数的计算结果见表 13.2.2。

表 13.2.2 学生的考试成绩正态分布拟合优度检验计算表 *

组别	$-\infty$~54	55~59	60~64	65~69	70~74	75~79	80~84	85~89	90~94	95~∞
O_i	2	3	10	15	34	28	13	9	4	2
Z	$-\infty$~−2	−2~−1.5	−1.5~−1	−1~−0.5	−0.5~0	0~0.5	0.5~1	1~1.5	1.5~2	2~2.5
P	0.023	0.044	0.092	0.150	0.191	0.191	0.150	0.092	0.044	0.023
E_i	2.73	5.29	11.02	17.99	22.98	22.98	17.99	11.02	5.29	2.73

* 表中每一组的上限与上一组的下限并不重叠，这是为了避免误解，严格的表达方式应该是 [50, 55)，[55, 60)……，故各组上限应为 55、60、65、70……。

由于表中有理论次数小于 5 的组，经过合并，得到 8 组结果，如表 13.2.3。

表 13.2.3 学生考试成绩的正态分布拟合优度检验计算表（合并后）

组别	$-\infty$~59	60~64	65~69	70~74	75~79	80~84	85~89	90~∞	总和
O_i	5	10	15	34	28	13	9	6	120
E_i	8.02	11.02	17.99	22.98	22.98	17.99	11.02	8.02	120

故

$$\chi^2=\sum_{i=1}^{k}\frac{(O_i-E_i)^2}{E_i}=\frac{(5-8.02)^2}{8.02}+\frac{(10-11.02)^2}{11.02}+\cdots+\frac{(6-8.02)^2}{8.02}=10.373$$

实际次数分布曲线与正态分布曲线的对比见图 13.2.1。

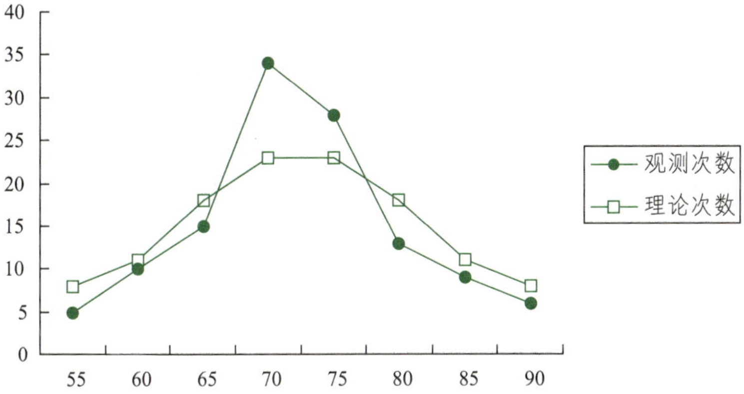

图 13.2.1 实际次数分布与正态分布对照图

③确定显著性水平和临界值：

本题 $k=8$, $df=8-3=5$，故当 $\alpha=0.05$ 时，$\chi^2_{0.05,5}=11.07$；当 $\alpha=0.01$ 时，$\chi^2_{0.01,5}=15.09$。

④统计决断：

由于计算出来的 χ^2 值小于 $\chi^2_{0.05,5}=11.07$，故应接受零假设，说明样本所在总体的分布与正态分布没有显著差异。

13.3 双因素 χ^2 检验

将次数按两种分类标准（即两个因素）编制成表，称为双向表。本章导读问题三要求判断性别与态度之间有无关联。为此，我们可以统计一下男女生中持三种不同态度（六种组合）的人数分别是多少，得到一张双向表（如表 13.3.1）。

表 13.3.1 性别与态度

		态度		
		赞成	反对	中立
学生性别	男	40	36	12
	女	92	46	88

对双向表的数据进行的 χ^2 检验，就是**双因素 χ^2 检验**。它既可以用于检验两个因素之间是否存在关联（独立性 χ^2 检验），也可以用于检验多次重复实验结果是否同质（同

质性 χ^2 检验）。

13.3.1 独立性 χ^2 检验

独立性 χ^2 检验指的是用于检验两个因素之间是否存在关联的双因素 χ^2 检验，其数据结构如表 13.3.2 所示。

表 13.3.2 独立性 χ^2 检验的数据结构

		因素 B				总和
		水平 1	水平 2	…	水平 c	
因素 A	水平 1	O_{11}	O_{12}	…	O_{1c}	m_1
	水平 2	O_{21}	O_{22}	…	O_{2c}	m_2
	…	…	…	…	…	…
	水平 r	O_{r1}	O_{r2}	…	O_{rc}	m_r
总和		n_1	n_2	…	n_c	N

对于双向表，可以计算出在两个因素无关联的情况下的理论次数，进而计算出 χ^2 值，然后根据 $df=(r-1)(c-1)$ 查表得到 χ^2 临界值，从而判断两个因素间是否存在关联。

那么，如何计算与各实际观测次数相对应的理论次数呢？以表 13.3.1 的数据为例。要回答的问题是性别与态度有无关联？这个问题也可以这样表述：男生与女生的态度有无显著差异？为了解决这样的问题，我们只要先计算出在因素之间没有关联，或者没有显著差异的情况下，各单元格中的理论次数是多少，就可以计算 χ^2 值，进而做出统计决断。

为此，我们应该首先了解因素之间没有关联或者没有显著差异是怎样一种状况。如果性别与态度之间没有关联，则无论是男生还是女生，持不同态度的人数比例应该是一样的，例如都是 2∶1∶1；反过来，无论何种态度，其中男女比例也应该是一样的，例如都是 1∶2。表 13.3.3 表示的就是口头表达能力与性格类型之间没有关联的情况。观察这个表可以发现，无论横向看行，还是纵向看列，比例关系都是相同的。

表 13.3.3 性别与态度之间无关联的情况

		态度		
		赞成	反对	中立
学生性别	男	30	15	15
	女	60	30	30

可见，根据比例关系相同的原则，就可以计算出各个理论次数。计算公式为

$$E_{ij}=\frac{m_i n_j}{N} \qquad \text{（公式 13.3.1）}$$

式中：

E_{ij} 是第 i 行第 j 列的理论次数；

m_i 是第 i 行的观测次数的总和；

n_j 是第 j 列的观测次数的总和；

N 为总次数。

计算出理论次数后可以用以下公式计算 χ^2 值：

$$\chi^2=\sum_{i=1}^{r}\sum_{j=1}^{c}\frac{\left(O_{ij}-E_{ij}\right)^2}{E_{ij}} \qquad \text{（公式 13.3.2）}$$

其中，自由度 $df=(r-1)(c-1)$

为了计算上的方便，也可以不计算理论次数，直接采用以下公式计算 χ^2 值：

$$\chi^2=N\left(\sum_{i=1}^{r}\sum_{j=1}^{c}\frac{O_{ij}^2}{m_i n_j}-1\right) \qquad \text{（公式 13.3.3）}$$

【例 13.3.1】根据表 13.3.1 判断性别与态度有无关联？

解：

①提出假设：

H_0：性别与态度无关联

H_1：性别与态度有关联

②选择检验统计量并计算其值：

应采用 χ^2 检验，检验统计量为

$$\chi^2=\sum_{i=1}^{r}\sum_{j=1}^{c}\frac{\left(O_{ij}-E_{ij}\right)^2}{E_{ij}}$$

根据 H_0，先计算出各观测次数对应的理论次数，见表 13.3.4。

表 13.3.4　性别与态度独立性检验计算表

	赞成	反对	中立	总和
男生	40（36.99）	36（22.98）	12（28.03）	88
女生	92（95.01）	46（59.02）	88（71.97）	226
总和	132	82	100	314

故

$$\chi^2=\sum_{i=1}^{r}\sum_{j=1}^{c}\frac{\left(O_{ij}-E_{ij}\right)^2}{E_{ij}}=\frac{(36-22.98)^2}{22.98}+\frac{(40-36.99)^2}{36.99}+\cdots+\frac{(88-71.97)^2}{71.97}=23.32$$

③确定显著性水平和临界值：

本题 $r=2$，$c=3$，$df=(r-1)(c-1)=2$，故当 $\alpha=0.05$ 时，$\chi^2_{0.05,\,2}=5.99$；当 $\alpha=0.01$ 时，$\chi^2_{0.01,\,2}=9.21$。

④统计决断：

由于计算出来的 χ^2 值大于 $\chi^2_{0.01,\,2}=9.21$，说明实际观测结果与因素之间无关联的零假设有显著差异，故应拒绝零假设，认为性别与态度有关联。

13.3.2　同质性 χ^2 检验

同质性 χ^2 检验指的是判断几次重复实验的结果是否相同的双因素 χ^2 检验。例如，有 A、B、C、D 四所学校，其体育成绩如表 13.3.5 所示，问这四所学校的体育成绩有无显著差异？

表 13.3.5　四所学校的体育成绩

	及格	良好	优秀
A 校	80	15	5
B 校	43	11	6
C 校	72	13	5
D 校	34	58	8

【例 13.3.2】根据表 13.3.5 判断这四所学校的体育成绩有无显著差异？

解：

①提出假设：

H_0：四所学校的体育成绩无显著差异

H_1：四所学校的体育成绩有显著差异

②选择检验统计量并计算其值：

应采用χ^2检验，检验统计量为

$$\chi^2=\sum_{i=1}^{r}\sum_{j=1}^{c}\frac{\left(O_{ij}-E_{ij}\right)^2}{E_{ij}}$$

或

$$\chi^2=N\left(\sum_{i=1}^{r}\sum_{j=1}^{c}\frac{O_{ij}^2}{m_i n_j}-1\right)$$

先计算各行各列的总和以及总次数N（见表13.3.6）。

表13.3.6 四所学校的体育成绩同质性检验计算表

	及格	良好	优秀	总和
A校	80	15	5	100
B校	43	11	6	60
C校	72	13	5	90
D校	34	58	8	100
总和	229	97	24	350

根据公式13.3.3计算

$$\chi^2=N\left(\sum_{i=1}^{r}\sum_{j=1}^{c}\frac{O_{ij}^2}{m_i n_j}-1\right)=350\times\left(\frac{80^2}{100\times229}+\frac{15^2}{100\times97}+\cdots+\frac{8^2}{100\times24}-1\right)=69.95$$

③确定显著性水平和临界值：

本题$r=4, c=3$，$df=(r-1)(c-1)=6$，故当$\alpha=0.05$时，$\chi^2_{0.05,6}=12.59$；当$\alpha=0.01$时，$\chi^2_{0.01,6}=16.81$。

④统计决断：

由于计算出来的χ^2值大于$\chi^2_{0.01,6}=16.81$，说明实际观测结果与四所学校体育成绩无显著差异的零假设之间存在显著差异，故应拒绝零假设，认为四所学校体育成绩有极其显著的差异。

独立性检验和同质性检验没有本质区别

同质性 χ^2 检验无论是数据结构还是计算方法都与独立性 χ^2 检验完全相同，自由度也是 $(r-1)(c-1)$。只是检验的意义不同。独立性 χ^2 检验关心的是双向表的两个因素之间是否相互关联，而在同质性 χ^2 检验中，其中一个因素反映的是几个重复实验，它关心的是这几个重复实验的结果有无显著差异。双因素 χ^2 检验既可以理解为独立性 χ^2 检验，又可以理解为同质性 χ^2 检验，以前面提到的性别与态度的独立性检验为例，它也可以理解为"不同性别学生的态度有无显著差异？"这就变成同质性检验了；而四所学校体育成绩有无显著差异的同质性检验，也可以理解为独立性检验——"学校与成绩有无关系？"

13.3.3 2×2 表的 χ^2 检验

如果双因素 χ^2 检验中，两个因素都只有两个水平，就成为一个 2×2 表的 χ^2 检验。

例如，表 13.3.7 表示的是男生和女生的数学成绩（优秀与非优秀的人数），问男女生成绩有无显著差异？

表 13.3.7 男生和女生的数学成绩

	优秀	非优秀	总和
男	12(*a*)	26(*b*)	38(*a*+*b*)
女	6(*c*)	8(*d*)	14(*c*+*d*)
总和	18(*a*+*c*)	34(*b*+*d*)	52(*N*)

在这种情况下，可以用前面提到的方法，先求出理论次数，然后计算 χ^2 值，也可以采用以下缩减公式，由实际次数直接计算 χ^2 值。

$$\chi^2=\frac{(ad-bc)^2N}{(a+b)(a+c)(b+d)(c+d)} \quad \text{（公式 13.3.4）}$$

其中，自由度 $df=(r-1)(c-1)=(2-1)(2-1)=1$。

第 11 章介绍的 Φ 相关系数的显著性检验公式，就是上述 2×2 表的 χ^2 检验。.

【例 13.3.3】根据表 13.3.7 判断男生和女生的数学成绩有无显著差异？

解：

①提出假设：

H_0：男生和女生的数学成绩无显著差异

H_1：男生和女生的数学成绩有显著差异

②选择检验统计量并计算其值：

这是一个 2×2 表的 χ^2 检验，可以采用简化公式

$$\chi^2=\frac{(ad-bc)^2N}{(a+b)(a+c)(b+d)(c+d)}=\frac{(12\times 8-26\times 6)^2\times 52}{(12+26)(12+6)(26+8)(6+8)}=0.575$$

③确定显著性水平和临界值：

本题 $r=2$，$c=2$，$df=(r-1)(c-1)=1$，故当 $\alpha=0.05$ 时，$\chi^2_{0.05,1}=3.84$；当 $\alpha=0.01$ 时，$\chi^2_{0.01,1}=6.63$。

④统计决断：

由于计算出来的 χ^2 值小于 $\chi^2_{0.05,1}=3.84$，故应接受零假设，认为男女生数学成绩没有显著的差异。

在单因素 χ^2 检验一节中曾经提到，当 $df=1$ 时，如果任一组的理论次数小于 5，就要做亚茨连续性校正。在 2×2 表的 χ^2 检验中，由于自由度也是 1，故也可能出现需要连续性校正的情况。一个简单的判断方法是，当样本容量总和 $N<30$ 或 $N<50$（取决于对检验结果要求的严格程度）时，就应进行连续性校正。这时计算 χ^2 值应采用如下公式：

$$\chi^2=\frac{(|ad-bc|-N/2)^2N}{(a+b)(a+c)(b+d)(c+d)} \quad \text{（公式 13.3.5）}$$

例如，对于表 13.3.8 所示的情况，如果要求严格一些（以 $N<50$ 为标准），就应采用校正公式计算 χ^2 值，结果为 5.58。由于 $\chi^2_{0.05,1}=3.84$，$\chi^2_{0.01,1}=6.63$，故应当认为男女生数学成绩有显著差异。

表 13.3.8 男生和女生的数学成绩

	优秀	非优秀	总和
男	2(*a*)	26(*b*)	28(*a*+*b*)
女	6(*c*)	8(*d*)	14(*c*+*d*)
总和	8(*a*+*c*)	34(*b*+*d*)	42(*N*)

比例之差的假设检验可以用 χ^2 检验代替

读者也许还记得，第 9 章中有过这样一个例题（例 9.3.4）：从甲乙两个学校中抽取本科生进行普通话测试。在甲校的 300 人中有 90 人成绩优良，在乙校的 350 人中有 140 人成绩优良，问两个学校本科生普通话优良率有无显著差异？当时采用的办法是，先将人数换算成比例，然后进行两个总体比例之差的假设检验。而这实际上也是一个同质性 χ^2 检验问题。而且，用两个总体比例之差的假设检验只能对两个样本的比例进行显著性检验，用 χ^2 检验则可以对多个样本进行显著性检验，适用范围更广。

13.3.4 中位数检验与 χ^2 检验的事后检验★

13.3.4.1 中位数检验

双因素 χ^2 检验还有一种特殊的形式：**中位数检验**，它利用两个或多个独立样本在共同中位数上下的次数来比较各个样本有没有显著差异：先将各个样本的数据合在一起找出它们**共同的**中位数，然后分别计算每个样本中大于共同中位数和小于等于共同中位数的数据个数，列成 $r \times c$ 表后，再进行同质性 χ^2 检验（公式完全相同）。例如，在表 13.3.9 中，全体学生成绩的中位数为 75 分，再分别统计男生和女生成绩大于 75 和成绩小于或等于 75 的人数，计算得到 χ^2 值为 5.833，大于 $\chi^2_{0.05,\,1} = 3.84$，小于 $\chi^2_{0.01,\,1} = 6.63$，故应认为男女生成绩在 5% 的显著性水平上有差异。

表 13.3.9 中位数检验

	成绩 > 75	成绩≤ 75	总和
男	10(*a*)	20(*b*)	30(*a*+*b*)
女	25(*c*)	15(*d*)	40(*c*+*d*)
总和	35(*a*+*c*)	35(*b*+*d*)	70(*N*)

13.3.4.2 χ^2 检验的事后检验

与方差分析类似，双因素 χ^2 检验在拒绝零假设后，也可以进行事后检验，以确定哪一组或哪些组的观测次数与理论次数有显著差异。其检验统计量是

$$Z_{ij}=\frac{O_{ij}-E_{ij}}{\sqrt{E_{ij}\left(1-\frac{m_i}{N}\right)\left(1-\frac{n_i}{N}\right)}} \qquad \text{（公式 13.3.6）}$$

式中：

O_{ij} 是第 i 行第 j 列的观测次数；

E_{ij} 是第 i 行第 j 列的理论次数；

m_i 是第 i 行的观测次数的总和；

n_j 是第 j 列的观测次数的总和；

N 为总次数。

Z_{ij} 为标准分数，服从标准正态分布，故只要它的绝对值超过 1.96，就意味着该组观测次数与理论次数有显著差异。正是这些显著差异，导致双因素 χ^2 检验拒绝零假设。

13.4 相关样本的 χ^2 检验

13.4.1 基本概念

与 t 检验和方差分析一样，χ^2 检验也分为独立样本和相关样本两种情况。13.3 节所述的双因素 χ^2 检验实际上是独立样本的 χ^2 检验。

那么，**相关样本的 χ^2 检验**是处理什么样的情况的呢？同 t 检验和方差分析中的相关样本一样，χ^2 检验中的相关样本也有两种组成方式：(a) 同一组对象前后多次测量；(b) 配对成组。

本章导读问题四，要求根据长跑测试的达标情况，回答参试者期初和期末长跑测试成绩有无显著差异？期初、期中、期末测验成绩有无显著差异？这就属于“同一组对象前后多次测量”的情况，属于相关样本。

为了回答问题四的第一问，我们可以清点一下两次测验是否达标的组合情况，显然有四种组合：第一次达标—第二次达标，第一次达标—第二次未达标，第一次未达

标一第二次达标，第一次未达标一第二次达标，假定得到的人数见表 13.4.1。

表 13.4.1 学生参加长跑训练前后两次测验的结果

		第二次测验	
		达标	未达标
第一次测验	达标	61(*a*)	15(*b*)
	未达标	45(*c*)	11(*d*)

这是同一组对象前后两次测量的情况。表 13.4.1 说明，有 61 人前后两次测验均达标，11 人前后两次测验均未达标，这两类学生的成绩不能说明长跑训练的效果。另有 45 人是第一次测验未达标而第二次测验达标的，15 人是第一次测验达标而第二次测验未达标的。这两类学生的成绩是可以说明长跑训练的效果的，因为一个是进步（由未达标到达标）的人数，另一个是退步（由达标到未达标）的人数。

再看另外一个例子：某校根据各方面条件基本相同的原则，将学生配成 14 对，并将每对学生随机分入实验组和对照组。经一段时间的教学后，测定他们的阅读能力，结果见表 13.4.2。

表 13.4.2 实验组与对照组学生的阅读能力

		实验组	
		优秀	非优秀
对照组	优秀	3(*a*)	1(*b*)
	非优秀	8(*c*)	2(*d*)

表 13.4.2 是配对组的情况。它说明，这 14 对学生中有 3 对学生是在实验组的那位优秀，他在对照组的“对手”也是优秀，他们之间没有拉开距离；另有 2 对学生在实验组的那位不优秀，在对照组的那位也不优秀，他们之间也没有拉开距离。这两类学生的成绩都不能说明实验组和对照组的成绩有无显著差异。相反的，8 对学生在实验组的那位优秀，在对照组的那位不优秀，说明他们之间拉开了距离；另有 1 对学生正好相反：在实验组的那位不优秀，在对照组的那位优秀，这也是拉开了距离的情况。因此，这两类学生的成绩可以说明实验组和对照组的成绩有无显著差异，因为其中一个是实验组强于对照组的对子数，另一个是对照组强于实验组的对子数。

13.4.2 相关样本 2×2 表的 χ^2 检验

McNemar 检验可以用于相关样本 2×2 表的 χ^2 检验。以长跑训练为例，我们可以设想，如果长跑训练效果不显著，那么，理论上进步和退步的人数应该一样多，都是 (45+15) / 2=30 人。这样，如果要对长跑的效果进行检验，可以先假设没有效果，再根据进步人数和退步人数都是 30 的理论次数，运用公式 13.1.1 进行 χ^2 检验。

$$\chi^2=\sum_{i=1}^{k}\frac{(O_i-E_i)^2}{E_i}=\frac{(45-30)^2}{30}+\frac{(15-30)^2}{30}=15$$

根据 $df=1$ 查表得 $\chi^2_{0.01,1}=6.63$，故长跑训练有极其显著的效果。

上述相关样本的 χ^2 检验还可以用简化公式来计算：

$$\chi^2=\frac{(b-c)^2}{b+c} \qquad \text{（公式 13.4.1）}$$

由于自由度 $df=1$，所以当 $(b+c)<30$ 或 $(b+c)<50$ 时（决定于对检验结果要求的严格程度），应对 χ^2 值进行亚茨连续性校正。其校正公式为：

$$\chi^2=\frac{(|b-c|-1)^2}{b+c} \qquad \text{（公式 13.4.2）}$$

【例 13.4.1】根据表 13.4.1 和表 13.4.2 的数据，进行相应的 χ^2 检验。

解：

根据表 13.4.1

$$\chi^2=\frac{(b-c)^2}{b+c}=\frac{(15-45)^2}{15+45}=15>\chi^2_{0.01,1}=6.63$$

故长跑训练有极其显著的效果。

根据表 13.4.2，由于 $(b+c)=9<30$，所以用校正公式进行检验

$$\chi^2=\frac{(|b-c|-1)^2}{b+c}=\frac{(|1-8|-1)^2}{1+8}=4.00>\chi^2_{0.05,1}=3.84$$

故实验组与对照组的阅读能力有显著差异。

13.4.3 科克伦 Q 检验★

科克伦（Cochran）Q 检验是上述相关样本 2×2 表的 χ^2 检验的推广。前面提到的相关样本 2×2 表的 χ^2 检验实际上是 2 个相关样本的 χ^2 检验。**科克伦 Q 检验**则研究 k 个相关样本的次数或比例有无显著差异，即根据 n 个个体在 k 个不同条件下的观察值，判断不同条件产生的结果是否不同。只要是称名水平的资料（次数），就可以进行科克伦 Q 检验。

例如，本章导读问题四的第二问，就是在同一组对象经历三次测试产生的相关样本条件下进行的科克伦检验。

下面以 10 位参试者的三次测试的达标情况为例来说明科克伦检验的步骤。他们的达标情况见表 13.4.3，其中“＋”表示“达标”，“－”表示“未达标”。

表 13.4.3 三次测试的达标情况

参试者号码	第 1 次	第 2 次	第 3 次	L	L^2
1	＋	＋	＋	3	9
2	－	－	＋	1	1
3	＋	－	＋	2	4
4	－	－	＋	1	1
5	－	－	＋	1	1
6	－	＋	＋	2	4
7	－	＋	＋	2	4
8	－	＋	＋	2	4
9	－	－	－	0	0
10	－	－	－	0	0
S	2	4	8	14	28

可以想见，如果三个样本来自相同分布的总体，即没有显著差异，则各行、各列中“＋”的分布应当是随机的。

科克伦 Q 检验的检验统计量为

$$Q=\frac{(k-1)\left[k\sum_{j=1}^{k}S_j^2-\left(\sum_{j=1}^{k}S_j\right)^2\right]}{k\sum_{i=1}^{n}L_i-\sum_{i=1}^{n}L_i^2} \quad \text{（公式 13.4.3）}$$

式中：

k 为样本个数；

n 为样本容量，因为是相关样本，故各样本容量相等；

L_i 为第 i 行“+”的次数；

S_j 为第 j 列“+”的次数。

在假设 H_0 成立时，检验统计量 Q 服从自由度 $df = k-1$ 的 χ^2 分布。若计算出的检验统计量值大于临界值，则拒绝 H_0。

【例 13.4.2】根据表 13.4.3 的数据，进行相应的 χ^2 检验。

解：

①提出假设：

H_0：三次测验成绩无显著差异

H_1：三次测验成绩有显著差异

②选择检验统计量并计算其值：

$$Q=\frac{(k-1)\left[k\sum_{j=1}^{k}S_j^2-\left(\sum_{j=1}^{k}S_j\right)^2\right]}{k\sum_{i=1}^{n}L_i-\sum_{i=1}^{n}L_i^2}=\frac{(3-1)\times\left[3\times(8^2+4^2+2^2)-14^2\right]}{3\times14-28}=8$$

③确定显著性水平和临界值：

本题 $df = k-1 = 2$，故当 $\alpha = 0.05$ 时，$\chi^2_{0.05,2} = 5.99$；当 $\alpha = 0.01$ 时，$\chi^2_{0.01,2} = 9.21$。

④统计决断：

由于计算出来的 χ^2 值大于 $\chi^2_{0.05,2} = 5.99$，故应拒绝零假设，认为三次测试成绩有显著差异。

13.4.4 多水平评定下的评定者间一致性系数★

在前文所述的相关样本 χ^2 检验中，两次或多次评定中的可能水平都只有两种，例如达标—未达标、优秀—非优秀等。如果遇到多水平评定的情形（例如，将学生作业分为优、良、中、及格、不及格，或者将人员的性格类型分为 A、B、C、D 等），也可以进行显著性检验，以确定两次评定结果之间是否具有一致性。

例如，表 13.4.4 是两位研究者对 100 名参试者性格类型的主观评定情况。可以看到，两位研究者的评定大多是一致的（表格中对角线上的次数：19、21、22、21），但也有一些不一致的情况（非对角线上的次数）。

表 13.4.4　两位研究者对 100 名参试者性格类型的主观评定

		第二位研究者的评定结果				
		A 型	B 型	C 型	D 型	总和 m_i
第一位研究者的评定结果	A 型	19（5.46*）	1	4	2	26
	B 型	1	21（6.24）	2	0	24
	C 型	0	2	22（7. 25）	1	25
	D 型	1	2	1	21（6.00）	25
	总和 n_j	21	26	29	24	100

* 括号中的数字为两次评定无任何关联时的理论次数。

这时，可以用以下公式计算两位评定者评定结果的内部一致性程度，即 **Kappa** 系数：

$$\kappa=\frac{\sum_{i=1}^{r}O_{ii}-\sum_{i=1}^{r}E_{ii}}{N-\sum_{i=1}^{r}E_{ii}} \qquad \text{（公式 13.4.4）}$$

式中：

κ 为 Kappa 系数；

O_{ii} 为两次评定中获得一致评定结果的实际人数；

E_{ii} 为两次评定无任何关联时应得的理论人数，计算公式为$E_{ii}=\frac{m_i n_i}{N}$；

r 为评定的水平数。

Kappa 系数介于 0 与 1 之间，如果高于 0.75，表示评定者间有较高的内部一致性；如果小于 0.4，则表示两人（或两次）评定的一致性很差。

【例 13.4.3】根据表 13.4.4 中两位研究者对 100 名参试者性格类型的主观评定结果，计算两位评定者的一致性系数。

解：①计算 4 个理论次数，得 $E_{11}=5.46$，$E_{22}=6.24$，$E_{33}=7.25$，$E_{44}=6.00$。

②用公式 13.4.4 计算 Kappa 系数：

$$\kappa=\frac{\sum_{i=1}^{r}O_{ii}-\sum_{i=1}^{r}E_{ii}}{N-\sum_{i=1}^{r}E_{ii}}=\frac{83-24.95}{100-24.95}=0.7735$$

该系数大于 0.75，显示出较高的一致性。

本章术语

- **非参数检验**（non-parameter test）：不涉及总体参数的假设检验。
- **观测次数**（observed frequency）：样本中不同类别的个体数。
- **理论次数**（theoretical frequency, expected frequency）：样本中按照理论比例计算出来的不同类别的个体数。
- **拟合优度检验**（goodness-of-fit test）：关于样本次数分布与某种指定的次数分布的吻合程度的假设检验。
- **单因素 χ^2 检验**（one-factor χ^2 test）：对单向表的数据进行的 χ^2 检验，用于判断单向表所示的次数是否表明总体服从某个理论分布或假设分布。
- **亚茨连续性校正**（Yates' correction for continuity）：一种将间断性数据校正为连续性数据的方法。
- **双因素 χ^2 检验**（two-factor χ^2 test）：对双向表的数据进行的 χ^2 检验，用于判断双向表的两个因素之间是否存在关联，或多次重复实验结果是否同质。
- **独立性 χ^2 检验**（χ^2 test of indepenence）：用于判断两个因素之间是否存在关联的 χ^2 检验。
- **同质性 χ^2 检验**（χ^2 test of homogeneity）：判断多次重复实验的结果是否相同的双因素 χ^2 检验。
- **中位数检验**（median test）：双因素 χ^2 检验的一种特殊形式，它利用两个或多个独立样本在共同中位数上下的次数来比较各个样本有没有显著差异。
- **相关样本的 χ^2 检验**（χ^2 of correlated samples）：对同一组对象多次测量或配对组的点计数据进行的 χ^2 检验。
- McNemar **检验**（McNemar test）：两个相关样本的 χ^2 检验。
- **科克伦 Q 检验**（Cochran test）：多个相关样本的 χ^2 检验，考察样本的次数或比例有无显著差异。

◆ **Kappa 系数**（Cohen's Kappa）：两位评定者评定结果的内部一致性程度。

练习与思考

1. 某校学生对中学文理分科赞成者、不赞成者和不置可否者的人数比例为 5∶2∶3，该校某班 50 名学生中赞成者 24 人，不赞成者 16 人，不置可否者 10 人，问该班学生对文理分科的各种态度的人数比例与全校是否一样？
2. 从某中学随机抽取 60 名学生，测定他们的性格类型，发现内向、中间、外向的人数分别为 18、25、17。问该校学生三种性格类型的比例是否为 1∶2∶1？
3. 抛掷 120 次骰子，结果出现"1"～"6"面的次数分别是 18、24、22、21、20、15。问这个骰子有无异常（六面次数是否均匀分布）？
4. 根据以下样本分布来推断这个样本所在的总体是不是平均数为 75，标准差为 10 的正态分布。

组别	50~54	55~59	60~64	65~69	70~74	75~79	80~84	85~89	90~94	95~99
观测次数	9	24	38	50	68	65	46	35	25	8

5. 某调查公司要求两组年龄不同的女士对某化妆品发表意见，结果如下表。问年龄与态度之间是否具有显著关联？

年龄	表示喜欢	表示不喜欢
40 岁以下	75	25
40 岁以上	14	16

6. 甲、乙两校部分毕业生英语测验成绩情况见下表，两校成绩有无显著差异？

校别	高于 80 分	低于或等于 80 分
甲校	12	3
乙校	9	4

7. 在调查了四所学校的毕业生后，得到他们普通话一级、二级和三级的人数如下表，问四所学校成绩有无显著差异？

校别	一级	二级	三级
甲校	80	15	5
乙校	43	11	6
丙校	72	13	5
丁校	34	58	8

8. 某高中男女毕业生报考文科和理科和交叉学科的人数见下表，问性别和学科选择有无关联？

性别	理科	文科	交叉学科
男	150	70	80
女	85	100	90

9. 某小学开展课外科研活动，有 32 名同学参加，活动前后对这些学生分别进行一次学习能力测验。结果发现，其中 12 名学生的测验成绩明显进步，3 名学生成绩明显退步。问：参加课外科研活动能否促进学习能力的提高？

10. 请根据定义公式推出相关样本 2×2 表的 χ^2 检验缩减公式。为什么这个公式还可以用$Z=\frac{b-c}{\sqrt{b+c}}$来代替？（提示：查阅第 9 章关于 χ^2 分布的定义）

11. 某研究者考察四种不同的促销方式对消费者的吸引力，结果如下表（+号表示喜欢，－号表示不喜欢），不同的促销方式的效果有无显著差异？

参试者号码	A 方式	B 方式	C 方式	D 方式
1	−	+	+	+
2	+	−	−	−
3	+	−	+	−
4	+	+	−	+
5	−	+	−	+
6	+	−	−	−
7	+	+	−	+
8	+	+	−	−
9	−	−	−	−
10	+	−	−	−

12. 下表为两位评定者对 100 份参试者作品的主观评定结果，求这两位评定者评定结果的 Kappa 系数。

		第二位评定者				
		优	良	中	及格	不及格
第一位评定者	优	15	2	2	1	0
	良	1	18	2	1	0
	中	0	1	23	1	1
	及格	0	1	1	16	2
	不及格	0	0	1	2	9

实习题

13. 仿照本章导读问题，编制更多模拟数据，并用这些数据完成各种 χ^2 检验。

第 14 章

非参数检验

本章提要

本章主旨

除 χ^2 检验外，非参数检验包括单样本游程检验、双独立样本的曼－惠特尼 U 检验法（秩和检验）和柯尔莫哥洛夫－斯米尔诺夫检验、双相关样本的符号检验和符号秩次检验，以及多个独立样本的单向秩次方差分析和多个相关样本的双向秩次方差分析等。

本章要点

- 单样本游程检验可以根据游程数来检验样本的随机性。
- 对于两个独立样本，可以计算两个样本的秩和，采用曼－惠特尼 U 检验法进行两者差异的显著性检验；也可以根据两个独立样本的累积次数分布的相似程度，进行柯尔莫哥洛夫－斯米尔诺夫检验。
- 对于两个相关样本，可以进行符号检验或符号秩次检验。前者根据两个相关样本的每对数据之差的符号进行两者差异的显著性检验；后者既考虑差值的正负，又考虑差值大小，可以更充分地利用数据提供的信息。

- 对于多个独立样本，可以采用单向秩次方差分析，它对应于完全随机设计的参数方差分析。
- 对于多个相关样本，可以采用双向秩次方差分析，它对应于随机区组设计的参数方差分析。

导读问题

除了 χ^2 检验以外，非参数检验的方法还有很多，而且它们很多都有相对应的参数检验方法。本章依次介绍单样本、双样本和多样本情况下的各种非参数检验方法。单样本游程检验可以检验抽样是否随机。

- 问题一：**某研究者记录了过去30个月投资者对股指涨跌的预测。如果某月多数人看涨，记为＋，看跌则记为－，结果是：＋＋＋＋－－＋＋＋＋＋－－＋＋＋＋－－－＋＋＋＋＋＋＋－－＋＋。问：投资者这30个月来对股市涨跌的预测是不是随机的？**

本题意在符号的随机性，应采用单样本游程检验。

而在 t 检验（独立样本、相关样本）或方差分析（完全随机设计、随机区组设计）因各种原因无法进行时，可以采用本章介绍的曼－惠特尼 U 检验或柯尔莫哥洛夫－斯米尔诺夫检验（代替独立样本 t 检验）、符号检验或符号秩次检验（代替相关样本 t 检验）、单向秩次方差分析（代替完全随机设计的方差分析）和双向秩次方差分析（代替随机区组设计的方差分析）。

仍以第10章开头的数据为例，并假设错觉量不服从正态分布：

参试者编号	线段宽度	观视距离	上午错觉量	中午错觉量	下午错觉量
0001	A	a	8.6	8.4	8.2
0002	A	b	9.5	9.6	9.3
0003	B	a	7.5	7.8	8.0
0004	C	a	8.5	8.3	8.6
0005	B	b	8.8	8.9	9.0
0006	C	b	7.0	7.3	6.8
……	……	……	……	……	……

- 问题二：**两种观视距离下的错觉量有无显著差异？上午和下午的错觉量有无显著差异？**

由于我们假设错觉量不服从正态分布，参数性质的假设检验(t 检验或方差分析)无法进行，但可以用非参数检验代替。本题第一问可以采用曼－惠特尼 U 检验或柯尔莫哥洛夫－斯米尔诺夫检验，第二问可以采用符号检验或符号秩次检验。

- 问题三：**三种线段长度对错觉量有无显著影响？上午、中午和下午测量的错觉量有无显著差异？**

本题第一问可以采用单向秩次方差分析，第二问可以采用双向秩次方差分析。

14.1　单样本游程检验★

单样本游程检验可以检验样本随机性。现在假定，我们要根据抽到的个体的性别来判断这个样本是不是一个随机样本。可以想见，如果男女性别的出现次序是没有规律的，就应该是一个随机样本；如果很有规律，就应怀疑其随机性。下面是抽样时男女（各 8 人）性别的出现次序的几种不同的情况（M 表示男性，F 表示女性）：

① F M M F M F F F F M M M F F M M

② F M F M F M F M F M F M F M F M

③ F F F F F F F F M M M M M M M M

④ M M M M M M M M F F F F F F F F

显然，①这种情况是没有规律的，而②、③、④这三种情况都是有规律的。那么，这其中又存在什么规律性呢？可以看到，在③和④这两种情况下，M 和 F 各自“聚集”在一起，形成了两个连续相同符号的串——**游程**。将上面四种情况的游程分别标出，就是下面这个样子：

① F M M F M F F F F M M M F F M M

② F M F M F M F M F M F M F M F M

③ F F F F F F F F M M M M M M M M

④ M M M M M M M M F F F F F F F F

可见，当游程数为 16（最大游程数）时，男女性别的出现次序是有规律的；游程数为 2（最小游程数）时，也是有规律的。而当游程数位于最大和最小可能游程数之间，且与中间值比较接近时，例如在①这种情况下，游程数为 8，就没有规律可言。

以上分析说明，我们可以根据游程数来检验样本的随机性。这就是**单样本游程检验**。

进行游程检验时要考虑不同符号的数目。我们用 n_1 表示一种符号出现的数目，用 n_2 表示另一种符号出现的数目，样本容量 $n = n_1 + n_2$。如果一个样本是随机样本，可以用 $1-\alpha$ 的概率保证它的游程数介于低端临界值 r_a 和高端临界值 r_b 之间。附录三统计用表 8 给出了当 $n \leqslant 20$ 时单样本游程检验的低端临界值和高端临界值表。从表中可以查到当 $n_1 = 8$ 和 $n_2 = 8$ 时的两个临界值分别为 4 和 14，现在①的游程数 r 为 8，故可以认为是随机的；而②、③、④这三种情况不是随机的。

当样本容量 $n > 20$ 时，或当任何一种符号的数目超过 20 时，以正态分布作为游程数 r 的近似分布，检验统计量为

$$Z = \frac{r - \left(\frac{2n_1 n_2}{n_1 + n_2} + 1\right)}{\sqrt{\frac{2n_1 n_2 (2n_1 n_2 - n_1 - n_2)}{(n_1 + n_2)^2 (n_1 + n_2 - 1)}}} \sim N(0,1^2) \quad \text{（公式 14.1.1）}$$

【例 14.1.1】回答导读问题一。

解：

①提出假设：

H_0：投资者 30 个月来对股市涨跌的预测是随机的

H_1：投资者 30 个月来对股市涨跌的预测不是随机的

②选择检验统计量并计算其值：

由于正号有 21 个，无法用查 r 的临界值表的方法，故采用 Z 检验。

$$Z = \frac{r - \left(\frac{2n_1 n_2}{n_1 + n_2} + 1\right)}{\sqrt{\frac{2n_1 n_2 (2n_1 n_2 - n_1 - n_2)}{(n_1 + n_2)^2 (n_1 + n_2 - 1)}}}$$

看涨的月数为 $n_1 = 21$，看跌的月数为 $n_2 = 9$，游程数 $r = 9$

$$Z=\frac{9-\left(\frac{2\times21\times9}{21+9}+1\right)}{\sqrt{\frac{2\times21\times9\times(2\times21\times9-21-9)}{(21+9)^2\times(21+9-1)}}}=-2.049$$

③确定显著性水平和临界值：

当 $\alpha=0.05$ 时，$Z_{0.025}=1.96$；当 $\alpha=0.01$ 时，$Z_{0.005}=2.58$。

④统计决断：

由于 $Z_{0.005}=2.58>|Z|=2.049>Z_{0.025}=1.96$，故拒绝零假设，投资者这30个月来对股市涨跌的预测不是随机的。

14.2 两个独立样本的非参数检验

我们知道，*t* 检验用于两个总体平均数之差的参数假设检验。但是，*t* 检验有一个前提，就是变量应为连续变量，而且在小样本的情况下，要求总体服从正态分布。一旦变量达不到这样的水平，*t* 检验的效力就大大下降了。本节介绍的就是在变量水平较低（顺序量表）的情况下，与 *t* 检验对应的两个独立样本的非参数检验。

14.2.1 曼－惠特尼 *U* 检验法

曼一惠特尼 *U* 检验法根据两个独立样本的秩和进行样本差异的显著性检验。这种检验功效极强，它可用于检验至少是顺序水平的两个独立样本是否来自同一总体。

曼－惠特尼 *U* 检验法的基本思想是，如果两个样本的观察值没有显著差异，那么把这两组观察值合起来排序，则每个观察值排在第几位的概率应该相同。换句话说，如果两个样本来自同一个总体，两个样本观察值的位次就应当分布均匀，不会产生高的位次集中在一个样本，低的位次集中在另一个样本的情形。如果这种情况发生了，就说明两个样本不是来自同一总体。我们将所有观察值由小到大排序后各个观察值排列的位次称为**秩次**或**秩**；各个样本中所有观察值对应的秩的总和称为**秩和**，用 *T* 表示。可以设想，如果两个样本没有显著差异，那么两个秩和 *T* 也就不应太大或者太小；否则，可以推测两个样本的观察值有显著差异。

曼－惠特尼 *U* 检验的基本步骤是：

（1）提出零假设和备择假设

曼－惠特尼 U 检验法也分为双侧检验和单侧检验。

（2）确定适当的检验统计量并计算其值

在小样本情况下，即两个样本的容量都小于或等于 20 时，检验统计量为

$$U_1 = n_1 n_2 + \frac{n_1(n_1+1)}{2} - T_1 \qquad \text{（公式 14.2.1）}$$

及

$$U_2 = n_1 n_2 + \frac{n_2(n_2+1)}{2} - T_2 = n_1 n_2 - U_1 \qquad \text{（公式 14.2.2）}$$

式中：

U_1 和 U_2 分别为两个样本对应的检验统计量；

n_1 和 n_2 分别为两个样本的容量；

T_1 和 T_2 分别为两个样本的秩和。

在大样本情况下，即两个样本之中至少有一个容量大于 20，则检验统计量 U 近似地服从正态分布：

$$Z = \frac{T_1 - T_2 - (n_1 - n_2)\left(\frac{n_1+n_2+1}{2}\right)}{\sqrt{n_1 n_2\left(\frac{n_1+n_2+1}{3}\right)}} \sim N(0,1^2) \qquad \text{（公式 14.2.3）}$$

（3）确定显著性水平和临界值

（4）做出统计决断并加以解释

在小样本的情况下，取 U_1 和 U_2 中**较小者**作为检验统计量，即令

$$U = \min(U_1, U_2)$$

若

$$U \leqslant U_{\alpha,n_1,n_2}$$

则拒绝 H_0。临界值 U_{α,n_1,n_2} 可以查曼－惠特尼 U 检验表（附录三统计用表 9）。

在大样本的情况下，只要根据正态分布的临界值就可以做出统计决断。

【例 14.2.1】某学校创新教学方法，实验班采用新教法，对照班仍沿用旧教法。

一学期后进行考试，成绩如表14.2.1所示。请用曼－惠特尼U检验判断两种教法的效果有无显著差异。

表 14.2.1　实验班和对照班成绩

班级	实验班	对照班
成绩	42　38　35　41　32	56　49　60　43　38　55
秩	6　3.5　2　5　1	10　8　11　7　3.5　9

解：

①提出假设：

H_0：两种教法的效果无显著差异

H_1：两种教法的效果有显著差异

②选择检验统计量并计算其值：

由于两个样本的容量均小于20，故检验统计量为

$$U_1 = n_1 n_2 + \frac{n_1(n_1+1)}{2} - T_1$$

$$U_2 = n_1 n_2 + \frac{n_2(n_2+1)}{2} - T_2$$

先计算出两个样本的秩和分别为 $T_1 = 17.5$，$T_2 = 48.5$。

计算两个样本的U值：

$$U_1 = 5\times 6 + \frac{5(5+1)}{2} - 17.5 = 27.5$$

$$U_2 = 5\times 6 + \frac{6(6+1)}{2} - 48.5 = 2.5$$

$$U = \min(U_1,\ U_2) = 2.5$$

③确定显著性水平和临界值：

当 $\alpha = 0.05$ 时，$U_{0.025,5,6} = 3$。

④统计决断：

由于计算出的 $U = 2.5 < U_{0.025,5,6} = 3$，故拒绝零假设，认为两种教法的效果有显著差异。

关于秩和检验

有些统计学教材在论述两个独立样本差异的显著性检验时，提到秩和检验法。其实，曼－惠特尼 U 检验和秩和检验是等价的，两者的检验统计量仅差一个常数而已。

14.2.2 柯尔莫哥洛夫－斯米尔诺夫双样本检验*

柯尔莫哥洛夫—斯米尔诺夫双样本检验根据两个独立样本的累积次数分布的相似程度进行样本差异的显著性检验。顺序量表水平以上的数据就可以采用这种方法。

柯尔莫哥洛夫－斯米尔诺夫检验的基本思想是，如果两个样本来自同一总体，两个样本的分布函数应该相同，它们的累积次数分布曲线 $S(x)$ 和 $S(y)$ 也应该相同或相似，如图 14.2.1（A）所示。相反，如果两个样本的累积次数分布曲线显著不同，则可以认为它们来自不同的总体，如图 14.2.1（B）所示。

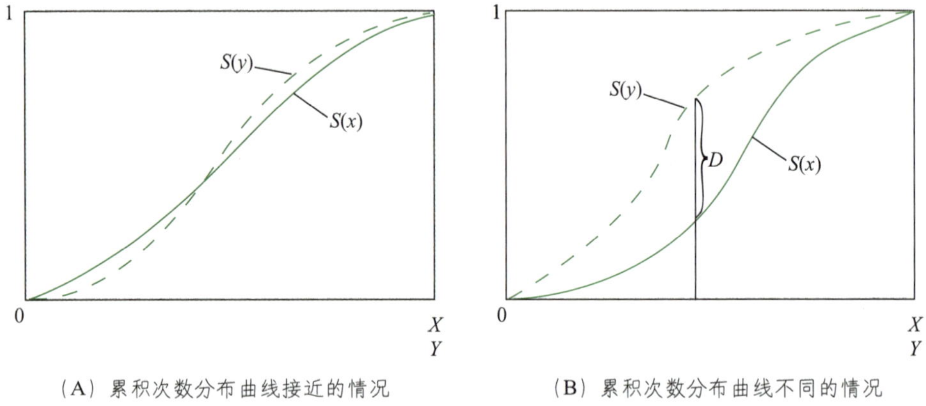

图 14.2.1 累积次数分布曲线是否相同或接近

因此，柯尔莫哥洛夫－斯米尔诺夫检验首先要给出两个样本各自的累积相对次数分布，然后计算各对累积相对次数分布值之差的绝对值 D_i，并从中找出最大差 D。

14.2.2.1 小样本的情况

当两个样本的容量相等且均小于 40 时，可以用最大差 D 的分子 K_D（因为 D 是累积相对次数分布值之差，是一个分数）为检验统计量，直接查柯尔莫哥洛夫－斯米尔诺夫双样本检验临界值表（附录三统计用表 10）来做出统计决断。若 K_D 大于或等于临界值，则认为两个样本的累积次数分布有显著差异，来自于不同的总体。

【例 14.2.2】某大学心理学专业学生有的是按理科招生，有的是按文科招生。在学习了《心理统计学》后进行考试。随机抽取理科生和文科生各 20 名，记录他们的考试成绩（10 分制），如表 14.2.2 所示，能否认为两类学生的统计学成绩有显著差异？

表 14.2.2 理科生与文科生统计学考试成绩

成绩	10	9	8	7	6	5	4	3	总人数
理科生人数	2	4	8	4	1	0	1	0	20
文科生人数	1	0	4	6	5	2	1	1	20

解：

①提出假设：

H_0：两类学生的成绩无显著差异

H_1：两类学生的成绩有显著差异

②选择检验统计量并计算其值：

由于 $n_1 = n_2 = 20 < 40$，可以直接用查表法。

先列出两个样本的累积相对次数分布表，并计算各个绝对差 D（见表 14.2.3）：

表 14.2.3 理科生与文科生统计学考试成绩累积相对次数分布表

成绩	10	9	8	7	6	5	4	3	总人数
理科生	2	4	8	4	1	0	1	0	20
$S(x)$	2/20	6/20	14/20	18/20	19/20	19/20	20/20	20/20	—
文科生	1	0	4	6	5	2	1	1	20
$S(y)$	1/20	1/20	5/20	11/20	16/20	18/20	19/20	20/20	—
D	1/20	5/20	9/20	7/20	3/20	1/20	1/20	0/20	—

从表中看出，最大差 $D = 9/20$，故 $K_D = 9$。

③确定显著性水平和临界值：

当 $\alpha = 0.05$，$n = 20$ 时，双侧检验的临界值为 9。

④统计决断：

由于计算出的 $K_D = 9$ 等于双侧检验的临界值，故拒绝零假设，认为两类学生的统计学成绩有显著差异。

14.2.2.2 **大样本的情况**

当两个样本的容量均大于 40 时，又分为双侧检验和单侧检验两种情况。

如果是**双侧检验**，可以查柯尔莫哥洛夫－斯米尔诺夫双样本检验表（大样本、双侧检验，见附录三统计用表 11）。D 的计算方法与前文阐述的相同。例如，一个样本容量为 50，另一个样本容量为 70 时，若两者的累积相对次数分布的最大绝对差为 $D=0.06$，则当 $\alpha=0.01$ 时，查表得出临界值为

$$1.63\sqrt{\frac{n_1+n_2}{n_1n_2}}=1.63\times\sqrt{\frac{50+70}{50\times70}}=0.302$$

由于 $D=0.06<0.302$，故不能拒绝 H_0。

如果是**单侧检验**，此时两个样本累积次数分布之差 D 近似服从自由度为 2 的 χ^2 分布，检验统计量为 χ^2：

$$\chi^2=4D^2\left(\frac{n_1n_2}{n_1+n_2}\right) \qquad \text{（公式 14.2.4）}$$

当 χ^2 值大于或等于临界值 $\chi^2_{\alpha,2}$ 时，则拒绝 H_0。

14.3 两个相关样本的非参数检验

14.3.1 符号检验

在比较两个相关样本的差异时，如果样本数据是顺序量表，也无法采用 t 检验，这时可以采用符号检验。符号检验是根据两个相关样本的每对数据之差的符号（正号或负号）进行的样本差异的显著性检验。

进行符号检验前，先要做一些准备工作：比较每一对数据（X_i，Y_i）的大小。如果 $X_i>Y_i$，则记作“+”；如果 $X_i<Y_i$，则记作“–”；如果 $X_i=Y_i$，则剔除该对数据。符号检验的基本思想是，当两个样本没有显著差异的时候，正、负号出现的概率应该是相等的。因此，可以提出零假设和备择假设如下：

$$H_0：P(+)=P(-)$$

H_1：$P(+) \neq P(-)$

如果样本得到的正负号数目相差悬殊，例如在 15 个正负号中有 13 个正号，2 个负号，就有理由认为两个样本的数据有显著差异。

当样本容量较小（$n < 25$）时，出现某一特定数目的正负号的概率可以根据二项分布确定。统计学家根据二项分布编制了符号检验表（附录三统计用表 12），可以通过查表做出统计决断。步骤如下：

（1）提出假设

H_0：$P(+) = P(-)$

H_1：$P(+) \neq P(-)$

（2）计算检验统计量的值

比较每一对数据，得到正负号。计算正负号的数目，将**较小**的符号数记为 r。

（3）确定显著性水平和临界值

将正负号总数记为 n，查显著性水平为 α 时的临界值 r_α。

（4）做出统计决断

如果 $r > r_\alpha$，则接受零假设，否则接受备择假设。

【例 14.3.1】某公司对 10 名参试者进行商品外观设计偏好度测试：让每一位参试者对两种不同的外观设计方案根据自己的偏好程度打分，结果如表 14.3.1 所示。问：参试者对两种外观设计方案的偏好程度有无显著差异？

表 14.3.1　商品外观设计偏好度

参试者编号	1	2	3	4	5	6	7	8	9	10
A 方案	30	15	23	28	27	12	24	17	20	19
B 方案	24	10	30	16	23	18	15	11	16	17
符号	+	+	−	+	+	−	+	+	+	+

解：

①提出假设：

H_0：$P(+) = P(-)$

H_1：$P(+) \neq P(-)$

②选择并计算检验统计量：

这是相关样本的情况，可以采用符号检验。

将每一位参试者对两种外观设计方案的偏好度评分相减，得到正负号。表 14.3.1 的结果表明，正号有 8 个，负号有 2 个，将符号数较小的一个记为 r，故 $r = 2$。

③确定显著性水平和临界值：

本题中每一位参试者对两种方案的偏好度评分都有差异，没有出现数据剔除的情况，故 $n = 10$。当 $\alpha = 0.05$ 时，$r_{0.05} = 1$；当 $\alpha = 0.01$ 时，$r_{0.01} = 0$。

④统计决断：

由于 $r = 2 > r_{0.05} = 1$，故接受 H_0，认为参试者对两种外观设计方案的偏好程度无显著差异。

在大样本的情况下，即 $n > 25$ 时，二项分布接近正态分布，因此可以用正态分布近似处理，检验统计量为：

$$Z = \frac{(r + 0.5) - n/2}{\frac{1}{2}\sqrt{n}} \qquad \text{（公式 14.3.1）}$$

式中：

r 表示较小的符号数；

n 表示正号与负号的总数。

公式 14.3.1 的另外写法

有些教材将公式 14.3.1 写成 $Z = \frac{(r \pm 0.5) - n/2}{\frac{1}{2}\sqrt{n}}$，并规定 $r > n/2$ 时，则 $r - 0.5$；$r < n/2$ 时，则 $r + 0.5$。显然，在规定了 r 表示较小的符号数后，就不会出现 $r > n/2$ 的情况。

【例 14.3.2】如果例 14.3.1 中的商品外观设计方案偏好度测试的参试者人数扩大到 32 名，结果有 1 名参试者对两种方案打出相同的分数，有 22 名参试者偏爱 A 方案，另有 9 名参试者偏爱 B 方案。问：参试者对两种外观设计方案的偏好程度有无显著差异？

解：

①提出假设：

H_0：$P(+) = P(-)$

H_1：$P(+) \neq P(-)$

②选择并计算检验统计量：

这是相关样本的情况，可以采用符号检验。

根据题意，正号有 22 个，负号有 9 个，$n = 22 + 9 = 31$ 为大样本。将符号数较小的一个记为 r，故 $r = 9$。

$$Z = \frac{(r + 0.5) - n/2}{\frac{1}{2}\sqrt{n}} = \frac{(9 + 0.5) - 31/2}{\frac{1}{2}\sqrt{31}} = -2.16$$

③确定显著性水平和临界值：

当 $\alpha = 0.05$ 时，$Z_{0.025} = 1.96$；当 $\alpha = 0.01$ 时，$Z_{0.005} = 2.58$。

④统计决断：

由于 $|Z| = 2.16 > Z_{0.025} = 1.96$，故拒绝零假设，认为参试者对两种包装的偏好程度有显著差异。

14.3.2 符号秩次检验

符号检验只利用了每对数据差值的正负号，会丢失很多信息。为此，威尔科克逊（F. Wilcoxon）提出了既考虑差值的正负号，又考虑差值大小的非参数检验法——符号秩次检验法。

符号秩次检验也先要做一些准备工作：求出每一对数据（X_i，Y_i）的差值，如果 $X_i = Y_i$，则剔除该对数据。接着对各个差值取绝对值，并将所有差值的绝对值按从小到大的顺序编秩次。最后，将原先计算出的各个差值的正负号标在该差值对应的秩次前。这样，秩就有了正秩与负秩之分。符号秩次检验法的基本思想就是：当两个样本没有显著差异的时候，正秩和 T_+ 与负秩和 T_- 应该大致相等；当正秩和与负秩和相差悬殊时，就有理由认为两个样本的数据有显著差异。故在进行假设检验时，可以提出零假设——H_0：$T_+ = T_-$，备择假设——H_1：$T_+ \neq T_-$。

当样本容量 $n < 25$ 时，可查符号秩次检验表（附录三统计用表 13）。步骤如下：

（1）提出假设

H_0：$T_+ = T_-$

H_1：$T_+ \neq T_-$

（2）计算检验统计量的值

求正秩和 T_+ 与负秩和 T_-，将**较小**的那个秩和记为 T。

（3）确定显著性水平和临界值

将正负号总数记为 n。查显著性水平为 α 时的临界值 T_α。

（4）做出统计决断

如果 $T > T_\alpha$，则接受零假设，否则接受备择假设。

当样本容量 $n > 25$ 时，T 的分布接近正态分布，可用正态分布近似处理。检验统计量为：

$$Z = \frac{T - n(n+1)/4}{\sqrt{\frac{n(n+1)(2n+1)}{24}}} \quad （公式 14.3.2）$$

【例 14.3.3】让 10 名参试者先后品尝两种葡萄酒并打分，结果如表 14.3.2。问：参试者对两种葡萄酒的评价有无显著差异？

表 14.3.2 对两种葡萄酒的评分

参试者编号	1	2	3	4	5	6	7	8	9	10
A 酒	9	5	3	6	6	9	4	5	7	5
B 酒	7	6	5	7	8	10	7	8	6	6

解：

①提出假设：

H_0：$T_+ = T_-$

H_1：$T_+ \neq T_-$

②选择并计算检验统计量：

这是相关样本的情况，可以采用符号秩次检验。先计算出正负秩和，见表 14.3.3。

表 14.3.3 对两种葡萄酒的评分

参试者编号	1	2	3	4	5	6	7	8	9	10
A 酒	9	5	3	6	6	9	4	5	7	5
B 酒	7	6	5	7	8	10	7	8	6	6
差值	2	–1	–2	–1	–2	–1	–3	–3	1	–1
差值绝对值	2	1	2	1	2	1	3	3	1	1
秩次	7	3	7	3	7	3	9.5	9.5	3	3
符号秩次	+7	–3	–7	–3	–7	–3	–9.5	–9.5	+3	–3

$T_+ = 10$，$T_- = 45$，故 $T = 10$。

③确定显著性水平和临界值：

因为是小样本，当 $n = 10$，$\alpha = 0.05$ 时，$T_{0.025,10} = 8$。

④统计决断：

由于 $T = 10 > T_{0.025,10} = 8$，故接受零假设，认为参试者对两种葡萄酒的评价无显著差异。

14.4 秩次方差分析

在参数假设检验中，方差分析用于两个以上的样本的平均数差异的显著性检验，但是其前提有三：独立性、正态性和等方差（即方差齐性）。如果数据达不到这三个前提要求，就不能进行参数方差分析，但是可以采用秩次方差分析。如果是**独立样本**，可采用克鲁斯卡尔（W. H. Kruskal）和沃利斯（W. A. Wallis）提出的单向秩次方差分析法（H 检验法），它对应于完全随机设计的参数方差分析；如果是**相关样本**，可采用弗里德曼（Friedman）的双向秩次方差分析法，它对应于随机区组设计的参数方差分析。

14.4.1 单向秩次方差分析

单向秩次方差分析首先将所有样本的数据合在一起，从小到大编秩次，然后计算各样本的秩和。可以想见，如果各组没有显著差异，各组秩和应当相等或趋于相等；反过来讲，如果各组秩和相差较大，就应该认为各组有显著差异。

单向秩次方差分析的检验统计量为

$$H = \frac{12}{N(N+1)} \sum_{i=1}^{k} \frac{R_i^2}{n_i} - 3(N+1) \qquad \text{（公式 14.4.1）}$$

式中：

k 为样本个数；

N 为所有样本容量之和；

n_i 为各个样本的样本容量；

R_i 为各个样本的秩和。

在样本容量较小（$n \leqslant 5$）或样本数较少（$k = 3$）的情况下，可以查 H 检验表（附录三统计用表 14）。当样本容量较大（$n > 5$）或样本数较大（$k > 3$）时，由公式 14.4.1 计算的检验统计量 H 将接近自由度为 $k-1$ 的 χ^2 分布，可以查 χ^2 分布表得到相应的临界值。

【例 14.4.1】有四个小组的动作技能测验成绩如表 14.4.1 所示。问这四个小组的成绩有无显著差异？

表 14.4.1 四个小组动作技能得分

参试者编号	A	B	C	D
1	75	85	73	96
2	76	86	85	87
3	73	90	90	94
4	78	67	88	88
5	89	75	85	85
6	82	78	79	82

解：

①提出假设：

H_0：四组成绩无显著差异

H_1：至少有两组成绩有显著差异

②选择并计算检验统计量：

这是多个独立样本的情况，可以进行单向秩次方差分析。计算中部分结果见表 14.4.2。

表 14.4.2 四个小组动作技能得分计算表

参试者编号	原始成绩				秩次			
	A	B	C	D	A	B	C	D
1	75	85	73	96	4.5	13.5	2.5	24
2	76	86	85	87	6	16	13.5	17
3	73	90	90	94	2.5	21.5	21.5	23
4	78	67	88	88	7.5	1	18.5	18.5
5	89	75	85	85	20	4.5	13.5	13.5
6	82	78	79	82	10.5	7.5	9	10.5
秩和					51	64	78.5	106.5

$$H=\frac{12}{N(N+1)}\sum_{i=1}^{k}\frac{R_i^2}{n_i}-3(N+1)=\frac{12}{24\times(24+1)}\times\left(\frac{51^2}{6}+\frac{64^2}{6}+\frac{78.5^2}{6}+\frac{106^2}{6}\right)-3\times(24+1)=5.711$$

③确定显著性水平和临界值：

因为样本容量比较大（$n=6$），且组数较多 $k=4$，故查 χ^2 分布表得到相应的临界值。当 $df=k-1=3$，$\alpha=0.05$ 时，$\chi^2_{0.05,3}=7.81$。

④统计决断：

由于 $H=5.711<\chi^2_{0.05,3}=7.81$，故接受零假设。应认为四个小组的成绩无显著差异。

14.4.2 双向秩次方差分析

双向秩次方差分析处理的是数据水平为顺序量表的多个相关样本的资料。其基本思想是：对同一个对象（或匹配的对象）接受 k 次实验处理所获得的原始数据排列秩次，在零假设成立（即各组无显著差异）时，各组数据中的秩次的分布应该是随机的，从而各组的秩和应当大致相等。如果各组秩和相差较大，就有理由认为这 k 个样本不是来自相同的分布总体。

双向秩次方差分析的检验统计量是

$$\chi_r^2=\frac{12}{nk(k+1)}\sum_{i=1}^{k}R_i^2-3n(k+1) \qquad \text{（公式 14.4.2）}$$

式中：

k 为样本个数；

n 为各个样本的样本容量；

R_i 为各个样本的秩和。

在样本容量 n 和样本数 k 均较小（$n\leqslant 9$；$k=3$；或 $n\leqslant 4$，$k=4$）的情况下，可以查 $\chi_r{}^2$ 表（附录三统计用表 15）。在样本容量 n 和样本数 k 较大（$k=3$，$n>9$；$k=4$，$n>4$；或 $k>4$）的情况下，$\chi_r{}^2$ 的抽样分布接近于 $df=k-1$ 的 χ^2 分布，可以用 χ^2 近似处理。

【例 14.4.2】有五位老师对甲、乙、丙三名学生的口头表达能力打分，结果如表 14.4.3 所示。问：三名学生的口头表达能力有无显著差异？

表 14.4.3 五位老师对三名学生的口头表达能力的评价

教师序号	甲	乙	丙
1	89	74	80
2	88	78	82
3	96	80	81
4	87	79	76
5	90	75	92

解：

①提出假设：

H_0：三名学生的口头表达能力无显著差异

H_1：至少有两名学生的口头表达能力有显著差异

②选择并计算检验统计量：

这是多个相关样本的情况，相当于五名参试者（教师）前后进行三次测量，故可以进行双向秩次方差分析。先排列秩次，然后计算各个样本的秩和分别为：14、6、10，见表 14.4.4。

表 14.4.4 秩次表

教师序号	原始成绩			秩		
	甲	乙	丙	甲	乙	丙
1	89	74	80	3	1	2
2	88	78	82	3	1	2
3	96	80	81	3	1	2
4	87	79	76	3	2	1
5	90	75	92	2	1	3
秩和				14	6	10

计算检验统计量的值为

$$\chi_r^2 = \frac{12}{nk(k+1)}\sum_{i=1}^{k} R_i^2 - 3n(k+1) = \frac{12}{5\times 3\times(3+1)}(14^2+6^2+10^2)-3\times 5\times(3+1)=6.40$$

③确定显著性水平和临界值：

因为 $n \leqslant 9$；$k=3$；故查 χ_r^2 表分布表得到相应的临界值。虽然表中没有与 $k=3$，$\alpha=0.05$ 对应的临界值，但是可以查到 ${\chi_r^2}_{0.039,3}=6.40$。

④统计决断：

由于 $\chi_r^2 = 6.40 = \chi_{r\ 0.039,3}^2$，故拒绝零假设，认为至少有两名学生的口头表达能力有显著差异。

【例 14.4.3】将每四个在各方面条件基本相同的学生分配在四个组内，每个组共八名参试者。各个组分别在墙壁粉刷成淡红、淡黄、淡绿、淡蓝的四个房间进行记忆测试，结果如表 14.4.5 所示。问：四种不同颜色的墙壁对记忆效果有无显著影响？

表 14.4.5 四个小组测验得分

参试者编号	墙壁颜色			
	淡红	淡黄	淡绿	淡蓝
1	88	70	60	66
2	90	60	63	55
3	85	75	85	86
4	76	86	80	77
5	89	90	78	84
6	78	78	65	78
7	73	75	69	75
8	82	67	77	72

解：

①提出假设：

H_0：在四种不同颜色墙壁的房间中的记忆效果无显著差异

H_1：在四种不同颜色墙壁的房间中的记忆效果有显著差异

②选择并计算检验统计量：

这是多个相关样本的情况，故可以进行双向秩次方差分析。先排列秩次，然后计算各个样本的秩和分别为：23.5、21.5、15.5、19.5（秩次表略）。

$$\begin{aligned}\chi_r^2 &= \frac{12}{nk(k+1)}\sum_{i=1}^{k}R_i^2 - 3n(k+1)\\ &= \frac{12}{8\times4\times(4+1)}\times(23.5^2+21.5^2+15.5^2+19.5^2)-3\times8\times(4+1)\\ &= 2.625\end{aligned}$$

③确定显著性水平和临界值：

因为 $k=4, n>4$；故查 $df=k-1$ 的 χ^2 分布表得到相应的临界值。当 $df=3, \alpha=0.05$

时，临界值 $\chi^2_{0.05,3} = 7.81$。

④统计决断：

由于 $\chi_r^2 = 2.625 < \chi^2_{0.05,3} = 7.81$，故接受零假设，认为在四种不同颜色墙壁的房间中的记忆效果无显著差异，即墙壁的颜色对记忆效果没有显著影响。

本章术语

- **游程**（run）：样本中出现的连续相同符号的串。
- **单样本游程检验**（run test）：根据游程数来检验样本的随机性的非参数检验。
- **曼－惠特尼 *U* 检验法**（Mann-Whitney *U* test）：根据两个独立样本的秩和进行样本差异的显著性检验。
- **秩**（rank）：由小到大排序所得到的各观察值的位次。
- **柯尔莫哥洛夫－斯米尔诺夫检验**（Kolmogorov-Smirnov test）：根据两个独立样本的累积次数分布的相似程度进行的样本差异的显著性检验。
- **符号检验**（sign test）：根据两个相关样本的每对数据之差的符号（正号或负号）进行样本差异的显著性检验。
- **符号秩次检验法**（signed-rank test）：既考虑差值的正负号，又考虑差值大小的相关样本差异的显著性检验。
- **单向秩次方差分析法**（Kruskal-Wallis test）：对多个独立样本进行的秩次方差分析法，对应于完全随机设计的参数方差分析，又称 *H* 检验法。
- **双向秩次方差分析法**（Friedman test）：对多个相关样本进行的秩次方差分析法，对应于随机区组设计的参数方差分析。

练习与思考

1. 某研究生试图研究男女生到达教室的顺序是否随机，他记录了某日教室开门后最先进入的 15 名学生的性别（M 表示男生，F 表示女生）如下：

FMMFFFFFMMMFFFM

可以得出什么结论？

2. 某学校为了检验A、B两种教法的效果有无显著差异，抽取两个班进行实验。经过一学期教学以后，成绩如下：

A班成绩：79，88，81，90，86，72，88，92，90，87

B班成绩：75，83，90，87，94，90，79，64，58，62

如果上述数据不呈正态分布，应当如何处理？

3. 在一项药物治疗焦虑症的实验中，研究人员把患者分为两组：A组7名患者每天服用某新药，B组5名患者每天服用无任何药物成分的制剂。一个月后，测定这些患者的焦虑水平，情况如下：

A组（7人）：4，4，1，6，9，8，2；

B组（5人）：7，3，9，10，6。

问该新药对控制焦虑有无显著疗效？

4. 现有10名男生进行射击训练，训练前后各进行一次测试，结果如下表所示：

男生编号	1	2	3	4	5	6	7	8	9	10
训练后成绩	95	70	90	66	80	78	89	84	70	73
训练前成绩	76	74	80	52	63	62	82	85	64	72

如果上述射击成绩不服从正态分布，试进行符号检验和符号秩次检验，并比较两者结果。

5. 甲乙两校举行作文竞赛，甲校有22名学生参赛，乙校有18名学生参赛。经评定名次，甲校的秩和为512，乙校为308，问两校成绩有无显著差异？

6. 某研究者试图检验科班出身的研究生在三年后的毕业论文得分上是否优于跨专业考取的研究生，经调查得到以下数据：

成绩	科班出身的研究生的比例 /%	跨专业考取的研究生的比例 /%
优	15	8
良	30	20
中	40	28
及格	9	31
不及格	6	13
总人数	40	50

请用柯尔莫哥洛夫－斯米尔诺夫检验法给出答案。

7. 如果在第3题的药物治疗焦虑症的实验中再加一组参试者：C组6名患者每天接受

心理治疗，其他情况不变。C组结果是：2，3，2，8，5，7。问在这三种情况下，焦虑水平有无显著差异？

8. 五位教师对甲、乙、丙三篇作文分别排定秩次如下表，问三篇作文所得到的成绩有无显著差异？这道题与第11章（相关分析）练习题中的第5题有什么样的联系？

教师	秩次		
	甲	乙	丙
1	3	1	2
2	3	2	1
3	3	1	2
4	1	3	2
5	1	3	2

实习题

9. 在完成第10章实习题时，你编制了一套完整的模拟数据。现在，假定这些数据不满足参数假设检验的条件，请用非参数检验对其进行分析。

第 15 章

多元分析初步★

本章提要

本章主旨

多元分析从整体上研究多个变量的共同作用。本章介绍聚类分析、判别分析和因素分析等最常用的多元分析方法。

本章要点

- 聚类分析是通过对多个变量进行数值分析从而对事物或变量进行分类的方法。
- 判别分析是根据多个变量指标，判断某个样品属于哪个已知总体。
- 探索性因素分析是根据各项测验的结果将众多因素简化为较少的起主要作用的共同因素。
- 结构方程建模是在探索性因素分析的基础上建立潜变量之间的关系模型，是验证性的因素分析。

导读问题

- “多元分析”中的“多元”指的是多个自变量吗？
- 假设这样一种应用情境：我们对个体进行心理测验时，采用了多个测验，或者同一测验有多个分测验，这些测验（或分测验）测量的是个体的不同特质，但其简单相加所得到的总分没有意义。在这种情况下，如何让统计学帮助我们依据多项指标对个体进行分类？
- 在上述分类完成后，如何依据多项指标判断新个体所属类别？
- 在上述应用情境中，如何从多个指标中概括出若干起主要作用的共同因素？
- 什么是潜变量？如何研究潜变量之间的关系？

本书前 14 章讲到的大多数统计方法都有一个共同的特点：仅用一个变量来描述个体的特征。这些方法属于一元统计学方法。相关和回归分析虽然探讨了两个或多个变量之间的关系，但是描述个体特征（主要是因变量）的还是只有一个。

但是，在社会科学领域，尤其是在心理学和教育学领域，往往把多个变量结合起来描述事物。例如，在人事测评中，有一个所谓的大五人格模型，它将人格特征分为五个维度（为量）：外向性、接纳性、责任感、情绪稳定性和开放性。而著名的卡特尔 16 种人格特质测验，使用的维度（变量）多达 16 个。如果仅仅运用一元统计学方法，对这么多的变量逐个进行统计分析是不够的，因为这些变量之间往往存在一定的关系，逐个分析容易丢失许多信息。所以，我们不仅需要对这些变量、指标逐个地进行分析，还要从整体上研究它们的共同作用。于是，能够同时处理描述个体特征的多个变量的多元分析方法应运而生。本章将阐述如何依据多个指标对个体进行分类（见 15.2“聚类分析”），如何依据多项指标判断个体所属类别（见 15.3“判别分析”），如何从多项指标中提取共同因素（见 15.4“探索性因素分析”），如何研究潜变量之间的关系（见 15.5“结构方程建模”）。

15.1 基本知识

15.1.1 随机向量

统计学研究的是随机现象的数量规律性，具体的统计分析则是针对随机变量进行的。在多元分析中，设 $X_1, X_2, \cdots, X_p$ 为 p 个描述同一个个体的随机变量，这些随机变量组成一个多维向量 $\boldsymbol{X} = (X_1, X_2, \cdots, X_p)$，这个向量就叫作随机向量。例如，一个人的性格可以由大五人格理论模型表述为一个随机向量：$\boldsymbol{X} = (X_1，X_2, \cdots, X_5)$。五个随机变量分别表示外向性、接纳性、责任感、情绪稳定性和开放性。可见，随机向量是随机变量的直接推广。

在一元统计中，我们可以用一列数据表示与 n 个个体有关的一个变量的观察值：

$$X = \begin{pmatrix} x_1 \\ x_2 \\ \cdots \\ x_n \end{pmatrix} \qquad \text{（公式 15.1.1）}$$

在多元分析中，我们可以将公式 15.1.1 加以推广，用多列数据表示多个变量的观察值：

$$X = \begin{pmatrix} x_{11} & x_{12} & \cdots & x_{1p} \\ x_{21} & x_{22} & \cdots & x_{2p} \\ \vdots & \vdots & & \vdots \\ x_{n1} & x_{n2} & \cdots & x_{np} \end{pmatrix} \qquad \text{（公式 15.1.2）}$$

对一个随机变量，我们可以计算其特征量，例如，作为集中量的平均数，作为差异量的方差、标准差，以及作为相关量的相关系数等。这些特征量也都可以推广到多元情况下。例如，多元分析中的平均数，就是以各个变量平均数为元素构成的一个向量：

$$\overline{X} = \begin{pmatrix} \bar{x}_1 & \bar{x}_2 & \cdots & \bar{x}_p \end{pmatrix} \qquad \text{（公式 15.1.3）}$$

而各个变量之间的相关系数，可以组成如下矩阵：

$$R=\begin{pmatrix} r_{11} & r_{12} & \cdots & r_{1p} \\ r_{21} & r_{22} & \cdots & r_{2p} \\ \vdots & \vdots & & \vdots \\ r_{p1} & r_{p2} & \cdots & r_{pp} \end{pmatrix} \qquad \text{(公式 15.1.4)}$$

这就是相关系数矩阵。不难想到，

$$R=\begin{pmatrix} r_{11} & r_{12} & \cdots & r_{1p} \\ r_{21} & r_{22} & \cdots & r_{2p} \\ \vdots & \vdots & & \vdots \\ r_{p1} & r_{p2} & \cdots & r_{pp} \end{pmatrix}=\begin{pmatrix} 1 & r_{12} & \cdots & r_{1p} \\ r_{21} & 1 & \cdots & r_{2p} \\ \vdots & \vdots & \cdots & \vdots \\ r_{p1} & r_{p2} & \cdots & 1 \end{pmatrix}$$

在多元分析中，还经常用到协方差矩阵：

$$S=\begin{pmatrix} s_{11} & s_{12} & \cdots & s_{1p} \\ s_{21} & s_{22} & \cdots & s_{2p} \\ \vdots & \vdots & & \vdots \\ s_{p1} & s_{p2} & \cdots & s_{pp} \end{pmatrix} \qquad \text{(公式 15.1.5)}$$

协方差矩阵是数据内部结构的表现。结构方程建模就是根据协方差矩阵，对数据进行分析，从而验证理论模型与实际数据吻合程度的一种方法。

为了进一步研究多个随机变量组成的随机向量的特点，我们可以从讨论二维随机向量及其分布入手。至于三维或更多维随机变量，可以照此类推。

15.1.2 二维随机向量及其联合分布

设 X、Y 是两个随机变量，由它们构成的向量 $\xi(X, Y)$ 为二维随机向量。对于任意实数 x 和 y，二元函数 $F(x, y) = P\{X \leqslant x, Y \leqslant y\}$ 为二维随机向量 $\xi(X, Y)$ 的联合分布函数。如果二维随机向量 $\xi(X, Y)$ 可能取值为有限多个数组，则称 $\xi(X, Y)$ 为二维间断型随机向量；如果 $\xi(X, Y)$ 可能取值为无限个数组，且可以在数轴上取任意值，则称其为二维连续型随机向量。

对于二维间断型随机向量，称二元函数

$$P\{(X,Y)=(x_i, y_i)\}=p_{ij} \quad i=1,\ 2,\ \cdots;\ j=1, 2, \cdots \qquad \text{(公式 15.1.6)}$$

为 $\xi(X, Y)$ 的概率分布或联合分布。

对于二维连续型随机向量，如果存在非负函数 $f(x, y)$，使对任意实数 x，y，有

$$F(x,y)=\int_{-\infty}^{y}\int_{-\infty}^{x} f(x,y)\mathrm{d}x\mathrm{d}y$$

则称 $f(x, y)$ 为 $\xi(X, Y)$ 的联合概率密度，简称为概率密度。在第 5 章讲到正态分布时，概率密度指的是纵线高度，概率是以 X 轴上一个区间 $[a, b]$ 为底，以正态分布曲线为顶的一块面积（见图 15.1.1）。

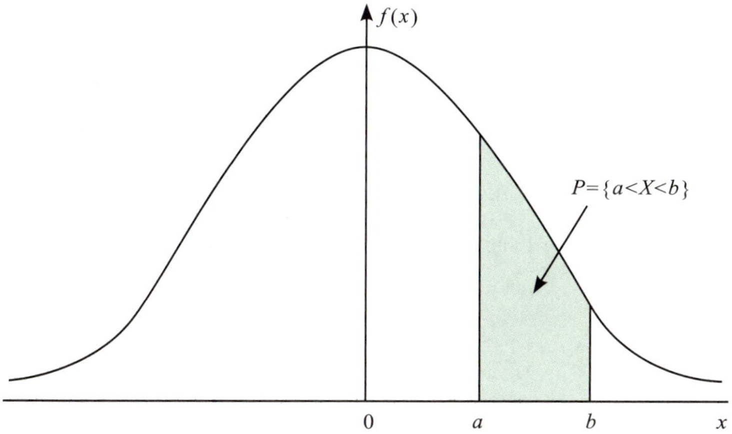

图 15.1.1　一维随机变量分布下的概率

而在二维连续型随机向量的情况下，设 D 为 xOy 平面上任意的一个区域，则 $\xi(X, Y)$ 落在区域 D 内的概率为

$$P\{(X,Y) \in D\} = \iint_D f(x,y)\,dxdy$$

这个概率等于以平面上的区域 D 为底，以曲面 $z = f(x, y)$ 为顶的曲顶柱体的体积（见图 15.1.2）。

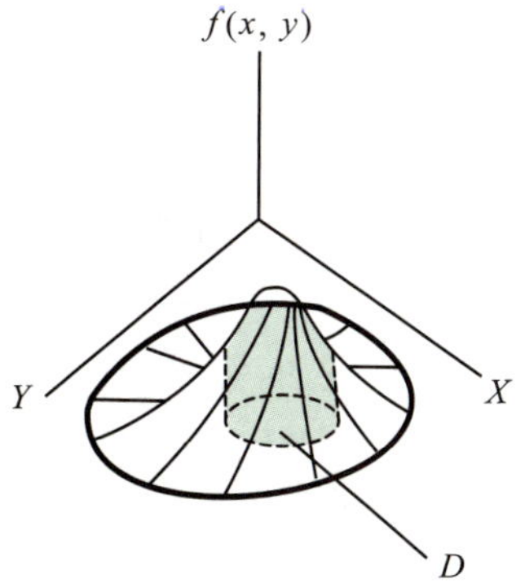

图 15.1.2　二维随机向量的联合分布下的概率

15.1.3 矩阵的概念及其简单运算

当 $n \times p$ 个数 a_{11}，a_{12}，…，a_{np} 排列成一个方阵

$$A = \begin{pmatrix} a_{11} & a_{12} & \cdots & a_{1p} \\ a_{21} & a_{22} & \cdots & a_{2p} \\ \vdots & \vdots & & \vdots \\ a_{n1} & a_{n2} & \cdots & a_{np} \end{pmatrix}$$

则称 $\boldsymbol{A}$ 为 $n \times p$ 矩阵。当 $n = p$ 时，称 $\boldsymbol{A}$ 为 n 阶方阵。若 $n = 1$，即只有一行：$\boldsymbol{A}=(a_1, a_2, \cdots, a_p)$，称 $\boldsymbol{A}$ 为行向量；若 $p = 1$，即只有一列：

$$A = \begin{pmatrix} a_1 \\ a_2 \\ \vdots \\ a_n \end{pmatrix}$$

称 $\boldsymbol{A}$ 为列向量。

若 $\boldsymbol{A}$ 和 $\boldsymbol{B}$ 是 $n \times p$ 矩阵，则 $\boldsymbol{A}$ 与 $\boldsymbol{B}$ 的矩阵加（减）为：

$$\boldsymbol{A} \pm \boldsymbol{B} = (a_{ij} \pm b_{ij}) \qquad \text{（公式 15.1.7）}$$

例如，

$$A = \begin{pmatrix} 1 & 3 \\ 2 & 4 \end{pmatrix}, \quad B = \begin{pmatrix} 2 & 6 \\ 4 & 3 \end{pmatrix}$$

则

$$A + B = \begin{pmatrix} 3 & 9 \\ 6 & 7 \end{pmatrix}$$

若 $\boldsymbol{A}$ 和 $\boldsymbol{B}$ 分别是 $p \times q$ 和 $q \times r$ 矩阵，则 $\boldsymbol{A}$ 与 $\boldsymbol{B}$ 的矩阵积为一个 $p \times r$ 的矩阵 $\boldsymbol{C}$：

$$C = AB = \sum_{k=1}^{q} a_{ik} b_{kj} \qquad \text{（公式 15.1.8）}$$

例如，

$$A = \begin{pmatrix} 1 & 2 & 3 \\ 4 & 5 & 6 \end{pmatrix}, \quad B = \begin{pmatrix} 1 & 4 & 7 & 10 \\ 2 & 5 & 8 & 11 \\ 3 & 6 & 9 & 12 \end{pmatrix}$$

则

$$C = AB = \begin{pmatrix} 1\times1+2\times2+3\times3 & 4\times1+5\times2+6\times3 & \cdots & \cdots \\ 1\times4+2\times5+3\times6 & 4\times4+5\times5+6\times6 & \cdots & \cdots \end{pmatrix} = \begin{pmatrix} 14 & 32 & 50 & 68 \\ 32 & 77 & 122 & 167 \end{pmatrix}$$

矩阵除了可以进行矩阵加、矩阵减和矩阵乘以外，还可以进行矩阵转置和矩阵求逆，以及计算特征根等运算。这些计算比较繁复，一般应用者无须了解其中的细节，这里不再赘述。

15.2 聚类分析

物以类聚，人以群分。在日常生活和科学研究中，我们面临的事物往往是比较复杂的，常常需要依靠生活经验和专业知识，对事物进行分类处理。在分类时，可以采用一个指标（标准）将事物分成几个类别，也可以分别采用各种不同的指标进行不同的分类处理，或者同时根据多个指标进行交叉分类。但是，当描述事物属性的指标很多时，既要求同时考虑多个指标，又不能像交叉分类那样将事物分得太细（以致有些类别里面根本没有样品），这时就要找出一些重要的指标。但是哪些指标比较重要，则见仁见智，没有一定之规。于是，数学逐渐被引进分类学，形成了数值分类学。**聚类分析**是通过数值分析对事物进行分类的多元分析方法。它的别名很多，例如，群分析、点群分析、分类分析、簇群分析等。聚类分析的分类结果可以作为对事物分类的一个重要参考。

聚类分析问题为：设有 n 个样品，每个样品有 p 个方面的指标，如何按这些指标把这些样品分成 k 类。有时，我们还要对不同的变量进行聚类分析，将 p 个变量分别归入 k 个类别。

15.2.1 聚类分析的原理

聚类分析的原理是：距离近的样品（或变量）应该归在一起。这里的“距离”指的是样品（或变量）之间的相似度。也就是说，相似度大的可以归成一类。

衡量两个变量的距离的方法是定义变量间的相似系数，相似系数最接近的两个变量相似性最大，可以归成一类。积差相关系数往往用来作为变量之间的相似系数。

衡量两个样品之间距离的方法是：设每个样品有 p 个方面的指标，这样我们可以

将每个样品看作 p 维空间中的一个点，两个样品之间的距离就是 p 维空间中两点之间的距离。

样品间距离的计算有多种方法，常见的有绝对距离（absolute distance）、欧几里德距离（Euclidean distance）、车比雪夫距离（Chebyshev distance）、闵可夫斯基距离（Minkowski distance）和马氏距离（Mahalanobis distance）等。

绝对距离的计算公式是：

$$d_{ij}(1)=\sum_{k=1}^{p}\left|x_{ik}-x_{jk}\right| \qquad \text{（公式 15.2.1）}$$

欧几里德距离的计算公式是：

$$d_{ij}(2)=\sqrt{\sum_{k=1}^{p}(x_{ik}-x_{jk})^2} \qquad \text{（公式 15.2.2）}$$

车比雪夫距离的计算公式是：

$$d_{ij}(\infty)=\max_{1\leqslant k\leqslant p}\left|x_{ik}-x_{jk}\right| \qquad \text{（公式 15.2.3）}$$

闵可夫斯基距离的计算公式是：

$$d_{ij}(q)=\left(\sum_{k=1}^{p}\left|x_{ik}-x_{jk}\right|^q\right)^{1/q}，\ q\geqslant 1 \qquad \text{（公式 15.2.4）}$$

当 $q=1$，2，∞时，分别可以得到绝对距离、欧几里德距离和车比雪夫距离。

以上距离都没有考虑指标之间的相关关系。而马氏距离则考虑了这个问题。设 $\boldsymbol{S}$ 为 p 个变量之间的协方差矩阵，则

$$d_{ij}^2(M)=(x_i-x_j)^T S^{-1}(x_i-x_j) \qquad \text{（公式 15.2.5）}$$

称为**马氏距离**。其中

$$x_i=(x_{i1},x_{i2},\cdots,x_{ip})^T，\ x_j=(x_{j1},x_{j2},\cdots,x_{jp})^T$$

式中上标 T 表示将矩阵进行转置。马氏距离更适合随机变量的情形。

15.2.2 聚类分析的主要方法

15.2.2.1 各种聚类方法

聚类分析的具体方法很多，主要有系统聚类法、分解聚类法、加入法、动态聚类

法、有序样品的聚类和模糊聚类等。

系统聚类法首先将所有的样品各自看成独立的一类，也就是说，一类包括一个样品，n个样品就是n类，然后将它们根据距离最近原则逐一合并，最终成为一类。具体步骤如下：

第一步：将每一个样品看成一类，求出各个类之间的距离，形成一个距离矩阵；

第二步：将最接近的两类合并为一个新类；

第三步：求出这个新类与其他各个类之间的距离，形成一个新的距离矩阵；

第四步：重复第二、三步，将最接近的两类加以合并，直至所有的样品合并成为一类；

第五步：将上述合并类的过程画成系统聚类的谱系图；

第六步：根据一定的规则确定最终分多少类，以及每类各有哪些样品。

分解聚类法的过程与系统聚类正好相反：首先将所有的样品看作一类，并建立一个分类目标函数，然后根据使目标函数达到最大值的原则将它分成两类。再用同样原则将这两类各自分解为两个小类，如此进行下去，一直分解到每类只有一个样品为止。上述分解过程也可以画成分类谱系图，由图根据一定的规则确定最终分多少类。

打一个比方，系统聚类法就好像是一些互不认识的人，在相互交往中逐步形成一个个小群体，最终成为一个大的团体；而分解聚类法就好像是先成立了一个大的团体，然后其成员相互交往，形成一个个小群体。

加入法是将样品依次加入聚类图，每加入一个样品，都根据某种原则将它放到当前聚类图的应有位置上，全部样品加入后，也可以得到聚类图。这就好像一个群体不断地吸收成员，每吸收一个成员都要确定这个成员在群体中位置，直到发展成一个大的团体。

动态聚类法先将所有样品进行粗略的初始分类，然后按照某种最优原则对初始分类进行调整，这个调整是一个循环往复的过程，每调整一次都要判断调整后的结果是否合理，如果不合理，就要继续调整，直到合理为止。

有序样品的聚类是对按某个指标（例如，大小、时间、分数高低等）排列成序的样品进行的聚类。聚成的类要求其样品次序相邻。

由于抽样误差、指标的合理性和统计方法的科学性等原因，无论采用何种聚类方法得到的结果都只能作为参考。在对分类结果进行评价时，应注意考虑这样一些原则：(a) 各类内部差异要小，各类之间的差异要大；(b) 各类有明显的实际意义；(c) 优先考虑不同的聚类方法产生的相同分类；(d) 某类中的元素不能太多。在建立了一个分类体系以后，还要通过进一步的研究，对分类结果加以检验和修正。

15.2.2.2 **一个系统聚类法的例子**

下面这个表格是 11 名参试者语文成绩和智商得分表。现要求根据这两个变量将他们分为三组。

表 15.2.1 语文成绩（X）与智商（Y）

序号	X	Y
1	78	136
2	71	135
3	68	120
4	85	140
5	75	130
6	73	128
7	72	122
8	65	118
9	70	119
10	66	108
11	74	120

在进行聚类之前，为了消除变量量纲的影响，先将变量值转换为标准分。本例根据欧几里德距离计算 11 名参试者相互之间的距离矩阵（见表 15.2.2），然后进行系统聚类。

表 15.2.2 参试者间距离矩阵

参试者	1	2	3	4	5	6	7	8	9	10	11
1		1.237	2.430	1.301	0.820	1.215	1.806	2.964	2.269	3.612	1.817
2	1.237		1.656	2.519	0.877	0.813	1.372	2.069	1.684	2.960	1.656
3	2.430	1.656		3.652	1.617	1.215	0.735	0.568	0.367	1.304	1.056
4	1.301	2.519	3.652		2.048	2.458	2.964	4.207	3.435	4.733	2.851
5	0.820	0.877	1.617	2.048		0.410	0.990	2.162	1.449	2.795	1.061
6	1.215	0.813	1.215	2.458	0.410		0.652	1.755	1.080	2.429	0.856
7	1.806	1.372	0.735	2.964	0.990	0.652		1.301	0.472	1.806	0.410
8	2.964	2.069	0.568	4.207	2.162	1.755	1.301		0.886	1.061	1.598
9	2.269	1.684	0.367	3.435	1.449	1.080	0.472	0.886		1.350	0.712
10	3.612	2.960	1.304	4.733	2.795	2.429	1.806	1.061	1.350		1.887
11	1.817	1.656	1.056	2.851	1.061	0.856	0.410	1.598	0.712	1.887	

系统聚类的结果见表 15.2.3。

表 15.2.3 聚类结果

序号	X	Y	类别
1	78	136	1
2	71	135	1
3	68	120	2
4	85	140	3
5	75	130	1
6	73	128	1
7	72	122	2
8	65	118	2
9	70	119	2
10	66	108	2
11	74	120	2

系统聚类分析的谱系图见图 15.2.1。

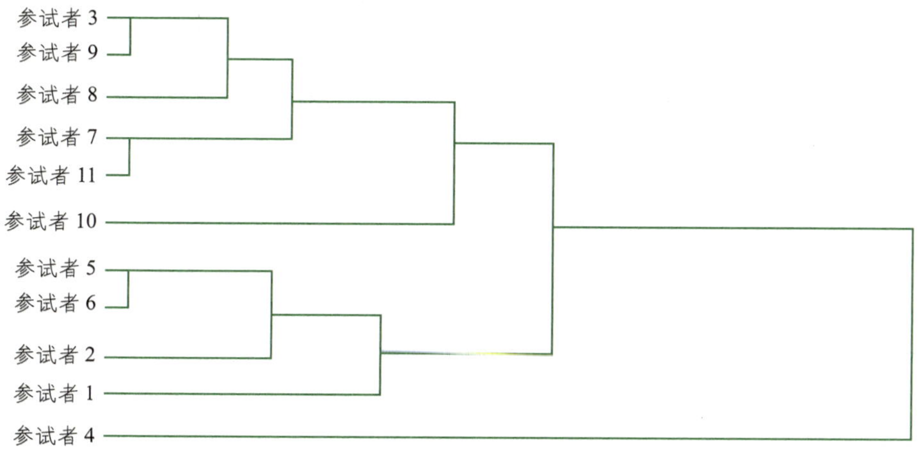

图 15.2.1 系统聚类分析谱系图

由谱系图可以看出，参试者 4 自成一类，其语文成绩和智商都很高；参试者 1、2、5、6 为一类，其语文成绩和智商比较高；其余参试者成绩和智商相对来说比较差。

许多统计分析软件，例如，心理学、教育学和其他社会科学研究者常用的 SPSS 软件等，都有进行系统聚类的功能。

15.3 判别分析

判别就是判断事物属于哪个已知的类别。这里有一个典型的判别分析问题，是美国 1989 年数学建模竞赛的一个试题。

1981 年有 2 位生物学家发现了两类蚊子。他们测量了这两类蚊子共 15 只个体的触角长和翼长，其中 6 只蚊子属于 Apf 类，9 只蚊子属于 Af 类，结果如表 15.3.1 所示：

表 15.3.1 两类蚊子的触角长和翼长

编号	触角长	翼长	类别
1	1.14	1.78	Apf
2	1.18	1.96	Apf
3	1.20	1.86	Apf
4	1.26	2.00	Apf
5	1.28	2.00	Apf
6	1.30	1.96	Apf
7	1.24	1.72	Af
8	1.36	1.74	Af
9	1.38	1.64	Af
10	1.38	1.82	Af
11	1.38	1.90	Af
12	1.40	1.70	Af
13	1.48	1.82	Af
14	1.54	1.82	Af
15	1.56	2.08	Af

现有 3 只新的蚊子，它们的触角长和翼长分别为（1.24, 1.80）、(1.28, 1.84)、(1.40, 2.04)。问它们分别属于哪一类？

类似的问题在生活和科研工作中也经常遇到。例如，医生要根据病人的各项检查指标判断病人的疾病种类；气象预报人员要根据湿度、温度等许多指标预测会不会下雨；高中生要根据自己的各科成绩决定自己将来学文科还是学理科；企业招聘员工要根据应聘者的智力、性格和学业等因素决定是否聘用，等等。

15.3.1 判别分析的方法

判别分析指的是根据 p 个变量指标，判断某个样品属于 K 个已知总体（类）中的哪一个。用数学术语表述，就是在一个 p 维空间中，有 K 个已知总体，空间中另有一个已知点 X，它属于并且仅属于这 K 个总体中的一个，现在要判别这个 X 到底属于哪一个总体。

为了解决上述问题，人们创造产生了多种判别分析的方法，常见的有距离判别、费舍判别和贝叶斯判别等。

15.3.1.1 距离判别

最容易想到的判别方法当然是根据样品与各个总体的距离来判断其归属。俗话说，“近朱者赤、近墨者黑”；反过来，赤者近朱、黑者近墨，也是很自然的想法。距离判别就是按待判断的样品点在空间中与各已知总体的距离的远近来进行判别。

我们在聚类分析中提到，不同类别之间总是有这样一个特点，在每个类的内部，样品之间的差异比较小，也就是说，它们之间的距离相对较小；而不同类别的样品之间的差异相对地应该大一些，也就是说，它们之间的距离相对较大。

但是，对于一个新的样品，怎样计算它与不同总体（类）之间的距离呢？每一个已知类别总体都有一个中心，这个中心就是该总体各个变量的平均数在空间中的位置。属于该总体的样品与该中心之间的距离往往小于不属于该总体的样品到该中心的距离。对于新的样品，我们同样是计算其与各类别总体中心的距离，然后比较所有距离大小，将其归入与其距离最短的那个总体。这种思想方法就是距离判别的准则。当然，在比较距离的时候，不仅要考虑绝对距离，还要考虑各个总体的方差情况。如果某个总体的方差很小，各个点比较集中，则新样品如果距离稍远就应倾向于认为不属于该总体。另外，在距离判别中，为了使距离的计算不受变量量纲的影响，可采用马氏距离。当然，根据不同情况，采用其他距离也是可以的。

在判别分析中，可能有个别样品点到某两个总体的距离相等且是最短的，这种样品点称为边界点。对于边界点，可以根据专业知识或其他信息进行判别，也可以随机地将其判别为属于哪个总体。

15.3.1.2 费舍判别

费舍判别的思想就是将多维变量投影在单个维度上进行判别。所谓投影，就是将 K 组 p 维变量值投影到单个维度上，并且使各个总体的投影尽量分开。图 15.3.1 为本节开头关于蚊子分类的数据的投影，其中实心点表示 Apf 蚊子，空心点表示 Af 蚊子。

也就是说，要寻找一个能使多维变量降为一维变量的线性函数，然后应用这个线性函数把已知总体的空间点都变换为一维数据，再根据新样品点与各组投影之间的距离进行判别。

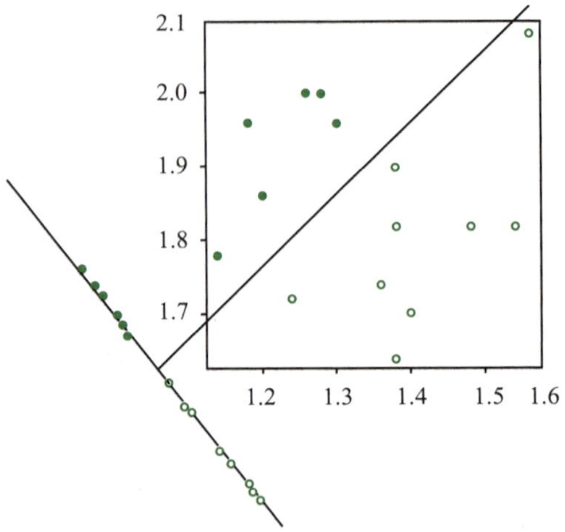

图 15.3.1 费舍判别（投影）

为了使得各组投影尽量分开，费舍采用了方差分析的原理，用方差表示数据间差异的大小，经过一系列数学运算后，求出费舍判别线性函数。然后，利用线性函数把一维直线划分为 K 个区间。对于新样品，只要用求得的线性函数将其转化为一维值，根据其落入哪个区间，就可以判别其属于哪个总体。

15.3.2 判别分析的例子

现在解答本节开头的蚊子分类判别的问题。根据 15 只已知类别的蚊子建立一个判别函数。这个判别函数可以通过统计软件（例如，SPSS）求得：

$$W'(x) = -1.884 + 14.781x_1 - 9.66x_2$$

其中 x_1 和 x_2 分别表示蚊子的触角长和翼长。将新发现蚊子的触角长和翼长（1.24，1.80）、（1.28，1.84）、（1.40，2.04）分别代入上述判别函数式，根据计算得到的判别值判断为 Apf 还是 Af 蚊子。结果见表 15.3.2 最后三行。

表 15.3.2　蚊子类别的判别分析表

类别	触角长（x_1）	翼长（x_2）	判别结果	判别值
Apf	1.14	1.78	Apf	–2.22817
Apf	1.18	1.96	Apf	–3.37571
Apf	1.20	1.86	Apf	–2.11408
Apf	1.26	2.00	Apf	–2.57959
Apf	1.28	2.00	Apf	–2.28396
Apf	1.30	1.96	Apf	–1.60194
Af	1.24	1.72	Af	–0.17044
Af	1.36	1.74	Af	1.41013
Af	1.38	1.64	Af	2.67175
Af	1.38	1.82	Af	0.93296
Af	1.38	1.90	Af	0.16017
Af	1.40	1.70	Af	2.38778
Af	1.48	1.82	Af	2.41110
Af	1.54	1.82	Af	3.29798
Af	1.56	2.08	Af	1.08203
?	1.24	1.80	Apf	–0.94323
?	1.28	1.84	Apf	–0.73838
?	1.40	2.04	Apf	–0.89660

在变量数目较多的情况下，可以剔除一些不显著影响分类结果的变量。

另外，如果投影到一个维度上后，各类样品之间还有较多重合，导致误判，可以考虑增加维度，直至分类准确性满意为止。例如，用两个维度（投影到一个平面上）以及相应的两个判别函数来完成分类。

15.4　探索性因素分析

因素分析是心理学家为了科学研究的需要建立起来的。心理学研究常常涉及许许多多影响心理和行为的因素，于是怎样从中找到若干主要因素，更有效而简便地处理复杂的问题，就成为了心理学家梦寐以求的目标。因素分析正是在这样的需求下诞生的。

英国心理学家斯皮尔曼于 1904 年首先采用因素分析方法。他提出了著名的 G 因素理论，认为智力测验中各个分测验的成绩都可以表示成一个“一般因素”（G 因素）与一个“特殊因素”（S 因素）共同作用之和。之后，“一般因素”又被分解为若干个“共同因素”。这些“共同因素”包括词语分析能力、逻辑推理能力、记忆力等，它们是完成每一个分测验所需要的。此外，各个分测验还受到与本测验特征有关的特殊因素的影响，如数学测验受符号推理能力的影响，言语测验受表达能力的影响等。随着计算机技术的发展，因素分析在心理学、教育学、社会学、经济学、医学、地质学、气象学和市场营销等领域得到了广泛的应用。在它的基础上，还发展出一种更高级的因素分析方法——验证性因素分析（或称为结构方程建模），而较早的因素分析方法被称为探索性因素分析。本节介绍探索性因素分析。

15.4.1 探索性因素分析的数学模型和步骤

探索性因素分析是根据各项测验的结果将众多因素简化为较少的几个起主要作用的共同因素的多元分析方法。其基本思想是，尽管有多个测验，但是任何一个测验的成绩都是由参试者各方面的因素共同作用造成的。在这些因素中，有些作用大，有些作用小。这样，我们可以根据各项测验的结果将众多因素简化为较少的几个起主要作用的因素，然后对这些因素做出解释。

15.4.1.1 数学模型

假定有一个大型测验，其中有 p 个分测验，这些分测验的结果受到 m 个共同因素的影响。在对 n 个参试者进行测验后，每个参试者都可以得到在 p 个分测验上的 Z 分数（$Z_1, Z_2, \cdots, Z_p$）。则探索性因素分析的数学模型可表示为：

$$
\begin{aligned}
Z_1 &= a_{11}F_1 + a_{12}F_2 + \ldots + a_{1m}F_m + d_1Y_1 \\
Z_2 &= a_{21}F_1 + a_{22}F_2 + \ldots + a_{2m}F_m + d_2Y_2 \\
&\vdots \\
Z_p &= a_{p1}F_1 + a_{p2}F_2 + \ldots + a_{pm}F_m + d_pY_p
\end{aligned}
\qquad \text{（公式 15.4.1）}
$$

式中：

a_{ij} 表示第 i 个测验在第 j 个共同因素上的系数，即因素负荷；

F_j 表示某个参试者第 j 个共同因素上的标准分数；

Y_i 表示只和测验 i 有关的特殊因素；

d_i 表示与第 i 个测验有关的特殊因素 Y_i 的系数，即特殊因素负荷。

因素负荷 a_{ij} 绝对值的大小反映了测验成绩与因素之间的关联程度。所有的因素负荷合在一起，就是因素负荷矩阵：

$$A=\begin{pmatrix} a_{11} & a_{12} & \cdots & a_{1m} \\ a_{21} & a_{22} & \cdots & a_{2m} \\ \vdots & \vdots & & \vdots \\ a_{p1} & a_{p2} & \cdots & a_{pm} \end{pmatrix}$$

求因素负荷矩阵 A 是探索性因素分析的基本任务，因为，因素负荷实际上就是各项分测验的成绩与共同因素之间的相关系数，它反映了共同因素对测验成绩的影响程度。因素负荷矩阵 A 每一行元素的平方和是相应的分测验的共同因素方差；矩阵每一列的元素的平方和是各个共同因素对测验成绩方差贡献的大小，表明了各因素的相对重要性。

15.4.1.2 步骤

（1）导出因素负荷矩阵

这是确定共同因素的关键步骤。具体做法是，先根据各个分测验之间的相关矩阵，求得只考虑共同因素的再生相关矩阵。再根据再生相关矩阵求出因素负荷矩阵 A。目前普遍采用主成分分析法或主因素解法求因素负荷矩阵。

（2）确定共同因素的个数

共同因素的个数无须很多。在实际应用中，可以将其特征值之和占全部特征值之和 85% 以上的前面若干个因素作为共同因素。这一百分比可以根据具体问题适当调整；也可以把特征值大于等于 1 作为标准，确定共同因素的个数。另外，也可以直接指定因素个数。

（3）对因素负荷矩阵进行旋转变换

共同因素抽取后，如果其意义不明确，可以对因素负荷矩阵进行旋转变换。一般先进行正交旋转。正交旋转的目的是使得各变量在旋转后在轴上的投影尽可能地向最大或最小两极端分化。正交旋转的方法主要有四次方最大法、方差最大法和等量最大法等。

如果正交旋转后，仍然不能很好地解释共同因素的意义，可以考虑斜交旋转。当实际问题所涉及的因素有相互关联（即因素斜交）时，往往需要进行斜交旋转。

（4）因素计分

由测验的结果来估计各共同因素值。

15.4.2 探索性因素分析的例子

假想表 15.4.1 中的数据是某学校对 30 名学生完成 12 个心理分量表(测验)的成绩。我们用统计软件对这些数据进行探索性因素分析。

表 15.4.1 学校 30 名学生在 12 项分量表上的成绩

学号	分量表											
	短时记忆	长时记忆	常识	阅读	计算	空间想象	逻辑	拼图	译码	注意	装配	动作协调
1	87	86	88	82	82	76	88	92	83	85	79	85
2	78	79	91	80	78	76	85	74	81	84	81	80
3	61	65	89	80	71	61	89	88	66	71	79	80
4	74	87	89	85	87	71	90	96	78	89	82	84
5	71	74	87	81	89	76	89	83	81	70	80	72
6	63	82	89	87	70	61	88	79	81	80	72	79
7	68	64	85	84	72	68	86	83	55	74	81	77
8	74	85	77	79	78	78	89	92	74	64	78	78
9	78	78	91	88	89	84	92	81	78	78	78	71
10	85	87	92	85	84	73	94	89	90	74	81	87
11	76	80	92	83	77	87	91	87	83	93	88	82
12	65	82	92	92	75	79	91	82	77	83	83	87
13	76	93	87	81	73	65	84	80	72	75	81	71
14	87	89	92	81	88	74	87	92	87	86	87	87
15	70	85	82	81	76	75	88	79	80	68	77	70
16	61	62	89	82	86	83	83	77	69	74	78	75
17	75	82	94	83	80	71	73	82	73	80	83	80
18	65	87	85	75	81	67	86	81	77	79	75	75
19	69	85	91	86	92	83	92	95	82	85	78	84
20	76	73	85	86	77	66	79	84	78	73	87	70
21	73	61	88	75	82	71	81	84	67	66	70	74
22	72	82	87	77	84	51	80	85	68	74	81	78
23	75	80	82	81	73	64	83	78	67	79	79	81
24	79	73	85	86	77	61	85	82	74	83	77	85
25	83	87	91	86	84	81	81	87	82	77	80	73
26	68	84	91	81	90	76	91	89	79	84	78	87
27	70	81	91	86	65	71	90	79	81	81	70	67
28	85	83	89	87	79	63	90	94	80	87	87	83
29	84	82	87	86	83	81	92	89	84	86	87	73
30	64	67	82	77	81	85	86	88	72	79	80	78

首先计算相关系数矩阵（见表 15.4.2）。

表 15.4.2 相关系数矩阵

	短时记忆	长时记忆	常识	阅读	计算	空间想象	逻辑	拼图	译码	注意	装配	动作协调
短时记忆	1.000											
长时记忆	0.461	1.000										
常识	0.175	0.166	1.000									
阅读	0.201	0.196	0.413	1.000								
计算	0.240	0.135	0.238	–0.097	1.000							
空间想象	0.058	–0.005	0.175	0.158	0.419	1.000						
逻辑	0.038	0.230	0.093	0.339	0.127	0.351	1.000					
拼图	0.351	0.268	0.050	0.073	0.458	0.151	0.373	1.000				
译码	0.509	0.629	0.397	0.336	0.327	0.372	0.454	0.288	1.000			
注意	0.305	0.364	0.511	0.405	0.139	0.199	0.296	0.284	0.437	1.000		
装配	0.461	0.208	0.164	0.258	0.210	0.144	0.013	0.368	0.218	0.414	1.000	
动作协调	0.180	0.208	0.291	0.137	0.251	–0.021	0.263	0.480	0.184	0.506	0.285	1.000

未经旋转处理的因素矩阵如表 15.4.3 所示。

表 15.4.3 未经旋转处理的因素矩阵

分量表	因素			
	1	2	3	4
短时记忆	0.604	0.096	–0.436	–0.414
长时记忆	0.598	–0.102	–0.256	–0.507
常识	0.535	–0.411	0.104	0.265
阅读	0.490	–0.628	0.122	0.088
计算	0.475	0.633	0.229	0.030
空间想象	0.393	0.193	0.707	–0.076
逻辑	0.509	–0.035	0.521	0.026
拼图	0.602	0.543	–0.107	0.173
译码	0.772	–0.105	0.179	–0.448
注意	0.731	–0.292	–0.097	0.301
装配	0.546	0.113	–0.410	0.122
动作协调	0.555	0.140	–0.234	0.586

经旋转处理的因素矩阵见表 15.4.4。

表 15.4.4 经旋转处理的因素矩阵

分量表	因素			
	1	2	3	4
短时记忆	0.803	0.041	0.296	–0.037
长时记忆	0.806	0.176	0.068	0.064
常识	0.071	0.696	0.162	0.140
阅读	0.178	0.781	–0.084	0.093
计算	0.138	–0.216	0.523	0.584
空间想象	0.003	0.095	0.008	0.829
逻辑	0.068	0.349	0.068	0.634
拼图	0.231	–0.065	0.741	0.304
译码	0.696	0.333	0.031	0.494
注意	0.226	0.696	0.421	0.084
装配	0.363	0.192	0.561	–0.105
动作协调	0.043	0.359	0.772	–0.007

从上述结果可以看出，有四个共同因素对上述分量表起主要作用：第一个因素与短时记忆、长时记忆和译码密切相关，根据经验估计这个因素是记忆方面的能力；第二个因素主要与常识、阅读和注意密切相关，可能是学习方面的能力；第三个因素与拼图、装配和动作协调有关，可看作操作方面的能力；第四个因素主要与计算、空间想象和逻辑有关，体现的是数理思维能力。

对因素的解释总是建立在经验和专业知识的基础上，只要言之成理，完全可以见仁见智，不必强求一律。

15.5 结构方程建模

15.5.1 结构方程建模的目的和步骤

15.5.1.1 潜变量

要明白结构方程建模的目的，必须先了解潜变量这一概念。本章之前遇到的大部分随机变量，其观察值都是用某种特定的测量或观察方法得到的直接结果，例如，人的性别、身高、体重、学业考试成绩、心理测验得分、反应时间等。这些由观察的直接结果构成的变量，称为显变量。本章之前介绍的统计分析方法都是用来分析显变量之间的关系的。

但是，有些变量是无法直接测量的。例如智力，它是人们为了描述一个人的聪明程度而构建出来的一个变量，本质上是人类大脑认知功能的强弱水平。但是，这种水平暂时无法直接测量，因为它“看不见摸不着”，我们只能通过一些具体的测验（如言语测验、计算测验、记忆测验、手工操作测验等）间接地推测一个人的智力高低。而且，学者们对“智力”的定义仍众说纷纭，这些测验能否完整地体现智力的全貌，也存在着争议。

像“智力”这样，无法直接测量、但能通过观察显变量而间接推测的变量，称为**潜变量**。在心理学中，潜变量往往是人们主观构建出来的，其定义、成分和测量方法都可能存在着争议。类似的潜变量还有情绪智力、心理弹性、创造性等。

15.5.1.2 结构方程建模的目的

虽然学者们对如何测量智力之类潜变量还争论不休，但是这并不妨碍我们进一步探讨这些潜变量之间的关系。例如，我们可以设想，人的智力会不会影响其创造性？情绪智力会不会影响其心理弹性？心理弹性与创造性之间没准也存在相互影响？**结构方程建模**就是用来探讨潜变量之间关系的多元分析方法。

其实，在前一节介绍探索性因素分析时介绍的假想例子中，那 12 个心理分量表（测验）的成绩就是显变量，因素分析提取出来的 4 个共同因素（记忆能力、学习能力、操作能力、数理思维能力）就是潜变量。但是，这时的因素分析还仅限于发掘可能存在的潜变量，那些显变量能否有效地表达潜变量还有待检验，所以又称为探索性因素分析。结构方程建模则是在初步发掘可能存在的潜变量，形成一个假设的模型之后，对这些显变量与潜变量之间的关系进行进一步检验，故又称为**验证性因素分析**。当然，其更强大的功能还在于探讨潜变量之间关系。

说到这里，我们可以大概地描述一下结构方程建模的过程：

第一步：通过一系列特定的测量或观察，获得显变量的观察值；

第二步：从这些显变量中推测出若干个潜变量；

第三步：检验潜变量之间的关系。

图 15.5.1 体现了一个假想的结构方程模型。图中：

X 和 Y 都是显变量（例如，用于智力测验、情绪智力测验、创造性测验、心理弹性测验的分量表）；

ξ 和 η 都是潜变量（例如，作为自变量的智力 ξ_1 和情绪智力 ξ_2，作为因变量的创造性 η_1 和心理弹性 η_2）；

各个 λ_x 表示 ξ 对 X 的影响程度；

各个 λ_y 表示 η 对 Y 的影响程度；

各个 γ 表示 ξ 对 η 的影响程度；

ϕ 表示 ξ 之间的相关程度；

β_{21} 表示 η_1 对 η_2 的影响程度；

δ、ε、ζ 分别表示所指变量的误差。

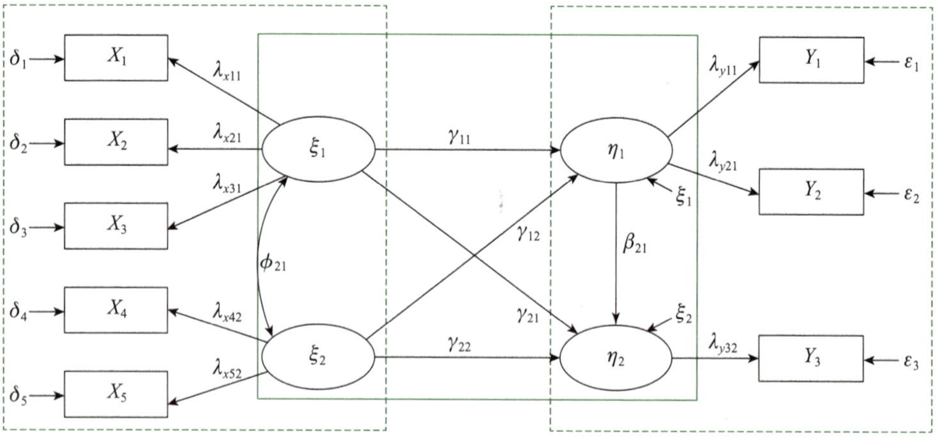

图 15.5.1 一个假想的结构方程模型

结构模型中的每一个箭头都是变量之间关系。换言之，所有变量和箭头就构成了我们希望验证的模型。如果我们认为某些变量（例如，X_4、X_5 和 ξ_1）之间没有关系，就不要画它们之间的箭头。

将上述模型用数学形式表示，那就是建立以下两类模型。

第一类是**测量模型**。这类模型反映的是测量或观察所得到的显变量与潜变量之间的关系，其数学形式是：

$$X = \Lambda_x\xi + \delta \qquad (公式 15.5.1)$$

$$Y = \Lambda_y\eta + \varepsilon \qquad (公式 15.5.2)$$

第二类是**结构模型**。这类模型反映的是潜变量之间的关系，其数学形式是：

$$\eta = B\eta + \Gamma\xi + \zeta \qquad (公式 15.5.3)$$

在图 15.5.1 中，用虚线框起来的两个部分分别是两组潜变量及其显变量之间的测量模型，用实线框起来的部分是结构模型。

建立上述模型后，就可以通过计算得到每个关系的强度。如果发现有些关系强度很弱，可以将其剔除，重新计算其余参数。

15.5.2 结构方程建模的主要工具及模型评价指标

15.5.2.1 结构方程建模的主要工具

建立上述模型需要大量的数学运算，一般情况下需要运用统计软件才能完成。结构方程建模的软件主要有 Lisrel 和 Amos。Lisrel 出现得较早，有着极高的权威性，但是需编写指令来表达模型。Amos 则可以让使用者直接画出需要检验的模型，所见即所得，十分适合初学者。其他软件还有 Mplus、EQS 等。

15.5.2.2 结构方程建模的步骤

结构方程建模的步骤一般是这样的：

第一步：模型设定。根据专业知识建立假设的模型，设定需要计算的参数。

第二步：模型输入。编写指令或在软件中画出模型。

第三步：模型的识别和估计。判断模型中的各个未知参数能否求得唯一的解，如果能识别，就根据显变量的方差和协方差进行参数估计。

第四步：模型的评价。将显变量的方差和协方差与模型预测的方差和协方差进行比较，计算两者之间的拟合优度。

第五步：模型的修正。如果对拟合优度不够满意，可以对模型做出修改，再回到第二步重新执行上述步骤，如此循环往复，直至得到比较满意的拟合优度。

15.5.2.3 常用的拟合优度指标

在检验模型的合理性时，最常用到的是以下拟合优度指标：

- χ^2/df（该比率小于 2，表示拟合良好）；
- RMSEA（该值小于 0.08，表示拟合良好）；
- CFI、TLI、NFI、IFI（这些值大于 0.9，表示拟合良好）；
- PGFI、PNFI、PCFI（这些值大于 0.5，表示拟合良好）。

15.5.3 结构方程建模的例子

我们借用 15.4.2 节例子中的数据，建立结构方程模型。该例中的 12 个分量表可以看作显变量，它们分别对应了记忆能力（此处简称为 KSI1，显变量为短时记忆、长时记忆和译码）、学习能力（此处简称为 KSI2，显变量为常识、阅读和注意）、数理思维能力（此处简称为 H1，显变量为计算、空间想象和逻辑）和操作能力（H2，显变量为拼图、装配和动作协调）。运用 Lisrel 软件进行计算，得到的参数和拟合优度指标见图 15.5.2。可以看到，$\chi^2/df < 2$，RMSEA = 0.068 < 0.08，两个主要的拟合优度指标都令人满

意。而且，我们可以看到 H1 与 Y3LOGIC 之间的参数值仅为 0.09，将这个关系剔除，重新计算拟合优度，可以发现上述两个指标变化甚小，由此得出一个更为简洁的模型。

需要说明的是，本章的例子主要是给读者一个感性认识，便于理解统计分析方法，要得到真正符合实际的结果，还需选取更大的样本，采用多种途径进行验证。

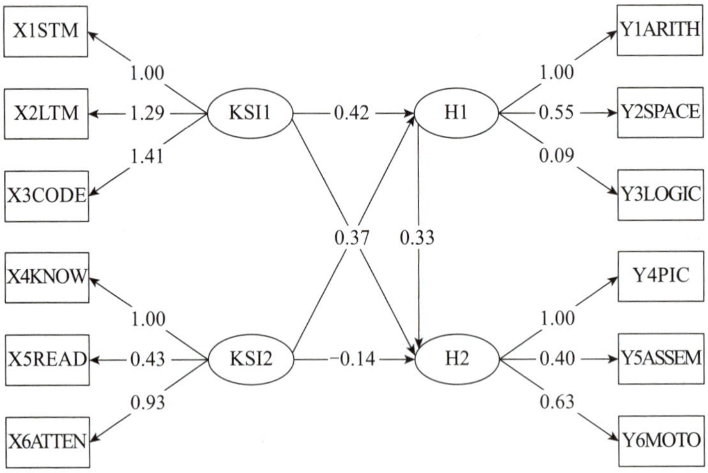

图 15.5.2 结构方程建模：各参数与拟合优度

其他多元分析方法

多元分析方法还有很多，这里再列举一些常见的重要方法，有兴趣的读者可以根据需要参阅多元分析教材。

- 路径分析（path analysis）：全面考察变量之间的相互作用，包括直接作用（自变量对因变量施加的影响）和间接作用（自变量通过其他变量对因变量施加的影响）。
- 中介效应（mediating effect）与调节效应（moderating effect）分析：研究第三变量在自变量与因变量之间所起的作用，是自变量通过第三变量影响因变量（中介效应），还是自变量对因变量的影响受到第三变量的制约（调节效应，相当于方差分析中的交互作用）。
- 典型相关（canonical correlation）：考察两组（而非两个）变量之间的相关。
- 多维标度（multidimensional scaling）：通过计算样品间距离，在多维空间体现样品间相似或相异程度。

● 对数线性模型（loglinear model）：用列联表中的次数检验各个变量的主效应及其交互作用，是χ^2检验的“升级版”。

● 多元方差分析（Multivariate Analysis of Variance，简称 MANOVA）：多个因变量情况下的方差分析。

● 对应分析（correspondence analysis）：根据定性变量构成的列联表分析变量间的联系。

现代信息技术使人类可以很方便地搜集、加工和储存海量的数据，从而迎来了一个“大数据”时代。这些数据为我们理解和解释人类的心理和行为提供了丰富的资料。心理学研究者的工作，也有望摆脱自己搜集的数据有限、统计分析方法简单的局面。面对空前丰富的数据，各种多元分析方法将大显神通。所以，本科生阶段了解一些多元分析方法是十分必要的。

当然，要从那些海量的、令人眼花缭乱的数据中找到能够真正反映心理和行为规律的变量，进而开展合适的多元分析，单靠统计学知识是远远不够的。研究者必须先积累丰富的心理学知识，培养独到的见解与眼光，方能从大数据这座金矿中收获无价之宝。

本章术语

- **随机向量**（random vector）：由若干个随机变量组成一个向量 $\boldsymbol{X}=(X_1, X_2, \cdots, X_p)$，它是随机变量的直接推广。
- **聚类分析**（cluster analysis）：通过数值分析对事物进行分类的多元分析方法。
- **判别分析**（discriminant analysis）：根据多个变量指标，判断某个样品属于哪个已知总体的多元分析方法。
- **探索性因素分析**（exploratory factor analysis）：根据各项测验的结果将众多因素简化为较少的几个起主要作用的共同因素的多元统计方法。
- **潜变量**（latent variable）：无法直接测量、但能通过观察显变量而间接推测的变量。
- **结构方程建模**（structural equation modelling）：用来探讨潜变量之间关系的多元分析方法。亦称验证性因素分析（comfirmatory factor analysis）。

练习与思考*

1. 利用表 15.4.1 中的数据，对表中的学生依据 12 个心理分量表（测验）的成绩进行聚类分析（类别数自定）。
2. 利用表 15.4.1 中的数据，依据 12 个心理分量表（测验）的成绩将被试分为两类。在此基础上，另编写 3 名虚拟个体的分测验得分，并判断这 3 名虚拟个体分别属于哪一类。

实习题

3. 自行设计一套测验（其中带多个分测验），抽取一定数量的个体进行测试，然后仿照表 15.4.1，列出每个个体在各个分测验中的得分，进行探索性因素分析和结构方程建模。

---

* 本章练习与思考的结果随测验内容、个体特征和研究者的理论依据而变化，没有标准答案，但是学习者可以在教师的指导下讨论结果的合理性。

附录一

自测试卷

注：试卷中可能有题目无解，查表题只需注明“无解”，计算题还应说明理由。各份试卷后附有参考答案和评分标准。

A卷

查表题

从附录三统计用表中查找（或根据查表结果计算）符合以下各小题要求的数值。如果不能直接查到，也无法根据查表结果计算最终数值，请注明“无解”。本题共 15 小题，每小题 1 分，共 15 分。

1. $P(0 < Z < 1.96) =$

2. $P(|Z| > 2.58) =$

3. $t_{0.05, 30} =$

4. $t_{0.01, 26} =$

5. $F_{0.05,12,6} =$

6. $F_{0.005, 20, 5} =$

7. $r = 0.66$ 时的 $Z_r =$

8. $F_{0.025, 40, 30} =$

9. $F_{\max 0.01, 5, 9} =$

10. $\chi^2_{0.1, 12} =$

11. $q_{0.01, 9, 9} =$

12. $U_{0.10, 6, 19} =$

13. $n = 7$ 时，$\chi_r^2{}_{0.112,3} =$

14. $H_{0.01, 5, 4, 3} =$

15. $\chi^2_{0.01, 12, 1} =$

是非题

用 T 表示正确，用 F 表示错误。本大题共 10 小题，每小题 1 分，共 10 分。

1. 总体中的个体数目称为样本容量。
2. 无限总体是指可以从总体中进行无限次抽样。
3. 对顺序量表的数据不能进行加减运算。
4. 四分位距就是全距的四分之一。
5. 方差和标准差的值比较容易受到极端数值的影响。
6. 相关系数反映的是两个变量间的因果关联程度。
7. 相关系数等于确定系数的平方。
8. 方差分析解决的是多个总体平均数是否相等的参数假设检验问题。
9. 在给定样本容量的前提下，减少犯 α 错误的概率必然会增加犯 β 错误的概率。
10. χ^2 检验不涉及总体的平均数和方差，但是与总体间的相关系数有关。

选择题

本大题共 15 小题，每小题 1 分，共 15 分。

1. 某日中午的气温测定值为 10℃，这里的气温数值属于 ________。

   A. 称名量表　　B. 顺序量表

   C. 等距量表　　D. 比率量表

2. 全距是一种 ________。

   A. 地位量　　B. 差异量　　C. 集中量　　D. 峰态量

3. 众数的优点是 ________。

A. 不容易受极端数值的影响　　B. 受抽样变动的影响最小

C. 反应灵敏，严密确定　　D. 适合进一步的代数运算

4. 计算平均增长率时应采用 ________。

A. 算术平均数　　B. 中位数

C. 加权平均数　　D. 几何平均数

5. 以下各个选项中，属于间断型随机变量的概率分布是 ________。

A. 正态分布　　B. 二项分布

C. 指数分布　　D.Γ 分布

6. 采用有限总体修正系数的条件是$\frac{n}{N}$大于等于 ________。

A. 0.05　　B. 0.01　　C. 0.10　　D. 0.30

7. $\frac{\sum_{i=1}^{n}(X_i-\overline{X})(Y_i-\overline{Y})}{n}$计算得到的结果称为 ________。

A. 积差相关系数　　B. 等级相关系数

C. 协方差　　D. 回归系数

8. 对一元线性回归方程的回归系数 b_{yx} 进行显著性检验时，其自由度为 ________。

A. $n-1$　　B. $n-2$　　C. $n-3$　　D. $n-k$

9. 可以用来检验样本随机性的方法是 ________。

A. 单样本游程检验　　B. 科克伦 Q 检验

C. χ^2 检验　　D. t 检验

10. 在次数分布是负偏的情况下，平均数、中位数和众数从小到大排列的顺序是 ________。

A. 中位数—平均数—众数　　B. 平均数—众数—中位数

C. 众数—中位数—平均数　　D. 平均数—中位数—众数

11. 如果将一组观察值的每一个都加上 10，则稳定不变的是 ________。

A. 算术平均数　　B. 众数　　C. 标准差　　D. 差异系数

12. 公式$E_{ij}=\frac{m_i n_j}{N}$用于 ________。

A. 单因素方差分析　　B. 正态分布拟合优度检验

C. 独立样本的双因素 χ^2 检验　　D. 相关样本的双因素 χ^2 检验

13. 方差分析的基本前提中不包括 ________。

A. 同质性　　B. 方差齐性　　C. 独立性　　D. 正态性

14. 随机区组设计的方差分析至少有一个因素属于 ________。

A. 固定效应模型　　B. 随机效应模型

C. 交互效应模型　　D. 区组效应模型

15. 式子 $\dfrac{\sum_{i=1}^{n}(\hat{Y}_i-\overline{Y})^2/2}{\sum_{i=1}^{n}(Y_i-\hat{Y}_i)^2/(n-3)}$ 用于 ________。

A. 计算一元线性回归方程的确定系数

B. 检验偏回归系数的显著性

C. 检验一元线性回归方程的显著性

D. 检验二元线性回归方程的显著性

计算题

计算结果必须用数值形式表示，保留 3 位小数。本大题 9 小题，共 25 个空，每空 2 分；共 50 分。

第 1~5 题在空格中填写计算结果：

1. 数值（3，5，7，8，12）的离差平方和为 ________。

2. 某次考试中，英语的平均分为 80 分，标准差为 10 分，若某学生的英语标准分为 0.8，则该学生的英语实际测验分数为 ________ 分。

3. 某批产品中优等率为 20%，则从该批产品中随机抽取 3 件，抽到 1 件优等品的概率为 ________。

4. 某批产品中有合格品 85%，由工人甲完成的合格品占所有产品的 20%。如果抽到一个合格品，则这个合格品是由工人甲完成的概率是 ________。

5. 若随机变量 X 对 Y 的回归方程的回归平方和与残差平方和之比为 1∶3，则 X，Y 之间的相关系数为 ± ________。

第 6~9 题在答题过程中的空格处填写合适的内容：

6. 假设某研究中对于吸烟人群与非吸烟人群的平均寿命调查结果如下（假设人的寿命呈正态分布，且两个总体的方差相等）：

	样本人数 n	样本平均数 $\overline{X}$	样本标准差 S
非吸烟者（X_1）	300	78.4	12
吸烟者（X_2）	500	76.8	10

问非吸烟人群的平均寿命是否显著高于吸烟人群。

解：

（1）提出假设

H_0: ______________________ (a)

H_1: ______________________ (b)

（2）选择检验统计量并计算

因为大样本，总体正态，方差未知但相等，故应选择的统计检验方法为 t 检验，其检验统计量的计算公式为：

$Z=$ ____ (c)；

将相应数值代入公式，计算得该统计量的值为 1.940。

（3）确定显著性水平和临界值

当 $\alpha=0.05$ 时，该统计量单侧检验的临界值为 1.64；当 $\alpha=0.01$ 时，该统计量单侧检验的临界值为 2.33；当 $\alpha=0.05$ 时，该统计量双侧检验的临界值为 1.96；当 $\alpha=0.01$ 时，该统计量双侧检验的临界值为 2.58。

（4）统计决断

将检验统计量的值与临界值相比较，由于 ________________ (d)，可以认为 ______________________________________ (e)。

7. 一项针对不同职业群体的工作压力研究分别调查了医生、公务员和律师的工作压力状况。调查结果如下表：

	样本人数 n	平均数 $\overline{X}$	标准差 S
医生	12	8.41	0.42
公务员	15	8.12	0.47
律师	13	8.25	0.52

问：三种职业人员的工作压力有无显著差异（假设方差齐性）？

解：

（1）提出假设

H_0：$\mu_1 = \mu_2 = \mu_3$

H_1：____________________（a）

（2）选择检验统计量并计算

因为总体正态，方差相等，要比较多组差异，故应选择的统计检验方法为________（b）检验。将以上数值代入计算，得到结果为：$SSA = 0.561$，$SSE = 8.278$，则可以计算出该检验统计量的值为________（c）。

（3）确定显著性水平和临界值

查表可知，当 $\alpha = 0.05$ 时，该统计量的临界值为 3.25；当 $\alpha = 0.01$ 时，该统计量的临界值为 5.23。

（4）统计决断

将检验统计量的值与临界值相比较，由于________（d），可以认为______________________________（e）。

8. 有人研究母亲的受教育程度与其对孩子的教养方式之间的关系，统计结果（家庭数）如下：

	溺爱型	放任型	民主型	专制型
小学毕业及以下	9	7	2	7
中学毕业	9	7	9	10
大学毕业及以上	7	6	19	8

试分析两者之间的关系。

解：

（1）提出假设

H_0：$\rho = 0$

H_1：$\rho \neq 0$

（2）选择检验统计量并计算

因为分析的是频数数据，故应选择的统计检验方法为______（a）检验，其检验统计量的计算公式为：

____（b）；

将以上数值代入计算，得到该检验统计量的值为 12.417。

(3) 确定显著性水平和临界值

该检验的自由度为 ________ (c)，查表可知，当 $\alpha = 0.05$ 时，该统计量的临界值为 12.59；当 $\alpha = 0.01$ 时，该统计量的临界值为 16.81。

(4) 统计决断

将检验统计量的值与临界值相比较，由于 ________________ (d)，可以认为 ____ (e)。

9. 某研究者为了研究三个不同的国家的不同性别的人对于面孔审美的差异，在三个国家分别随机抽取了 10 名男性和 10 名女性（总共 60 名被试），对一张无明显性别特征的照片进行好感度的打分。下表中的 A 因素表示不同的国家，B 因素表示性别，得到如下方差分析表，请在（a）～（e）中填写合适的数字。

差异来源	平方和	自由度	均方差	*F*
A 因素	800	2	______(c)	
B 因素	200	1	200	
A*B 因素	100	______(b)	______(d)	______(e)
组内差异	______(a)	54		
总差异	1640			

问答题

本大题共 1 小题，共 10 分。

比较简单随机抽样和分层随机抽样的特点。(10 分)

A 卷试题答案

查表题（15 × 1=15 分）

1. 0.475　2. 0.01　3. 1.697　4. 2.479　5. 4
6. 无解　7. 0.793　8. 2.01　9. 11.1　10. 18.55
11. 7.33　12. 30　13. 4.571　14. 7.4449　15. 无解

是非题（10 × 1=10 分）

1. F　2. F　3. T　4. F　5. T　6. F　7. F　8. T　9. T　10. F

选择题（15 × 1=15 分）

1. C　2. B　3. A　4. D　5. B　6. A　7. C　8. B　9. A　10. D

11. C　12. C　13. A　14. B　15. D

计算题（25 × 2=50 分）

1. 46　2. 88　3. 0.384　4. 0.235　5. 0.5

6.（a）$\mu_1 \leqslant \mu_2$ 或非吸烟人群的平均寿命不高于吸烟人群

（b）$\mu_1 > \mu_2$ 或非吸烟人群的平均寿命高于吸烟人群

（c）$Z = \dfrac{(\overline{X}_1 - \overline{X}_2)}{\sqrt{\dfrac{S_1^{\ 2}}{n_1} + \dfrac{S_2^{\ 2}}{n_2}}}$

（d）$1.94 > 1.64$

（e）非吸烟人群的平均寿命显著高于吸烟人群

7.（a）μ_1、μ_2、μ_3 中至少有两个值不相等（或：三种不同职业的人员至少两类工作压力有差异）

（b）F

（c）1.253

（d）$1.253 < 3.25$

（e）三种职业的人员工作压力差异不显著

8.（a）χ^2

（b）$\chi^2 = \sum\limits_{i=1}^{k} \dfrac{(O_i - E_i)^2}{E_i}$ 或 $\chi^2 = N\left(\sum\limits_{j=1}^{c}\sum\limits_{i=1}^{r} \dfrac{O_{ij}^{\ 2}}{m_i n_j} - 1\right)$

（c）6

（d）$12.417 < 12.59$

（e）母亲受教育程度与其对孩子的教养方式无关

9.（a）540　（b）2　（c）400　（d）50　（e）10

问答题（10 分）

答题要点：

（1）简单随机抽样就是从总体中完全以随机形式（不加人为干扰地）抽取部分个体组成一个样本；(2 分)

（2）分层随机抽样是按有关的因素或指标将总体划分为互不重叠的几个部分（层），

再从各层中独立地抽取一定数量的个体，最后将从各层中抽取的个体合在一起，组成一个样本；(2 分)

(3) 两种抽样都是以随机方式进行的；(2 分)

(4) 简单随机抽样不加人为干扰，分层随机抽样则有一定的人为干预；(2 分)

(5) 与简单随机抽样相比，分层随机抽样大大降低了出现极端数值的风险，由它们构成的样本对整个总体也就有较高的代表性。(2 分)

B 卷

查表题

从附录三统计用表中查找（或根据查表结果计算）符合以下各小题要求的数值。如果不能直接查到，也无法根据查表结果计算最终数值，请注明“无解”。本大题共 15 小题，每小题 1 分，共 15 分。

1. $P(-1<Z<1) =$

2. $P(|Z| > 2) =$

3. $t_{0.025,28} =$

4. $t_{0.005,1000} =$

5. $F_{0.05,5,8} =$

6. $F_{0.01,5,9} =$

7. $r = 0.5$ 时的 $Z_r =$

8. $F_{0.5,8,9} =$

9. $F_{\max\ 0.01,6,7} =$

10. $q_{0.01,3,12} =$

11. $\chi^2_{0.5,10} =$

12. $U_{0.05,6,11} =$

13. $n = 8$ 时，$\chi_r^2{}_{0.047,3} =$

14. $H_{0.099,5,4,3} =$

15. 单侧检验时，$T_{0.01,\ 10} =$

是非题

用 T 表示正确，用 F 表示错误。本大题共 10 小题，每小题 1 分，共 10 分。

1. 对一元线性回归方程，可以仅检验方程有无显著意义，无须检验回归系数的显著性。

2. 只要是称名水平的资料（次数）就可以进行科克伦检验。

3. 配对成组产生的是独立样本。

4. 当总体内的个体按某个指标的高低顺序排列时，机械抽样估计量的方差介于简单随机抽样和分层随机抽样之间。

5. 柯尔莫哥洛夫－斯米尔诺夫检验的基本思想是，如果两个样本来自同一总体，两个样本的分布函数应该相同，它们的累积次数分布曲线 $S(x)$ 和 $S(y)$ 也应该相同或相似。

6. 质与量的相关包括二列相关和点二列相关两种情况。

7. 协方差也能反映变量之间的变化方向和关联程度，只是还带着原来变量的单位。

8. 最能代表散点图上分布趋势的最优拟合直线称为中心线。

9. 双向秩次方差分析法对应于随机区组设计的参数方差分析。

10. χ^2 检验的基本任务是根据样本的次数分布推断总体分布是否服从正态分布。

选择题

本大题共 15 小题，每小题 1 分，共 15 分。

1. 总体上数字特征称为______。

A. 统计量　B. 参数　C. 总体值　D. 抽样值

2. 身高和体重都是______。

A. 称名量表　B. 顺序量表　C. 等距量表　D. 比率量表

3. 方差不具备的优点是______。

A. 反应灵敏，严密确定　B. 受抽样变动的影响较小

C. 不易受极端数值的影响　D. 适合进一步的代数运算

4. 第 65 百分位数指的是______。

A. 有 65% 的观察值高于该数　B. 有 65% 的观察值低于该数

C. 该数是最大观察值的 65%　D. 该数比最小观察值大 65%

5. 次数分布表中，各组次数在总次数中占的比例称为______。

A. 相对次数　B. 绝对次数　C. 比例次数　D. 简单次数

6. 样本平均数之标准差（标准误）的计算公式是______。

A. $\sigma_{\overline{X}}=\dfrac{\sigma}{n}$　　B. $\sigma_{\overline{X}}=\dfrac{\sigma}{\sqrt{N-1}}$　　C. $\sigma_{\overline{X}}=\dfrac{\sigma}{\sqrt{n-1}}$　　D. $\sigma_{\overline{X}}=\dfrac{\sigma}{\sqrt{n}}$

7. $\dfrac{\sum_{i=1}^{n}(X_i-\overline{X})(Y_i-\overline{Y})}{(n-1)S_XS_Y}$计算得到的结果称为______。

A. 协方差　　B. 等级相关系数　　C. 积差相关系数　　D. 回归系数

8. 标准回归方程的作用是______。

A. 方便采用标准分数的记分体系建立回归方程

B. 可以在回归方程之间比较拟合优度

C. 可以对回归方程的计算结果给出标准化的描述

D. 根据标准回归系数比较各个自变量所起作用的大小

9. 两个相互独立的 χ^2 分布随机变量之比的分布称为______。

A. 正态分布　　B. χ_r^2 分布　　C. t 分布　　D. F 分布

10. 在次数分布是正偏的情况下，以下说法中唯一正确的是______。

A. 平均数大于中位数　　B. 中位数小于众数

C. 平均数小于中位数　　D. 众数大于平均数

11. 假设检验中 α 错误的概率和 β 错误的概率之间的关系是______。

A. α 增大则 β 也增大　　B. α 增大则 β 减小

C. $\alpha+\beta=1$　　D. α 总是小于 β

12. $r=\dfrac{\overline{X}_p-\overline{X}_q}{S_t}\times\dfrac{pq}{Y}$用来计算______。

A. 二列相关系数　　B. 点二列相关系数

C. 等级相关系数　　D. 品质相关系数

13. $\dfrac{\sum_{i=1}^{n}R_i^2-(\sum_{i=1}^{n}R_i)^2/n}{\frac{1}{12}K^2(n^3-n)}$中的 R 指的是______。

A. 等级　　B. 秩次　　C. 秩和　　D. 行列总和

14. 在进行 $df=1$ 的单因素 χ^2 检验时，有时要对数据做亚茨连续性校正，前提是一个组的理论次数 E 小于______。

A. 2　　B. 3　　C. 4　　D. 5

15. 以下相关系数中，对数据要求最高的是______。

A. 积差相关系数　　B. 斯皮尔曼等级相关系数

C. 肯德尔和谐系数　　D. 多列相关系数

计算题

计算结果必须用数值形式表示，保留 3 位小数。本大题 9 小题，共 25 个空，每空 2 分；共 50 分。

第 1~5 题在空格中填写计算结果：

1. 数值（12，10，8，9，18，22）的中位数为____________。

2. 智商的平均数为 100，标准差为 15，现有一受测者的智商为 130，则其标准分 Z 为____________。

3. 连抛 4 次硬币，其不超过 2 次正面朝上的概率是____________。

4. 某校学生中有 60% 是男生，其中一年级男生占全校学生总数的 15%。现随机抽到一位男生，则他是一年级学生的概率为____________。

5. 若随机变量 X 对 Y 的相关系数为 –0.8，则以 X 预测 Y 的回归方程的非确定系数是____________%。

第 6~9 题在答题过程中的空格处填写合适的内容：

6. 某大学工业广告专业对学生的写作能力进行测试，随机抽取男女各 10 人，结果是：男生 $\overline{X}_1 = 72.52$，$S_1 = 10.0$；女生 $\overline{X}_2 = 78.46$，$S_2 = 9.0$。假设方差齐性，问男女生的写作能力有无显著差异？

解：

（1）提出假设

H_0：$\mu_1 = \mu_2$

H_1：$\mu_1 \neq \mu_2$

（2）选择检验统计量并计算

由于是小样本，正态总体，方差齐性，故应选择 ______（a）检验，检验统计量的计算公式为：

____（b）；

自由度为 __________（c），将相应数值代入公式，计算得该统计量的值为 –1.396。

(3) 确定显著性水平和临界值

当 $\alpha = 0.05$ 时，该统计量单侧检验的临界值为 1.734，双侧检验的临界值为 2.101；当 $\alpha = 0.01$ 时，单侧检验的临界值为 2.552，双侧检验的临界值为 2.878。

(4) 统计决断

将检验统计量的值与临界值相比较，由于 ______________ (d)，故可以认为 ____ (e)。

7. 一个盒子中放了两种颜色的球：红色球和白色球。现有人从中每次随机抽取 2 个球，可能产生三种情况：2 个红色球、1 红 1 白、2 个白色球。经过 50 次抽取，结果发现三种情况的出现次数依次分别是10、25、15。问三种情况的次数之比是否服从1:2:1 的分布？

解：

(1) 提出假设

H_0：三种情况的次数之比服从 1 : 2 : 1 的分布

H_1：三种情况的次数之比不服从 1 : 2 : 1 的分布

(2) 选择检验统计量并计算其值

因为要求判断次数比例是否服从特定分布，故应选择 _______ (a) 检验，该检验统计量的计算公式为：

______________________________ (b)；

将以上数值代入计算，得到该检验统计量的值为 _______ (c)。

(3) 确定显著性水平和临界值

该检验的自由度为 _______ (d)，查表可知，当 $\alpha = 0.05$ 时，该统计量的临界值为 5.99；当 $\alpha = 0.01$ 时，其临界值为 9.21。

(4) 统计决断

将检验统计量的值与临界值相比较，由于 ______________ (e)，可以认为三种情况的次数之比服从 1 : 2 : 1 的分布。

8. 某研究者要考察三种不同的排版呈现方式对于单词记忆效果的影响，从大学生中随机抽取了 24 名被试，8 名被试为一组，分为 3 组，每组被试只在一种排版方式下学习单词，学习结束后的记忆测验结果如下表。

被试序号	排版方式 A	排版方式 B	排版方式 C
1	51	48	27
2	24	67	19
3	22	39	10
4	39	24	43
5	19	33	56
6	28	30	49
7	21	19	28
8	17	53	11

问：假设方差齐性，不同的排版方式会不会对单词的记忆造成影响？

解：

（1）提出假设

H_0：$\mu_1=\mu_2=\mu_3$

H_1：______________________ (a)

（2）选择检验统计量并计算

因为总体正态，方差齐性，要比较多组差异，故应选择的统计检验方法为______（b）检验。将以上数值代入计算，得到结果为：$SSA=577$，$SSE=4854.625$，则可以计算出该检验统计量的值为 1.248，检验的效应量 η^2 为 ________（c）。

（3）确定显著性水平和临界值

查表可知，当 $\alpha=0.05$ 时，该统计量的临界值为 3.25；当 $\alpha=0.01$ 时，该统计量的临界值为 5.23。

（4）统计决断

将检验统计量的值与临界值相比较，由于 ________________（d），可以认为 ______________________________________（e）。

9. 请完成检验回归方程 $\hat{Y}=12.48+1.368X$ 有效性的方差分析表（n=10）：

误差来源	平方和	自由度	均方差	F 值
回归误差	600	______(b)	______(d)	______(e)
残差	______(a)	______(c)	75	
总差异	1200	9		

问答题

本大题共 1 小题，共 10 分。

相关样本和独立样本有什么区别？统计检验方法有何不同（各写任意三种）？（10 分）

B 卷试题答案

查表题（15 × 1=15 分）

1. 0.68268 2. 0.0455 3. 2.048 4. 2.581 5. 3.69
6. 6.06 7. 0.549 8. 无解 9. 18.4 10. 5.05
11. 9.34 12. 13 13. 6.25 14. 4.5487 15. 5

是非题（10 × 1=10 分）

1. T 2. T 3. F 4. T 5. T 6. F 7. T 8. F 9. T 10. F

选择题（15 × 1=15 分）

1. B 2. D 3. C 4. B 5. A 6. D 7. C 8. D 9. D 10. A
11. B 12. A 13. C 14. D 15. A

计算题（25 × 2=50 分）

1. 11 2. 2 3. 0.688 4. 0.25 5. 36

6. (a) t

(b) $t=\dfrac{(\overline{X}_1-\overline{X}_2)}{\sqrt{\dfrac{(n_1-1)S_1^{\,2}+(n_2-1)S_2^{\,2}}{n_1+n_2-2}\left(\dfrac{1}{n_1}+\dfrac{1}{n_2}\right)}}$

(c) 18

(d) $|-1.396| = 1.396 < 2.101$

(e) 男女生的写作能力差异不显著

7. (a) χ^2

(b) $\chi^2=\sum_{i=1}^{k}\dfrac{(O_i-E_i)^2}{E_i}$

(c) 1

(d) 2

(e) 1 < 5.99

8. (a) μ_1、μ_2、μ_3 中至少有两个值不相等（或：至少有两种排版方式产生的记忆效果有差异）

(b) F

(c) 0.106

(d) 1.248 < 3.25

(e) 三种排版方式产生的记忆效果没有显著差异

9. (a) 600 (b) 1 (c) 8 (d) 600 (e) 8

问答题（10 分）

答题要点：

(1) 根据样本的抽样是否分别独立进行，可以将样本分为相关样本和独立样本。前者样本内的个体之间存在着一一对应的关系，后者样本内的个体之间不存在这样的关系。(4 分)

(2) 相关样本和独立样本适用的检验方法是不同的。相关样本的检验方法有：两相关样本平均数之差的 t 检验、符号检验、符号秩次检验、随机区组设计的方差分析、相关样本 χ^2 检验、科克伦 Q 检验、双向秩次方差分析等。(3 分，写出任意三种方法就可得全分)

(3) 独立样本的检验方法有：两独立样本平均数之差的 t 检验、秩和检验、柯尔莫哥洛夫－斯米尔诺夫双样本检验、完全随机设计的方差分析、独立样本的 χ^2 检验、单向秩次方差分析等。(3 分，写出任意三种方法就可得全分)

C 卷

查表题

从附录三统计用表中查找（或根据查表结果计算）符合以下各小题要求的数值。如果不能直接查到，也无法根据查表结果计算最终数值，请注明“无解”。本大题共 15 小题，每小题 1 分，共 15 分。

1. $P(-0.5 < Z < 1.5) =$

2. $P(|Z| = 1.65) =$

3. df 无穷大时，双侧检验，$\alpha = 0.05$，$t =$

4. $H_{0.05,4,3,1} =$

5. $F_{0.04,10,8} =$

6. 单侧检验，$\alpha = 0.05$，$df_1 = 20$，$df_2 = 11$，$F =$

7. 双侧检验，$\alpha = 0.02$，$df_1 = 3$，$df_2 = 10$，$F =$

8. $Z_r = 0.517$ 时，$r =$

9. $F_{\max\ 0.01,9,7} =$

10. $q_{0.05,5,10} =$

11. 单侧检验，$\alpha = 0.05$，$df = 10$，$\chi^2 =$

12. 单侧检验，$\alpha = 0.05$，$U_{5,10} =$

13. $k = 3$、$n = 5$、$\chi_r^{\ 2} = 6.4$ 时对应的 $P =$

14. 相关样本，双侧检验，$\alpha = 0.10$、$n = 50$ 时，$r =$

15. 相关样本，双侧检验，$\alpha = 0.02$、$n = 10$ 时，$T =$

是非题

用 T 表示正确，用 F 表示错误。本大题共 10 小题，每小题 1 分，共 10 分。

1. 独立性 χ^2 检验和同质性 χ^2 检验是本质上不同的两种统计分析方法。

2. S^2_n 是总体方差的无偏估计量。

3. 一组对象多次测量产生多个独立样本。

4. F 分布的分子自由度为第一自由度。

5. 检验一串数据是否随机（或有无规律性）时，可以采用单样本游程检验。

6. 在方差分析中，各样本平均数之间的差异不包括交互作用产生的差异。

7. 公式$\sigma^2_{\bar{X}} = \dfrac{\sigma^2}{n}$成立的条件是：总体为任意分布总体。

8. 积差相关系数之间只能进行比较运算。

9. 双向秩次方差分析法具有参数双因素方差分析的所有功能。

10. 给定 B 时 A 的条件概率的数学表示方式是 $P(B \mid A)$。

选择题

本大题共 15 小题，每小题 1 分，共 15 分。

1. 样本容量指的是______。

A. 样本中包含的个体数目　　B. 样本中包含个体数目的上限

C. 研究中容纳的样本个数　　D. 研究中可以容纳样本个数的上限

2. 具有在一个图上比较多组次数分布这一优点的是______。

A. 简单次数多边图　　B. 相对次数多边图

C. 累积次数多边图　　D. 绝对次数多边图

3. 某学生智力测验所得智商是 120。这里的智商是一种______。

A. 称名量表　　B. 顺序量表　　C. 等距量表　　D. 比率量表

4. $P(B)=\sum_{i=1}^{n} P(A_i)\times P(B|A_i)$被称为______。

A. 贝叶斯公式　　B. 广义乘法公式

C. 复合概率公式　　D. 全概率公式

5. 标准正态分布中，$P(-2<Z<-1.5)$ 与 $P(1<Z<1.5)$ 之间的关系是______。

A. 两者相加等于 $P(-1<Z<0)$　　B. 两者相等

C. 前者小于后者　　D. 前者大于后者

6. 一考生将 10 道是非题全部做错，得 0 分。研究者的结论应该是______。

A. 该考生对所考内容一无所知　　B. 该考生对所考内容略知一二

C. 该考生对所考内容相当了解　　D. 该考生大脑结构与众不同

7. 四级动差是一种______。

A. 峰态量　　B. 偏态量　　C. 地位量　　D. 集中量

8. 统计量 Md 可以表示为______。

A. X_M　　B. PR_{50}　　C. $PR_{50\%}$　　D. P_{50}

9. 抽自正态分布总体简单随机样本的平均数 $\overline{X}$ 与样本方差 S^2 为相互独立的随机变量，且$\frac{(n-1)S^2}{\sigma^2}$服从 χ^2 分布，其自由度为______。

A. $n-1$　　B. $n-2$　　C. $n-3$　　D. $n-k$

10. 有限总体修正系数的计算公式是______。

A. $\frac{N-n}{N-1}$　　B. $\frac{N-n}{n-1}$　　C. $\sqrt{\frac{N-n}{N-1}}$　　D. $\sqrt{\frac{N-1}{N-n}}$

11. 斯皮尔曼等级相关系数的检验方法等同于______。

A. 肯德尔和谐系数　　B. 积差相关系数

C. 双列相关系数　　D. 协方差系数

12. 无偏估计量意味着______。

A. 抽样未产生误差　　B. 样本离差平方和为最小

C. 样本平均误差为零　　D. 抽样误差之和为零

13. 一位研究者欲考察采用 A、B 两种产品外观设计的效果，计算得到在 90% 的置信水平下，$\mu_A-\mu_B$ 的置信区间为（–3.55，8.77），这说明______。

A. 两种方法效果无显著差异

B. 两种方法差异显著，A 法优于 B 法

C. 两种方法差异显著，B 法优于 A 法

D. 两种方法差异显著，但不能确定何者更优

14. 中位数检验是一种特殊形式的______。

A. 方差分析　　B. 科克伦 Q 检验

C. χ^2 检验　　D. 独立样本 t 检验

15. 设 $X \sim b(n, p)$，随着 X 的增加，$P(X)$ 先升后降，其最大值出现在______。

A. p/n　　B. $p(n-1)$　　C. np　　D. $n(1-p)$

计算题

计算结果必须用数值形式表示，保留 3 位小数。本大题 9 小题，共 25 个空，每空 2 分；共 50 分。

第 1~5 题在空格中填写计算结果：

1. 样本数据（5，10，15，20，25）的平均差为__________。

2. 假设变量 X 呈服从平均数为 100，标准差为 10 的正态分布。若 X =120，其对应的标准分 Z 是__________。

3. 一个样本中有 5 名男生和 5 名女生。如果从中不放回地随机抽取 2 人，抽到 1 个男生和 1 个女生的概率是__________。

4. 已知某种心理障碍的发生率为每 10 万人中有 20 人。此种障碍患者接受某种心理测验时，有 75% 得高分（高于平均数 2 个标准差）；非此种障碍患者则只有 5% 得高

分。现在从人群中随机抽取 1 人，其在该测验上得到高分并且确实是此种障碍患者的概率为 10 万中有____________人。

5. 随机变量 X、Y 之间的相关系数为 0.9，则根据 X 估计 Y 的一元回归方程的残差平方和与回归平方和的比值为____________。

第 6~9 题在答题过程中的空格处填写合适的内容：

6. 为了检验某新式心理疗法的效果，研究者随机抽取了 50 名患者，在治疗前后分别测量其焦虑水平。结果是，治疗前焦虑水平高于治疗后的患者数为 15 人，治疗前焦虑水平低于治疗后的患者数为 35 人。问：新式疗法对患者的焦虑水平有无显著影响？

解：

（1）提出假设

H_0：新式疗法对患者的焦虑水平无显著影响

H_1：新式疗法对患者的焦虑水平有显著影响

（2）选择检验统计量并计算

因为只知道治疗前后焦虑水平改善和未改善的人数，即仅知相关样本前后两次测量值之差的正负，且其中 $r = 15$，故采用____________（a）检验。由于 $n = 50 > 25$ 为大样本，故其检验统计量的计算公式为：

$Z =$________________________（b）；

将相应数值代入公式，计算得该统计量的值为____________（c）。

（3）确定显著性水平和临界值

当 $\alpha = 0.05$ 时，该统计量单侧检验的临界值为 1.64；当 $\alpha = 0.01$ 时，该统计量单侧检验的临界值为 2.33；当 $\alpha = 0.05$ 时，该统计量双侧检验的临界值为 1.96；当 $\alpha = 0.01$ 时，该统计量双侧检验的临界值为 2.58。

（4）统计决断

将检验统计量的值与临界值相比较，由于____________（d），可以认为________________________（e）。

7. 一次入学考试中，考生成绩服从正态分布。从中抽取 10 名考生，其中男生 5 人，平均分为 78.5；女生 5 人，平均分 77.9；全部 10 人的标准差为 10.5。请计算考生性别与其成绩之间的相关系数，并写出用平均数差异检验法对该相关系数做显著性检验的公式。

解：

本题中的考试成绩是正态分布的连续变量，而性别是一个真正的 ______ (a) 称名变量，故应当计算 ______ (b) 相关系数，其计算公式为：

______ (c)；

将相应数值代入计算，得到该相关系数的值为 ______ (d)。

平均数差异检验法对该相关系数做显著性检验的公式是：

______ (e)。

8. 某研究者抽取 51 名参试者，测定每个人的缪勒－莱尔错觉量，结果发现，如果水平线的长度是 10 厘米，则参试者调整得到的垂直线长度的标准差为 0.5 厘米。假定垂直线的长度服从正态分布，试以 95% 的置信水平估计垂直线长度的方差 σ^2 及标准差 σ 的置信区间。

解：

用 X 表示垂直线的长度，根据题意，$X \sim N(\mu, \sigma^2)$，且 $S = 0.5$，$n = 51$。样本方差 S^2 与总体方差 σ^2 之比所构造的统计量服从 ______ (a) 分布。

当 $\alpha = 0.05$ 时，查表得到该分布两个临界值分别为 71.42 和 32.36。

给定置信水平 $1-\alpha$ 时，总体方差的置信区间的上限计算公式为：

______ (b)；

其下限计算公式为：

______ (c)；

经计算，可知总体方差的置信区间为 ______ (d)；其标准差的置信区间为 ______ (e)。

9. 某研究建立了一个由 3 个自变量预测 1 个因变量的回归方程。其回归平方和为 550，确定系数为 0.78。请完成检验该回归方程有效性的方差分析表（$n=18$）：

误差来源	平方和	自由度	均方差	F 值
回归误差 残差	550 ______ (a)	______ (b) ______ (c)	______ (d) 11.081	______ (e)
总差异		17		

问答题

本大题共 1 小题，共 10 分。

对于一个样本，怎样检验它是否服从正态分布？说明具体步骤。(10 分)

C 卷试题答案

查表题（15 × 1=15 分）

1. 0.62465　2. 0　3. 1.96　4. 5.2083　5. 无解
6. 2.65　7. 6.55　8. 0.475　9. 13.5　10. 4.65
11. 18.31　12. 11　13. 0.039　14. 17　15. 5

是非题（10 × 1=10 分）

1. F　2. F　3. F　4. T　5. T　6. F　7. T　8. T　9. F　10. F

选择题（15 × 1=15 分）

1. A　2. B　3. C　4. D　5. C　6. C　7. A　8. D　9. A　10. A
11. B　12. D　13. A　14. C　15. C

计算题（25 × 2=50 分）

1. 6　2. 2　3. 0.556　4. 15　5. 0.235

6. (a) 符号

(b) $\dfrac{(r+0.5)-n/2}{\frac{1}{2}\sqrt{n}}$

(c) –2.687

(d) $|-2.6872| = 2.687 > 2.5864$

(e) 该新式疗法对患者的焦虑水平有极其显著的影响

7. (a) 二分

(b) 点二列

(c) $r_{pb}=\dfrac{\overline{X}_p-\overline{X}_q}{S_t}\sqrt{pq}$

(d) 0.029

(e) $t=\dfrac{(\overline{X}_1-\overline{X}_2)}{\sqrt{\dfrac{(n_1-1)S_1^{\ 2}+(n_2-1)S_2^{\ 2}}{n_1+n_2-2}\left(\dfrac{1}{n_1}+\dfrac{1}{n_2}\right)}}$

8. (a) χ^2

(b) $\dfrac{(n-1)S^2}{\chi^2_{\frac{\alpha}{2},n-1}}$

(c) $\dfrac{(n-1)S^2}{\chi^2_{1-\frac{\alpha}{2},n-1}}$

(d)（0.175，0.386）

(e)（0.418，0.622）

9. (a) 155.128　(b) 3　(c) 14　(d) 183.333　(e) 16.545

问答题（10 分）

答题要点：

(1) 可以用 χ^2 检验来检验它是否服从正态分布；(2 分)

(2) 其步骤是：

a. 根据样本平均数 $\overline{X}$ 和样本标准差 S，计算出次数分布表中各组上下限所对应的 Z 分数，并根据 Z 分数查出各组相应的概率；(2 分)

b. 将各组概率乘以样本总次数，得到各组理论次数；(2 分)

c. 如果出现理论次数小于 5 的组，应将该组与其相邻组合并，直到合并后的理论次数大于或等于 5 为止；(1 分)

d. 将观察次数和理论次数带入 χ^2 检验公式，算出 χ^2 值，并与 χ^2 临界值比较(自由度 $df = k - 3$)，只要不超过临界值，就说明服从正态分布，否则就是不服从正态分布。(3 分)

附录二

部分习题答案

第 1 章

1. 确定现象：(3)(4)(6)(8)(9)(11)

   随机现象：(1)(2)(5)(7)(10)(12)

4. n：样本容量；$\overline{X}$：样本平均数；S：样本标准差；r：样本相关系数

   μ：总体平均数；σ：总体标准差；ρ：总体相关系数

6. (1) 统计量；(2) 参数；(3) 观察值；(4) 观察值；(5) 参数；(6) 统计量

第 2 章

1. (1) 间断变量；(2) 连续变量；(3) 间断变量；(4) 间断变量；

   (5) 间断变量；(6) 连续变量；(7) 间断变量；(8) 连续变量；

   (9) 连续变量；(10) 间断变量；(11) 连续变量；(12) 间断变量

2. (1) 比率量表；(2) 顺序量表；(3) 比率量表；(4) 称名量表；

   (5) 比率量表；(6) 比率量表；(7) 称名量表；(8) 等距量表；

   (9) 称名量表；(10) 顺序量表；(11) 等距量表；(12) 顺序量表；

   (13) 称名量表；(14) 顺序量表；(15) 等距量表；(16) 称名量表

4. (1) 根据斯特奇斯经验公式并结合分组原则，可以将组距定为5。

   (2) 各种次数分布表：

组别	组值	次数	相对次数	累积次数	累积相对次数	累积百分比
95 ～ 99	97	2	0.04	50	1.00	100
90 ～ 94	92	3	0.06	48	0.96	96
85 ～ 89	87	2	0.04	45	0.90	90
80 ～ 84	82	6	0.12	43	0.86	86
75 ～ 79	77	14	0.28	37	0.74	74
70 ～ 74	72	11	0.22	23	0.46	46
65 ～ 69	67	7	0.14	12	0.24	24
60 ～ 64	62	4	0.08	5	0.10	10
55 ～ 59	57	1	0.02	1	0.02	2
总和		50	1.00			

7.

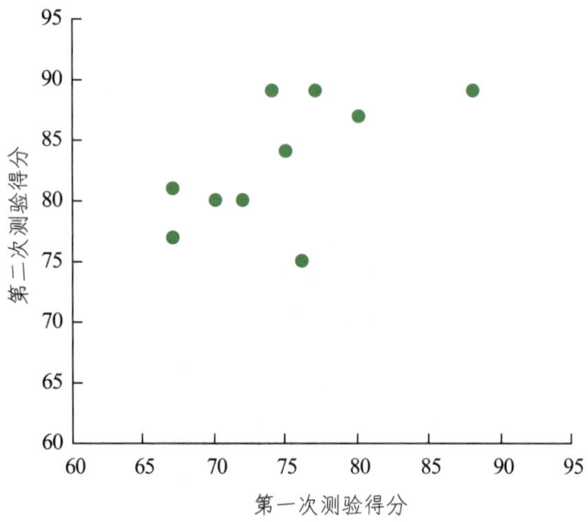

第 3 章

1. （1）84　（2）89　（3）420　（4）略

3. （1）11　（2）12

6. $S^2=8.5$　$S=2.915$

8. 3159

9. 男生 $CV=10\%$，女生 $CV=9.17\%$，男生成绩离散程度较高

第 4 章

2. （1）0.077　（2）0.25　（3）0.50　（4）0.192

4. （1）0.0625 （2）0.0625 （3）0.25 （4）0.5

6. （1）0.008 （2）0.128

8. （1）0.0533 （2）0.16 （3）0.0667 （4）0.8

9. 0.0748

第 5 章

1. （1）1 （2）0.866 （3）0.0469

3. （1）0.38493 （2）0.30598 （3）0.41924 （4）0.89726 （5）0.66141 （6）0.78193

5. 34.134 人；68.268%

7. A，B，C，D，E 等级人数分别为 18，119，226，119，18

8. （1）0.05 （2）0.25 （3）0.95 （4）0.05

9. 29 分

第 6 章

2. $n=25$ 时，$P=0.68268$；$n=100$ 时，$P=0.9545$

3. $n=25$ 时，无解；$n=100$ 时，$P=0.9545$

5. $\overline{X}_1-\overline{X}_2 \sim N(-2, 1^2)$

第 7 章

1. 95% 的置信区间（66.08，73.92），99% 的置信区间（64.84，75.16）

3. （67.30，75.70）

5. （73.27, 86.73）

7. （–8.573，9.538）

第 8 章

1. $Z=9.09>Z_{0.005}=2.58$

3. $Z=-2.68<-Z_{0.01}=-2.33$

5. $t=0$

7. $|t|=|-1.033|<t_{0.025, 9}=2.262$

9. 0.8741，0.1259

第 9 章

1. (5.30，14.06)

3. $F = 186.67 > F_{0.01, 6, 4} = 15.2$

5. $Z = 4.187 > Z_{0.005} = 2.58$

第 10 章

1. $F = 25.70 > F_{0.05, 2, 9} = 4.26$

3. $F = 2.854 < F_{0.05, 2, 9} = 4.26$

5. $F_A = 1.692$，$F_B = 0.884$，$F_{A*B} = 0.617$，均小于 $F_{0.05,1,16} = 4.49$

7. $F = 4.495 > F_{0.05, 3, 21} = 3.07$

9.

差异来源	平方和 *SS*	自由度 *df*	方差 *MS*	*F*
A 因素	180	2	90	10.8**
B 因素	300	3	100	12**
A*B	3000	6	500	60**
组内	100	12	8.33	
总差异	3580	23		

第 11 章

1. $r = 0.70$，$t = 2.7724 > t_{0.025,8} = 2.306$

3. $r_s = 0.988$

5. $r_w = 0.04$

7. $r_{pb} = 0.436$，$t = 2.124 > t_{0.025,18} = 2.101$ 或 $t = 2.055 < t_{0.025,18} = 2.101$

9. $|Z| = |-1.2489| < Z_{0.025} = 1.96$

11. $r_\phi = 0.232$，$\chi^2 = 3.23 < \chi^2_{0.05,1} = 3.84$

第 12 章

1. $\hat{Y} = 37.456 + 0.53X$（此题系数可能因计算精度不同而有所差异），有显著意义

3. +0.8 或 – 0.8

5. 根据第 1 题得出的方程$\hat{Y} = 37.456 + 0.53X$不能由 Y 估计 X。应先建立由 Y 估计 X 的方程（$\hat{X} = 6.745 + 0.925Y$），然后代入 $Y_0 = 80$，得到$\hat{X}_0 = 80.745$。

7. $\hat{Y} = -24.33 + 0.57X_1 + 0.904X_2$（此题系数可能计算精度不同而有所差异），方程有显著意义，回归系数 β_2 有显著意义。

第 13 章

1. $\chi^2 = 5.31 < \chi^2_{0.05,\,2} = 5.99$

3. $\chi^2 = 2.5 < \chi^2_{0.05,\,5} = 11.07$

5. $\chi^2 = 8.58 > \chi^2_{0.01,\,1} = 6.63$

7. $\chi^2 = 69.95 > \chi^2_{0.01,\,6} = 16.81$

9. $\chi^2 = 4.267 > \chi^2_{0.05,\,1} = 3.84$

第 14 章

1. $r = 6$，当 $n_1 = 6$，$n_2 = 9, \alpha = 0.05$ 时，$r_a = 4$，$r_b = 13$，$4 < r < 13$，故男女生到达教室的顺序是随机的。

2. $U = 36 > U_{0.05,10,10} = 23$，无显著差异

4. (1) 符号检验，$r = 2 > r_{0.05,10} = 1$，无显著差异；(2) 符号秩次检验，$T = 4.5 < T_{0.025,10} = 8$，有显著差异。可见两种方法的结果并不总是相同

6. $\chi^2 = 7.48 > \chi^2_{0.05,2} = 5.99$

8. $\chi_r^2 = 0.4 < \chi^2_{r0.039,3,5} = 6.40$，无显著差异。

附录三

统计用表

统计用表1 标准正态分布表

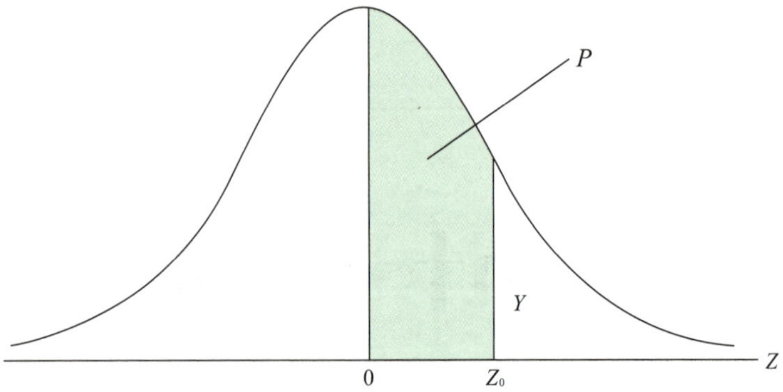

Z	Y	P	Z	Y	P	Z	Y	P	Z	Y	P
0.00	0.39894	0.00000	0.30	0.38139	0.11791	0.60	0.33322	0.22575	0.90	0.26609	0.31594
0.01	0.39892	0.00399	0.31	0.38023	0.12172	0.61	0.33121	0.22907	0.91	0.26369	0.31859
0.02	0.39886	0.00798	0.32	0.37903	0.12552	0.62	0.32918	0.23237	0.92	0.26129	0.32121
0.03	0.39876	0.01197	0.33	0.37780	0.12930	0.63	0.32713	0.23565	0.93	0.25888	0.32381
0.04	0.39862	0.01595	0.34	0.37654	0.13307	0.64	0.32506	0.23891	0.94	0.25647	0.32639
0.05	0.39844	0.01994	0.35	0.37524	0.13683	0.65	0.32297	0.24215	0.95	0.25406	0.32894
0.06	0.39822	0.02392	0.36	0.37391	0.14058	0.66	0.32086	0.24537	0.96	0.25164	0.33147
0.07	0.39797	0.02790	0.37	0.37255	0.14431	0.67	0.31874	0.24857	0.97	0.24923	0.33398
0.08	0.39767	0.03188	0.38	0.37115	0.14803	0.68	0.31659	0.25175	0.98	0.24681	0.33646
0.09	0.39733	0.03586	0.39	0.36973	0.15173	0.69	0.31443	0.25490	0.99	0.24439	0.33891
0.10	0.39695	0.03983	0.40	0.36827	0.15542	0.70	0.31225	0.25804	1.00	0.24197	0.34134
0.11	0.39654	0.04380	0.41	0.36678	0.15910	0.71	0.31006	0.26115	1.01	0.23955	0.34375
0.12	0.39608	0.04776	0.42	0.36526	0.16276	0.72	0.30785	0.26424	1.02	0.23713	0.34614
0.13	0.39559	0.05172	0.43	0.36371	0.16640	0.73	0.30563	0.26730	1.03	0.23471	0.34849
0.14	0.39505	0.05567	0.44	0.36214	0.17003	0.74	0.30339	0.27035	1.04	0.23230	0.35083
0.15	0.39448	0.05962	0.45	0.36053	0.17364	0.75	0.30114	0.27337	1.05	0.22988	0.35314
0.16	0.39387	0.06356	0.46	0.35889	0.17724	0.76	0.29887	0.27637	1.06	0.22747	0.35543
0.17	0.39322	0.06749	0.47	0.35723	0.18082	0.77	0.29659	0.27935	1.07	0.22506	0.35769
0.18	0.39253	0.07142	0.48	0.35553	0.18439	0.78	0.29431	0.28230	1.08	0.22265	0.35993
0.19	0.39181	0.07535	0.49	0.35381	0.18793	0.79	0.29200	0.28524	1.09	0.22025	0.36214
0.20	0.39104	0.07926	0.50	0.35207	0.19146	0.80	0.28969	0.28814	1.10	0.21785	0.36433
0.21	0.39024	0.08317	0.51	0.35029	0.19497	0.81	0.28737	0.29103	1.11	0.21546	0.36650
0.22	0.38940	0.08706	0.52	0.34849	0.19847	0.82	0.28504	0.29389	1.12	0.21307	0.36864
0.23	0.38853	0.09095	0.53	0.34667	0.20194	0.83	0.28269	0.29673	1.13	0.21069	0.37076
0.24	0.38762	0.09483	0.54	0.34482	0.20540	0.84	0.28034	0.29955	1.14	0.20831	0.37286
0.25	0.38667	0.09871	0.55	0.34294	0.20884	0.85	0.27799	0.30234	1.15	0.20594	0.37493
0.26	0.38568	0.10257	0.56	0.34105	0.21226	0.86	0.27562	0.30511	1.16	0.20357	0.37698
0.27	0.38466	0.10642	0.57	0.33912	0.21566	0.87	0.27324	0.30785	1.17	0.20121	0.37900
0.28	0.38361	0.11026	0.58	0.33718	0.21904	0.88	0.27086	0.31057	1.18	0.19886	0.38100
0.29	0.38251	0.11409	0.59	0.33521	0.22240	0.89	0.26848	0.31327	1.19	0.19652	0.38298

标准正态分布表（续表 1）

Z	Y	P	Z	Y	P	Z	Y	P	Z	Y	P
1.20	0.19419	0.38493	1.66	0.10059	0.45154	2.12	0.04217	0.48300	2.58	0.01431	0.49506
1.21	0.19186	0.38686	1.67	0.09893	0.45254	2.13	0.04128	0.48341	2.59	0.01394	0.49520
1.22	0.18954	0.38877	1.68	0.09728	0.45352	2.14	0.04041	0.48382	2.60	0.01358	0.49534
1.23	0.18724	0.39065	1.69	0.09566	0.45449	2.15	0.03955	0.48422	2.61	0.01323	0.49547
1.24	0.18494	0.39251	1.70	0.09405	0.45543	2.16	0.03871	0.48461	2.62	0.01289	0.49560
1.25	0.18265	0.39435	1.71	0.09246	0.45637	2.17	0.03788	0.48500	2.63	0.01256	0.49573
1.26	0.18037	0.39617	1.72	0.09089	0.45728	2.18	0.03706	0.48537	2.64	0.01223	0.49585
1.27	0.17810	0.39796	1.73	0.08933	0.45818	2.19	0.03626	0.48574	2.65	0.01191	0.49598
1.28	0.17585	0.39973	1.74	0.08780	0.45907	2.20	0.03547	0.48610	2.66	0.01160	0.49609
1.29	0.17360	0.40147	1.75	0.08628	0.45994	2.21	0.03470	0.48645	2.67	0.01130	0.49621
1.30	0.17137	0.40320	1.76	0.08478	0.46080	2.22	0.03394	0.48679	2.68	0.01100	0.49632
1.31	0.16915	0.40490	1.77	0.08329	0.46164	2.23	0.03319	0.48713	2.69	0.01071	0.49643
1.32	0.16694	0.40658	1.78	0.08183	0.46246	2.24	0.03246	0.48745	2.70	0.01042	0.49653
1.33	0.16474	0.40824	1.79	0.08038	0.46327	2.25	0.03174	0.48778	2.71	0.01014	0.49664
1.34	0.16256	0.40988	1.80	0.07895	0.46407	2.26	0.03103	0.48809	2.72	0.00987	0.49674
1.35	0.16038	0.41149	1.81	0.07754	0.46485	2.27	0.03034	0.48840	2.73	0.00961	0.49683
1.36	0.15822	0.41309	1.82	0.07614	0.46562	2.28	0.02965	0.48870	2.74	0.00935	0.49693
1.37	0.15608	0.41466	1.83	0.07477	0.46637	2.29	0.02898	0.48899	2.75	0.00909	0.49702
1.38	0.15395	0.41621	1.84	0.07341	0.46712	2.30	0.02833	0.48928	2.76	0.00885	0.49711
1.39	0.15183	0.41774	1.85	0.07206	0.46784	2.31	0.02768	0.48956	2.77	0.00861	0.49720
1.40	0.14973	0.41924	1.86	0.07074	0.46856	2.32	0.02705	0.48983	2.78	0.00837	0.49728
1.41	0.14764	0.42073	1.87	0.06943	0.46926	2.33	0.02643	0.49010	2.79	0.00814	0.49736
1.42	0.14556	0.42220	1.88	0.06814	0.46995	2.34	0.02582	0.49036	2.80	0.00792	0.49744
1.43	0.14350	0.42364	1.89	0.06687	0.47062	2.35	0.02522	0.49061	2.81	0.00770	0.49752
1.44	0.14146	0.42507	1.90	0.06562	0.47128	2.36	0.02463	0.49086	2.82	0.00748	0.49760
1.45	0.13943	0.42647	1.91	0.06438	0.47193	2.37	0.02406	0.49111	2.83	0.00727	0.49767
1.46	0.13742	0.42786	1.92	0.06316	0.47257	2.38	0.02349	0.49134	2.84	0.00707	0.49774
1.47	0.13542	0.42922	1.93	0.06195	0.47320	2.39	0.02294	0.49158	2.85	0.00687	0.49781
1.48	0.13344	0.43056	1.94	0.06077	0.47381	2.40	0.02239	0.49180	2.86	0.00668	0.49788
1.49	0.13147	0.43189	1.95	0.05959	0.47441	2.41	0.02186	0.49202	2.87	0.00649	0.49795
1.50	0.12952	0.43319	1.96	0.05844	0.47500	2.42	0.02134	0.49224	2.88	0.00631	0.49801
1.51	0.12758	0.43448	1.97	0.05730	0.47558	2.43	0.02083	0.49245	2.89	0.00613	0.49807
1.52	0.12566	0.43574	1.98	0.05618	0.47615	2.44	0.02033	0.49266	2.90	0.00595	0.49813
1.53	0.12376	0.43699	1.99	0.05508	0.47670	2.45	0.01984	0.49286	2.91	0.00578	0.49819
1.54	0.12188	0.43822	2.00	0.05399	0.47725	2.46	0.01936	0.49305	2.92	0.00562	0.49825
1.55	0.12001	0.43943	2.01	0.05292	0.47778	2.47	0.01888	0.49324	2.93	0.00545	0.49831
1.56	0.11816	0.44062	2.02	0.05186	0.47831	2.48	0.01842	0.49343	2.94	0.00530	0.49836
1.57	0.11632	0.44179	2.03	0.05082	0.47882	2.49	0.01797	0.49361	2.95	0.00514	0.49841
1.58	0.11450	0.44295	2.04	0.04980	0.47932	2.50	0.01753	0.49379	2.96	0.00499	0.49846
1.59	0.11270	0.44408	2.05	0.04879	0.47982	2.51	0.01709	0.49396	2.97	0.00485	0.49851
1.60	0.11092	0.44520	2.06	0.04780	0.48030	2.52	0.01667	0.49413	2.98	0.00470	0.49856
1.61	0.10915	0.44630	2.07	0.04682	0.48077	2.53	0.01625	0.49430	2.99	0.00457	0.49861
1.62	0.10741	0.44738	2.08	0.04586	0.48124	2.54	0.01585	0.49446	3.00	0.00443	0.49865
1.63	0.10567	0.44845	2.09	0.04491	0.48169	2.55	0.01545	0.49461	3.01	0.00430	0.49869
1.64	0.10396	0.44950	2.10	0.04398	0.48214	2.56	0.01506	0.49477	3.02	0.00417	0.49874
1.65	0.10226	0.45053	2.11	0.04307	0.48257	2.57	0.01468	0.49492	3.03	0.00405	0.49878

标准正态分布表（续表 2）

Z	Y	P	Z	Y	P	Z	Y	P	Z	Y	P
3.04	0.00393	0.49882	3.28	0.00184	0.49948	3.52	0.00081	0.49978	3.76	0.00034	0.49991
3.05	0.00381	0.49886	3.29	0.00178	0.49950	3.53	0.00079	0.49979	3.77	0.00033	0.49992
3.06	0.00370	0.49889	3.30	0.00172	0.49952	3.54	0.00076	0.49980	3.78	0.00031	0.49992
3.07	0.00358	0.49893	3.31	0.00167	0.49953	3.55	0.00073	0.49981	3.79	0.00030	0.49992
3.08	0.00348	0.49897	3.32	0.00161	0.49955	3.56	0.00071	0.49981	3.80	0.00029	0.49993
3.09	0.00337	0.49900	3.33	0.00156	0.49957	3.57	0.00068	0.49982	3.81	0.00028	0.49993
3.10	0.00327	0.49903	3.34	0.00151	0.49958	3.58	0.00066	0.49983	3.82	0.00027	0.49993
3.11	0.00317	0.49906	3.35	0.00146	0.49960	3.59	0.00063	0.49983	3.83	0.00026	0.49994
3.12	0.00307	0.49910	3.36	0.00141	0.49961	3.60	0.00061	0.49984	3.84	0.00025	0.49994
3.13	0.00298	0.49913	3.37	0.00136	0.49962	3.61	0.00059	0.49985	3.85	0.00024	0.49994
3.14	0.00288	0.49916	3.38	0.00132	0.49964	3.62	0.00057	0.49985	3.86	0.00023	0.49994
3.15	0.00279	0.49918	3.39	0.00127	0.49965	3.63	0.00055	0.49986	3.87	0.00022	0.49995
3.16	0.00271	0.49921	3.40	0.00123	0.49966	3.64	0.00053	0.49986	3.88	0.00021	0.49995
3.17	0.00262	0.49924	3.41	0.00119	0.49968	3.65	0.00051	0.49987	3.89	0.00021	0.49995
3.18	0.00254	0.49926	3.42	0.00115	0.49969	3.66	0.00049	0.49987	3.90	0.00020	0.49995
3.19	0.00246	0.49929	3.43	0.00111	0.49970	3.67	0.00047	0.49988	3.91	0.00019	0.49995
3.20	0.00238	0.49931	3.44	0.00107	0.49971	3.68	0.00046	0.49988	3.92	0.00018	0.49996
3.21	0.00231	0.49934	3.45	0.00104	0.49972	3.69	0.00044	0.49989	3.93	0.00018	0.49996
3.22	0.00224	0.49936	3.46	0.00100	0.49973	3.70	0.00042	0.49989	3.94	0.00017	0.49996
3.23	0.00216	0.49938	3.47	0.00097	0.49974	3.71	0.00041	0.49990	3.95	0.00016	0.49996
3.24	0.00210	0.49940	3.48	0.00094	0.49975	3.72	0.00039	0.49990	3.96	0.00016	0.49996
3.25	0.00203	0.49942	3.49	0.00090	0.49976	3.73	0.00038	0.49990	3.97	0.00015	0.49996
3.26	0.00196	0.49944	3.50	0.00087	0.49977	3.74	0.00037	0.49991	3.98	0.00014	0.49997
3.27	0.00190	0.49946	3.51	0.00084	0.49978	3.75	0.00035	0.49991	3.99	0.00014	0.49997

统计用表2　t分布表

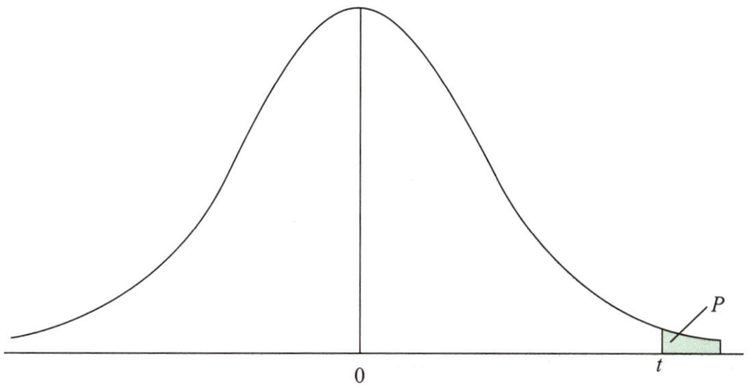

df	P								
	0.25	0.10	0.05	0.025	0.01	0.005	0.0025	0.001	0.0005
1	1.000	3.078	6.314	12.706	31.821	63.657	127.321	318.309	636.619
2	0.816	1.886	2.920	4.303	6.965	9.925	14.089	22.327	31.599
3	0.765	1.638	2.353	3.182	4.541	5.841	7.453	10.215	12.924
4	0.741	1.533	2.132	2.776	3.747	4.604	5.598	7.173	8.610
5	0.727	1.476	2.015	2.571	3.365	4.032	4.773	5.893	6.869
6	0.718	1.440	1.943	2.447	3.143	3.707	4.317	5.208	5.959
7	0.711	1.415	1.895	2.365	2.998	3.499	4.029	4.785	5.408
8	0.706	1.397	1.860	2.306	2.896	3.355	3.833	4.501	5.041
9	0.703	1.383	1.833	2.262	2.821	3.250	3.690	4.297	4.781
10	0.700	1.372	1.812	2.228	2.764	3.169	3.581	4.144	4.587
11	0.697	1.363	1.796	2.201	2.718	3.106	3.497	4.025	4.437
12	0.695	1.356	1.782	2.179	2.681	3.055	3.428	3.930	4.318
13	0.694	1.350	1.771	2.160	2.650	3.012	3.372	3.852	4.221
14	0.692	1.345	1.761	2.145	2.624	2.977	3.326	3.787	4.140
15	0.691	1.341	1.753	2.131	2.602	2.947	3.286	3.733	4.073
16	0.690	1.337	1.746	2.120	2.583	2.921	3.252	3.686	4.015
17	0.689	1.333	1.740	2.110	2.567	2.898	3.222	3.646	3.965
18	0.688	1.330	1.734	2.101	2.552	2.878	3.197	3.610	3.922
19	0.688	1.328	1.729	2.093	2.539	2.861	3.174	3.579	3.883
20	0.687	1.325	1.725	2.086	2.528	2.845	3.153	3.552	3.850
21	0.686	1.323	1.721	2.080	2.518	2.831	3.135	3.527	3.819
22	0.686	1.321	1.717	2.074	2.508	2.819	3.119	3.505	3.792
23	0.685	1.319	1.714	2.069	2.500	2.807	3.104	3.485	3.768
24	0.685	1.318	1.711	2.064	2.492	2.797	3.091	3.467	3.745
25	0.684	1.316	1.708	2.060	2.485	2.787	3.078	3.450	3.725
26	0.684	1.315	1.706	2.056	2.479	2.779	3.067	3.435	3.707

t 分布表（续表 1）

df	P								
	0.25	0.10	0.05	0.025	0.01	0.005	0.0025	0.001	0.0005
27	0.684	1.314	1.703	2.052	2.473	2.771	3.057	3.421	3.690
28	0.683	1.313	1.701	2.048	2.467	2.763	3.047	3.408	3.674
29	0.683	1.311	1.699	2.045	2.462	2.756	3.038	3.396	3.659
30	0.683	1.310	1.697	2.042	2.457	2.750	3.030	3.385	3.646
31	0.682	1.309	1.696	2.040	2.453	2.744	3.022	3.375	3.633
32	0.682	1.309	1.694	2.037	2.449	2.738	3.015	3.365	3.622
33	0.682	1.308	1.692	2.035	2.445	2.733	3.008	3.356	3.611
34	0.682	1.307	1.691	2.032	2.441	2.728	3.002	3.348	3.601
35	0.682	1.306	1.690	2.030	2.438	2.724	2.996	3.340	3.591
36	0.681	1.306	1.688	2.028	2.434	2.719	2.990	3.333	3.582
37	0.681	1.305	1.687	2.026	2.431	2.715	2.985	3.326	3.574
38	0.681	1.304	1.686	2.024	2.429	2.712	2.980	3.319	3.566
39	0.681	1.304	1.685	2.023	2.426	2.708	2.976	3.313	3.558
40	0.681	1.303	1.684	2.021	2.423	2.704	2.971	3.307	3.551
41	0.681	1.303	1.683	2.020	2.421	2.701	2.967	3.301	3.544
42	0.680	1.302	1.682	2.018	2.418	2.698	2.963	3.296	3.538
43	0.680	1.302	1.681	2.017	2.416	2.695	2.959	3.291	3.532
44	0.680	1.301	1.680	2.015	2.414	2.692	2.956	3.286	3.526
45	0.680	1.301	1.679	2.014	2.412	2.690	2.952	3.281	3.520
46	0.680	1.300	1.679	2.013	2.410	2.687	2.949	3.277	3.515
47	0.680	1.300	1.678	2.012	2.408	2.685	2.946	3.273	3.510
48	0.680	1.299	1.677	2.011	2.407	2.682	2.943	3.269	3.505
49	0.680	1.299	1.677	2.010	2.405	2.680	2.940	3.265	3.500
50	0.679	1.299	1.676	2.009	2.403	2.678	2.937	3.261	3.496
51	0.679	1.298	1.675	2.008	2.402	2.676	2.934	3.258	3.492
52	0.679	1.298	1.675	2.007	2.400	2.674	2.932	3.255	3.488
53	0.679	1.298	1.674	2.006	2.399	2.672	2.929	3.251	3.484
54	0.679	1.297	1.674	2.005	2.397	2.670	2.927	3.248	3.480
55	0.679	1.297	1.673	2.004	2.396	2.668	2.925	3.245	3.476
56	0.679	1.297	1.673	2.003	2.395	2.667	2.923	3.242	3.473
57	0.679	1.297	1.672	2.002	2.394	2.665	2.920	3.239	3.470
58	0.679	1.296	1.672	2.002	2.392	2.663	2.918	3.237	3.466
59	0.679	1.296	1.671	2.001	2.391	2.662	2.916	3.234	3.463
60	0.679	1.296	1.671	2.000	2.390	2.660	2.915	3.232	3.460
61	0.679	1.296	1.670	2.000	2.389	2.659	2.913	3.229	3.457
62	0.678	1.295	1.670	1.999	2.388	2.657	2.911	3.227	3.454
63	0.678	1.295	1.669	1.998	2.387	2.656	2.909	3.225	3.452
64	0.678	1.295	1.669	1.998	2.386	2.655	2.908	3.223	3.449
65	0.678	1.295	1.669	1.997	2.385	2.654	2.906	3.220	3.447
66	0.678	1.295	1.668	1.997	2.384	2.652	2.904	3.218	3.444

t 分布表（续表 2）

df	P								
	0.25	0.10	0.05	0.025	0.01	0.005	0.0025	0.001	0.0005
67	0.678	1.294	1.668	1.996	2.383	2.651	2.903	3.216	3.442
68	0.678	1.294	1.668	1.995	2.382	2.650	2.902	3.214	3.439
69	0.678	1.294	1.667	1.995	2.382	2.649	2.900	3.213	3.437
70	0.678	1.294	1.667	1.994	2.381	2.648	2.899	3.211	3.435
71	0.678	1.294	1.667	1.994	2.380	2.647	2.897	3.209	3.433
72	0.678	1.293	1.666	1.993	2.379	2.646	2.896	3.207	3.431
73	0.678	1.293	1.666	1.993	2.379	2.645	2.895	3.206	3.429
74	0.678	1.293	1.666	1.993	2.378	2.644	2.894	3.204	3.427
75	0.678	1.293	1.665	1.992	2.377	2.643	2.892	3.202	3.425
76	0.678	1.293	1.665	1.992	2.376	2.642	2.891	3.201	3.423
77	0.678	1.293	1.665	1.991	2.376	2.641	2.890	3.199	3.421
78	0.678	1.292	1.665	1.991	2.375	2.640	2.889	3.198	3.420
79	0.678	1.292	1.664	1.990	2.374	2.640	2.888	3.197	3.418
80	0.678	1.292	1.664	1.990	2.374	2.639	2.887	3.195	3.416
81	0.678	1.292	1.664	1.990	2.373	2.638	2.886	3.194	3.415
82	0.677	1.292	1.664	1.989	2.373	2.637	2.885	3.193	3.413
83	0.677	1.292	1.663	1.989	2.372	2.636	2.884	3.191	3.412
84	0.677	1.292	1.663	1.989	2.372	2.636	2.883	3.190	3.410
85	0.677	1.292	1.663	1.988	2.371	2.635	2.882	3.189	3.409
86	0.677	1.291	1.663	1.988	2.370	2.634	2.881	3.188	3.407
87	0.677	1.291	1.663	1.988	2.370	2.634	2.880	3.187	3.406
88	0.677	1.291	1.662	1.987	2.369	2.633	2.880	3.185	3.405
89	0.677	1.291	1.662	1.987	2.369	2.632	2.879	3.184	3.403
90	0.677	1.291	1.662	1.987	2.368	2.632	2.878	3.183	3.402
91	0.677	1.291	1.662	1.986	2.368	2.631	2.877	3.182	3.401
92	0.677	1.291	1.662	1.986	2.368	2.630	2.876	3.181	3.399
93	0.677	1.291	1.661	1.986	2.367	2.630	2.876	3.180	3.398
94	0.677	1.291	1.661	1.986	2.367	2.629	2.875	3.179	3.397
95	0.677	1.291	1.661	1.985	2.366	2.629	2.874	3.178	3.396
96	0.677	1.290	1.661	1.985	2.366	2.628	2.873	3.177	3.395
97	0.677	1.290	1.661	1.985	2.365	2.627	2.873	3.176	3.394
98	0.677	1.290	1.661	1.984	2.365	2.627	2.872	3.175	3.393
99	0.677	1.290	1.660	1.984	2.365	2.626	2.871	3.175	3.392
100	0.677	1.290	1.660	1.984	2.364	2.626	2.871	3.174	3.390
200	0.676	1.286	1.653	1.972	2.345	2.601	2.839	3.131	3.340
300	0.675	1.284	1.650	1.968	2.339	2.592	2.828	3.118	3.323
400	0.675	1.284	1.649	1.966	2.336	2.588	2.823	3.111	3.315
500	0.675	1.283	1.648	1.965	2.334	2.586	2.820	3.107	3.310
1000	0.675	1.282	1.646	1.962	2.330	2.581	2.813	3.098	3.300

统计用表3 χ^2 分布表

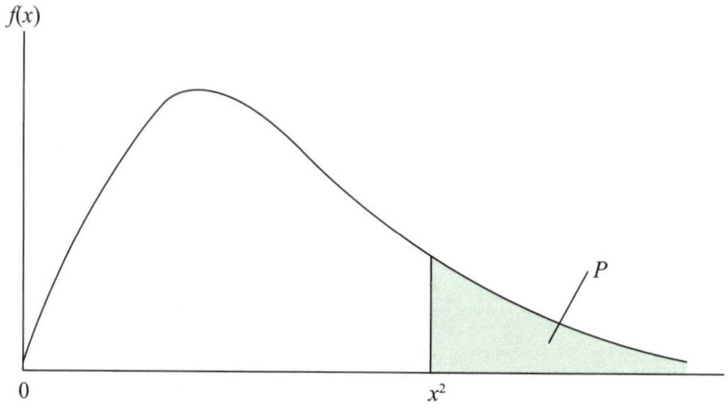

df	P												
	0.995	0.990	0.975	0.950	0.900	0.750	0.500	0.250	0.100	0.050	0.025	0.010	0.005
1	0.00	0.00	0.00	0.00	0.02	0.10	0.45	1.32	2.71	3.84	5.02	6.63	7.88
2	0.01	0.02	0.05	0.10	0.21	0.58	1.39	2.77	4.61	5.99	7.38	9.21	10.60
3	0.07	0.11	0.22	0.35	0.58	1.21	2.37	4.11	6.25	7.81	9.35	11.34	12.84
4	0.21	0.30	0.48	0.71	1.06	1.92	3.36	5.39	7.78	9.49	11.14	13.28	14.86
5	0.41	0.55	0.83	1.15	1.61	2.67	4.35	6.63	9.24	11.07	12.83	15.09	16.75
6	0.68	0.87	1.24	1.64	2.20	3.45	5.35	7.84	10.64	12.59	14.45	16.81	18.55
7	0.99	1.24	1.69	2.17	2.83	4.25	6.35	9.04	12.02	14.07	16.01	18.48	20.28
8	1.34	1.65	2.18	2.73	3.49	5.07	7.34	10.22	13.36	15.51	17.53	20.09	21.95
9	1.73	2.09	2.70	3.33	4.17	5.90	8.34	11.39	14.68	16.92	19.02	21.67	23.59
10	2.16	2.56	3.25	3.94	4.87	6.74	9.34	12.55	15.99	18.31	20.48	23.21	25.19
11	2.60	3.05	3.82	4.57	5.58	7.58	10.34	13.70	17.28	19.68	21.92	24.72	26.76
12	3.07	3.57	4.40	5.23	6.30	8.44	11.34	14.85	18.55	21.03	23.34	26.22	28.30
13	3.57	4.11	5.01	5.89	7.04	9.30	12.34	15.98	19.81	22.36	24.74	27.69	29.82
14	4.07	4.66	5.63	6.57	7.79	10.17	13.34	17.12	21.06	23.68	26.12	29.14	31.32
15	4.60	5.23	6.26	7.26	8.55	11.04	14.34	18.25	22.31	25.00	27.49	30.58	32.80
16	5.14	5.81	6.91	7.96	9.31	11.91	15.34	19.37	23.54	26.30	28.85	32.00	34.27
17	5.70	6.41	7.56	8.67	10.09	12.79	16.34	20.49	24.77	27.59	30.19	33.41	35.72
18	6.26	7.01	8.23	9.39	10.86	13.68	17.34	21.60	25.99	28.87	31.53	34.81	37.16
19	6.84	7.63	8.91	10.12	11.65	14.56	18.34	22.72	27.20	30.14	32.85	36.19	38.58
20	7.43	8.26	9.59	10.85	12.44	15.45	19.34	23.83	28.41	31.41	34.17	37.57	40.00
21	8.03	8.90	10.28	11.59	13.24	16.34	20.34	24.93	29.62	32.67	35.48	38.93	41.40
22	8.64	9.54	10.98	12.34	14.04	17.24	21.34	26.04	30.81	33.92	36.78	40.29	42.80

χ^2 分布表（续表）

df	*P*												
	0.995	0.990	0.975	0.950	0.900	0.750	0.500	0.250	0.100	0.050	0.025	0.010	0.005
23	9.26	10.20	11.69	13.09	14.85	18.14	22.34	27.14	32.01	35.17	38.08	41.64	44.18
24	9.89	10.86	12.40	13.85	15.66	19.04	23.34	28.24	33.20	36.42	39.36	42.98	45.56
25	10.52	11.52	13.12	14.61	16.47	19.94	24.34	29.34	34.38	37.65	40.65	44.31	46.93
26	11.16	12.20	13.84	15.38	17.29	20.84	25.34	30.43	35.56	38.89	41.92	45.64	48.29
27	11.81	12.88	14.57	16.15	18.11	21.75	26.34	31.53	36.74	40.11	43.19	46.96	49.64
28	12.46	13.56	15.31	16.93	18.94	22.66	27.34	32.62	37.92	41.34	44.46	48.28	50.99
29	13.12	14.26	16.05	17.71	19.77	23.57	28.34	33.71	39.09	42.56	45.72	49.59	52.34
30	13.79	14.95	16.79	18.49	20.60	24.48	29.34	34.80	40.26	43.77	46.98	50.89	53.67
31	14.46	15.66	17.54	19.28	21.43	25.39	30.34	35.89	41.42	44.99	48.23	52.19	55.00
32	15.13	16.36	18.29	20.07	22.27	26.30	31.34	36.97	42.58	46.19	49.48	53.49	56.33
33	15.82	17.07	19.05	20.87	23.11	27.22	32.34	38.06	43.75	47.40	50.73	54.78	57.65
34	16.50	17.79	19.81	21.66	23.95	28.14	33.34	39.14	44.90	48.60	51.97	56.06	58.96
35	17.19	18.51	20.57	22.47	24.80	29.05	34.34	40.22	46.06	49.80	53.20	57.34	60.27
36	17.89	19.23	21.34	23.27	25.64	29.97	35.34	41.30	47.21	51.00	54.44	58.62	61.58
37	18.59	19.96	22.11	24.07	26.49	30.89	36.34	42.38	48.36	52.19	55.67	59.89	62.88
38	19.29	20.69	22.88	24.88	27.34	31.81	37.34	43.46	49.51	53.38	56.90	61.16	64.18
39	20.00	21.43	23.65	25.70	28.20	32.74	38.34	44.54	50.66	54.57	58.12	62.43	65.48
40	20.71	22.16	24.43	26.51	29.05	33.66	39.34	45.62	51.81	55.76	59.34	63.69	66.77
41	21.42	22.91	25.21	27.33	29.91	34.58	40.34	46.69	52.95	56.94	60.56	64.95	68.05
42	22.14	23.65	26.00	28.14	30.77	35.51	41.34	47.77	54.09	58.12	61.78	66.21	69.34
43	22.86	24.40	26.79	28.96	31.63	36.44	42.34	48.84	55.23	59.30	62.99	67.46	70.62
44	23.58	25.15	27.57	29.79	32.49	37.36	43.34	49.91	56.37	60.48	64.20	68.71	71.89
45	24.31	25.90	28.37	30.61	33.35	38.29	44.34	50.98	57.51	61.66	65.41	69.96	73.17
46	25.04	26.66	29.16	31.44	34.22	39.22	45.34	52.06	58.64	62.83	66.62	71.20	74.44
47	25.77	27.42	29.96	32.27	35.08	40.15	46.34	53.13	59.77	64.00	67.82	72.44	75.70
48	26.51	28.18	30.75	33.10	35.95	41.08	47.34	54.20	60.91	65.17	69.02	73.68	76.97
49	27.25	28.94	31.55	33.93	36.82	42.01	48.33	55.27	62.04	66.34	70.22	74.92	78.23
50	27.99	29.71	32.36	34.76	37.69	42.94	49.33	56.33	63.17	67.50	71.42	76.15	79.49
60	35.53	37.48	40.48	43.19	46.46	52.29	59.33	66.98	74.40	79.08	83.30	88.38	91.95
70	43.28	45.44	48.76	51.74	55.33	61.70	69.33	77.58	85.53	90.53	95.02	100.4	104.2
80	51.17	53.54	57.15	60.39	64.28	71.14	79.33	88.13	96.58	101.8	106.6	112.3	116.3
90	59.20	61.75	65.65	69.13	73.29	80.62	89.33	98.65	107.5	113.1	118.1	124.1	128.3
100	67.33	70.06	74.22	77.93	82.36	90.13	99.33	109.1	118.5	124.3	129.5	135.8	140.1

统计用表 4　F 分布表

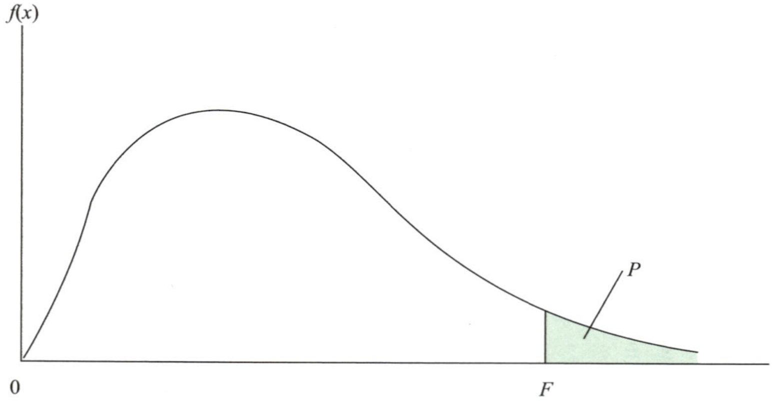

$P = 0.05$

df_2	df_1 1	2	3	4	5	6	7	8	9	10	12	14	16	18	20	22	24	26	28	30	35	40	45	50	60	80	100	200
1	161	200	216	225	230	234	237	239	241	242	244	245	246	247	248	249	249	249	250	250	251	251	251	252	252	253	253	254
2	18.5	19.0	19.2	19.2	19.3	19.3	19.4	19.4	19.4	19.4	19.4	19.4	19.4	19.4	19.4	19.5	19.5	19.5	19.5	19.5	19.5	19.5	19.5	19.5	19.5	19.5	19.5	19.5
3	10.1	9.55	9.28	9.12	9.01	8.94	8.89	8.85	8.81	8.79	8.74	8.71	8.69	8.67	8.66	8.65	8.64	8.63	8.62	8.62	8.60	8.59	8.59	8.58	8.57	8.56	8.55	8.54
4	7.71	6.94	6.59	6.39	6.26	6.16	6.09	6.04	6.00	5.96	5.91	5.87	5.84	5.82	5.80	5.79	5.77	5.76	5.75	5.75	5.73	5.72	5.71	5.70	5.69	5.67	5.66	5.65
5	6.61	5.79	5.41	5.19	5.05	4.95	4.88	4.82	4.77	4.74	4.68	4.64	4.60	4.58	4.56	4.54	4.53	4.52	4.50	4.50	4.48	4.46	4.45	4.44	4.43	4.41	4.41	4.39
6	5.99	5.14	4.76	4.53	4.39	4.28	4.21	4.15	4.10	4.06	4.00	3.96	3.92	3.90	3.87	3.86	3.84	3.83	3.82	3.81	3.79	3.77	3.76	3.75	3.74	3.72	3.71	3.69
7	5.59	4.74	4.35	4.12	3.97	3.87	3.79	3.73	3.68	3.64	3.57	3.53	3.49	3.47	3.44	3.43	3.41	3.40	3.39	3.38	3.36	3.34	3.33	3.32	3.30	3.29	3.27	3.25

F 分布表　$P = 0.05$（续表 1）

df_2	df_1: 1	2	3	4	5	6	7	8	9	10	12	14	16	18	20	22	24	26	28	30	35	40	45	50	60	80	100	200
8	5.32	4.46	4.07	3.84	3.69	3.58	3.50	3.44	3.39	3.35	3.28	3.24	3.20	3.17	3.15	3.13	3.12	3.10	3.09	3.08	3.06	3.04	3.03	3.02	3.01	2.99	2.97	2.95
9	5.12	4.26	3.86	3.63	3.48	3.37	3.29	3.23	3.18	3.14	3.07	3.03	2.99	2.96	2.94	2.92	2.90	2.89	2.87	2.86	2.84	2.83	2.81	2.80	2.79	2.77	2.76	2.73
10	4.96	4.10	3.71	3.48	3.33	3.22	3.14	3.07	3.02	2.98	2.91	2.86	2.83	2.80	2.77	2.75	2.74	2.72	2.71	2.70	2.68	2.66	2.65	2.64	2.62	2.60	2.59	2.56
11	4.84	3.98	3.59	3.36	3.20	3.09	3.01	2.95	2.90	2.85	2.79	2.74	2.70	2.67	2.65	2.63	2.61	2.59	2.58	2.57	2.55	2.53	2.52	2.51	2.49	2.47	2.46	2.43
12	4.75	3.89	3.49	3.26	3.11	3.00	2.91	2.85	2.80	2.75	2.69	2.64	2.60	2.57	2.54	2.52	2.51	2.49	2.48	2.47	2.44	2.43	2.41	2.40	2.38	2.36	2.35	2.32
13	4.67	3.81	3.41	3.18	3.03	2.92	2.83	2.77	2.71	2.67	2.60	2.55	2.51	2.48	2.46	2.44	2.42	2.41	2.39	2.38	2.36	2.34	2.33	2.31	2.30	2.27	2.26	2.23
14	4.60	3.74	3.34	3.11	2.96	2.85	2.76	2.70	2.65	2.60	2.53	2.48	2.44	2.41	2.39	2.37	2.35	2.33	2.32	2.31	2.28	2.27	2.25	2.24	2.22	2.20	2.19	2.16
15	4.54	3.68	3.29	3.06	2.90	2.79	2.71	2.64	2.59	2.54	2.48	2.42	2.38	2.35	2.33	2.31	2.29	2.27	2.26	2.25	2.22	2.20	2.19	2.18	2.16	2.14	2.12	2.10
16	4.49	3.63	3.24	3.01	2.85	2.74	2.66	2.59	2.54	2.49	2.42	2.37	2.33	2.30	2.28	2.25	2.24	2.22	2.21	2.19	2.17	2.15	2.14	2.12	2.11	2.08	2.07	2.04
17	4.45	3.59	3.20	2.96	2.81	2.70	2.61	2.55	2.49	2.45	2.38	2.33	2.29	2.26	2.23	2.21	2.19	2.17	2.16	2.15	2.12	2.10	2.09	2.08	2.06	2.03	2.02	1.99
18	4.41	3.55	3.16	2.93	2.77	2.66	2.58	2.51	2.46	2.41	2.34	2.29	2.25	2.22	2.19	2.17	2.15	2.13	2.12	2.11	2.08	2.06	2.05	2.04	2.02	1.99	1.98	1.95
19	4.38	3.52	3.13	2.90	2.74	2.63	2.54	2.48	2.42	2.38	2.31	2.26	2.21	2.18	2.16	2.13	2.11	2.10	2.08	2.07	2.05	2.03	2.01	2.00	1.98	1.96	1.94	1.91
20	4.35	3.49	3.10	2.87	2.71	2.60	2.51	2.45	2.39	2.35	2.28	2.22	2.18	2.15	2.12	2.10	2.08	2.07	2.05	2.04	2.01	1.99	1.98	1.97	1.95	1.92	1.91	1.88
21	4.32	3.47	3.07	2.84	2.68	2.57	2.49	2.42	2.37	2.32	2.25	2.20	2.16	2.12	2.10	2.07	2.05	2.04	2.02	2.01	1.98	1.96	1.95	1.94	1.92	1.89	1.88	1.84
22	4.30	3.44	3.05	2.82	2.66	2.55	2.46	2.40	2.34	2.30	2.23	2.17	2.13	2.10	2.07	2.05	2.03	2.01	2.00	1.98	1.96	1.94	1.92	1.91	1.89	1.86	1.85	1.82
23	4.28	3.42	3.03	2.80	2.64	2.53	2.44	2.37	2.32	2.27	2.20	2.15	2.11	2.08	2.05	2.02	2.01	1.99	1.97	1.96	1.93	1.91	1.90	1.88	1.86	1.84	1.82	1.79
24	4.26	3.40	3.01	2.78	2.62	2.51	2.42	2.36	2.30	2.25	2.18	2.13	2.09	2.05	2.03	2.00	1.98	1.97	1.95	1.94	1.91	1.89	1.88	1.86	1.84	1.82	1.80	1.77
25	4.24	3.39	2.99	2.76	2.60	2.49	2.40	2.34	2.28	2.24	2.16	2.11	2.07	2.04	2.01	1.98	1.96	1.95	1.93	1.92	1.89	1.87	1.86	1.84	1.82	1.80	1.78	1.75
26	4.23	3.37	2.98	2.74	2.59	2.47	2.39	2.32	2.27	2.22	2.15	2.09	2.05	2.02	1.99	1.97	1.95	1.93	1.91	1.90	1.87	1.85	1.84	1.82	1.80	1.78	1.76	1.73
27	4.21	3.35	2.96	2.73	2.57	2.46	2.37	2.31	2.25	2.20	2.13	2.08	2.04	2.00	1.97	1.95	1.93	1.91	1.90	1.88	1.86	1.84	1.82	1.81	1.79	1.76	1.74	1.71
28	4.20	3.34	2.95	2.71	2.56	2.45	2.36	2.29	2.24	2.19	2.12	2.06	2.02	1.99	1.96	1.93	1.91	1.90	1.88	1.87	1.84	1.82	1.80	1.79	1.77	1.74	1.73	1.69
29	4.18	3.33	2.93	2.70	2.55	2.43	2.35	2.28	2.22	2.18	2.10	2.05	2.01	1.97	1.94	1.92	1.90	1.88	1.87	1.85	1.83	1.81	1.79	1.77	1.75	1.73	1.71	1.67
30	4.17	3.32	2.92	2.69	2.53	2.42	2.33	2.27	2.21	2.16	2.09	2.04	1.99	1.96	1.93	1.91	1.89	1.87	1.85	1.84	1.81	1.79	1.77	1.76	1.74	1.71	1.70	1.66
31	4.16	3.30	2.91	2.68	2.52	2.41	2.32	2.25	2.20	2.15	2.08	2.03	1.98	1.95	1.92	1.90	1.88	1.86	1.84	1.83	1.80	1.78	1.76	1.75	1.73	1.70	1.68	1.65

F 分布表　$P = 0.05$(续表 2)

df_2	df_1 1	2	3	4	5	6	7	8	9	10	12	14	16	18	20	22	24	26	28	30	35	40	45	50	60	80	100	200
32	4.15	3.29	2.90	2.67	2.51	2.40	2.31	2.24	2.19	2.14	2.07	2.01	1.97	1.94	1.91	1.88	1.86	1.85	1.83	1.82	1.79	1.77	1.75	1.74	1.71	1.69	1.67	1.63
33	4.14	3.28	2.89	2.66	2.50	2.39	2.30	2.23	2.18	2.13	2.06	2.00	1.96	1.93	1.90	1.87	1.85	1.83	1.82	1.81	1.78	1.76	1.74	1.72	1.70	1.67	1.66	1.62
34	4.13	3.28	2.88	2.65	2.49	2.38	2.29	2.23	2.17	2.12	2.05	1.99	1.95	1.92	1.89	1.86	1.84	1.82	1.81	1.80	1.77	1.75	1.73	1.71	1.69	1.66	1.65	1.61
35	4.12	3.27	2.87	2.64	2.49	2.37	2.29	2.22	2.16	2.11	2.04	1.99	1.94	1.91	1.88	1.85	1.83	1.82	1.80	1.79	1.76	1.74	1.72	1.70	1.68	1.65	1.63	1.60
36	4.11	3.26	2.87	2.63	2.48	2.36	2.28	2.21	2.15	2.11	2.03	1.98	1.93	1.90	1.87	1.85	1.82	1.81	1.79	1.78	1.75	1.73	1.71	1.69	1.67	1.64	1.62	1.59
37	4.11	3.25	2.86	2.63	2.47	2.36	2.27	2.20	2.14	2.10	2.02	1.97	1.93	1.89	1.86	1.84	1.82	1.80	1.78	1.77	1.74	1.72	1.70	1.68	1.66	1.63	1.62	1.58
38	4.10	3.24	2.85	2.62	2.46	2.35	2.26	2.19	2.14	2.09	2.02	1.96	1.92	1.88	1.85	1.83	1.81	1.79	1.77	1.76	1.73	1.71	1.69	1.68	1.65	1.62	1.61	1.57
39	4.09	3.24	2.85	2.61	2.46	2.34	2.26	2.19	2.13	2.08	2.01	1.95	1.91	1.88	1.85	1.82	1.80	1.78	1.77	1.75	1.72	1.70	1.68	1.67	1.65	1.62	1.60	1.56
40	4.08	3.23	2.84	2.61	2.45	2.34	2.25	2.18	2.12	2.08	2.00	1.95	1.90	1.87	1.84	1.81	1.79	1.77	1.76	1.74	1.72	1.69	1.67	1.66	1.64	1.61	1.59	1.55
42	4.07	3.22	2.83	2.59	2.44	2.32	2.24	2.17	2.11	2.06	1.99	1.94	1.89	1.86	1.83	1.80	1.78	1.76	1.75	1.73	1.70	1.68	1.66	1.65	1.62	1.59	1.57	1.53
44	4.06	3.21	2.82	2.58	2.43	2.31	2.23	2.16	2.10	2.05	1.98	1.92	1.88	1.84	1.81	1.79	1.77	1.75	1.73	1.72	1.69	1.67	1.65	1.63	1.61	1.58	1.56	1.52
46	4.05	3.20	2.81	2.57	2.42	2.30	2.22	2.15	2.09	2.04	1.97	1.91	1.87	1.83	1.80	1.78	1.76	1.74	1.72	1.71	1.68	1.65	1.64	1.62	1.60	1.57	1.55	1.51
48	4.04	3.19	2.80	2.57	2.41	2.29	2.21	2.14	2.08	2.03	1.96	1.90	1.86	1.82	1.79	1.77	1.75	1.73	1.71	1.70	1.67	1.64	1.62	1.61	1.59	1.56	1.54	1.49
50	4.03	3.18	2.79	2.56	2.40	2.29	2.20	2.13	2.07	2.03	1.95	1.89	1.85	1.81	1.78	1.76	1.74	1.72	1.70	1.69	1.66	1.63	1.61	1.60	1.58	1.54	1.52	1.48
52	4.03	3.18	2.78	2.55	2.39	2.28	2.19	2.12	2.07	2.02	1.94	1.89	1.84	1.81	1.78	1.75	1.73	1.71	1.69	1.68	1.65	1.62	1.61	1.59	1.57	1.53	1.51	1.47
54	4.02	3.17	2.78	2.54	2.39	2.27	2.18	2.12	2.06	2.01	1.94	1.88	1.83	1.80	1.77	1.74	1.72	1.70	1.68	1.67	1.64	1.62	1.60	1.58	1.56	1.53	1.51	1.46
56	4.01	3.16	2.77	2.54	2.38	2.27	2.18	2.11	2.05	2.00	1.93	1.87	1.83	1.79	1.76	1.74	1.71	1.69	1.68	1.66	1.63	1.61	1.59	1.57	1.55	1.52	1.50	1.45
58	4.01	3.16	2.76	2.53	2.37	2.26	2.17	2.10	2.05	2.00	1.92	1.87	1.82	1.78	1.75	1.73	1.71	1.69	1.67	1.66	1.63	1.60	1.58	1.57	1.54	1.51	1.49	1.45
60	4.00	3.15	2.76	2.53	2.37	2.25	2.17	2.10	2.04	1.99	1.92	1.86	1.82	1.78	1.75	1.72	1.70	1.68	1.66	1.65	1.62	1.59	1.57	1.56	1.53	1.50	1.48	1.44
70	3.98	3.13	2.74	2.50	2.35	2.23	2.14	2.07	2.02	1.97	1.89	1.84	1.79	1.75	1.72	1.70	1.67	1.65	1.64	1.62	1.59	1.57	1.55	1.53	1.50	1.47	1.45	1.40
80	3.96	3.11	2.72	2.49	2.33	2.21	2.13	2.06	2.00	1.95	1.88	1.82	1.77	1.73	1.70	1.68	1.65	1.63	1.62	1.60	1.57	1.54	1.52	1.51	1.48	1.45	1.43	1.38
100	3.94	3.09	2.70	2.46	2.31	2.19	2.10	2.03	1.97	1.93	1.85	1.79	1.75	1.71	1.68	1.65	1.63	1.61	1.59	1.57	1.54	1.52	1.49	1.48	1.45	1.41	1.39	1.34
125	3.92	3.07	2.68	2.44	2.29	2.17	2.08	2.01	1.96	1.91	1.83	1.77	1.73	1.69	1.66	1.63	1.60	1.58	1.57	1.55	1.52	1.49	1.47	1.45	1.42	1.39	1.36	1.31
150	3.90	3.06	2.66	2.43	2.27	2.16	2.07	2.00	1.94	1.89	1.82	1.76	1.71	1.67	1.64	1.61	1.59	1.57	1.55	1.54	1.50	1.48	1.45	1.44	1.41	1.37	1.34	1.29
200	3.89	3.04	2.65	2.42	2.26	2.14	2.06	1.98	1.93	1.88	1.80	1.74	1.69	1.66	1.62	1.60	1.57	1.55	1.53	1.52	1.48	1.46	1.43	1.41	1.39	1.35	1.32	1.26
300	3.87	3.03	2.63	2.40	2.24	2.13	2.04	1.97	1.91	1.86	1.78	1.72	1.68	1.64	1.61	1.58	1.55	1.53	1.51	1.50	1.46	1.43	1.41	1.39	1.36	1.32	1.30	1.23
500	3.86	3.01	2.62	2.39	2.23	2.12	2.03	1.96	1.90	1.85	1.77	1.71	1.66	1.62	1.59	1.56	1.54	1.52	1.50	1.48	1.45	1.42	1.40	1.38	1.35	1.30	1.28	1.21

$P = 0.025$

df_2	df_1 1	2	3	4	5	6	7	8	9	10	12	14	16	18	20	22	24	26	28	30	35	40	45	50	60	80	100	200
1	648	800	864	900	922	937	948	957	963	969	977	983	987	990	993	995	997	999	1000	1001	1004	1006	1007	1008	1010	1012	1013	1016
2	38.5	39.0	39.2	39.2	39.3	39.3	39.4	39.4	39.4	39.4	39.4	39.4	39.4	39.4	39.4	39.5	39.5	39.5	39.5	39.5	39.5	39.5	39.5	39.5	39.5	39.5	39.5	39.5
3	17.4	16.0	15.4	15.1	14.9	14.7	14.6	14.5	14.5	14.4	14.3	14.3	14.2	14.2	14.2	14.1	14.1	14.1	14.1	14.1	14.1	14.0	14.0	14.0	14.0	14.0	14.0	13.9
4	12.2	10.6	9.98	9.60	9.36	9.20	9.07	8.98	8.90	8.84	8.75	8.68	8.63	8.59	8.56	8.53	8.51	8.49	8.48	8.46	8.43	8.41	8.39	8.38	8.36	8.33	8.32	8.29
5	10.0	8.43	7.76	7.39	7.15	6.98	6.85	6.76	6.68	6.62	6.52	6.46	6.40	6.36	6.33	6.30	6.28	6.26	6.24	6.23	6.20	6.18	6.16	6.14	6.12	6.10	6.08	6.05
6	8.81	7.26	6.60	6.23	5.99	5.82	5.70	5.60	5.52	5.46	5.37	5.30	5.24	5.20	5.17	5.14	5.12	5.10	5.08	5.07	5.04	5.01	4.99	4.98	4.96	4.93	4.92	4.88
7	8.07	6.54	5.89	5.52	5.29	5.12	4.99	4.90	4.82	4.76	4.67	4.60	4.54	4.50	4.47	4.44	4.41	4.39	4.38	4.36	4.33	4.31	4.29	4.28	4.25	4.23	4.21	4.18
8	7.57	6.06	5.42	5.05	4.82	4.65	4.53	4.43	4.36	4.30	4.20	4.13	4.08	4.03	4.00	3.97	3.95	3.93	3.91	3.89	3.86	3.84	3.82	3.81	3.78	3.76	3.74	3.70
9	7.21	5.71	5.08	4.72	4.48	4.32	4.20	4.10	4.03	3.96	3.87	3.80	3.74	3.70	3.67	3.64	3.61	3.59	3.58	3.56	3.53	3.51	3.49	3.47	3.45	3.42	3.40	3.37
10	6.94	5.46	4.83	4.47	4.24	4.07	3.95	3.85	3.78	3.72	3.62	3.55	3.50	3.45	3.42	3.39	3.37	3.34	3.33	3.31	3.28	3.26	3.24	3.22	3.20	3.17	3.15	3.12
11	6.72	5.26	4.63	4.28	4.04	3.88	3.76	3.66	3.59	3.53	3.43	3.36	3.30	3.26	3.23	3.20	3.17	3.15	3.13	3.12	3.09	3.06	3.04	3.03	3.00	2.97	2.96	2.92
12	6.55	5.10	4.47	4.12	3.89	3.73	3.61	3.51	3.44	3.37	3.28	3.21	3.15	3.11	3.07	3.04	3.02	3.00	2.98	2.96	2.93	2.91	2.89	2.87	2.85	2.82	2.80	2.76
13	6.41	4.97	4.35	4.00	3.77	3.60	3.48	3.39	3.31	3.25	3.15	3.08	3.03	2.98	2.95	2.92	2.89	2.87	2.85	2.84	2.80	2.78	2.76	2.74	2.72	2.69	2.67	2.63
14	6.30	4.86	4.24	3.89	3.66	3.50	3.38	3.29	3.21	3.15	3.05	2.98	2.92	2.88	2.84	2.81	2.79	2.77	2.75	2.73	2.70	2.67	2.65	2.64	2.61	2.58	2.56	2.53
15	6.20	4.77	4.15	3.80	3.58	3.41	3.29	3.20	3.12	3.06	2.96	2.89	2.84	2.79	2.76	2.73	2.70	2.68	2.66	2.64	2.61	2.59	2.56	2.55	2.52	2.49	2.47	2.44
16	6.12	4.69	4.08	3.73	3.50	3.34	3.22	3.12	3.05	2.99	2.89	2.82	2.76	2.72	2.68	2.65	2.63	2.60	2.58	2.57	2.53	2.51	2.49	2.47	2.45	2.42	2.40	2.36
17	6.04	4.62	4.01	3.66	3.44	3.28	3.16	3.06	2.98	2.92	2.82	2.75	2.70	2.65	2.62	2.59	2.56	2.54	2.52	2.50	2.47	2.44	2.42	2.41	2.38	2.35	2.33	2.29
18	5.98	4.56	3.95	3.61	3.38	3.22	3.10	3.01	2.93	2.87	2.77	2.70	2.64	2.60	2.56	2.53	2.50	2.48	2.46	2.44	2.41	2.38	2.36	2.35	2.32	2.29	2.27	2.23
19	5.92	4.51	3.90	3.56	3.33	3.17	3.05	2.96	2.88	2.82	2.72	2.65	2.59	2.55	2.51	2.48	2.45	2.43	2.41	2.39	2.36	2.33	2.31	2.30	2.27	2.24	2.22	2.18
20	5.87	4.46	3.86	3.51	3.29	3.13	3.01	2.91	2.84	2.77	2.68	2.60	2.55	2.50	2.46	2.43	2.41	2.39	2.37	2.35	2.31	2.29	2.27	2.25	2.22	2.19	2.17	2.13
21	5.83	4.42	3.82	3.48	3.25	3.09	2.97	2.87	2.80	2.73	2.64	2.56	2.51	2.46	2.42	2.39	2.37	2.34	2.33	2.31	2.27	2.25	2.23	2.21	2.18	2.15	2.13	2.09
22	5.79	4.38	3.78	3.44	3.22	3.05	2.93	2.84	2.76	2.70	2.60	2.53	2.47	2.43	2.39	2.36	2.33	2.31	2.29	2.27	2.24	2.21	2.19	2.17	2.14	2.11	2.09	2.05
23	5.75	4.35	3.75	3.41	3.18	3.02	2.90	2.81	2.73	2.67	2.57	2.50	2.44	2.39	2.36	2.33	2.30	2.28	2.26	2.24	2.20	2.18	2.15	2.14	2.11	2.08	2.06	2.01

F 分布表　$P = 0.025$(续表 1)

df_2	df_1 1	2	3	4	5	6	7	8	9	10	12	14	16	18	20	22	24	26	28	30	35	40	45	50	60	80	100	200
24	5.72	4.32	3.72	3.38	3.15	2.99	2.87	2.78	2.70	2.64	2.54	2.47	2.41	2.36	2.33	2.30	2.27	2.25	2.23	2.21	2.17	2.15	2.12	2.11	2.08	2.05	2.02	1.98
25	5.69	4.29	3.69	3.35	3.13	2.97	2.85	2.75	2.68	2.61	2.51	2.44	2.38	2.34	2.30	2.27	2.24	2.22	2.20	2.18	2.15	2.12	2.10	2.08	2.05	2.02	2.00	1.95
26	5.66	4.27	3.67	3.33	3.10	2.94	2.82	2.73	2.65	2.59	2.49	2.42	2.36	2.31	2.28	2.24	2.22	2.19	2.17	2.16	2.12	2.09	2.07	2.05	2.03	1.99	1.97	1.92
27	5.63	4.24	3.65	3.31	3.08	2.92	2.80	2.71	2.63	2.57	2.47	2.39	2.34	2.29	2.25	2.22	2.19	2.17	2.15	2.13	2.10	2.07	2.05	2.03	2.00	1.97	1.94	1.90
28	5.61	4.22	3.63	3.29	3.06	2.90	2.78	2.69	2.61	2.55	2.45	2.37	2.32	2.27	2.23	2.20	2.17	2.15	2.13	2.11	2.08	2.05	2.03	2.01	1.98	1.94	1.92	1.88
29	5.59	4.20	3.61	3.27	3.04	2.88	2.76	2.67	2.59	2.53	2.43	2.36	2.30	2.25	2.21	2.18	2.15	2.13	2.11	2.09	2.06	2.03	2.01	1.99	1.96	1.92	1.90	1.86
30	5.57	4.18	3.59	3.25	3.03	2.87	2.75	2.65	2.57	2.51	2.41	2.34	2.28	2.23	2.20	2.16	2.14	2.11	2.09	2.07	2.04	2.01	1.99	1.97	1.94	1.90	1.88	1.84
31	5.55	4.16	3.57	3.23	3.01	2.85	2.73	2.64	2.56	2.50	2.40	2.32	2.26	2.22	2.18	2.15	2.12	2.10	2.07	2.06	2.02	1.99	1.97	1.95	1.92	1.89	1.86	1.82
32	5.53	4.15	3.56	3.22	3.00	2.84	2.71	2.62	2.54	2.48	2.38	2.31	2.25	2.20	2.16	2.13	2.10	2.08	2.06	2.04	2.00	1.98	1.95	1.93	1.91	1.87	1.85	1.80
33	5.51	4.13	3.54	3.20	2.98	2.82	2.70	2.61	2.53	2.47	2.37	2.29	2.23	2.19	2.15	2.12	2.09	2.06	2.04	2.03	1.99	1.96	1.94	1.92	1.89	1.85	1.83	1.78
34	5.50	4.12	3.53	3.19	2.97	2.81	2.69	2.59	2.52	2.45	2.35	2.28	2.22	2.17	2.13	2.10	2.07	2.05	2.03	2.01	1.97	1.95	1.92	1.90	1.88	1.84	1.82	1.77
35	5.48	4.11	3.52	3.18	2.96	2.80	2.68	2.58	2.50	2.44	2.34	2.27	2.21	2.16	2.12	2.09	2.06	2.04	2.02	2.00	1.96	1.93	1.91	1.89	1.86	1.82	1.80	1.75
36	5.47	4.09	3.50	3.17	2.94	2.78	2.66	2.57	2.49	2.43	2.33	2.25	2.20	2.15	2.11	2.08	2.05	2.03	2.00	1.99	1.95	1.92	1.90	1.88	1.85	1.81	1.79	1.74
37	5.46	4.08	3.49	3.16	2.93	2.77	2.65	2.56	2.48	2.42	2.32	2.24	2.18	2.14	2.10	2.07	2.04	2.01	1.99	1.97	1.94	1.91	1.88	1.87	1.84	1.80	1.77	1.73
38	5.45	4.07	3.48	3.15	2.92	2.76	2.64	2.55	2.47	2.41	2.31	2.23	2.17	2.13	2.09	2.05	2.03	2.00	1.98	1.96	1.93	1.90	1.87	1.85	1.82	1.79	1.76	1.71
39	5.43	4.06	3.47	3.14	2.91	2.75	2.63	2.54	2.46	2.40	2.30	2.22	2.16	2.12	2.08	2.04	2.02	1.99	1.97	1.95	1.91	1.89	1.86	1.84	1.81	1.78	1.75	1.70
40	5.42	4.05	3.46	3.13	2.90	2.74	2.62	2.53	2.45	2.39	2.29	2.21	2.15	2.11	2.07	2.03	2.01	1.98	1.96	1.94	1.90	1.88	1.85	1.83	1.80	1.76	1.74	1.69
42	5.40	4.03	3.45	3.11	2.89	2.73	2.61	2.51	2.43	2.37	2.27	2.20	2.14	2.09	2.05	2.02	1.99	1.96	1.94	1.92	1.89	1.86	1.83	1.81	1.78	1.74	1.72	1.67
44	5.39	4.02	3.43	3.09	2.87	2.71	2.59	2.50	2.42	2.36	2.26	2.18	2.12	2.07	2.03	2.00	1.97	1.95	1.93	1.91	1.87	1.84	1.82	1.80	1.77	1.73	1.70	1.65
46	5.37	4.00	3.42	3.08	2.86	2.70	2.58	2.48	2.41	2.34	2.24	2.17	2.11	2.06	2.02	1.99	1.96	1.93	1.91	1.89	1.85	1.82	1.80	1.78	1.75	1.71	1.69	1.63
48	5.35	3.99	3.40	3.07	2.84	2.69	2.56	2.47	2.39	2.33	2.23	2.15	2.09	2.05	2.01	1.97	1.94	1.92	1.90	1.88	1.84	1.81	1.79	1.77	1.73	1.69	1.67	1.62
50	5.34	3.97	3.39	3.05	2.83	2.67	2.55	2.46	2.38	2.32	2.22	2.14	2.08	2.03	1.99	1.96	1.93	1.91	1.89	1.87	1.83	1.80	1.77	1.75	1.72	1.68	1.66	1.60

F 分布表 $P = 0.025$（续表 2）

df_2	df_1 1	2	3	4	5	6	7	8	9	10	12	14	16	18	20	22	24	26	28	30	35	40	45	50	60	80	100	200
52	5.33	3.96	3.38	3.04	2.82	2.66	2.54	2.45	2.37	2.31	2.21	2.13	2.07	2.02	1.98	1.95	1.92	1.90	1.87	1.85	1.81	1.78	1.76	1.74	1.71	1.67	1.64	1.59
54	5.32	3.95	3.37	3.03	2.81	2.65	2.53	2.44	2.36	2.30	2.20	2.12	2.06	2.01	1.97	1.94	1.91	1.88	1.86	1.84	1.80	1.77	1.75	1.73	1.70	1.66	1.63	1.58
56	5.31	3.94	3.36	3.02	2.80	2.64	2.52	2.43	2.35	2.29	2.19	2.11	2.05	2.00	1.96	1.93	1.90	1.87	1.85	1.83	1.79	1.76	1.74	1.72	1.69	1.65	1.62	1.56
58	5.29	3.93	3.35	3.02	2.79	2.64	2.51	2.42	2.34	2.28	2.18	2.10	2.04	1.99	1.95	1.92	1.89	1.87	1.84	1.82	1.78	1.75	1.73	1.71	1.68	1.63	1.61	1.55
60	5.29	3.93	3.34	3.01	2.79	2.63	2.51	2.41	2.33	2.27	2.17	2.09	2.03	1.98	1.94	1.91	1.88	1.86	1.83	1.82	1.78	1.74	1.72	1.70	1.67	1.63	1.60	1.54
70	5.25	3.89	3.31	2.97	2.75	2.59	2.47	2.38	2.30	2.24	2.14	2.06	2.00	1.95	1.91	1.88	1.85	1.82	1.80	1.78	1.74	1.71	1.68	1.66	1.63	1.59	1.56	1.50
80	5.22	3.86	3.28	2.95	2.73	2.57	2.45	2.35	2.28	2.21	2.11	2.03	1.97	1.92	1.88	1.85	1.82	1.79	1.77	1.75	1.71	1.68	1.65	1.63	1.60	1.55	1.53	1.47
100	5.18	3.83	3.25	2.92	2.70	2.54	2.42	2.32	2.24	2.18	2.08	2.00	1.94	1.89	1.85	1.81	1.78	1.76	1.74	1.71	1.67	1.64	1.61	1.59	1.56	1.51	1.48	1.42
125	5.15	3.80	3.22	2.89	2.67	2.51	2.39	2.30	2.22	2.15	2.05	1.97	1.91	1.86	1.82	1.79	1.75	1.73	1.71	1.68	1.64	1.61	1.58	1.56	1.52	1.48	1.45	1.38
150	5.13	3.78	3.20	2.87	2.65	2.49	2.37	2.28	2.20	2.13	2.03	1.95	1.89	1.84	1.80	1.77	1.74	1.71	1.69	1.67	1.62	1.59	1.56	1.54	1.50	1.45	1.42	1.35
200	5.10	3.76	3.18	2.85	2.63	2.47	2.35	2.26	2.18	2.11	2.01	1.93	1.87	1.82	1.78	1.74	1.71	1.68	1.66	1.64	1.60	1.56	1.53	1.51	1.47	1.42	1.39	1.32
300	5.07	3.73	3.16	2.83	2.61	2.45	2.33	2.23	2.16	2.09	1.99	1.91	1.85	1.80	1.75	1.72	1.69	1.66	1.64	1.62	1.57	1.54	1.51	1.48	1.45	1.39	1.36	1.28
500	5.05	3.72	3.14	2.81	2.59	2.43	2.31	2.22	2.14	2.07	1.97	1.89	1.83	1.78	1.74	1.70	1.67	1.64	1.62	1.60	1.55	1.52	1.49	1.46	1.42	1.37	1.34	1.25

$P = 0.01$

df_2	df_1																											
	1	2	3	4	5	6	7	8	9	10	12	14	16	18	20	22	24	26	28	30	35	40	45	50	60	80	100	200
1	4052	5000	5403	5625	5764	5859	5928	5981	6022	6056	6106	6143	6170	6192	6209	6223	6235	6245	6253	6261	6276	6287	6296	6303	6313	6326	6334	6350
2	98.5	99.0	99.2	99.2	99.3	99.3	99.4	99.4	99.4	99.4	99.4	99.4	99.4	99.4	99.4	99.5	99.5	99.5	99.5	99.5	99.5	99.5	99.5	99.5	99.5	99.5	99.5	99.5
3	34.1	30.8	29.5	28.7	28.2	27.9	27.7	27.5	27.3	27.2	27.1	26.9	26.8	26.8	26.7	26.6	26.6	26.6	26.5	26.5	26.5	26.4	26.4	26.4	26.3	26.3	26.2	26.2
4	21.2	18.0	16.7	16.0	15.5	15.2	15.0	14.8	14.7	14.5	14.4	14.2	14.2	14.1	14.0	14.0	13.9	13.9	13.9	13.8	13.8	13.7	13.7	13.7	13.7	13.6	13.6	13.5
5	16.3	13.3	12.1	11.4	11.0	10.7	10.5	10.3	10.2	10.1	9.89	9.77	9.68	9.61	9.55	9.51	9.47	9.43	9.40	9.38	9.33	9.29	9.26	9.24	9.20	9.16	9.13	9.08
6	13.7	10.9	9.78	9.15	8.75	8.47	8.26	8.10	7.98	7.87	7.72	7.60	7.52	7.45	7.40	7.35	7.31	7.28	7.25	7.23	7.18	7.14	7.11	7.09	7.06	7.01	6.99	6.93
7	12.2	9.55	8.45	7.85	7.46	7.19	6.99	6.84	6.72	6.62	6.47	6.36	6.28	6.21	6.16	6.11	6.07	6.04	6.02	5.99	5.94	5.91	5.88	5.86	5.82	5.78	5.75	5.70
8	11.3	8.65	7.59	7.01	6.63	6.37	6.18	6.03	5.91	5.81	5.67	5.56	5.48	5.41	5.36	5.32	5.28	5.25	5.22	5.20	5.15	5.12	5.09	5.07	5.03	4.99	4.96	4.91
9	10.6	8.02	6.99	6.42	6.06	5.80	5.61	5.47	5.35	5.26	5.11	5.01	4.92	4.86	4.81	4.77	4.73	4.70	4.67	4.65	4.60	4.57	4.54	4.52	4.48	4.44	4.41	4.36
10	10.0	7.56	6.55	5.99	5.64	5.39	5.20	5.06	4.94	4.85	4.71	4.60	4.52	4.46	4.41	4.36	4.33	4.30	4.27	4.25	4.20	4.17	4.14	4.12	4.08	4.04	4.01	3.96
11	9.65	7.21	6.22	5.67	5.32	5.07	4.89	4.74	4.63	4.54	4.40	4.29	4.21	4.15	4.10	4.06	4.02	3.99	3.96	3.94	3.89	3.86	3.83	3.81	3.78	3.73	3.71	3.66
12	9.33	6.93	5.95	5.41	5.06	4.82	4.64	4.50	4.39	4.30	4.16	4.05	3.97	3.91	3.86	3.82	3.78	3.75	3.72	3.70	3.65	3.62	3.59	3.57	3.54	3.49	3.47	3.41
13	9.07	6.70	5.74	5.21	4.86	4.62	4.44	4.30	4.19	4.10	3.96	3.86	3.78	3.72	3.66	3.62	3.59	3.56	3.53	3.51	3.46	3.43	3.40	3.38	3.34	3.30	3.27	3.22
14	8.86	6.51	5.56	5.04	4.69	4.46	4.28	4.14	4.03	3.94	3.80	3.70	3.62	3.56	3.51	3.46	3.43	3.40	3.37	3.35	3.30	3.27	3.24	3.22	3.18	3.14	3.11	3.06
15	8.68	6.36	5.42	4.89	4.56	4.32	4.14	4.00	3.89	3.80	3.67	3.56	3.49	3.42	3.37	3.33	3.29	3.26	3.24	3.21	3.17	3.13	3.10	3.08	3.05	3.00	2.98	2.92
16	8.53	6.23	5.29	4.77	4.44	4.20	4.03	3.89	3.78	3.69	3.55	3.45	3.37	3.31	3.26	3.22	3.18	3.15	3.12	3.10	3.05	3.02	2.99	2.97	2.93	2.89	2.86	2.81
17	8.40	6.11	5.19	4.67	4.34	4.10	3.93	3.79	3.68	3.59	3.46	3.35	3.27	3.21	3.16	3.12	3.08	3.05	3.03	3.00	2.96	2.92	2.89	2.87	2.83	2.79	2.76	2.71
18	8.29	6.01	5.09	4.58	4.25	4.01	3.84	3.71	3.60	3.51	3.37	3.27	3.19	3.13	3.08	3.03	3.00	2.97	2.94	2.92	2.87	2.84	2.81	2.78	2.75	2.70	2.68	2.62
19	8.18	5.93	5.01	4.50	4.17	3.94	3.77	3.63	3.52	3.43	3.30	3.19	3.12	3.05	3.00	2.96	2.92	2.89	2.87	2.84	2.80	2.76	2.73	2.71	2.67	2.63	2.60	2.55
20	8.10	5.85	4.94	4.43	4.10	3.87	3.70	3.56	3.46	3.37	3.23	3.13	3.05	2.99	2.94	2.90	2.86	2.83	2.80	2.78	2.73	2.69	2.67	2.64	2.61	2.56	2.54	2.48
21	8.02	5.78	4.87	4.37	4.04	3.81	3.64	3.51	3.40	3.31	3.17	3.07	2.99	2.93	2.88	2.84	2.80	2.77	2.74	2.72	2.67	2.64	2.61	2.58	2.55	2.50	2.48	2.42
22	7.95	5.72	4.82	4.31	3.99	3.76	3.59	3.45	3.35	3.26	3.12	3.02	2.94	2.88	2.83	2.78	2.75	2.72	2.69	2.67	2.62	2.58	2.55	2.53	2.50	2.45	2.42	2.36
23	7.88	5.66	4.76	4.26	3.94	3.71	3.54	3.41	3.30	3.21	3.07	2.97	2.89	2.83	2.78	2.74	2.70	2.67	2.64	2.62	2.57	2.54	2.51	2.48	2.45	2.40	2.37	2.32

F 分布表 $P = 0.01$(续表 1)

df_2	df_1																										
	1	2	3	4	5	6	7	8	9	10	12	14	16	18	20	22	24	26	28	30	35	40	45	50	60	80	100	200
24	7.82	5.61	4.72	4.22	3.90	3.67	3.50	3.36	3.26	3.17	3.03	2.93	2.85	2.79	2.74	2.70	2.66	2.63	2.60	2.58	2.53	2.49	2.46	2.44	2.40	2.36	2.33	2.27
25	7.77	5.57	4.68	4.18	3.85	3.63	3.46	3.32	3.22	3.13	2.99	2.89	2.81	2.75	2.70	2.66	2.62	2.59	2.56	2.54	2.49	2.45	2.42	2.40	2.36	2.32	2.29	2.23
26	7.72	5.53	4.64	4.14	3.82	3.59	3.42	3.29	3.18	3.09	2.96	2.86	2.78	2.72	2.66	2.62	2.58	2.55	2.53	2.50	2.45	2.42	2.39	2.36	2.33	2.28	2.25	2.19
27	7.68	5.49	4.60	4.11	3.78	3.56	3.39	3.26	3.15	3.06	2.93	2.82	2.75	2.68	2.63	2.59	2.55	2.52	2.49	2.47	2.42	2.38	2.35	2.33	2.29	2.25	2.22	2.16
28	7.64	5.45	4.57	4.07	3.75	3.53	3.36	3.23	3.12	3.03	2.90	2.79	2.72	2.65	2.60	2.56	2.52	2.49	2.46	2.44	2.39	2.35	2.32	2.30	2.26	2.22	2.19	2.13
29	7.60	5.42	4.54	4.04	3.73	3.50	3.33	3.20	3.09	3.00	2.87	2.77	2.69	2.63	2.57	2.53	2.49	2.46	2.44	2.41	2.36	2.33	2.30	2.27	2.23	2.19	2.16	2.10
30	7.56	5.39	4.51	4.02	3.70	3.47	3.30	3.17	3.07	2.98	2.84	2.74	2.66	2.60	2.55	2.51	2.47	2.44	2.41	2.39	2.34	2.30	2.27	2.25	2.21	2.16	2.13	2.07
31	7.53	5.36	4.48	3.99	3.67	3.45	3.28	3.15	3.04	2.96	2.82	2.72	2.64	2.58	2.52	2.48	2.45	2.41	2.39	2.36	2.31	2.27	2.24	2.22	2.18	2.14	2.11	2.04
32	7.50	5.34	4.46	3.97	3.65	3.43	3.26	3.13	3.02	2.93	2.80	2.70	2.62	2.55	2.50	2.46	2.42	2.39	2.36	2.34	2.29	2.25	2.22	2.20	2.16	2.11	2.08	2.02
33	7.47	5.31	4.44	3.95	3.63	3.41	3.24	3.11	3.00	2.91	2.78	2.68	2.60	2.53	2.48	2.44	2.40	2.37	2.34	2.32	2.27	2.23	2.20	2.18	2.14	2.09	2.06	2.00
34	7.44	5.29	4.42	3.93	3.61	3.39	3.22	3.09	2.98	2.89	2.76	2.66	2.58	2.51	2.46	2.42	2.38	2.35	2.32	2.30	2.25	2.21	2.18	2.16	2.12	2.07	2.04	1.98
35	7.42	5.27	4.40	3.91	3.59	3.37	3.20	3.07	2.96	2.88	2.74	2.64	2.56	2.50	2.44	2.40	2.36	2.33	2.30	2.28	2.23	2.19	2.16	2.14	2.10	2.05	2.02	1.96
36	7.40	5.25	4.38	3.89	3.57	3.35	3.18	3.05	2.95	2.86	2.72	2.62	2.54	2.48	2.43	2.38	2.35	2.32	2.29	2.26	2.21	2.18	2.14	2.12	2.08	2.03	2.00	1.94
37	7.37	5.23	4.36	3.87	3.56	3.33	3.17	3.04	2.93	2.84	2.71	2.61	2.53	2.46	2.41	2.37	2.33	2.30	2.27	2.25	2.20	2.16	2.13	2.10	2.06	2.02	1.98	1.92
38	7.35	5.21	4.34	3.86	3.54	3.32	3.15	3.02	2.92	2.83	2.69	2.59	2.51	2.45	2.40	2.35	2.32	2.28	2.26	2.23	2.18	2.14	2.11	2.09	2.05	2.00	1.97	1.90
39	7.33	5.19	4.33	3.84	3.53	3.30	3.14	3.01	2.90	2.81	2.68	2.58	2.50	2.43	2.38	2.34	2.30	2.27	2.24	2.22	2.17	2.13	2.10	2.07	2.03	1.98	1.95	1.89
40	7.31	5.18	4.31	3.83	3.51	3.29	3.12	2.99	2.89	2.80	2.66	2.56	2.48	2.42	2.37	2.33	2.29	2.26	2.23	2.20	2.15	2.11	2.08	2.06	2.02	1.97	1.94	1.87
42	7.28	5.15	4.29	3.80	3.49	3.27	3.10	2.97	2.86	2.78	2.64	2.54	2.46	2.40	2.34	2.30	2.26	2.23	2.20	2.18	2.13	2.09	2.06	2.03	1.99	1.94	1.91	1.85
44	7.25	5.12	4.26	3.78	3.47	3.24	3.08	2.95	2.84	2.75	2.62	2.52	2.44	2.37	2.32	2.28	2.24	2.21	2.18	2.15	2.10	2.07	2.03	2.01	1.97	1.92	1.89	1.82
46	7.22	5.10	4.24	3.76	3.44	3.22	3.06	2.93	2.82	2.73	2.60	2.50	2.42	2.35	2.30	2.26	2.22	2.19	2.16	2.13	2.08	2.04	2.01	1.99	1.95	1.90	1.86	1.80
48	7.19	5.08	4.22	3.74	3.43	3.20	3.04	2.91	2.80	2.71	2.58	2.48	2.40	2.33	2.28	2.24	2.20	2.17	2.14	2.12	2.06	2.02	1.99	1.97	1.93	1.88	1.84	1.78
50	7.17	5.06	4.20	3.72	3.41	3.19	3.02	2.89	2.78	2.70	2.56	2.46	2.38	2.32	2.27	2.22	2.18	2.15	2.12	2.10	2.05	2.01	1.97	1.95	1.91	1.86	1.82	1.76

F 分布表　$P = 0.01$(续表 2)

df_2	df_1																											
	1	2	3	4	5	6	7	8	9	10	12	14	16	18	20	22	24	26	28	30	35	40	45	50	60	80	100	200
52	7.15	5.04	4.18	3.70	3.39	3.17	3.00	2.87	2.77	2.68	2.55	2.45	2.37	2.30	2.25	2.21	2.17	2.14	2.11	2.08	2.03	1.99	1.96	1.93	1.89	1.84	1.81	1.74
54	7.13	5.02	4.17	3.69	3.38	3.16	2.99	2.86	2.76	2.67	2.53	2.43	2.35	2.29	2.24	2.19	2.15	2.12	2.09	2.07	2.02	1.98	1.94	1.92	1.88	1.82	1.79	1.72
56	7.11	5.01	4.15	3.67	3.36	3.14	2.98	2.85	2.74	2.66	2.52	2.42	2.34	2.27	2.22	2.18	2.14	2.11	2.08	2.05	2.00	1.96	1.93	1.90	1.86	1.81	1.78	1.71
58	7.09	4.99	4.14	3.66	3.35	3.13	2.96	2.83	2.73	2.64	2.51	2.41	2.33	2.26	2.21	2.16	2.13	2.09	2.07	2.04	1.99	1.95	1.92	1.89	1.85	1.80	1.76	1.69
60	7.08	4.98	4.13	3.65	3.34	3.12	2.95	2.82	2.72	2.63	2.50	2.39	2.31	2.25	2.20	2.15	2.12	2.08	2.05	2.03	1.98	1.94	1.90	1.88	1.84	1.78	1.75	1.68
70	7.01	4.92	4.07	3.60	3.29	3.07	2.91	2.78	2.67	2.59	2.45	2.35	2.27	2.20	2.15	2.11	2.07	2.03	2.01	1.98	1.93	1.89	1.85	1.83	1.78	1.73	1.70	1.62
80	6.96	4.88	4.04	3.56	3.26	3.04	2.87	2.74	2.64	2.55	2.42	2.31	2.23	2.17	2.12	2.07	2.03	2.00	1.97	1.94	1.89	1.85	1.82	1.79	1.75	1.69	1.65	1.58
100	6.90	4.82	3.98	3.51	3.21	2.99	2.82	2.69	2.59	2.50	2.37	2.27	2.19	2.12	2.07	2.02	1.98	1.95	1.92	1.89	1.84	1.80	1.76	1.74	1.69	1.63	1.60	1.52
125	6.84	4.78	3.94	3.47	3.17	2.95	2.79	2.66	2.55	2.47	2.33	2.23	2.15	2.08	2.03	1.98	1.94	1.91	1.88	1.85	1.80	1.76	1.72	1.69	1.65	1.59	1.55	1.47
150	6.81	4.75	3.91	3.45	3.14	2.92	2.76	2.63	2.53	2.44	2.31	2.20	2.12	2.06	2.00	1.96	1.92	1.88	1.85	1.83	1.77	1.73	1.69	1.66	1.62	1.56	1.52	1.43
200	6.76	4.71	3.88	3.41	3.11	2.89	2.73	2.60	2.50	2.41	2.27	2.17	2.09	2.03	1.97	1.93	1.89	1.85	1.82	1.79	1.74	1.69	1.66	1.63	1.58	1.52	1.48	1.39
300	6.72	4.68	3.85	3.38	3.08	2.86	2.70	2.57	2.47	2.38	2.24	2.14	2.06	1.99	1.94	1.89	1.85	1.82	1.79	1.76	1.70	1.66	1.62	1.59	1.55	1.48	1.44	1.35
500	6.69	4.65	3.82	3.36	3.05	2.84	2.68	2.55	2.44	2.36	2.22	2.12	2.04	1.97	1.92	1.87	1.83	1.79	1.76	1.74	1.68	1.63	1.60	1.57	1.52	1.45	1.41	1.31

统计用表5 F_{max}值表

上行：$P=0.05$；下行：$P=0.01$

df	k										
	2	3	4	5	6	7	8	9	10	11	12
4	9.60	15.5	20.6	25.2	29.5	33.6	37.5	41.4	44.6	48.0	51.4
	23.2	37.0	49.0	59.0	69.0	79.0	89.0	97.0	106.0	113.0	120.0
5	7.15	10.8	13.7	16.3	18.7	20.8	22.9	24.7	26.5	28.2	29.9
	14.9	22.0	28.0	33.0	38.0	42.0	46.0	50.0	54.0	57.0	60.0
6	5.82	8.38	10.4	12.1	13.7	15.0	16.3	17.5	18.6	19.7	20.7
	11.1	15.5	19.1	22.0	25.0	27.0	30.0	32.0	34.0	36.0	37.0
7	4.99	6.94	8.44	9.70	10.8	11.8	12.7	13.5	14.3	15.1	15.8
	8.89	12.1	14.5	16.5	18.4	20.0	22.0	23.0	24.0	26.0	27.0
8	4.43	6.00	7.18	8.12	9.03	9.78	10.5	11.1	11.7	12.2	12.7
	7.50	9.90	11.7	13.2	14.5	15.8	16.9	17.9	18.9	19.8	21.0
9	4.03	5.34	6.31	7.11	7.80	8.41	8.95	9.45	9.91	10.3	10.7
	6.54	8.50	9.90	11.1	12.1	13.1	13.9	14.7	15.3	16.0	16.6
10	3.72	4.85	5.67	6.34	6.92	7.42	7.87	8.28	8.66	9.01	9.34
	5.85	7.40	8.60	9.60	10.4	11.1	11.8	12.4	12.9	13.4	13.9
12	3.28	4.16	4.79	5.30	5.72	6.09	6.42	6.72	7.00	7.25	7.48
	4.91	6.10	6.90	7.60	8.20	8.70	9.10	9.50	9.90	10.2	10.6
15	2.86	3.54	4.01	4.37	4.68	4.95	5.19	5.40	5.59	5.77	5.93
	4.07	4.90	5.50	6.00	6.40	6.70	7.10	7.30	7.50	7.80	8.00
20	2.46	2.95	3.29	3.54	3.76	3.94	4.10	4.24	4.37	4.49	4.59
	3.32	3.80	4.30	4.60	4.90	5.10	5.30	5.50	5.60	5.80	5.90
30	2.07	2.40	2.61	2.78	2.91	3.02	3.12	3.21	3.29	3.36	3.39
	2.63	3.00	3.30	3.40	3.60	3.70	3.80	3.90	4.00	4.10	4.20
60	1.67	1.85	1.96	2.04	2.11	2.17	2.22	2.26	2.30	2.33	2.36
	1.96	2.20	2.30	2.40	2.40	2.50	2.50	2.60	2.60	2.70	2.70
∞	1.00	1.00	1.00	1.00	1.00	1.00	1.00	1.00	1.00	1.00	1.00
	1.00	1.00	1.00	1.00	1.00	1.00	1.00	1.00	1.00	1.00	1.00

统计用表 6　*q* 值表

上行：$P=0.05$；下行：$P=0.01$

df	a（等级数）								
	2	3	4	5	6	7	8	9	10
5	3.64	4.60	5.22	5.67	6.03	6.33	6.58	6.80	6.99
	5.70	6.98	7.80	8.42	8.91	9.32	9.67	9.97	10.24
6	3.46	4.34	4.90	5.30	5.63	5.90	6.12	6.32	6.49
	5.24	6.33	7.03	7.56	7.97	8.32	8.61	8.87	9.10
7	3.34	4.16	4.68	5.06	5.36	5.61	5.82	6.00	6.16
	4.95	5.92	6.54	7.01	7.37	7.68	7.94	8.17	8.37
8	3.26	4.04	4.53	4.89	5.17	5.40	5.60	5.77	5.92
	4.75	5.64	6.20	6.62	6.96	7.24	7.47	7.68	7.86
9	3.20	3.95	4.41	4.76	5.02	5.24	5.43	5.59	5.74
	4.60	5.43	5.96	6.35	6.66	6.91	7.13	7.33	7.49
10	3.15	3.88	4.33	4.65	4.91	5.12	5.30	5.46	5.60
	4.48	5.27	5.77	6.14	6.43	6.67	6.87	7.05	7.21
12	3.08	3.77	4.20	4.51	4.75	4.95	5.12	5.27	5.39
	4.32	5.05	5.50	5.84	6.10	6.32	6.51	6.67	6.81
14	3.03	3.70	4.11	4.41	4.64	4.83	4.99	5.13	5.25
	4.21	4.89	5.32	5.63	5.88	6.08	6.26	6.41	6.54
16	3.00	3.65	4.05	4.33	4.56	4.74	4.90	5.03	5.15
	4.13	4.79	5.19	5.49	5.72	5.92	6.08	6.22	6.35
18	2.97	3.61	4.00	4.28	4.49	4.67	4.82	4.96	5.07
	4.07	4.70	5.09	5.38	5.60	5.79	5.94	6.08	6.20
20	2.95	3.58	3.96	4.23	4.45	4.62	4.77	4.90	5.01
	4.02	4.64	5.02	5.29	5.51	5.69	5.84	5.97	6.09
30	2.89	3.49	3.85	4.10	4.30	4.46	4.60	4.72	4.82
	3.89	4.45	4.80	5.05	5.24	5.40	5.54	5.65	5.76
40	2.86	3.44	3.79	4.04	4.23	4.39	4.52	4.63	4.73
	3.82	4.37	4.70	4.93	5.11	5.26	5.39	5.50	5.60
60	2.83	3.40	3.74	3.98	4.16	4.31	4.44	4.55	4.65
	3.76	4.28	4.59	4.82	4.99	5.13	5.25	5.36	5.45
120	2.80	3.36	3.68	3.92	4.10	4.24	4.36	4.47	4.56
	3.70	4.20	4.50	4.71	4.87	5.01	5.12	5.21	5.30
∞	2.77	3.31	3.63	3.86	4.03	4.17	4.29	4.39	4.47
	3.64	4.12	4.40	4.60	4.76	4.88	4.99	5.08	5.16

统计用表 7 r 与 Z_r 转换表

r	Z_r	r	Z_r	r	Z_r	r	Z_r	r	Z_r
0.000	0.000	0.200	0.203	0.400	0.424	0.600	0.693	0.800	1.099
0.005	0.005	0.205	0.208	0.405	0.430	0.605	0.701	0.805	1.113
0.010	0.010	0.210	0.213	0.410	0.436	0.610	0.709	0.810	1.127
0.015	0.015	0.215	0.218	0.415	0.442	0.615	0.717	0.815	1.142
0.020	0.020	0.220	0.224	0.420	0.448	0.620	0.725	0.820	1.157
0.025	0.025	0.225	0.229	0.425	0.454	0.625	0.733	0.825	1.172
0.030	0.030	0.230	0.234	0.430	0.460	0.630	0.741	0.830	1.188
0.035	0.035	0.235	0.239	0.435	0.466	0.635	0.750	0.835	1.204
0.040	0.040	0.240	0.245	0.440	0.472	0.640	0.758	0.840	1.221
0.045	0.045	0.245	0.250	0.445	0.478	0.645	0.767	0.845	1.238
0.050	0.050	0.250	0.255	0.450	0.485	0.650	0.775	0.850	1.256
0.055	0.055	0.255	0.261	0.455	0.491	0.655	0.784	0.855	1.274
0.060	0.060	0.260	0.266	0.460	0.497	0.660	0.793	0.860	1.293
0.065	0.065	0.265	0.271	0.465	0.504	0.665	0.802	0.865	1.313
0.070	0.070	0.270	0.277	0.470	0.510	0.670	0.811	0.870	1.333
0.075	0.075	0.275	0.282	0.475	0.517	0.675	0.820	0.875	1.354
0.080	0.080	0.280	0.288	0.480	0.523	0.680	0.829	0.880	1.376
0.085	0.085	0.285	0.293	0.485	0.530	0.685	0.838	0.885	1.398
0.090	0.090	0.290	0.299	0.490	0.536	0.690	0.848	0.890	1.422
0.095	0.095	0.295	0.304	0.495	0.543	0.695	0.858	0.895	1.447
0.100	0.100	0.300	0.310	0.500	0.549	0.700	0.867	0.900	1.472
0.105	0.105	0.305	0.315	0.505	0.556	0.705	0.877	0.905	1.499
0.110	0.110	0.310	0.321	0.510	0.563	0.710	0.887	0.910	1.528
0.115	0.116	0.315	0.326	0.515	0.570	0.715	0.897	0.915	1.557
0.120	0.121	0.320	0.332	0.520	0.576	0.720	0.908	0.920	1.589
0.125	0.126	0.325	0.337	0.525	0.583	0.725	0.918	0.925	1.623
0.130	0.131	0.330	0.343	0.530	0.590	0.730	0.929	0.930	1.658
0.135	0.136	0.335	0.348	0.535	0.597	0.735	0.940	0.935	1.697
0.140	0.141	0.340	0.354	0.540	0.604	0.740	0.950	0.940	1.738
0.145	0.146	0.345	0.360	0.545	0.611	0.745	0.962	0.945	1.783
0.150	0.151	0.350	0.365	0.550	0.618	0.750	0.973	0.950	1.832
0.155	0.156	0.355	0.371	0.555	0.626	0.755	0.984	0.955	1.886
0.160	0.161	0.360	0.377	0.560	0.633	0.760	0.996	0.960	1.946
0.165	0.167	0.365	0.383	0.565	0.640	0.765	1.008	0.965	2.014
0.170	0.172	0.370	0.388	0.570	0.648	0.770	1.020	0.970	2.092
0.175	0.177	0.375	0.394	0.575	0.655	0.775	1.033	0.975	2.185
0.180	0.182	0.380	0.400	0.580	0.662	0.780	1.045	0.980	2.298
0.185	0.187	0.385	0.406	0.585	0.670	0.785	1.058	0.985	2.443
0.190	0.192	0.390	0.412	0.590	0.678	0.790	1.071	0.990	2.647
0.195	0.198	0.395	0.418	0.595	0.685	0.795	1.085	0.995	2.994

统计用表 8　单样本游程检验表

r 的临界值。上行为下限，下行为上限，$P = 0.05$。

n_1	n_2																		
	2	3	4	5	6	7	8	9	10	11	12	13	14	15	16	17	18	19	20
2											2	2	2	2	2	2	2	2	2
3					2	2	2	2	2	2	2	2	2	3	3	3	3	3	3
4				2 9	2 9	2	3	3	3	3	3	3	3	3	4	4	4	4	4
5			2 9	2 10	3 10	3 11	3 11	3	3	4	4	4	4	4	4	4	5	5	5
6		2	2 9	3 10	3 11	3 12	3 12	4 13	4 13	4 13	4 13	5	5	5	5	5	5	6	6
7		2	2	3 11	3 12	3 13	4 13	4 14	5 14	5 14	5 14	5 15	5 15	6 15	6	6	6	6	6
8		2	3	3 11	3 12	4 13	4 14	5 14	5 15	5 15	6 16	6 16	6 16	6 16	6 17	7 17	7 17	7 17	7 17
9		2	3	3	4 13	4 14	5 14	5 15	5 16	6 16	6 16	6 17	7 17	7 18	7 18	7 18	8 18	8 18	8 18
10		2	3	3	4 13	5 14	5 15	5 16	6 16	6 17	7 17	7 18	7 18	7 18	8 19	8 19	8 19	8 20	9 20
11		2	3	4	4 13	5 14	5 15	6 16	6 17	7 17	7 18	7 19	8 19	8 19	8 20	9 20	9 20	9 21	9 21
12	2	2	3	4	4 13	5 14	6 16	6 16	7 17	7 18	7 19	8 19	8 20	8 20	9 21	9 21	9 21	10 22	10 22
13	2	2	3	4	5	5 15	6 16	6 17	7 18	7 19	8 19	8 20	9 20	9 21	9 21	10 22	10 22	10 23	10 23
14	2	2	3	4	5	5 15	6 16	7 17	7 18	8 19	8 20	9 20	9 21	9 22	10 22	10 23	10 23	11 23	11 24
15	2	3	3	4	5	6 15	6 16	7 18	7 18	8 19	8 20	9 21	9 22	10 22	10 23	11 23	11 24	11 24	12 25
16	2	3	4	4	5	6	6 17	7 18	8 19	8 20	9 21	9 21	10 22	10 23	11 23	11 24	11 25	12 25	12 25
17	2	3	4	4	5	6	7 17	7 18	8 19	9 20	9 21	10 22	10 23	11 23	11 24	11 25	12 25	12 26	13 26
18	2	3	4	5	5	6	7 17	8 18	8 19	9 20	9 21	10 22	10 23	11 24	11 25	12 25	12 26	13 26	13 27
19	2	3	4	5	6	6	7 17	8 18	8 20	9 21	10 22	10 23	11 23	11 24	12 25	12 26	13 26	13 27	13 27
20	2	3	4	5	6	6	7 17	8 18	9 20	9 21	10 22	10 23	11 24	12 25	12 25	13 26	13 27	13 27	14 28

统计用表9 曼－惠特尼 *U* 检验表

$P = 0.05$（双侧）

n_1	n_2																		
	2	3	4	5	6	7	8	9	10	11	12	13	14	15	16	17	18	19	20
2							0	0	0	0	1	1	1	1	1	2	2	2	2
3				0	1	1	2	2	3	3	4	4	5	5	6	6	7	7	8
4			0	1	2	3	4	4	5	6	7	8	9	10	11	11	12	13	13
5		0	1	2	3	5	6	7	8	9	11	12	13	14	15	17	18	19	20
6		1	2	3	5	6	8	10	11	13	14	16	17	19	21	22	24	25	27
7		1	3	5	6	8	10	12	14	16	18	20	22	24	26	28	30	32	34
8	0	2	4	6	8	10	13	15	17	19	22	24	26	29	31	34	36	38	41
9	0	2	4	7	10	12	15	17	20	23	26	28	31	34	37	39	42	45	48
10	0	3	5	8	11	14	17	20	23	26	29	33	36	39	42	45	48	52	55
11	0	3	6	9	13	16	19	23	26	30	33	37	40	44	47	51	55	58	62
12	1	4	7	11	14	18	22	26	29	33	37	41	45	49	53	57	61	65	69
13	1	4	8	12	16	20	24	28	33	37	41	45	50	54	59	63	67	72	76
14	1	5	9	13	17	22	26	31	36	40	45	50	55	59	64	67	74	78	83
15	1	5	10	14	19	24	29	34	39	44	49	54	59	64	70	75	80	85	90
16	1	6	11	15	21	26	31	37	42	47	53	59	64	70	75	81	86	92	98
17	2	6	11	17	22	28	34	39	45	51	57	63	67	75	81	87	93	99	105
18	2	7	12	18	24	30	36	42	48	55	61	67	74	80	86	93	99	106	112
19	2	7	13	19	25	32	38	45	52	58	65	72	78	85	92	99	106	113	119
20	2	8	13	20	27	34	41	48	55	62	69	76	83	90	98	105	112	119	127

$P = 0.10$（双侧）

n_1	n_2																		
	2	3	4	5	6	7	8	9	10	11	12	13	14	15	16	17	18	19	20
2				0	0	0	1	1	1	1	2	2	2	3	3	3	4	4	4
3		0	0	1	2	2	3	3	4	5	5	6	7	7	8	9	9	10	11
4		0	1	2	3	4	5	6	7	8	9	10	11	12	14	15	16	17	18
5	0	1	2	4	5	6	8	9	11	12	13	15	16	18	19	20	22	23	25
6	0	2	3	5	7	8	10	12	14	16	17	19	21	23	25	26	28	30	32
7	0	2	4	6	8	11	13	15	17	19	21	24	26	28	30	33	35	37	39
8	1	3	5	8	10	13	15	18	20	23	26	28	31	33	36	39	41	44	47
9	1	3	6	9	12	15	18	21	24	27	30	33	36	39	42	45	48	51	54
10	1	4	7	11	14	17	20	24	27	31	34	37	41	44	48	51	55	58	62
11	1	5	8	12	16	19	23	27	31	34	38	42	46	50	54	57	61	65	69
12	2	5	9	13	17	21	26	30	34	38	42	47	51	55	60	64	68	72	77
13	2	6	10	15	19	24	28	33	37	42	47	51	56	61	65	70	75	80	84
14	2	7	11	16	21	26	31	36	41	46	51	56	61	66	71	77	82	87	92
15	3	7	12	18	23	28	33	39	44	50	55	61	66	72	77	83	88	94	100
16	3	8	14	19	25	30	36	42	48	54	60	65	71	77	83	89	95	101	107
17	3	9	15	20	26	33	39	45	51	57	64	70	77	83	89	96	102	109	115
18	4	9	16	22	28	35	41	48	55	61	68	75	82	88	95	102	109	116	123
19	4	10	17	23	30	37	44	51	58	65	72	80	87	94	101	109	116	123	130
20	4	11	18	25	32	39	47	54	62	69	77	84	92	100	107	115	123	130	138

统计用表10 柯尔莫哥洛夫－斯米尔诺夫双样本检验表

（小样本的 K_D 的临界值）

n	单侧检验		双侧检验	
	$\alpha=0.05$	$\alpha=0.01$	$\alpha=0.05$	$\alpha=0.01$
3	3			
4	4		4	
5	4	5	5	5
6	5	6	5	6
7	5	6	6	6
8	5	6	6	7
9	6	7	6	7
10	6	7	7	8
11	6	8	7	8
12	6	8	7	8
13	7	8	7	9
14	7	8	8	9
15	7	9	8	9
16	7	9	8	10
17	8	9	8	10
18	8	10	9	10
19	8	10	9	10
20	8	10	9	11
21	8	10	9	11
22	9	11	9	11
23	9	11	10	11
24	9	11	10	12
25	9	11	10	12
26	9	11	10	12
27	9	12	10	12
28	10	12	11	13
29	10	12	11	13
30	10	12	11	13
35	11	13	12	
40	11	14	13	

统计用表11　柯尔莫哥洛夫－斯米尔诺夫双样本检验表

（大样本、双侧检验的 D 的临界值）

显著性水平	使得在指定显著性水平上否定 H_0 的 D 值
0.10	$1.22\sqrt{\frac{n_1+n_2}{n_1n_2}}$
0.05	$1.36\sqrt{\frac{n_1+n_2}{n_1n_2}}$
0.025	$1.48\sqrt{\frac{n_1+n_2}{n_1n_2}}$
0.01	$1.63\sqrt{\frac{n_1+n_2}{n_1n_2}}$
0.005	$1.73\sqrt{\frac{n_1+n_2}{n_1n_2}}$
0.001	$1.95\sqrt{\frac{n_1+n_2}{n_1n_2}}$

统计用表 12 符号检验表

此表为单侧检验，双侧检验的概率应为 0.02，0.10 和 0.20。

n 对子数	α 0.01	α 0.05	α 0.10	n 对子数	α 0.01	α 0.05	α 0.10	n 对子数	α 0.01	α 0.05	α 0.10
1				31	7	9	10	61	20	22	23
2				32	8	9	10	62	20	22	24
3				33	8	10	11	63	20	23	24
4				34	9	10	11	64	21	23	24
5			0	35	9	11	12	65	21	24	25
6		0	0	36	9	11	12	66	22	24	25
7		0	0	37	10	12	13	67	22	25	26
8	0	0	1	38	10	12	13	68	22	25	26
9	0	1	1	39	11	12	13	69	23	25	27
10	0	1	1	40	11	13	14	70	23	26	27
11	0	1	2	41	11	13	14	71	24	26	28
12	1	2	2	42	12	14	15	72	24	27	28
13	1	2	3	43	12	14	15	73	25	27	28
14	1	2	3	44	13	15	16	74	25	28	29
15	2	3	3	45	13	15	16	75	25	28	29
16	2	3	4	46	13	15	16	76	26	28	30
17	2	4	4	47	14	16	17	77	26	29	30
18	3	4	5	48	14	16	17	78	27	29	31
19	3	4	5	49	15	17	18	79	27	30	31
20	3	5	5	50	15	17	18	80	28	30	32
21	4	5	6	51	15	18	19	81	28	31	32
22	4	5	6	52	16	18	19	82	28	31	33
23	4	6	7	53	16	18	20	83	29	32	33
24	5	6	7	54	17	19	20	84	29	32	33
25	5	7	7	55	17	19	20	85	30	32	34
26	6	7	8	56	17	20	21	86	30	33	34
27	6	7	8	57	18	20	21	87	31	33	35
28	6	8	9	58	18	21	22	88	31	34	35
29	7	8	9	59	19	21	22	89	31	34	36
30	7	9	10	60	19	21	23	90	32	35	36

统计用表13　符号秩次检验表

n	单侧检验显著水平		
	0.025	0.01	0.005
	双侧检验显著水平		
	0.05	0.02	0.01
6	0		
7	2	0	
8	4	2	0
9	6	3	2
10	8	5	3
11	11	7	5
12	14	10	7
13	17	13	10
14	21	16	13
15	25	20	16
16	30	24	20
17	35	28	23
18	40	33	28
19	46	38	32
20	52	43	38
21	59	49	43
22	66	56	49
23	73	62	55
24	81	69	61
25	89	77	68

统计用表 14　H 检验表

n_1 n_2 n_3	H	P
2 1 1	2.7000	0.500
2 2 1	3.6000	0.200
2 2 2	4.5714	0.067
	3.7143	0.200
3 1 1	3.2000	0.300
3 2 1	4.2857	0.100
	3.8571	0.133
3 2 2	5.3572	0.029
	4.7143	0.048
	4.5000	0.067
	4.4643	0.105
3 3 1	5.1429	0.043
	4.5734	0.100
	4.0000	0.129
3 3 2	6.2500	0.011
	5.3611	0.032
	5.1389	0.061
	4.5556	0.100
	4.2500	0.121
3 3 3	7.2000	0.004
	6.4889	0.011
	5.6889	0.029
	5.6000	0.050
	5.0667	0.086
	4.6222	0.100
4 1 1	3.5714	0.200
4 2 1	4.8214	0.057
	4.5000	0.076
	4.0179	0.114
4 2 2	6.0000	0.014
	5.3333	0.033
	5.1250	0.052
	4.4583	0.100
	4.1667	0.105
4 3 1	5.8333	0.021
	5.2083	0.050
	5.0000	0.057
	4.0556	0.093
	3.8880	0.129
4 3 2	6.4444	0.008
	6.3000	0.011

H检验表（续表1）

n_1 n_2 n_3	H	P
	5.4444	0.046
	5.4000	0.051
	4.5111	0.098
	4.4444	0.102
4 3 3	6.7455	0.010
	6.7091	0.013
	5.7909	0.046
	5.7273	0.050
	4.7091	0.092
	4.7000	0.101
4 4 1	6.6667	0.010
	6.1667	0.022
	4.9667	0.048
	4.8667	0.054
	4.1667	0.082
	4.0667	0.102
4 4 2	7.0364	0.006
	6.8727	0.011
	5.4545	0.046
	5.2364	0.052
	4.5545	0.098
	4.4455	0.103
4 4 3	7.1439	0.010
	7.1364	0.011
	5.5985	0.049
	5.5758	0.051
	4.5455	0.099
	4.4773	0.102
4 4 4	7.6538	0.008
	7.5385	0.011
	5.6923	0.049
	5.6538	0.054
	4.6539	0.097
	4.5001	0.104
5 1 1	3.8571	0.143
5 2 1	5.2500	0.036
	5.0000	0.048
	4.4500	0.071
	4.2000	0.095
	4.0500	0.119
5 2 2	6.5333	0.008
	6.1333	0.013
	5.1600	0.034

H 检验表（续表 2）

n_1 n_2 n_3	H	P
	5.0400	0.056
	4.3733	0.090
	4.2933	0.122
5 3 1	6.4000	0.012
	4.9600	0.048
	4.8711	0.052
	4.0178	0.095
	3.8400	0.123
5 3 2	6.9091	0.009
	6.8218	0.010
	5.2509	0.049
	5.1055	0.052
	4.6509	0.091
	4.4945	0.101
5 3 3	7.0788	0.009
	6.9818	0.011
	5.6485	0.049
	5.5152	0.051
	4.5333	0.097
	4.4121	0.109
5 4 1	6.9545	0.008
	6.8400	0.011
	4.9855	0.044
	4.8600	0.056
	3.9873	0.098
	3.9600	0.102
5 4 2	7.2045	0.009
	7.1182	0.010
	5.2727	0.049
	5.2682	0.050
	4.5409	0.098
	4.5182	0.101
5 4 3	7.4449	0.010
	7.3949	0.011
	5.6564	0.049
	5.6308	0.050
	4.5487	0.099
	4.5231	0.103
5 4 4	7.7604	0.009
	7.7440	0.011
	5.6571	0.049
	5.6176	0.050
	4.6187	0.100

H 检验表（续表 3）

n_1 n_2 n_3	H	P
	4.5527	0.102
5 5 1	7.3091	0.009
	6.8364	0.011
	5.1273	0.046
	4.9091	0.053
	4.1091	0.086
	4.0364	0.105
5 5 2	7.3385	0.010
	7.2692	0.010
	5.3385	0.047
	5.2462	0.051
	4.6231	0.097
	4.5077	0.100
5 5 3	7.5780	0.010
	7.5429	0.010
	5.7055	0.046
	5.6264	0.051
	4.5451	0.100
	4.5363	0.102
5 5 4	7.8229	0.010
	7.7914	0.010
	5.6657	0.049
	5.6429	0.050
	4.5229	0.099
	4.5200	0.101
5 5 5	8.0000	0.009
	7.9800	0.010
	5.7800	0.049
	5.6600	0.051
	4.5600	0.100
	4.5000	0.102

统计用表 15 χ_r^2 表

$k=3$

$n=2$		$n=3$		$n=4$		$n=5$		$n=6$		$n=7$		$n=8$		$n=9$	
χ_r^2	P	χ_r^2	P	χ_r^2	P	χ_r^2	P	χ_r^2	P	χ_r^2	P	χ_r^2	P	χ_r^2	P
0	1.000	0.000	1.000	0.00	1.000	0.00	1.000	0.00	1.000	0.000	1.000	0.00	1.000	0.000	1.000
1	0.833	0.667	0.944	0.50	0.931	0.40	0.954	0.33	0.956	0.286	0.964	0.25	0.967	0.222	0.971
3	0.500	2.000	0.528	1.5	0.653	1.2	0.691	1.00	0.740	0.857	0.768	0.75	0.794	0.667	0.814
4	0.167	2.667	0.361	2.0	0.431	1.6	0.522	1.33	0.570	1.143	0.620	1.00	0.654	0.889	0.765
		4.667	0.194	3.5	0.273	2.8	0.367	2.33	0.430	2.000	0.486	1.75	0.531	1.556	0.569
		6.000	0.028	4.5	0.125	3.6	0.182	3.00	0.252	2.571	0.305	2.25	0.355	2.000	0.398
				6.0	0.069	4.8	0.124	4.00	0.184	3.429	0.237	3.00	0.285	2.667	0.328
				6.5	0.042	5.2	0.093	4.33	0.142	3.714	0.192	3.25	0.236	2.889	0.278
				8.0	0.0046	6.4	0.039	5.33	0.072	4.571	0.112	4.00	0.149	3.556	0.187
						7.6	0.024	6.33	0.052	5.429	0.085	4.75	0.120	4.222	0.154
						8.4	0.0085	7.00	0.029	6.000	0.052	5.25	0.079	4.667	0.107
						10.0	0.00077	8.33	0.012	7.143	0.027	6.25	0.047	5.556	0.069
								9.00	0.0081	7.714	0.021	6.75	0.038	6.000	0.057
								9.33	0.0055	8.000	0.016	7.00	0.030	6.222	0.048
								10.33	0.0017	8.857	0.0084	7.75	0.018	6.889	0.031
								12.00	0.00013	10.286	0.0036	9.00	0.0099	8.000	0.019
										10.571	0.0027	9.25	0.0080	8.222	0.016
										11.143	0.0012	9.75	0.0048	8.667	0.010
										12.286	0.00032	10.75	0.0024	9.556	0.006
										14.000	0.000021	12.00	0.0011	10.667	0.0035
												12.25	0.00086	10.889	0.0029
												13.00	0.00026	11.556	0.0013
												14.25	0.000061	12.667	0.00066
												16.00	0.0000036	13.556	0.00035
														14.000	0.00020
														14.222	0.000097
														14.889	0.000054
														16.222	0.000011
														18.000	0.0000006

$k=4$

$n=2$		$n=3$		$n=4$			
χ_r^2	P	χ_r^2	P	χ_r^2	P	χ_r^2	P
0.00	1.000	0.20	1.000	0.00	1.000	5.7	0.141
0.60	0.958	0.60	0.958	0.30	0.992	6.0	0.105
1.2	0.834	1.0	0.910	0.60	0.928	6.3	0.094
1.8	0.792	1.8	0.727	0.90	0.900	6.6	0.077
2.4	0.625	2.2	0.608	1.2	0.800	6.9	0.068
3.0	0.542	2.6	0.524	1.5	0.754	7.2	0.054
3.6	0.458	3.4	0.446	1.8	0.677	7.5	0.052
4.2	0.375	3.8	0.342	2.1	0.649	7.8	0.036
4.8	0.208	4.2	0.300	2.4	0.524	8.1	0.033
5.4	0.167	5.0	0.207	2.7	0.508	8.4	0.019
6.0	0.042	5.4	0.175	3.0	0.432	8.7	0.014
		5.8	0.148	3.3	0.389	9.3	0.012
		6.6	0.075	3.6	0.355	9.6	0.0069
		7.0	0.054	3.9	0.324	9.9	0.0062
		7.4	0.033	4.5	0.242	10.2	0.0027
		8.2	0.017	4.8	0.200	10.8	0.0016
		9.0	0.0017	5.1	0.190	11.1	0.00094
				5.4	0.158	12.0	0.000072

附录四

统计软件与论文写作

本附录介绍了统计软件使用和论文写作中的统计分析结果报告方式，但这不是软件使用手册，也不是论文写作教程，而是结合各章内容，给出一些关键提示。

统计软件用法

统计函数

限于篇幅，本书的统计用表不可能将所有的内容都列出来。例如，从 t 分布表开始，由于自由度也是需要考虑的变量，往往只能列出一些常用的结果。但是，有时候我们确实需要查一些不常用的内容。例如，要查找 $df = 10$、$P(t < t_0) = 0.97$ 时，t_0 的值。这需要查到右侧概率（右侧阴影部分面积）为 0.03 时对应的 t 值，但是在本书 t 分布表中，没有 0.03 这一概率。这时，可以求助统计软件，包括具有初级统计分析功能的 Excel 软件。例如，在 Excel 软件中点击“公式”—“其他函数”—“统计”，就可以发现许多统计函数。在这些函数中，有些就是可以用来查表的。与 t 分布表相关的函数有 T.DIST、T.DIST.2T、T.DIST.RT、T.INV、T.INV.2T 等。打开 T.INV.2T 界面，输入概率（0.06，因为 2T 表示双侧概率之和）和自由度（10），就可以得到 t_0 的值 2.1202。

很多其他常用分布表（包括二项分布表、正态分布表、F 分布表和 χ^2 分布表等）也都可以用统计函数查询。本书不是软件说明书，故仅举一例，并有劳读者举一反三，自行探索其他函数的使用方法。

关于抽样

抽样是一件枯燥而繁重的任务，幸好统计软件有这方面的功能，可以按照研究者的要求自动进行抽样。以 SPSS 为例，如果你想从数据总体中随机抽取一个样本，可以依次点开“data（数据）”—“select cases（选择个案）”，选择“random sample of cases（随机样本）”，并点击该选项下面的“Sample（样本）…”按钮，在 Sample Size 界面中选样本容量占总体的百分比，或直接设定抽取样本个案数 n 和总体个案数 N，运行后即可获得一个容量为 n 的简单随机样本。

关于 t 检验

因为称谓不同，在某些统计软件中，可能找不到“相关样本 t 检验”。例如在 SPSS 中，“相关样本 t 检验”被称为“配对样本 t 检验”（paired-samples t-test）。

在检验两样本平均数之差有无显著差异时，有些统计软件可以自动判断方差是否齐性，进而选择合适的公式计算 t 值和 df。但是也有一些软件将判断方差齐性的工作留给使用者。假定下表中报告了两个 t 检验的结果，你会怎样报告？

检验	F	Sig.	t	df	Sig.
1	0.058	0.811	–5.20 –5.18	37 36.54	0.000 0.000
2	5.34	0.000	6.19 6.26	37 33.36	0.000 0.000

在第一个 t 检验中，由于 F 值比较小，相应的 Sig.（即概率 p）较大，说明方差齐性，这时应报告后面第一行的结果，即 $t = -5.20$，$df = 37$，Sig. 小于 0.01。而在第二个 t 检验中，由于 F 值比较大，相应的 Sig. 小于 0.01，说明方差不齐性，这时应报告后面第二行的结果，即 $t = 6.26$，$df = 33.36$，Sig. 小于 0.01。尽管这两行的最终结果（Sig.）经常相同，但是错误的报告可能会影响后续的分析。

等方差性（方差齐性）问题

在方差分析中，等方差性（方差齐性）这一前提非常重要，但有时难以满足。这时，可以酌情对观察值进行开平方根转换（$X'=\sqrt{X}$）、对数转换（$X'=\ln X$）或反正弦转换（$X'=\arcsin\sqrt{X}$），以满足该前提。或者在使用统计软件时，选择 Tamhane's T2、Dunnett's T3、Games-Howell、Dunnett's C 等方法。在这种情况下，也可以采用本书第 14 章“非参数检验”中讲述的秩次方差分析。

怎样处理缺失值

在实际工作中，我们经常会遇到部分观察值缺失的情况。有时是个体的全部观察值缺失，有时是其部分观察值缺失；缺失的观察值与其他观察值可能无关，也可能有关联。如果遇到某个个体有缺失值的情况，可以将该个体整个删除，但这样会减少样本容量、浪费大量信息；也可以用平均数、中位数或线性插入法等来代替缺失值，但这要十分谨慎，毕竟替代值不是原始观察值。

论文写法

一般规范

与统计学教材一样，在论文中报告统计分析结果时，也要求使用法定计量单位、符号和标准化、规范化的名词、术语。例如，长度单位应当用“米”、“厘米”、“毫米”等，没有特殊需要不宜用“尺”、“英尺”之类；质量应当用“千克”、“克”、“毫克”等，一般情况下也不宜用“斤”、“两”、“盎司”等。

常用的统计学符号则略有区别：总样本容量为 N，分组样本容量为 n，平均数为 M，标准差为 SD，t 检验为 t，F 检验为 F，卡方检验为 χ^2，相关系数为 r，显著性为 p。变量符号（多为英文字母）都需斜体。常量符号（多为希腊字母 α、β、π、η 等）则不需要斜体。

论文写作推崇的是简洁明了，节省版面。所以，能用文字清楚表达的内容，一概不需要用图表表示，更不要为了凑篇幅而图表并用、重复表达。例如，像下面表格中的内容，其实完全可以用简短的文字代替：在全部 60 人中，报告“上网”的有 20 人（占 33.33%），报告“朋友介绍”的 30 人（50%），报告“其他”的有 10 人（占 6.67%）；报告全部有效。

途径	频率	百分比	有效百分比
上网得知	20	33.33	33.33
朋友介绍	30	50.00	50.00
其他	10	6.67	6.67
合计	60	100.0	

在计算平均数和标准差等特征量时，最终的结果应精确到小数点后 2 位。例如，如果计量单位是“秒”，其平均数是 6.124876 秒，只需写成 6.12 秒。但是如果计量单位是毫秒，则应四舍五入后写成 6124.88。另外，在表示一组数据的平均数和标准差时，为了简洁起见，可以用 $M \pm SD$ 的格式，例如 86.12 ± 5.43。

关于小数点前面的零

本书在表示概率时，小数点前面都有 0，但是在心理学论文中，可以按照美国心理学协会的规定将其省略。这样，p = 0.05 就可以写作 p = .05。这是因为概率总是介于 0 和 1 之间，只要是随机事件，其概率总是零点几，这个 0 写不写都不会产生误解。比率和相关系数也介于 0 和 1 之间，其小数点之前的 0 也可以省略。

不过，在小数点前的数字可能不为 0 的情况下，就不能省略 0。例如，方差不总是介于 0 和 1 之间，所以不能省略小数点前的 0；又如百分数，0.45% 不写成“0.45%”。

减号或负号的写法

论文的写作有许多严格细致的规定。例如，减号或负号不能用全角的“—”，也不能用连字符“-”，而要写成不长不短的“–”。所以，像—2.3、-6.2、8-5、1— α 等都是不规范的，应该写成 –2.3、–6.2、8 – 5、1 – α。这些习惯都要在平时逐步养成。

关于平均数的置信区间

学术期刊一般都要求报告样本的容量 n、平均数（M）、标准差（SD）或标准误（SE），很少要求报告平均数的置信区间，因为读者完全可以根据 n、M、SD 或 SE 计算出来。但也有少数刊物有此要求。我们可以用 (1 – α)CI:（下限，上限）的方式报告置信区间。在这里，1 – α 就是置信水平，一般写成百分比形式；CI 是 confidence interval 的缩写，即置信区间。例如：95%CI: (33.56, 34.28)，90%CI: (153.40, 162.78) 等。同样，在两个总体的情况下，平均数之差的置信区间也可以用这种方式报告，例如：99%CI: (–1.43, 2.87)。

t 检验

在论文中报告 t 检验结果时，应报告 t 值、自由度 df、概率 p 和效应量 d（一般不再写作 d_1 或 d_2）。但如果差异不显著，则可以不报告 d，例如：

$t = 3.32$，$df = 48$，$d = 0.94$，$p < 0.01$；

$t = 0.68$，$df = 33$，$p = 0.25$。

方差分析（F 检验）

在论文中报告 F 检验结果时，应报告 F 值、分子自由度和分母自由度、概率 p 和效应量效应量 **f** 或 η^2。在心理学论文中则经常能看到偏 η^2（partial η^2），是在分母中扣除了其他效应后得到的比例，在多因素方差分析时比 η^2 更大。例如：

$F(2, 12) = 4.59, MSE = 11.03, p = 0.03$, partial $\eta^2 = 0.43$。

由于篇幅限制，学术期刊不会接受方差分析表。但是按照上述报告内容，完全可以将其复原出来。

相关系数

在进行相关分析时，如果变量较少，只有几个相关系数，可直接报告其数值，并表明概率即可。如果变量较多，各个变量之间都在计算相关系数，可以列出相关系数矩阵。例如：

	X_1	X_2	X_3	X_4
X_1	1			
X_2	0.41**	1		
X_3	0.15	0.16	1	
X_4	0.21*	0.19*	0.11	1

其中的星号表示有无显著意义，* 表示显著（$p < 0.05$），** 表示极其显著（$p < 0.01$）。在对角线上可以标为 1；也可以列出问卷或测验的内在一致性系数。

回归分析

在报告回归分析结果时，一般不需要列出方程，只要说明自变量、因变量、因变量与所有进入方程的自变量的相关系数（或复相关系数）、方程的确定系数、回归系数或偏回归系数、标准回归系数、各个回归系数的显著性水平等。如果例 12.4.1 是一项真正的研究，可以这样报告结果：

以商品价格和知名度为自变量预测其销量建立回归方程，价格的偏回归系数（b）和标准偏回归系数（β）分别为：$b_1 = -0.622$，$\beta_1 = -0.530$，$t(7) = -3.29$，$p = 0.013$；知名度的 b 和 β 分别为：$b_2 = 0.257$，$\beta_2 = 0.509$，$t(7) = 3.16$，$p = 0.016$；两个自变量均有显著意义。回归方程确定系数 $R_2 = 0.897$，调整后的 $R^2{}_{adj} = 0.868$。

参考书目

1. 应用数理统计 . 周复恭，汪叔夜，黄运城 . 中央广播电视大学出版社，1987 年 6 月第 1 版 .
2. 教育统计学 . 王孝玲 . 华东师范大学出版社，1993 年 6 月第 1 版 .
3. 数学建模 . 袁震东，洪渊，林武忠，蒋鲁敏 . 华东师范大学出版社，1997 年 11 月第 1 版 .
4. 多元描述统计方法 . 李伟明 . 华东师范大学出版社，2001 年 1 月第 1 版 .
5. 教育与心理统计学 . 张敏强 . 人民教育出版社，2002 年 11 月第 2 版 .
6. Fundamentals of Behavioral Statistics (ninth edition). Richard P. Runyon, Kay A. Coleman & David J. Pittenger. The McGraw Hill Companies, Inc, 2000 / 人民邮电出版社，2004 年 11 月第 1 版（影印本）.

万千心理

心理教材·教辅书目

书号	书目	著、译者	定价(元)
心理学专业主干课教材			
9346	心理学导论（第13版）	D. Coon等著　郑钢等译	98.00
0643	发展心理学（第九版）	D. R. Shaffer等著　邹泓等译	88.00
1058	社会心理学（第三版）	T. Gilovich等著　侯玉波等译	98.00
9747	人格心理学（第八版）	Jerry M. Burger著　陈会昌译	68.00
9953	认知心理学（第三版）	E. B. Goldstein著　张明等译	96.00
0650	认知心理学（第六版）	R. J. Sternberg等著　邵志芳译	88.00
1265	犯罪心理学（第11版）	C. R. Bartol等著　李玫瑾等译	98.00
6794	犯罪心理学（第7版）	C. R. Bartol等著　杨波等译	50.00
1232	变态心理学——整合之道（第七版）	D. H. Barlow等著 黄铮等译　王爱民等审校	128.00
0228	变态心理学（第12版）	A. M. Kring等著　王建平等译	85.00
1948	变态心理学案例集	T. A. Brown等著　高隽译	78.00
0787	生理心理学（第九版）	N. R. Carlson著　苏彦捷等译	96.00
1178	生理心理学（第九版·彩色版）	N. R. Carlson著　苏彦捷等译	158.00
1263	心理科学	M. Krause著　张明等译	128.00
9896	现代心理学史（第十版）	D. P. Schultz著　叶浩生等译	75.00
心理学专业主干课教材合计			1432.00

发展与教育心理学系列			
6436	教育心理学（第十版）	Anita Woolfolk著 何先友等译　莫雷审校	68.00
8638	0—12岁儿童心理学	K. S. Berger著　陈会昌译	88.00
1565	0—12岁儿童社会性发展	M. J. Kostelnik等著　王晓波译	98.00
1233	改变儿童心理学的20项研究	W. E. Dixon著　王思睿等译	76.00
7588	儿童心理学	谷传华著	36.00
7331	青少年心理学	司继伟主编	36.00
9996	心理学与个人成长（第十版）	Gerald Corey等著　王晓华译	58.00
8933	行为矫正技术（第二版）	昝飞著	52.00
9136	积极行为支持 ——基于功能评估的问题行为干预	昝飞编著	35.00
7288	家庭治疗	张彩娜 赵然编著	36.00
7297	教师心理学	胡谊等编著	32.00
6972	学校心理学	刘翔平著	38.00
6772	学习心理学	王小明著	36.00
发展与教育心理学系列合计			689.00
组织与管理心理学系列			
2044	过去预测未来（第三版，精装）	田效勋等著	58.00
2133	心理资本（第二版，精装）	F. Luthans等著　王垒等译	99.00
7868	工业与组织心理学	Michael G. Aamodt著　丁丹等译	65.00
7367	员工激励	杨东编著	40.00

……

致老师们的一封信

尊敬的老师：

您好！

感谢您选择“万千心理”的教材！

为了给您的教学工作提供更周到贴心的服务，我们特别为选用“万千心理”系列教材的教师打造了一系列教学配套服务，其中包括：

1. **免费样书**：如果您选用了“万千心理”的原创教材或国外引进版教材进行授课，我们将免费提供教师样书；

2. **免费教辅**：如果您选用了“万千心理”的原创教材进行授课，将可以免费获得教师手册、教学演示及习题库等相关原创教辅资源；

3. **好书推荐**：我们将定期以电子邮件和宣传手册的形式为您推荐优秀教材、教辅，以及您感兴趣领域的最新书目和“万千心理”畅销书单；

4. **会员折扣**：您可享受全年最优购书折扣以及不定期的会员特惠活动；

5. **出版机会**：您将有可能成为我们优先选择的签约作者或译者。

您只需完整填写本页背后的教学配套服务申请表并传真或寄回给我们，即可享受上述服务。我们真诚期待您的加入！

北京万千新文化传媒有限公司（简称“万千公司”）是中国轻工业出版社与美国万国图文公司共同投资兴办的合资企业。“万千心理”是万千公司推出的心理学类图书品牌。二十多年来，万千公司与美国心理学会（APA）、美国咨询协会（ACA）等心理机构进行了多项卓有成效的合作，并与世界排名前十位的出版集团，如培生教育有限公司（Pearson Education）、圣智学习出版集团（Cengage Learning）、麦格劳希尔公司（McGraw Hill）、约翰威利父子有限公司（John Wiley & Sons Inc.）等著名出版机构建立了良好的版权贸易与合作关系。时至今日，万千公司成功地策划并引进了数百种心理类图书，包括“心理学专业教材与教辅系列”、“心理学公共课教材系列”、“跨专业心理学教材系列”、“心理咨询与治疗系列”以及“心理自助系列”等心理学读物，共20余个系列、820余种图书。“万千心理”得到了心理学科领域专业人士的一致认同，受到了广大读者的喜爱。

此致

敬礼！

“万千心理”敬上

“万千心理” 教学配套服务申请表

个人信息			
教师姓名		职称	
研究领域			
所在学校		所在院系	

联系方式			
通讯地址			
联系电话		电子邮件	

所授课程信息

	课程名称	授课级别（本科生 / 研究生）	学生人数	所使用教材名称	教材作者	出版社
课程A						
课程B						
课程C						

您的宝贵意见	
您对所使用教材的评价：	
您是否对心理学教材翻译有兴趣？ 是□ 否□	您是否对心理学教材编写有兴趣？ 是□ 否□
您认为心理学领域值得推荐的国外教材有哪些？ 您的推荐理由：	
教师签名： 日期：	

请将此表通过电子信箱发送给我们，“万千心理”诚邀您的加入！

新书新知 实时掌握

万千心理微信公众号

万千心理

中国轻工业出版社—北京万千新文化传媒有限公司

联系人：刘老师　　电子信箱：1012305542@qq.com

地　址：北京市西城区三里河路6号院2号楼213（邮编：100044）

电　话：010-65181109，65125990

官方微博：万千心理官方微博 http://weibo.com/wqpsy